高等学校“十二五”计算机规划教材·实用

新编中文 Flash 8 实用教程

（第 2 版）

王 环　李安宗　编

西北工業大學出版社

【内容简介】本书为高等学校“十二五”计算机规划教材。主要内容包括：Flash 8 基础知识，绘制图形，对象的编辑，文本的使用，元件、实例和库，图层和时间轴，Flash 动画基础知识，制作动画，制作交互式动画，组件，使用音频和视频，动画的输出与发布，综合应用实例以及上机实验，各章后均附有本章小结及操作练习，使读者在学习时更加得心应手，做到学以致用。

本书结构合理，内容系统全面，讲解由浅入深，实例丰富实用，既可作为各高等学校 Flash 基础课程的首选教材，也可作为各成人高校、民办高校及社会培训班的教材，同时还可供专业人员参考。

图书在版编目（CIP）数据

新编中文 Flash 8 实用教程/王环，李安宗编. —2 版. —西安：西北工业大学出版社，2011.4
（2017.9 重印）
高等院校“十二五“计算机规划教材
ISBN 978-7-5612-2026-9

Ⅰ. 新…　Ⅱ.①王…　②李…　Ⅲ. 动画—设计—图形软件，Flash 8—高等学校—教材
Ⅳ. TP391.41

中国版本图书馆 CIP 数据核字（2006）第 109614 号

出版发行：西北工业大学出版社
通信地址：西安市友谊西路 127 号　邮编：710072
电　　话：(029) 88493844　88491757
网　　址：www.nwpup.com
电子邮箱：computer@nwpup.com
印 刷 者：兴平市博闻印务有限公司
开　　本：787 mm×1 092 mm　1/16
印　　张：18
字　　数：475 千字
版　　次：2011 年 4 月第 2 版　　2017 年 9 月第 7 次印刷
定　　价：36.00 元

序　言

2010 年召开的全国教育工作会议是新世纪以来第一次、改革开放以来第四次全国教育工作会议。在全面建设小康社会、教育开始从大国向强国迈进的关键时期，召开全国教育工作会议、颁布《国家中长期教育改革和发展规划纲要（2010—2020 年）》，是党中央、国务院作出的又一重大战略决策，是我国教育事业改革发展一个新的里程碑，意义重大，影响深远。

在《国家中长期教育改革和发展规划纲要（2010—2020 年）》中，对我国高等教育事业的改革和发展明确了指导思想，牢固确立人才培养在高校工作中的中心地位，着力培养信念执著、品德优良、知识丰富、本领过硬的高素质专门人才和拔尖创新人才，创立高校与高校、科研院所、行业、企业、地方联合培养人才的新机制，走产、学、研、用相结合之路。

在“十二五”规划中，对教育改革也提出了新的要求，按照优先发展、育人为本、改革创新、促进公平、提高质量的要求，深化教育教学改革，推动教育事业科学发展，全面提高高等教育质量。

近年来，我国高等教育呈现出快速发展的趋势，形成了适应国民经济建设和社会发展需要的多种层次、多种形式、学科门类基本齐全的高等教育体系，为社会主义现代化建设培养了大批高级专门人才，在国家经济建设、科技进步和社会发展中发挥了重要作用。

但是，高等教育质量还需要进一步提高，以适应经济社会发展的需要。不少高校的专业设置和结构不尽合理，教师队伍整体素质有待提高，人才培养模式、教学内容和方法需进一步转变，学生的实践能力和创新精神需进一步加强。

为了配合当前高等教育的现状和中国经济生活的发展状况，我们依据教育部的有关精神，紧密配合教育部已经启动的高等学校教学质量与教学改革工程精品课程建设工作，通过全面的调研和认真研究，组织出版了“高等学校‘十二五’规划教材·实用教程系列”教材。

本系列教材旨在“以培养高质量的人才为目标，以学生的就业为导向”，在教材的编写中结合工作实际应用，切合教学改革需要，提高人才培养的能力和水平，更好地满足经济社会发展对高素质人才的需要。

主要特色

⊙ 中文版本、易教易学

本系列教材选取在工作中最普遍、最易掌握的应用软件的中文版本，突出“易教学、易操作”，结构合理、循序渐进、讲解清晰。

◉ 内容全面、图文并茂

本系列教材合理安排基础知识和实践知识的比例，基础知识以“必需、够用”为度，内容系统全面，图文并茂。

◉ 结构合理、实例典型

本系列教材以培养实用型和创新型人才为目标，在全面讲解实用知识的基础上拓展学生的思维空间，以实例带动知识点，诠释实际项目的设计理念，实例典型，切合实际应用，并配有上机实验。

◉ 体现教与学的互动性

本系列教材从“教”与“学”的角度出发，重点体现教师和学生的互动交流。将精练的理论和实用的行业范例相结合，使学生在课堂上就能掌握行业技术应用，做到理论和实践并重。

◉ 与实际工作相结合

开辟培养技术应用型人才的第二课堂，注重学生素质培养，与企业一线人才要求对接，充实实际操作经验，将教育、训练、应用三者有机结合，使学生一毕业就能胜任工作，增强学生的就业竞争力。

读者对象

本系列教材的读者对象为高等学校师生和需要进行计算机相关知识培训的专业人士，同时也可供从事其他行业的计算机爱好者自学参考。

结束语

希望广大师生在使用过程中提出宝贵意见，以便我们在今后的工作中不断地改进和完善，使本系列教材成为高等学校教育的精品教材。

西北工业大学出版社

2011 年 3 月

前　言

Flash 8 是美国 Macromedia 公司在 Flash MX 2004 的基础上推出的一款用于制作矢量图形和创建动画的专业软件，使用 Flash 8 可以创建演示文稿、应用程序和其他允许用户交互的内容。随着互联网的发展，Flash 已广泛应用于网页、教学课件、音乐 MTV 和游戏制作等领域。

本书以“基础知识+课堂实战+综合实例+上机实验”为主线，对 Flash 8 软件循序渐进地进行讲解，使读者能快速直观地了解和掌握该软件的基本使用方法、操作技巧和行业实际应用，为步入职业生涯打下良好的基础。

本书内容

全书共分 14 章。其中，前 12 章主要介绍 Flash 8 的基础知识和基本操作，使读者逐步掌握使用计算机进行动画制作的有关知识；第 13 章列举了几个有代表性的综合应用实例；第 14 章是上机实验，通过理论联系实际，帮助读者举一反三，学以致用，进一步巩固所学的知识。

读者定位

本书结构合理，内容系统全面，讲解由浅入深，实例丰富实用，既可作为各高等学校 Flash 基础课程的首选教材，也可作为各成人高校、民办高校及社会培训班的教材，同时还可供专业人员参考。

本书力求严谨细致，但由于水平有限，书中难免出现疏漏与不妥之处，敬请广大读者批评指正。

编　者

目　录

第 1 章　初识 Flash 8

Flash 8 是由美国 Macromedia 公司在 Flash MX 2004 的基础上推出的一款用于制作矢量图形和创建动画的专业软件。使用 Flash 可以创建演示文稿、应用程序和其他允许用户交互的内容。随着互联网的发展，Flash 已广泛应用于制作网页、教学课件、MTV 和 Flash 游戏等领域。

知识要点

- Flash 8 的概述
- Flash 8 的安装、启动和退出
- Flash 8 的新增功能
- Flash 8 的工作界面
- Flash 8 的基本操作

1.1　Flash 8 的概述

Flash 8 自推出以来，就备受广大用户的喜爱。Flash 是一个工具软件组及相关插件的组合，主要用于制作矢量图形和动画素材。但它并不是一个简单的工具软件，使用该软件制作的动画具有高度的交互性，其优越性是其他同类软件无法相比的。

1.1.1　Flash 8 的特点

Flash 8 之所以受到广大用户的喜爱，这与它具有的特点是分不开的，主要有以下几个方面：

1．交互式设计

Flash 8 具有强大的交互功能，使用它可以创建按钮、多级弹出式菜单、复选框及交互式游戏等，使用户可以随心所欲地控制动画。

2．采用矢量图

使用 Flash 8 制作的动画中采用的图形都为矢量图，因此，即使将动画的播放界面放大或缩小，都不会影响动画的品质。

3．作品下载时间短

Flash 8 支持“流技术”下载，克服了目前网络传输速度较慢的缺点，并且允许用户边下载边观看动画，而不用等待将整个动画下载完后再观看。

4．支持导入音频和视频

在 Flash 8 中，用户可以将外部的音频和视频文件导入用户的动画中，还可以根据需要对其进行编辑和加工处理，以使其符合用户的实际需要。

5．插件工作方式

Flash 8 的工作方式为插件方式，任何安装有 Shockwave Flash 插件的网络用户，都可通过网页浏览器观看 Flash 动画。

6．适用范围广

使用 Flash 不仅可以制作动画，还可以制作教学课件、产品功能展示、MTV 和 Flash 游戏等。总之，随着计算机技术的发展，Flash 应用的范围越来越广。

1.1.2 Flash 的应用

Flash 不仅可以用于动画制作，还可以根据用户的实际需要在不同的领域中发挥作用。

1．网站导航条

使用 Flash 制作的网站导航条，美观且具有超强的交互性，因此，很多网站都使用 Flash 制作导航条，如图 1.1.1 所示即为用 Flash 制作的网站导航页面。

2．教学课件

随着互联网技术的发展，很多教师都将其教学过程制作成教学课件，供大家学习。使用 Flash 制作的教学课件，不仅操作简单，而且交互性强，非常有利于教学的互动，如图 1.1.2 所示即为用 Flash 制作的讲解 Flash MX 2004 的教学课件。

图 1.1.1 网站导航页面

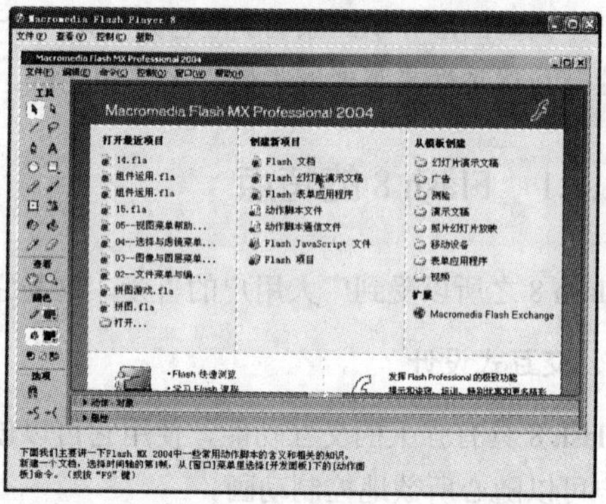

图 1.1.2 教学课件

3．产品功能展示

很多公司将新产品研发出来以后，将该产品的功能简介制作成动画在网络上发布，以便让大家了解该产品的新功能。使用 Flash 制作的产品功能展示不仅图文并茂，而且能通过生动的语言讲解产品的新功能，克服了平面广告宣传不到位的缺点。如图 1.1.3 所示即为用 Flash 制作的手机产品功能展示。

4．MTV

Flash 支持导入音频文件，因此，很多动漫爱好者都使用该软件制作 MTV。使用 Flash 制作的 MTV 不仅占用存储空间小，而且效果好，深受广大用户的喜爱，如图 1.1.4 所示即为用 Flash 制作的 MTV。

图 1.1.3　手机产品功能展示

图 1.1.4　MTV

5．Flash 游戏

使用 Flash 不仅可以制作简单的动画，还可以使用其独有的脚本语言制作复杂的 Flash 游戏，如图 1.1.5 所示即为制作的 Flash 游戏。

6．故事片

使用 Flash 还可以制作故事片，如三国系列、春水系列等，如图 1.1.6 所示即为用 Flash 制作的故事片《大话李白》。

图 1.1.5　Flash 游戏

图 1.1.6　故事片《大话李白》

1.2　Flash 8 的安装与卸载

用户在使用 Flash 创作动画之前，首先必须将该软件安装到计算机上，才能使用它进行创作。当用户在使用的过程中遇到问题而无法正常使用时，可将其卸载后重新安装。

1.2.1　Flash 8 的运行环境

在安装该软件之前，必须保证计算机满足如表 1.1 所示的系统环境，才能使该软件顺利运行。

表 1.1　系统环境要求

系统平台	Windows	Macintosh
处理器	600 MHz Intel Pentium III 处理器或同等处理器	500 MHz PowerPC G3 处理器
操作系统	Windows 98，Windows 2000 或 Windows XP	Mac OS X 10.2.6
内存	128 MB（建议使用 256 MB）	128 MB（建议使用 256 MB）
硬盘	190 MB 可用磁盘空间	130 MB 可用磁盘空间

1.2.2　Flash 8 的安装

Flash 8 可以在 Windows 98 以上版本的操作系统中运行。下面将以 Step by Step 方式演示整个安装过程，用户可按照系统的提示完成软件的安装。具体安装过程如下：

（1）在资源管理器中双击 Flash 8 安装盘中的 Setup 文件，此时加载安装向导程序准备安装，随后弹出“正在解压缩文件”对话框，如图 1.2.1 所示。解压缩结束后，弹出“Macromedia Flash 8 安装程序”对话框，如图 1.2.2 所示。

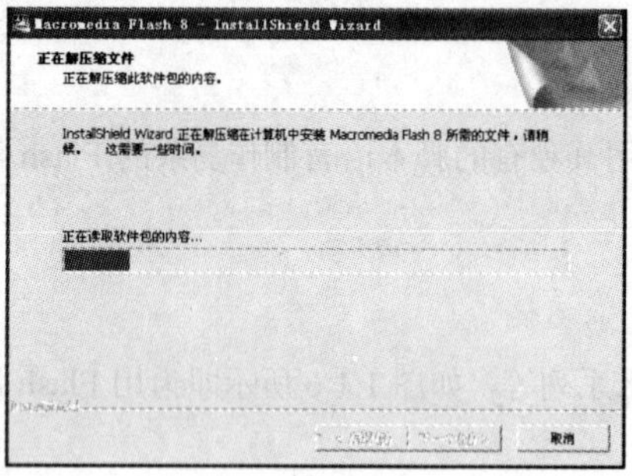

图 1.2.1　Flash 8“正在解压缩文件”对话框

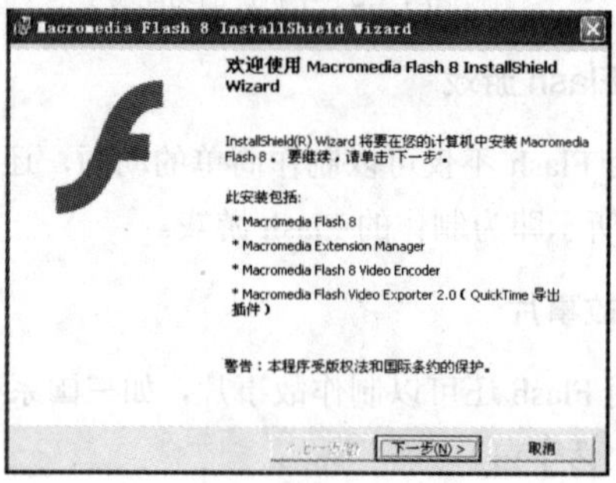

图 1.2.2　“Macromedia Flash 8 安装程序”对话框

（2）单击 下一步(N) > 按钮，弹出“许可证协议”对话框，如图 1.2.3 所示。

（3）在该对话框中选中 我接受该许可证协议中的条款(A) 复选框，单击 下一步(N) > 按钮，弹出“目的地文件夹”对话框，如图 1.2.4 所示。如果要更改程序的安装路径，单击 更改(C)... 按钮，弹出“更改当前目的地文件夹”对话框，如图 1.2.5 所示。在 文件夹名称(F) 文本框中输入更改后的路径，单击 确定 按钮，即可弹出“安装 Macromedia Flash 8”对话框，如图 1.2.6 所示。

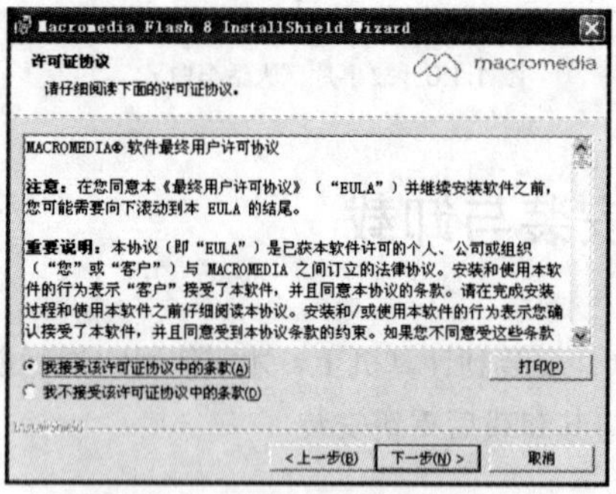

图 1.2.3　“许可证协议”对话框

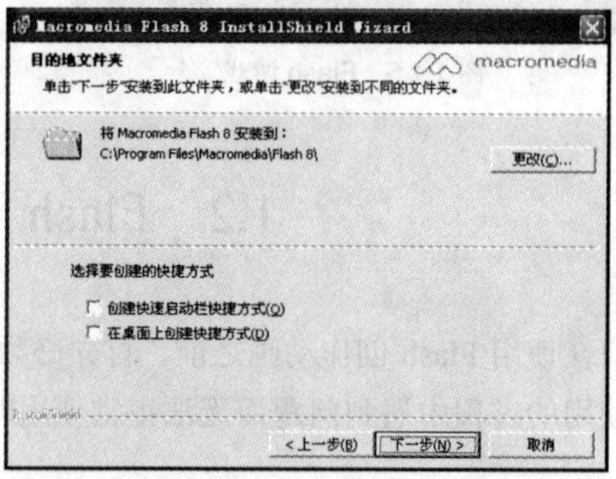

图 1.2.4　“目的地文件夹”对话框

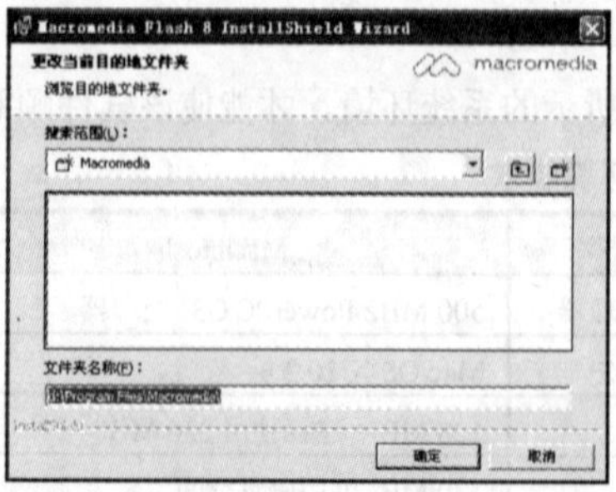

图 1.2.5　“更改当前目的地文件夹”对话框

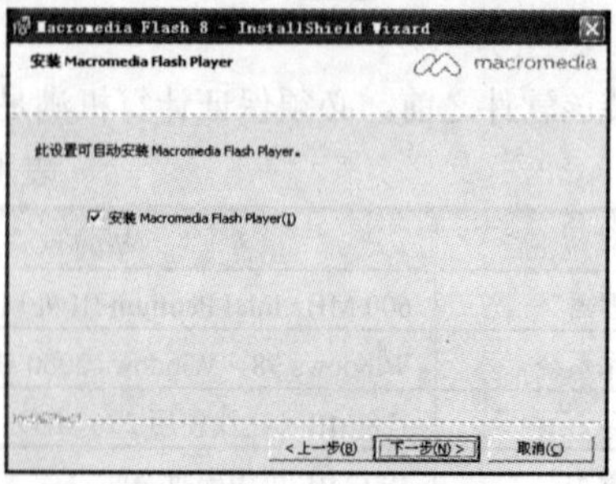

图 1.2.6　“安装 Macromedia Flash 8”对话框

（4）单击 下一步(N) > 按钮，弹出“准备安装”对话框，如图 1.2.7 所示。

（5）单击 安装(I) 按钮，弹出“正在安装 Macromedia Flash 8”对话框，如图 1.2.8 所示。

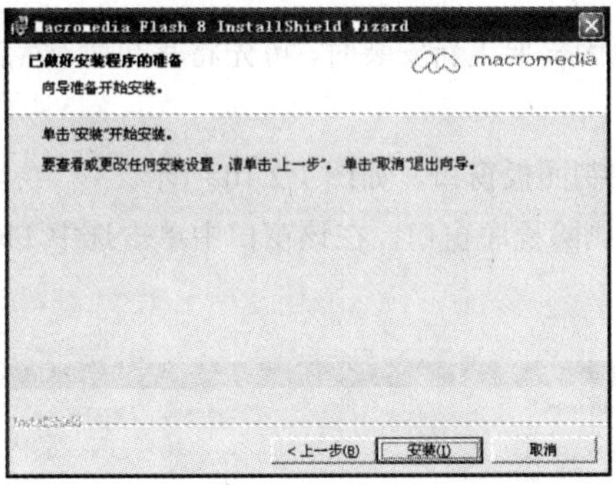

图 1.2.7　“准备安装”对话框

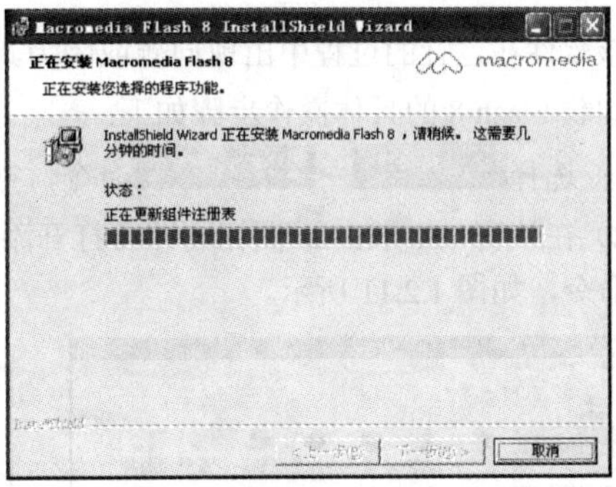

图 1.2.8　“正在安装 Macromedia Flash 8”对话框

（6）安装完成后，会弹出“安装完成”对话框，单击 完成(F) 按钮，即可完成软件的安装。

（7）几分钟过后，会弹出“注册”对话框，用户可将购买的软件光盘序列号输入对话框中来激活该软件。

1.2.3　Flash 8 的启动与退出

当用户安装完成 Flash 后，可选择 开始 → 所有程序(P) → Macromedia 命令，此时在其子菜单中出现了 Macromedia Flash 8 命令，单击该命令图标即可启动 Flash 8 应用程序，进入其开始页面，如图 1.2.9 所示。

打开 Flash 8 应用程序后，用户即可使用该软件创建动画。当动画创建完成后，可采用以下方法退出该应用程序。

（1）在菜单栏中选择 文件(F) → 退出(X) 命令，即可退出该程序。

（2）单击工作窗口右上角的“关闭”按钮 ☒，即可退出该程序。

（3）按“Ctrl+Q”快捷键，也可退出该程序。

图 1.2.9　Flash 8 开始页面

1.2.4 Flash 8 的卸载

当该软件在运行的过程中出现问题或因为其他原因需要重新安装时，可先将其卸载，然后再重新安装。卸载 Flash 8 的具体操作步骤如下：

（1）选择 开始 → 控制面板(C) 命令，打开控制面板窗口，如图 1.2.10 所示。

（2）在该窗口中双击图标，即可打开添加或删除程序窗口，在该窗口中单击选中 Flash 8 安装程序命令，如图 1.2.11 所示。

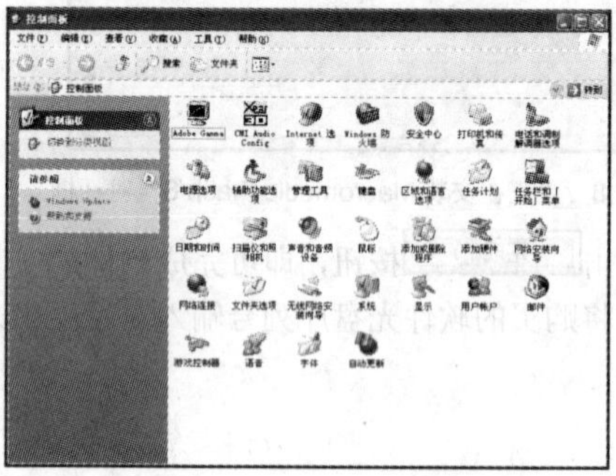

图 1.2.10　控制面板窗口

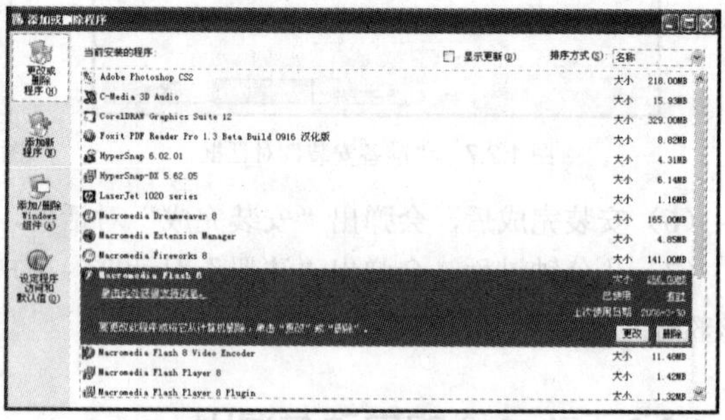

图 1.2.11　添加或删除程序窗口

（3）单击 删除 按钮，弹出如图 1.2.12 所示的提示框，提醒用户是否要删除 Flash 8。

图 1.2.12　提示框

（4）单击 是(Y) 按钮，即可将 Flash 8 从用户的计算机上卸载。

1.3 Flash 8 的新增功能

新推出的 Flash 有两个版本：Flash Basic 8 和 Flash Professional 8。其中 Flash Basic 8 是面向 Web 设计人员、交互式媒体专业人员和开发多媒体内容的版本，它注重创建、导入和处理多种类型的媒体（音频、视频、位图、矢量、文本和数据）。Flash Professional 8 是 Macromedia 公司专为高级 Web 设计人员和应用程序构建人员而设计的，它除了具备 Flash Basic 8 的所有功能之外，还新增了几种功能强大的工具。其新增功能介绍如下：

1．增强填充变形工具的功能

新的填充变形工具可以让用户对舞台上的对象应用复杂的渐变，并能够精确地控制渐变中心点的位置，以创建不同的渐变效果，而且能对渐变应用其他参数。

2．对象绘制模型

在 Flash 8 中，新增的“对象绘制”模型可以让用户使用绘图工具绘制出独立于其他形状的图形对象。即该图形不会影响其下方的其他图形，且图形周围显示蓝色的细线，如图 1.3.1 所示。

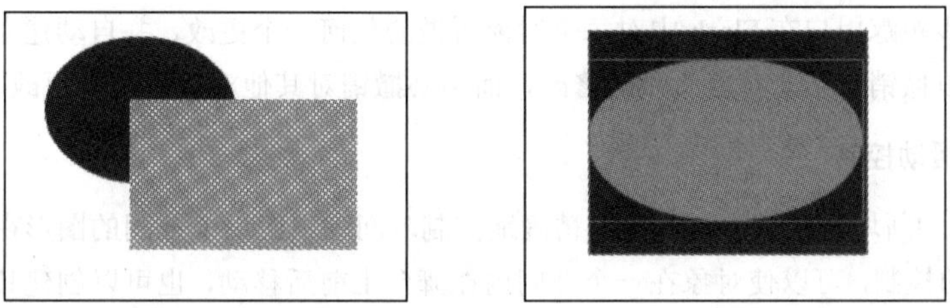

绘制的形状　　　　绘制的对象

图 1.3.1　绘制的形状与对象

3．脚本助手模式

在“动作”面板中新增了脚本助手，可使用户在不太了解 ActionScript 的情况下也能创建简单的动作脚本。

4．扩展的舞台工作区

当用户制作的图形不能全部放置于舞台中时，可将它们放置于舞台周围的空白区域（即工作区）中，将其暂时存储起来，以备不时之需，且该区域中的图形在播放 SWF 文件时不显示在舞台中。

5．新增文档选项卡

如果用户同时打开了多个 Flash 文档，可单击文档左上角的选项卡在打开的多个文档间进行切换。

6．改进的“首选参数”对话框

Flash 8 精简了“首选参数”对话框的设计，对其重新布局，使该对话框更简洁易用。

7．单一库面板

在 Flash 8 中，用户可以使用一个“库”面板来同时查看多个 Flash 文件的库项目。如图 1.3.2 所示即为 Flash 8 的库面板。

8．改进的发布界面

Flash 8 简化了“发布设置”对话框，使得 SWF 文件的发布更加轻松快捷。如图 1.3.3 所示即为简化后的“发布设置”对话框。

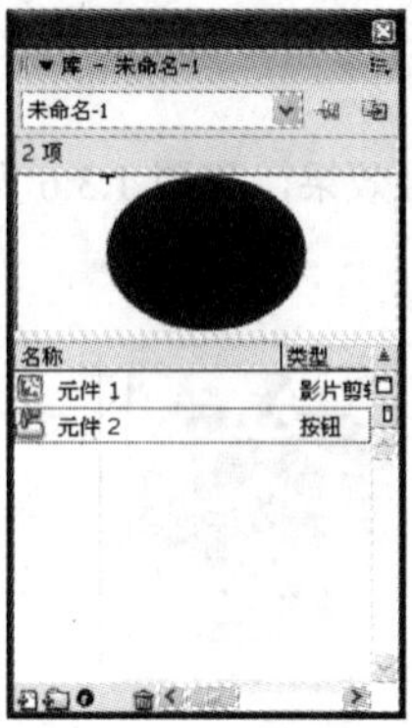

图 1.3.2　库面板

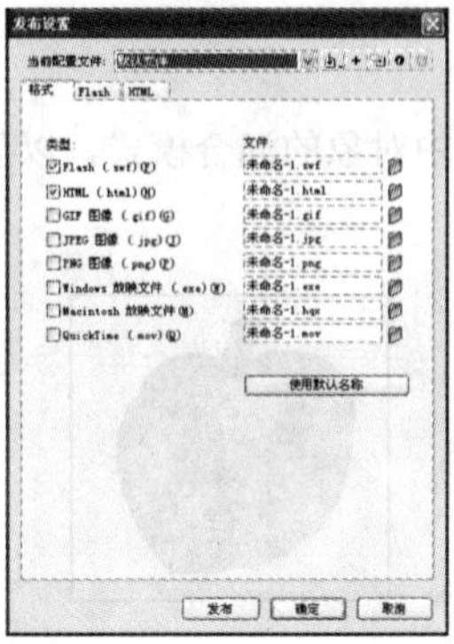

图 1.3.3　“发布设置”对话框

9．对象层级撤销模式

系统可以逐步跟踪用户在 Flash 中对每个对象所做的任何一个更改，并自动建立每个对象的撤销列表，使用户可以撤销对某个对象所做的修改，而不必撤销对其他对象所做的更改。

10．自定义缓动控制

使用 Flash 8 中新增的缓动控制，可以精确地控制时间轴中应用了补间的图形在舞台上的变化过程。使用这种新的控制，可以使对象在一个补间内在舞台上前后移动，也可以创建其他复杂的补间效果，如图 1.3.4 所示即为“自定义缓入/缓出”对话框。

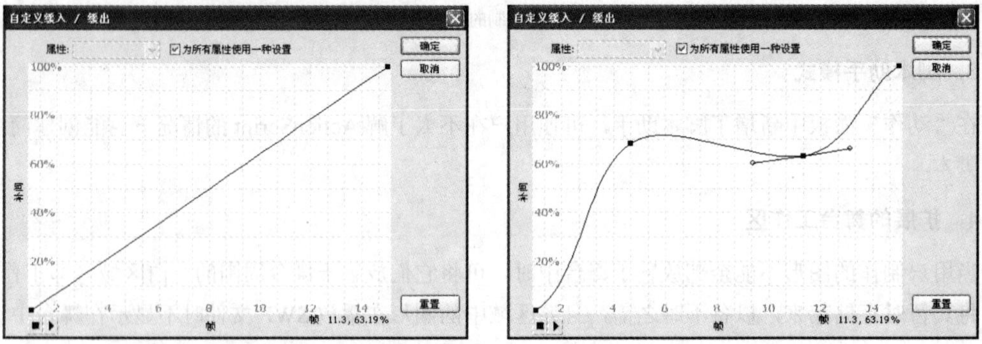

更改前　　　　更改后

图 1.3.4 “自定义缓入/缓出”对话框

11．图形效果滤镜

新增的图形效果滤镜，可以为对象创建发光、投影等效果，如图 1.3.5 所示即为使用投影滤镜后的效果。

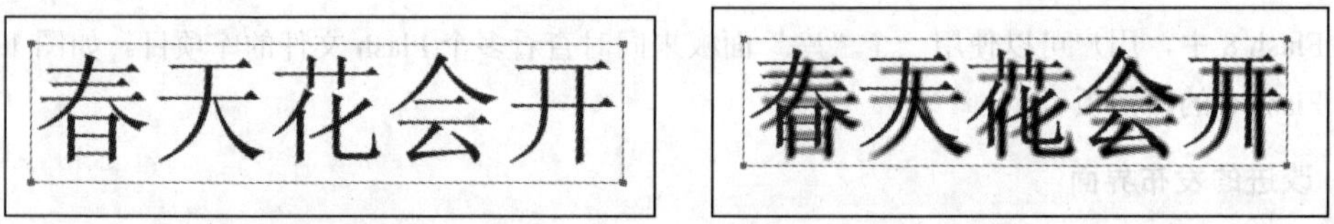

原文字　　　　添加投影效果后的文字

图 1.3.5 在文字中使用投影滤镜

12．混合模式

用户可以更改舞台中对象的混合模式，以创建多种复合效果，如图 1.3.6 所示即为采用差异混合模式时的效果。

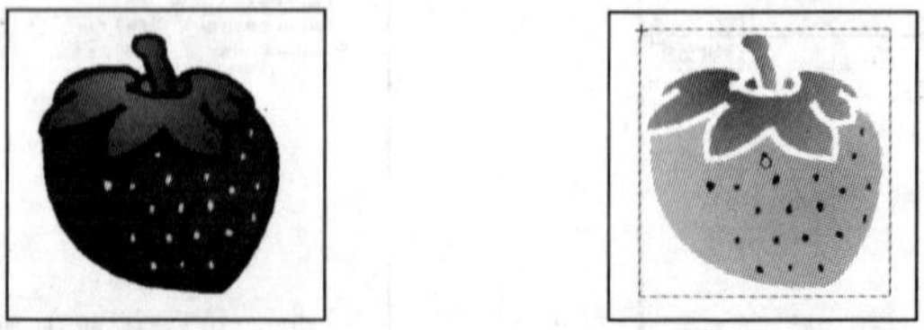

一般模式　　　　差异模式

图 1.3.6 使用差异混合模式后的效果

13．平滑位图

Flash 8 中新增的平滑位图功能，可以使用户在放大或缩小位图时改善图像的外观。

14．改进的消除文本锯齿功能

用户可以应用新的消除锯齿设置，使正常大小和较小的文本显示得更清晰。

15．新的视频编码器

Flash 8 附带了一个新的视频编码器，它是一个独立的应用程序，可以方便地将视频文件转换为 Flash 视频格式.flv，该程序还可以用来执行视频文件的批处理。

1.4　Flash 8 的工作界面

在使用 Flash 8 创建动画之前，必须先熟悉它的工作环境。在 Flash 8 开始页面中选择 打开... 选项，即可打开一个 Flash 文档，进入其工作界面，如图 1.4.1 所示。Flash 8 的工作界面主要由标题栏、菜单栏、常用工具栏、时间轴、工具箱、工作区、舞台和各种面板组成。

图 1.4.1　Flash 8 工作界面

1.4.1　标题栏

在标题栏中包括软件的名称、用户目前正在编辑文档的名称和控制工作窗口的按钮。

1.4.2　菜单栏

菜单栏位于标题栏的下方，其中包含控制 Flash 动画的常用命令。菜单栏中包括 文件(F)、编辑(E)、视图(V)、插入(I)、修改(M)、文本(T)、命令(C)、控制(O)、窗口(W)和帮助(H)等 10 个菜单项。下面将分别对其进行介绍。

1．文件菜单

文件菜单中包含常用的文件操作命令，包括新建、保存、打开、关闭、导入、导出、发布、页面设置和打印等命令。用户可以选择这些命令进行文件的打开、关闭等操作。

2．编辑菜单

编辑菜单中包含常用的编辑命令，包括撤销、重复、复制、粘贴、查找/替换、时间轴、编辑元件、快捷键和首选参数等命令。用户可以选择这些命令对图形对象进行编辑及自定义快捷键和设置系统的首选参数等操作。

3．视图菜单

视图菜单中包含常用的控制屏幕显示的命令，包括放大、缩小、转到、缩放比率、预览模式、工作区、标尺、网格和辅助线等命令。用户可以选择这些命令对视图进行放大、缩小等操作。

4．插入菜单

插入菜单中包含常用的插入命令，包括新建元件、时间轴、时间轴特效和场景等命令。用户可以选择这些命令进行创建新元件、插入图层、插入场景等操作。

5．修改菜单

修改菜单中包含常用的修改命令，包括文档、位图、元件、形状、合并对象、变形、对齐、排列和组合等命令。用户可以选择这些命令进行修改动画的对象、场景及属性等操作。

6．文本菜单

文本菜单中包含常用的文本命令，包括字体、大小、样式、对齐、字母间距、检查拼写和拼写设置等命令。用户可以选择这些命令设置文本的属性。

7．命令菜单

命令菜单中包括管理保存命令、获取更多命令和运行命令。用户可以使用这 3 个命令管理常用的命令及从网站上获取其他命令。

8．控制菜单

控制菜单中包含常用的控制命令，包括播放、后退、前进一帧、后退一帧、测试影片、调试影片、测试场景等命令。用户可以选择这些命令控制影片的播放。

9．窗口菜单

窗口菜单中包含常用的控制窗口的命令，包括直接复制窗口、工具栏、时间轴、库、动作、对齐、混色器和组件等命令。用户可以选择这些命令控制 Flash 8 中的窗口布局、打开或关闭工具栏及打开和关闭各种面板等。

10．帮助菜单

帮助菜单中包含常用的帮助命令，包括 Flash 帮助、Flash 入门、Flash 新增功能、Flash 技术支持中心和 Macromedia 在线论坛等命令。用户可以选择这些命令更好地使用 Flash。

1.4.3　主工具栏

Flash 8 主工具栏中的按钮与 Word 文字处理系统常用工具栏中的按钮功能相同。用户可以使用这些按钮，快速地进行文件的打开、保存、打印等操作。

1.4.4　时间轴面板

时间轴面板位于菜单栏的下方，它是处理帧和层的地方，而帧和层是动画的重要组成部分。时间轴显示了动画中各帧的排列顺序，同时也包括各层的层次顺序。使用时间轴，可以更方便地控制动画。时间轴面板由左侧的层操作区、右侧的时间线操作区和底部的状态栏组成，如图 1.4.2 所示。

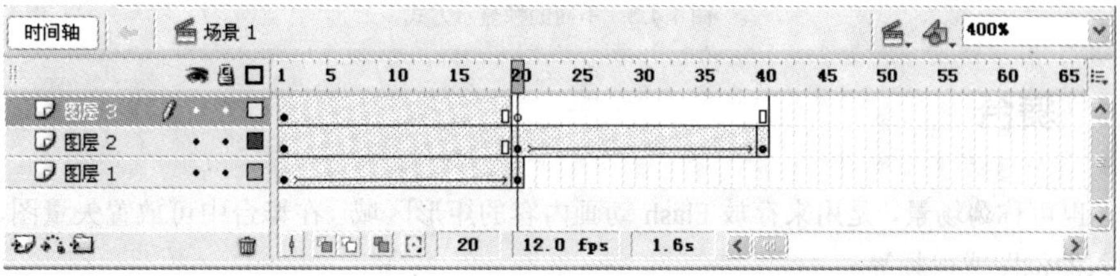

图 1.4.2　时间轴面板

1．层操作区

层操作区由层示意列和层控制按钮组成，用户可以在该区域中对层进行显示/隐藏、锁定/解锁、插入和删除等操作。

2．时间线操作区

时间线操作区由时间线标尺、动画轨道、帧序列、信息提示栏和动画控制按钮组成。在时间线操作区中，用户可拖动时间线标尺中的播放指针查看动画的效果，也可进行插入帧、复制帧和删除帧等操作。

3．状态栏

状态栏中包含 3 个区域，分别为当前帧、帧频和运行时间。

（1）当前帧：该区域显示了当前正在操作的帧的序号。

（2）帧频：该区域显示了当前动画设置的播放频率。

（3）运行时间：该区域显示了动画到当前帧的位置时已播放了多长时间，该时间是将已播放帧数除以帧速率得到的，并不是实际的播放时间。

4．更改帧的显示方式

在时间轴面板中，用户可更改帧的显示方式，以适合创作需要。单击时间轴标尺右侧的“选项”按钮，即可从弹出的菜单中选择合适的选项更改帧的显示方式。如果用户选择“很小”选项，时间轴中的帧将以很窄的单元格显示，在此模式下，可以显示较多的帧；如果用户想实时查看帧，可以选择“关联预览”选项，此时，动画中帧的位置及内容信息便显示在时间轴中，如图 1.4.3 所示。

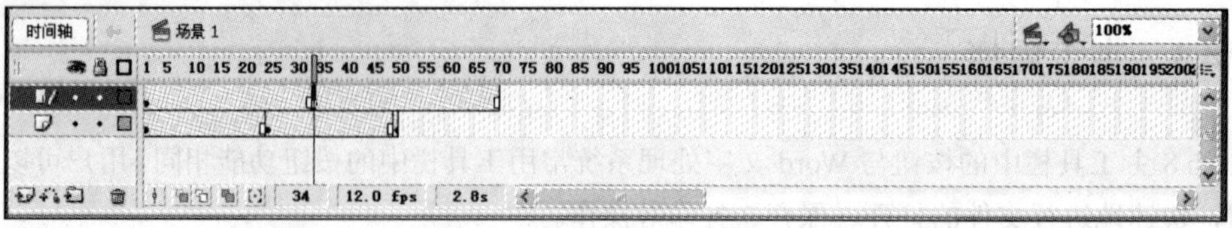

（a）以“很小”模式显示帧内容

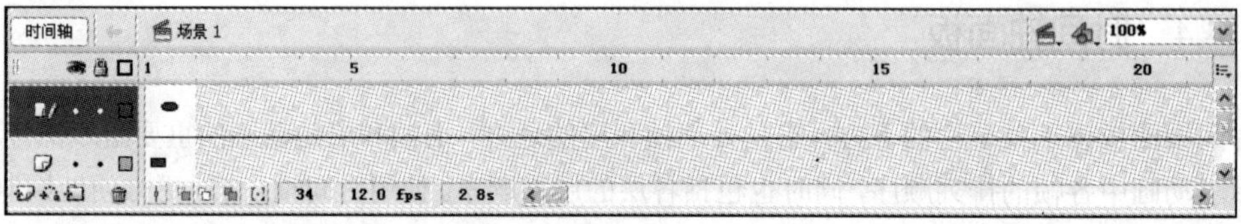

（b）以“关联预览”模式显示帧内容

图 1.4.3　不同的帧显示方式

1.4.5　舞台

舞台，也可称为场景，是用来存放 Flash 动画内容的矩形区域。在舞台中可放置矢量图、文本框、按钮、导入的位图或视频等。

当用户创建的 Flash 动画包含多个场景时，系统自动按照场景面板中场景的列表顺序依次播放各场景中的内容，且各场景中的帧将按照其播放顺序连续编号。例如，如果第 1 个场景中帧的编号为 1～30，则第 2 个场景中开始帧的编号将为 31，依此类推直到最后一个帧，如图 1.4.4 所示即为场景面板。

如果要放大舞台中某个特定的对象，可先选择缩放工具，然后在该工具选项区中单击“放大”按钮选择放大工具，使用该工具在对象上单击即可；也可在“视图(V)”菜单中选择相应命令，改变舞台的显示比例；或在时间轴面板右侧的显示比例文本框中输入数值或单击其右侧的下拉按钮，在弹出的下拉列表中选择合适的选项以改变舞台的显示比例，如图 1.4.5 所示。

图 1.4.4　场景面板

图 1.4.5　“显示比例”下拉列表

当舞台以较大的显示比例显示时，要查看舞台中某个对象，可在不更改显示比例的情况下，使用手形工具移动舞台的位置来查看该对象。如果用户正在使用其他工具，可按住空格键，暂时将所用的工具转换为手形工具使用。使用完后，可释放空格键，恢复原工具的使用。

1.4.6　工具箱

Flash 8 的工具箱中包含了绘制、编辑图形的所有工具，如图 1.4.6 所示即为 Flash 8 的工具箱。该工具箱可分为 4 个区域，分别为工具区、视图区、颜色区和选项区。

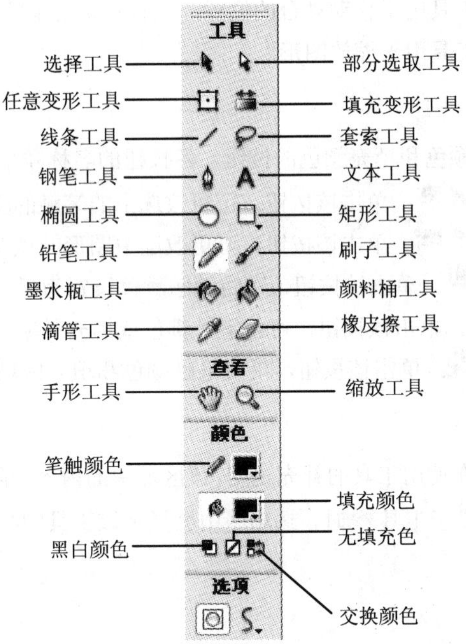

图 1.4.6　工具箱

1．工具区

工具区中包括绘图、填充、选择、变形和擦除工具。各工具的名称和功能介绍如下：

（1）选择工具：该工具用于选择图形对象、改变对象的形状或位置。

（2）部分选取工具：该工具用于选择贝塞尔曲线上的锚点或对某个锚点进行处理。

（3）任意变形工具：该工具用于对图形对象的形状进行变形。

（4）填充变形工具：该工具用于改变填充图形的填充效果。

（5）线条工具：该工具用于绘制直线。

（6）套索工具：该工具用于选取图形区域。

（7）钢笔工具：该工具用于绘制直线、折线和曲线。

（8）文本工具：该工具用于创建文本。

（9）椭圆工具：该工具用于绘制椭圆或圆。

（10）矩形工具：该工具用于绘制矩形、正方形或圆角矩形。

（11）多角星形工具：该工具用于绘制多边形或星形。

（12）铅笔工具：该工具用于绘制直线、折线和曲线。

（13）刷子工具：该工具用于绘制闭合的填充区域。

（14）墨水瓶工具：该工具用于改变图形对象笔触的属性。

（15）颜料桶工具：该工具用于改变图形填充区域的内容。

（16）滴管工具：该工具用于吸取图形或线条的颜色。

（17）橡皮擦工具：该工具用于擦除图形中的内容。

2．视图区

视图区中包括缩放工具和手形工具。它们的功能介绍如下：

（1）手形工具：该工具用于移动舞台的位置，以查看舞台中的其他对象。

（2）缩放工具：该工具用于缩放图形。

3．颜色区

颜色区中包括设置笔触颜色和填充颜色的按钮。各按钮的名称和功能介绍如下：

（1）“笔触颜色”按钮：单击该按钮，可更改选中的笔触的颜色。

（2）“填充颜色”按钮：单击该按钮，可更改选中图形的填充区域的内容。

（3）“黑白颜色”按钮：单击该按钮，可将笔触颜色设置为黑色，填充颜色设置为白色。

（4）“无颜色”按钮：单击该按钮，可将笔触颜色或填充区域的颜色设置为无填充色。

（5）“交换颜色”按钮：单击该按钮，可将笔触颜色和填充区域的颜色互换。

4．选项区

选项区显示用户当前正在使用工具的补充说明，该区域中的内容会随着用户当前选择工具的不同而变化。例如，当用户选择刷子工具时，选项区中会显示该工具的绘图模式、大小和形状等内容。

1.4.7　浮动面板

Flash 8 将常用的面板显示在工作窗口中，利用这些面板，可以实现编辑功能。例如，设置实例的坐标位置；也可以对图形进行各种属性的设置，如颜色、字体和字号等。

默认情况下，属性面板、滤镜面板、参数面板和动作面板嵌入在工作窗口的下方，颜色和库面板嵌入在工作窗口的右侧。

用户可根据需要在菜单栏中的 窗口(W) 菜单中选择命令，打开其对应的面板，对创建的动画进行操作。例如，选择 窗口(W) → 变形(T) 命令，即可将变形面板打开，如图 1.4.7 所示。

如果用户要移动某个面板的位置，可单击面板左上角的符号。当鼠标光标变为形状时，拖动鼠标即可移动面板到工作窗口的其他区域；如果要将暂时不使用的面板隐藏，可单击面板左上角的三角形按钮，将其隐藏，如果要再次打开该面板，单击该三角形按钮即可；如果要查看该面板中的其他选项，可单击其“选项”按钮，在弹出的选项菜单中选择相应命令。

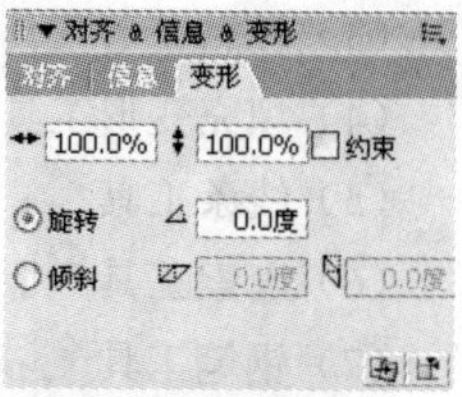

图 1.4.7　变形面板

在菜单栏中，选择 窗口(W) → 隐藏面板(P) 命令，可隐藏所有面板；选择 窗口(W) → 显示面板(P) 命令，可显示所有面板；选择 窗口(W) → 工作区布局(W) → 默认 命令，可将工作区的布局以默认的方式显示。

1.5　Flash 8 的基本操作

在熟悉了 Flash 8 的工作界面后，本节将介绍 Flash 8 的基本操作，其中包括文件的新建、打开和保存等操作。

1.5.1　新建文件

在使用 Flash 8 进行创作前，必须先创建一个新的 Flash 文件，然后才能进行其他操作。可采用以下几种方法创建新文件。

1．使用开始页面

当用户启动 Flash 8 应用程序时，会打开如图 1.5.1 所示的开始页面。Flash 8 开始页面包括 3 个选项：打开最近项目、创建新项目和从模板创建。在该页面中，可以选择最近编辑的文档、创建新的 Flash 文档、创建 ActionScript 文件和使用预置的模板创建新文档。如图 1.5.2 所示即为选择 Flash 文档 选项时，创建的空白 Flash 文档。

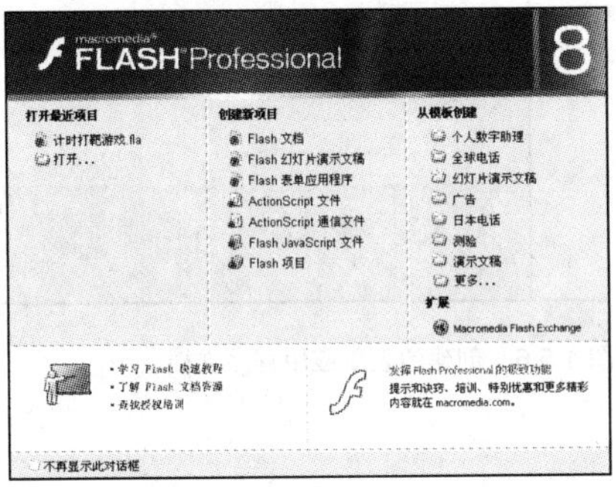

图 1.5.1　开始页面

图 1.5.2　创建的新文档

2．使用文件菜单

在菜单栏中，选择 文件(F) → 新建(N)... 命令，弹出“新建文档”对话框，如图 1.5.3 所示。该对话框中的“常规”选项卡中包含了常用的文档类型，用户可选择其中一个选项，创建该种类型的 Flash 文档，如图 1.5.4 所示即为创建的幻灯片演示文稿文档。

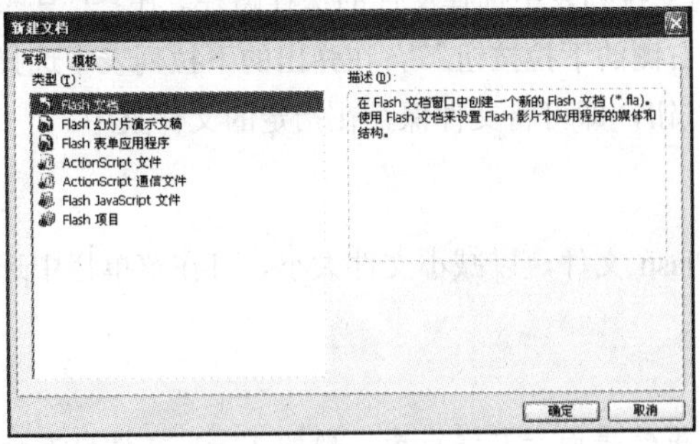

图 1.5.3　“新建文档”对话框

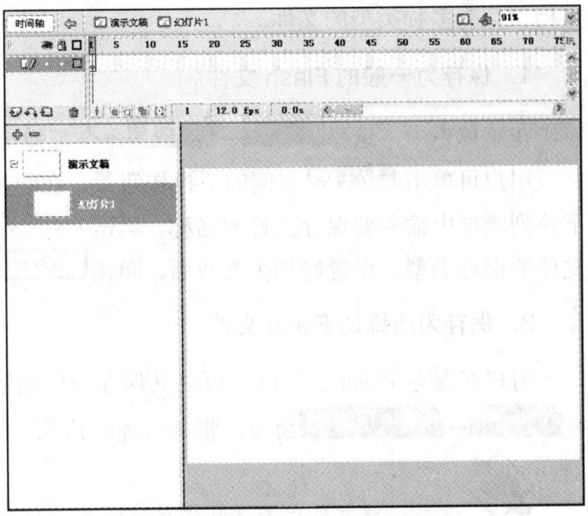

图 1.5.4　创建的幻灯片演示文稿

3．使用模板

当用户选择 文件(F) → 新建(N)... 命令时，即弹出“新建文档”对话框（见图 1.5.3）。此时，单击 模板 标签，可打开“模板”选项卡，如图 1.5.5 所示。

“模板”选项卡中包含了 Flash 自带的模板，用户可以直接调用这些模板，创建所需的模板，如图 1.5.6 所示即为创建的表单应用程序文档。

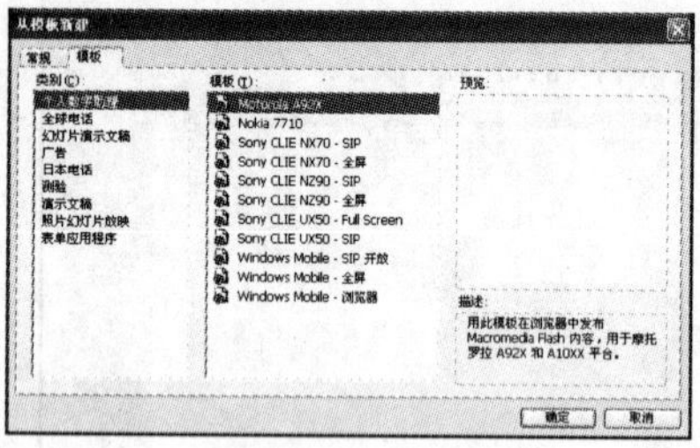

图 1.5.5 “模板”选项卡

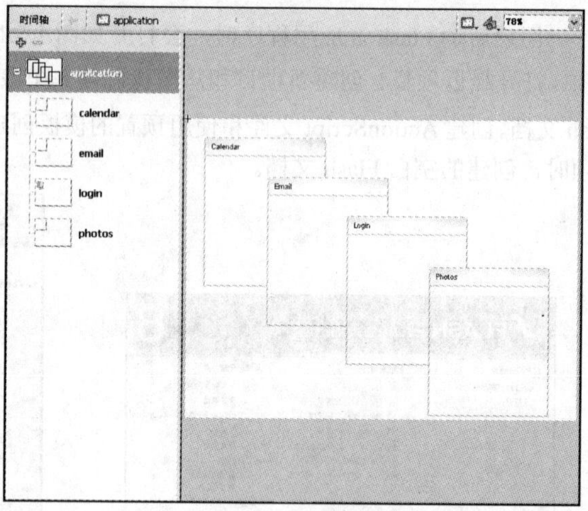

图 1.5.6 创建的表单应用程序文档

4．使用“新建”按钮

除了使用上述方法创建新文件外，还可以单击工具栏中的按钮，直接创建 Flash 文档，且单击该按钮创建的新文档的类型与上次创建的文档类型相同。

1.5.2 保存文件

用户在创建 Flash 动画后，需要将创建的动画保存起来，以备再次修改时调用，并可将创建的 Flash 文档保存为多种类型的文件。

1．保存为一般的 Flash 文件

在菜单栏中，选择 文件(F) → 保存(S) 命令，弹出“另存为”对话框，如图 1.5.7 所示。

用户可单击 保存在(I) 右侧的下拉按钮，在弹出的下拉列表中选择文件的保存路径。在 文件名(N) 下拉列表框中输入要保存文件的名称。单击 保存类型(T) 右侧的下拉按钮，在弹出的下拉列表中选择文件的保存类型。设置好相关参数后，单击 保存(S) 按钮，即可将文件保存在指定的文件夹中。

2．保存为压缩的 Flash 文件

用户在保存 Flash 文件时，可将其保存为压缩的 Flash 文件，以减小文件大小。可在菜单栏中选择 文件(F) → 保存并压缩(M) 命令，将其压缩后再保存。

注意：将文件保存为压缩的 Flash 文件时，虽然表面上与保存为一般的 Flash 文件没有什么区别，实际上，系统已在保存文件的过程中自动对文件进行了压缩处理。

3．保存为模板

用户不仅可以调用系统自带的模板，也可以将自己制作的 Flash 文件保存为模板。在菜单栏中，选择 文件(F) → 另存为模板(T)... 命令，弹出“另存为模板”对话框，如图 1.5.8 所示。

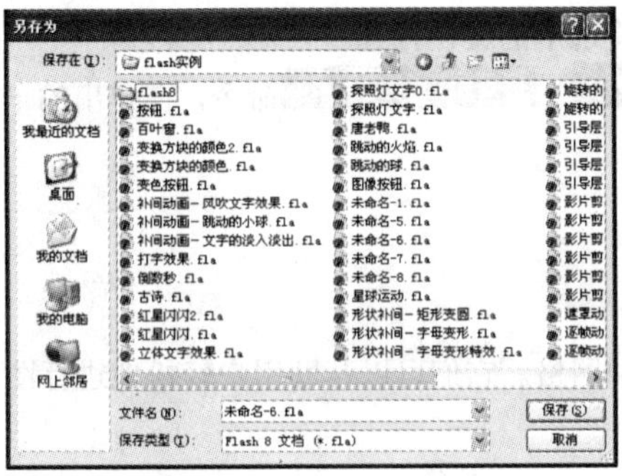

图 1.5.7　“另存为”对话框

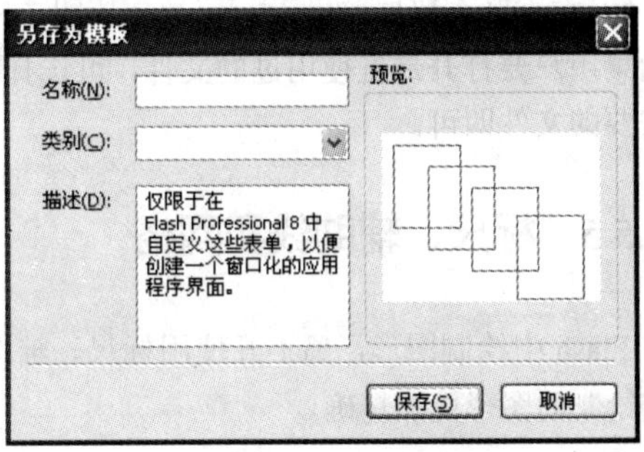

图 1.5.8　“另存为模板”对话框

用户可在 名称(N): 文本框中输入创建的新模板的名称。单击 类别(C): 右侧的下拉按钮，在弹出的下拉列表中选择模板的类别。在 描述(D): 文本框中输入文字，描述该模板的作用。设置好相关参数后，单击 保存(S) 按钮，即可将该文件保存为模板。

1.5.3　关闭文件

用户将 Flash 动画制作完成后，可将该文件关闭，使操作界面更简洁。可采用以下几种方法关闭 Flash 文件。

（1）在菜单栏中，选择 文件(F) → 关闭(C) 命令，可将目前正在操作的文件关闭。

（2）选择 文件(F) → 全部关闭 命令，可将打开的多个文件同时关闭。

（3）单击工作窗口右上角的“关闭”按钮，可快速关闭目前正在操作的文件。

1.5.4　打开文件

如果用户要对以前保存的文件进行修改，可先将其打开，然后再进行其他操作。打开文件的操作方法如下：

（1）选择 文件(F) → 打开(O)... 命令，弹出“打开”对话框，如图 1.5.9 所示。

（2）单击 查找范围(I): 右侧的下拉按钮，弹出其下拉列表，用户可在该列表中选择合适的路径。

（3）在 文件名(N): 下拉列表框中输入文件名。

（4）单击 文件类型(T): 右侧的下拉按钮，弹出其下拉列表，如图 1.5.10 所示，用户可在其中选择要打开文件的类型。

图 1.5.9　“打开”对话框

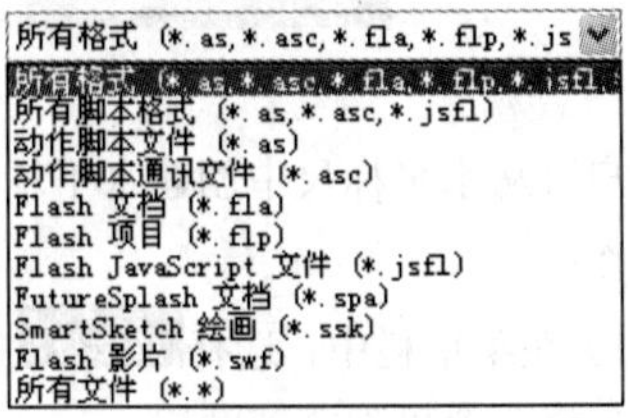

图 1.5.10　文件类型下拉列表

（5）设置好参数后，单击 打开(O) 按钮，即可将选中的文件打开。

如果用户要打开最近使用过的文件，可选择 文件(F) → 打开最近的文件(T) 命令，在弹出的子菜单中选择需要的文件即可。

1.5.5 标尺、辅助线和网格

在 Flash 中绘制图形，离不开使用标尺、辅助线和网格。它们可以帮助用户轻松地进行图形的定位，使绘制的图形更加精确。

1. 标尺

在菜单栏中，选择 视图(V) → 标尺(R) 命令，可在工作区中显示标尺，Flash 8 中的标尺分为水平标尺和垂直标尺，如图 1.5.11 所示。如果要隐藏标尺，再次选择 视图(V) → 标尺(R) 命令即可。

标尺默认的单位是像素，如果用户要更改其度量单位，可选择 修改(M) → 文档(D)... 命令，弹出“文档属性”对话框，如图 1.5.12 所示。单击 标尺单位(R) 右侧的下拉按钮，在弹出的下拉列表中选择相应选项即可更改标尺的单位。

图 1.5.11 标尺

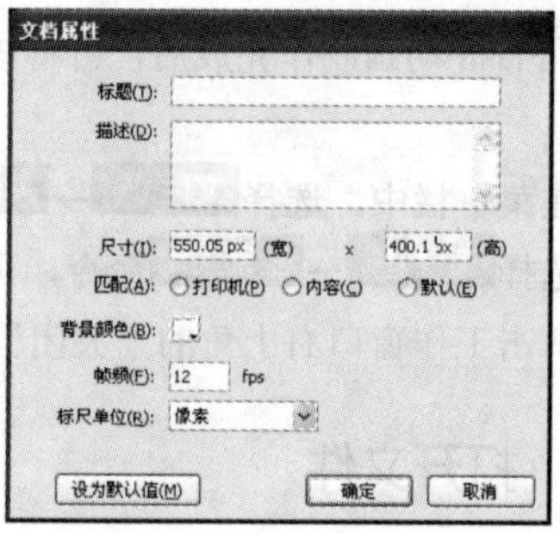

图 1.5.12 “文档属性”对话框

2. 辅助线

当用户要绘制大小及位置十分精确的图形时，可使用辅助线来进行定位。如果标尺已显示在工作区中，可在标尺上单击鼠标左键，当光标变成形状时，向舞台中央拖动鼠标，到达目的位置后释放鼠标，即可创建辅助线，如图 1.5.13 所示。

图 1.5.13 创建辅助线

用户可从水平标尺中创建水平辅助线，从垂直标尺中创建垂直辅助线，并可对创建的辅助线进行如下操作：

（1）在菜单栏中，选择 视图(V) → 辅助线(E) → 显示辅助线(U) 命令，可在舞台中显示创建的辅助线，再次选择该命令可隐藏辅助线。

（2）用户在创建辅助线时，有时不能一次性将辅助线拖到合适的位置。可在创建辅助线后，用鼠标单击选中它，当光标变为↖形状时，移动其至合适位置，如图 1.5.14 所示。

图 1.5.14　移动辅助线的位置

（3）创建好辅助线后，为了保持其位置不动，可选择 视图(V) → 辅助线(E) → 锁定辅助线(K) 命令，将辅助线锁定。锁定后，用户将不能移动该辅助线，如果要移动它，可再次选择该命令解除锁定。

（4）选择 视图(V) → 贴紧(S) → 贴紧至辅助线(G) 命令，可在绘制图形时，使鼠标光标在移动的过程中能迅速捕捉到辅助线，从而使绘制的图形紧贴辅助线。

（5）选择 视图(V) → 辅助线(E) → 编辑辅助线... 命令，弹出“辅助线”对话框，如图 1.5.15 所示。用户可在该对话框中设置辅助线的颜色及对齐精确度等参数。

（6）当创建的辅助线不再使用时，可将其拖回标尺将其删除。也可选择 视图(V) → 辅助线(E) → 清除辅助线 命令，清除创建的所有辅助线。

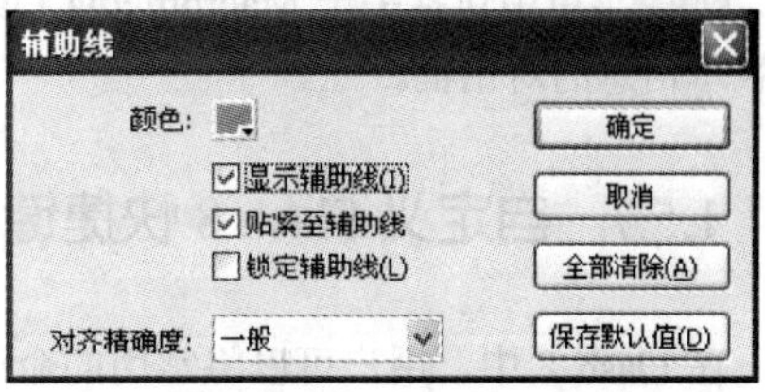

图 1.5.15　“辅助线”对话框

3．网格

在菜单栏中，选择 视图(V) → 网格(D) → 显示网格(D) 命令，可以在舞台上显示网格，如图 1.5.16 所示。再次选择该命令，即可隐藏网格。

默认情况下，网格由多个 18 像素×18 像素的小方格组成，且小方格的边线为浅灰色。如果用户要更改其大小及颜色，可在菜单栏中选择 视图(V) → 网格(D) → 编辑网格(E)... 命令，在弹出的“网格”对话框中对其属性进行设置，如图 1.5.17 所示。

图 1.5.16　显示网格

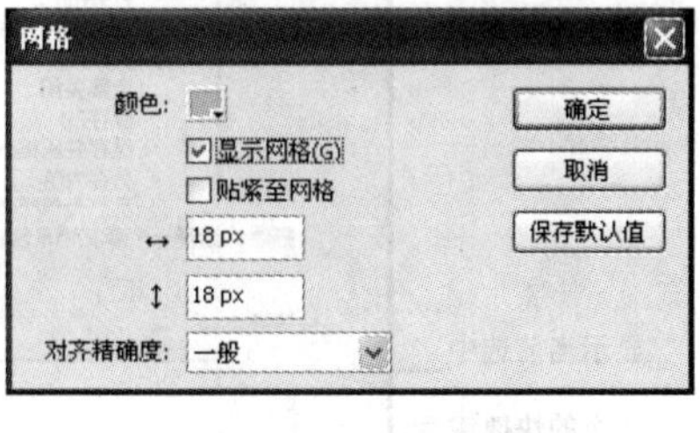

图 1.5.17　“网格”对话框

1.5.6　使用 Flash 播放器

Flash 播放器用于播放 Flash 动画，默认情况下，当用户安装 Flash 应用程序时，会同时安装 Flash

播放器，且其版本随着软件的升级同时升级，Flash 8 的播放器为 Flash Player 8，如图 1.5.18 所示。

如果用户没有安装 Flash Player 插件，可通过以下几种方法安装：

（1）安装 Flash 8。

（2）从 Macromedia.com 下载免费的插件进行安装。

（3）在安装光盘的 softwares\Flash Player\目录下找到该插件的安装文件进行安装。

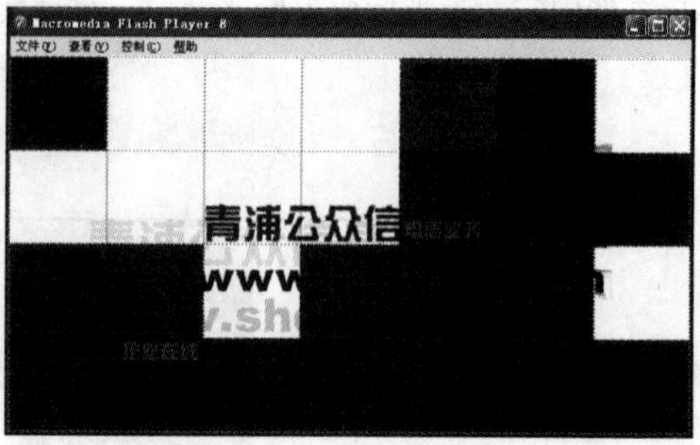

图 1.5.18　Flash Player 8

在 Flash Player 工作窗口中，包含 4 个菜单项，分别为文件(F)、查看(V)、控制(C)和帮助。

文件(F)菜单中包括打开、关闭、打印、创建播放器和退出命令，用户可以使用这些命令进行关于文件的操作。

查看(V)菜单中包括 100%、显示全部、放大、缩小、全屏和品质命令，用户可以使用这些命令改变 Flash 播放器的工作窗口及其显示清晰度。

控制(C)菜单中包括播放、后退、向前、向后和循环命令，用户可以使用这些命令控制动画播放时的进度。

帮助菜单中包括关于 Macromedia Flash Player 8 命令，选择该命令，会弹出一个显示 Flash 播放器版本信息的对话框。

1.5.7　自定义 Flash 8 快捷键

在 Flash 8 中，用户可以将常用的命令定义成快捷键，来提高工作效率。在“快捷键”对话框中还可以删除快捷键、编辑现有快捷键和选择预设快捷键，具体操作如下：

（1）在菜单栏中，选择编辑(E)→快捷键(K)...命令，弹出“快捷键”对话框，如图 1.5.19 所示。该对话框中各选项的含义介绍如下：

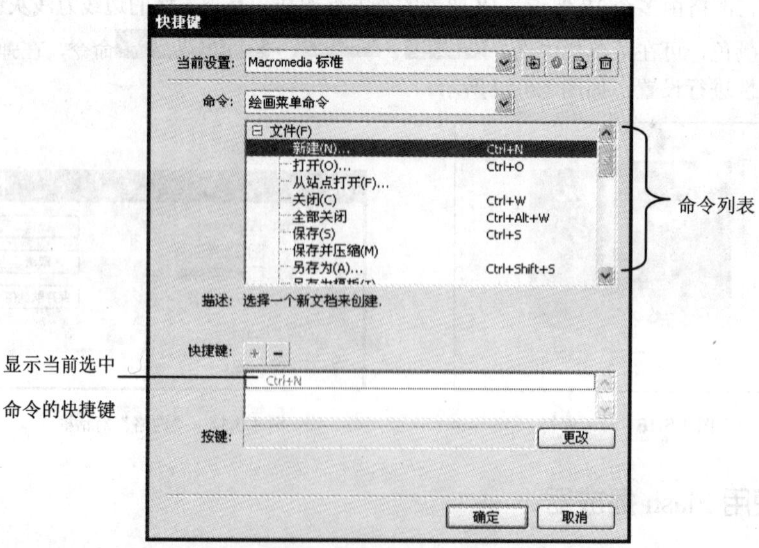

图 1.5.19　“快捷键”对话框

当前设置：该选项可供用户选择 Flash 中设置的快捷键或已定义的自定义设置。单击其右侧的下拉按钮，弹出其下拉列表，该列表中一般包括 6 个选项，分别为 Macromedia 标准、Fireworks 4、Flash 5、Freehand 10、Illustrator 10 和 Photoshop 6。用户可在该列表中选择相应选项，设置其快捷键。

命令：单击其右侧的下拉按钮，弹出其下拉列表，该列表中包括用户将要编辑的命令类别。当用户选择某个选项时，在其下方的命令列表中就会显示与所选选项关联的命令及其快捷键。所有的菜单命令列表显示为树形视图，且其顺序按照应用程序中菜单命令的顺序排列；其他命令则按名称排列，如动作面板命令。

描述：当用户选择某个命令时，就会显示该命令功能的简短描述。

快捷键：显示所选命令的所有快捷键。

“添加快捷键”按钮：单击该按钮，可在快捷键文本框中添加新的空白行。用户可在该空白行中输入新的按键组合，单击更改按钮，可为该命令添加新的快捷键。在 Flash 8 中，可为每个命令设置两个不同的快捷键。如果一个命令已经被设置了两个快捷键，则该按钮显示为灰色，处于无效状态。

“删除快捷键”按钮：单击该按钮，弹出如图 1.5.20 所示的提示框，提示用户不能删除当前的快捷键集，可在创建的可修改快捷键集中删除所选快捷键。

按键：显示用户在添加或更改快捷键时输入的按键组合。

“直接复制副本”按钮：单击该按钮，弹出如图 1.5.21 所示的“直接复制”对话框，用户可在副本名称文本框中输入副本的名称。默认情况下，该副本的名称为原名称后加“副本”两字。

图 1.5.20　提示框

图 1.5.21　“直接复制”对话框

“重命名”按钮：单击该按钮，可对当前设置列表中的选项重命名。

“将设置导出为 HTML”按钮：单击该按钮，弹出“另存为”对话框，如图 1.5.22 所示。设置好参数，系统将以 HTML 表格形式保存当前设置，便于用户进行查看和打印，如图 1.5.23 所示即为打开的 HTML 表格。

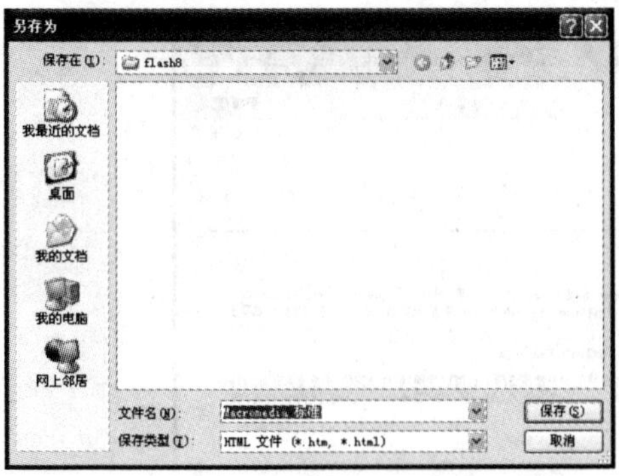

图 1.5.22　“另存为”对话框

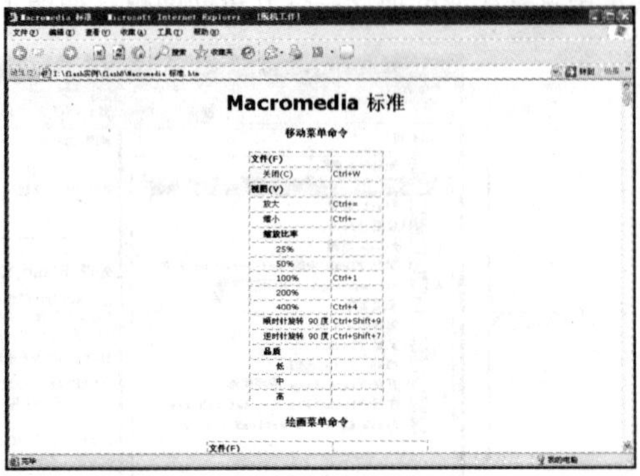

图 1.5.23　HTML 表格

“删除设置”按钮：单击该按钮，弹出“删除设置”对话框，用户可在该对话框中选择相应的选项进行删除，但不能删除当前正在操作的快捷键。

（2）设置好参数后，单击 确定 按钮，即可保存当前设置。

1.5.8 设置 Flash 8 首选参数

为了使 Flash 8 在最佳的环境下工作，发挥其最优性能，通常，在使用 Flash 8 进行创作之前，首先要设置其首选参数，使其与系统参数最匹配。设置其首选参数的具体操作步骤如下：

（1）选择 编辑(E) → 首选参数(S)... 命令，弹出“首选参数”对话框，如图 1.5.24 所示。

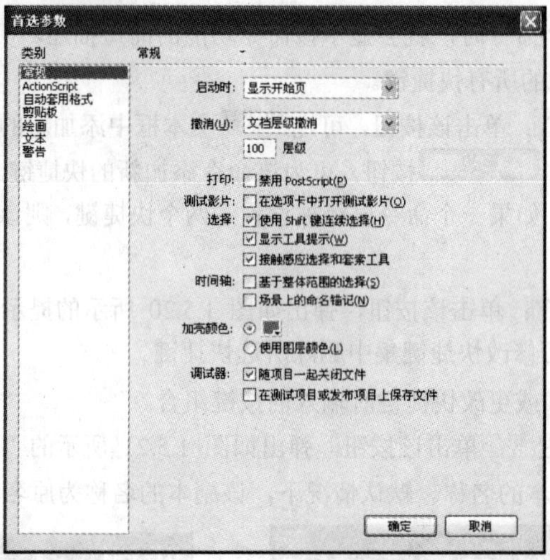

图 1.5.24 “首选参数”对话框

（2）用户可在 类别 列表中选择常规、ActionScript、自动套用格式、剪贴板、绘画、文本和警告选项，在其对应的参数设置区中设置合适的参数。

（3）设置好参数后，单击 确定 按钮，即可保存当前设置的首选参数。

1.5.9 使用帮助文件

Flash 8 提供了多个帮助文件，当用户遇到问题时可打开帮助文件来解决遇到的问题，可在 帮助(H) 菜单中选择相应的命令，打开帮助面板，如图 1.5.25 所示。

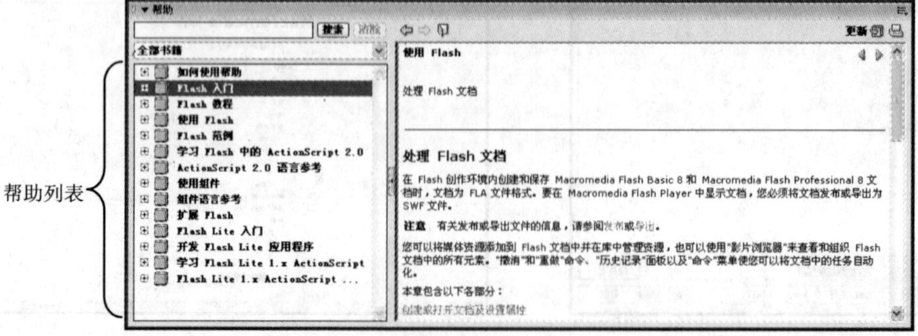

图 1.5.25 帮助面板

用户可在 搜索 文本框中输入需要查找的帮助，也可直接在帮助列表中选择某个选项，打开对应的帮助文件。

1.6　设置绘图参数

本节通过一个实例的制作，帮助用户学习设置 Flash 8 中的绘图参数。具体操作步骤如下：

（1）选择 编辑(E) → 首选参数(S)... 命令，弹出“首选参数”对话框，如图 1.6.1 所示。

（2）在 类别 列表中选择绘画选项，显示“绘画”参数设置区，如图 1.6.2 所示。

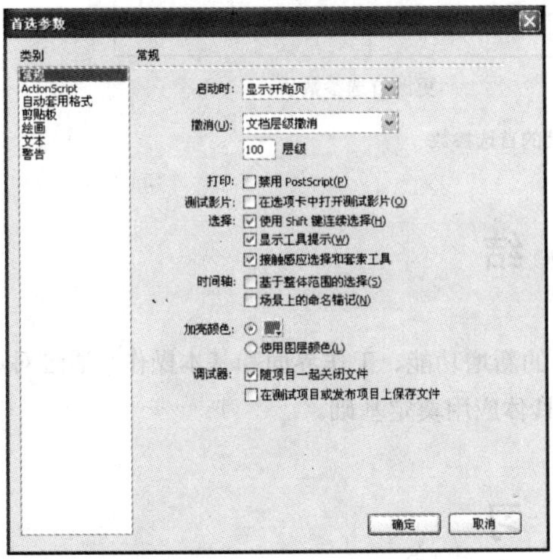

图 1.6.1　“首选参数”对话框

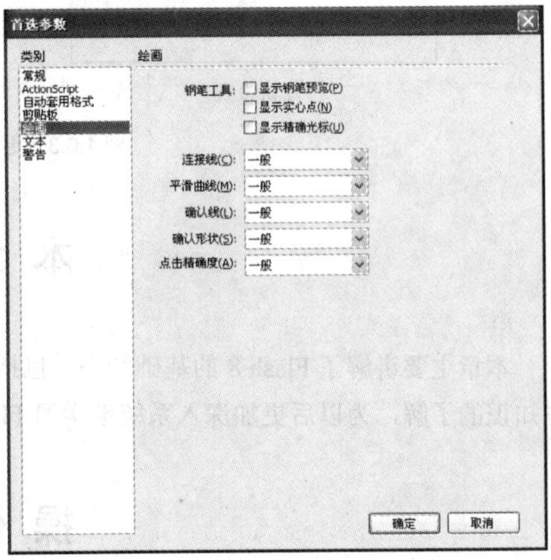

图 1.6.2　“绘画”参数设置区

“绘画”参数设置区中各选项的含义如下：

1）钢笔工具：用于设置使用钢笔工具绘图时，其光标的显示方式。选中 ☑显示钢笔预览(P) 复选框，使用钢笔工具绘图时，系统会将笔尖移动的轨迹预先显示出来；选中 ☑显示实心点(N) 复选框，使用钢笔工具绘制的锚点将为实心点，否则为空心点；选中 ☑显示精确光标(U) 复选框，使用钢笔工具绘图时，光标以精确的十字线显示，而不以默认的钢笔图标显示，这样可以提高绘制线条时的准确度。

2）连接线(C)：用于设置绘制闭合图形时，起点与终点之间的关系。单击其右侧的下拉按钮，弹出下拉列表，包括 3 个选项，分别为必须接近、一般和可以远离，默认设置为一般。

3）平滑曲线(M)：用于设置绘制的曲线的平滑度。单击其右侧的下拉按钮，弹出下拉列表，包括 4 个选项，分别为关、粗略、一般和平滑，默认设置为一般。

4）确认线(L)：用于设置绘制的直线的精确度。单击其右侧的下拉按钮，弹出下拉列表，包括 4 个选项，分别为关、严谨、一般和宽松，默认设置为一般。

5）确认形状(S)：用于设置在 Flash 中绘制不规则图形时，被识别为规则图形的精确度。单击其右侧的下拉按钮，弹出下拉列表，包括 4 个选项，分别为关、严谨、一般和宽松，默认设置为一般。

6）点击精确度(A)：用于设置用鼠标选取对象时，鼠标光标位置的准确度。单击其右侧的下拉按钮，弹出下拉列表，包括 3 个选项，分别为严谨、宽松和一般，默认设置为一般。

技巧：按“Caps Lock”键可在精确的十字线和默认的钢笔工具图标之间进行切换。

（3）设置好参数后，单击 确定 按钮，即可保存该设置。

（4）在工具箱中选择钢笔工具，使用该工具在舞台中绘制图形，如图 1.6.3 所示。

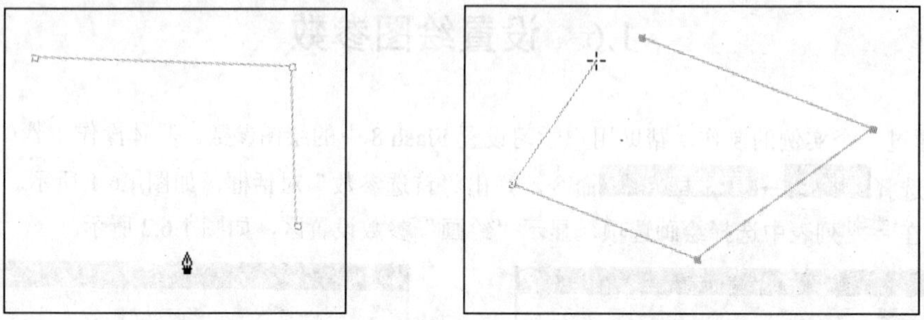

默认设置　　　　更改首选参数后

图 1.6.3　更改钢笔工具的首选参数

本 章 小 结

本章主要讲解了 Flash 8 的基础知识，包括 Flash 8 的新增功能、工作界面和基本操作，通过对这些知识的了解，为以后更加深入系统地学习 Flash 8 的具体应用奠定基础。

操 作 练 习

一、填空题

1．Flash 8 的特点包括________、________、________、________和________。

2．Flash 动画主要应用在________、________、________、________和________领域。

二、选择题

1．Flash 8 的菜单栏包括（　）个菜单项。

（A）7　　　　（B）8

（C）9　　　　（D）10

2．在 Flash 8 中，可以将文件保存为（　）。

（A）一般的 Flash 文件　　　　（B）压缩的 Flash 文件

（C）模板　　　　（D）全选

三、上机操作题

1．参照本章所介绍的方法安装 Flash 8 软件。

2．设置系统的首选参数。

3．自定义 Flash 8 中的快捷键。

第 2 章 绘制图形

绘制图形是制作 Flash 动画的基础，要制作出美观的 Flash 动画，首先必须要使用绘图工具绘制出图形，然后才能将图形组织在一起，创建动画。在 Flash 8 的绘图工具箱中提供了大量的绘图工具，用户可以使用这些工具绘制各种图形。

知识要点

- 矢量图和位图
- 基本绘图工具
- 其他编辑工具
- 绘图技巧

2.1 矢量图和位图

在计算机中存储的图形一般可以分为两种，一种为矢量图，另一种为位图。

2.1.1 矢量图

矢量图是使用称为矢量的直线和曲线描述的图像，矢量还包括颜色和位置属性。例如，球体图形可以由创建球体轮廓的线条所经过的点来描述，球体的颜色由轮廓的颜色和轮廓所包围区域的颜色决定。因此，矢量图文件占用的存储空间较小，也很容易对其进行放大、缩小或旋转等操作，且图形不会失真，如图 2.1.1 所示。矢量图一般用于绘制色彩变化不是很大的图像。

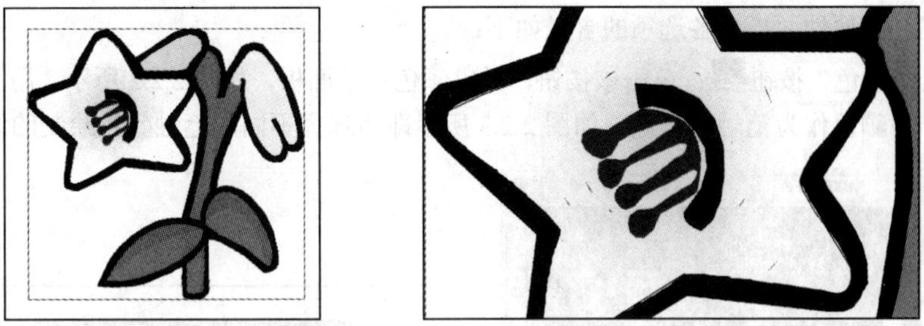

原图形　　局部放大后的图形

图 2.1.1　矢量图

2.1.2 位图

位图，也称为点阵图。位图使用在网格内排列的称为像素的彩色点来描述图像。例如，球体的图像由网格中每个像素的特定位置和颜色值来描述。

位图跟分辨率有关，因为描述图像的数据是固定到特定尺寸的网格上的。在编辑位图时，修改的是像素，而不是直线和曲线。因此，其外观会随着图形大小的改变而改变，即产生失真现象，如图 2.1.2 所示。

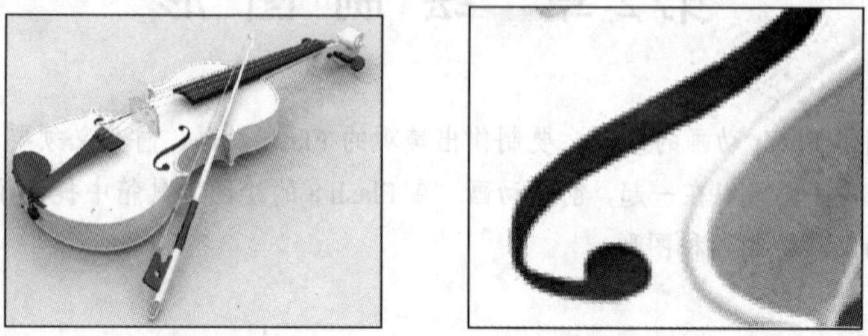

原图形　　　　局部放大后的图形

图 2.1.2　位图

2.2　基本绘图工具

在 Flash 8 中绘制的图形为矢量图。用户可以使用工具箱中的绘图工具，绘制各种图形，以满足创作需要。

2.2.1　线条工具的使用

使用线条工具可以绘制直线和折线，该工具属性面板如图 2.2.1 所示。

图 2.2.1　“线条工具”属性面板

“线条工具”属性面板中各选项的含义如下：

（1）“笔触颜色”按钮：单击该按钮，弹出颜色调节面板，如图 2.2.2 所示。用户可在该面板中单击选取一种颜色作为笔触的颜色。如图 2.2.3 所示即为选择不同的笔触颜色绘制的线条。

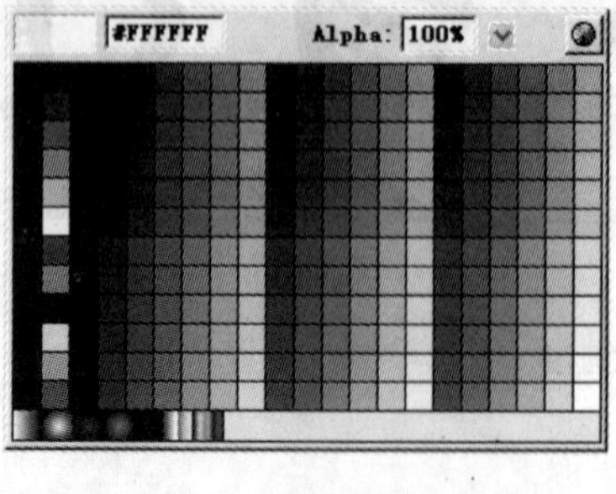

图 2.2.2　颜色调节面板

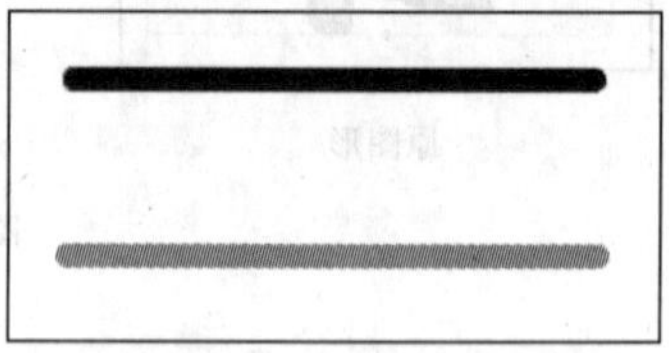

图 2.2.3　使用不同的笔触颜色绘制的线条

（2）笔触高度：在该文本框中输入数值，或单击其右侧的按钮，拖动滑杆上的滑块，可调节笔触的高度。如图 2.2.4 所示即为使用不同的笔触高度绘制的线条。

（3）笔触样式：单击该选项中的下拉按钮，弹出其下拉列表，如图 2.2.5

所示，用户可在该列表中选择笔触样式。如图 2.2.6 所示即为使用不同的笔触样式绘制的线条。

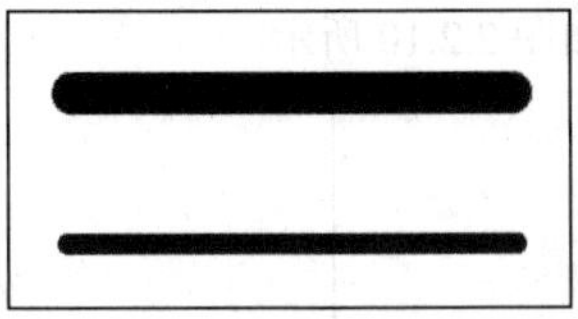

图 2.2.4　使用不同的笔触高度绘制的线条

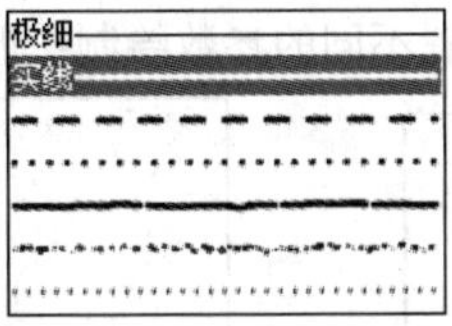

图 2.2.5　“笔触样式”下拉列表

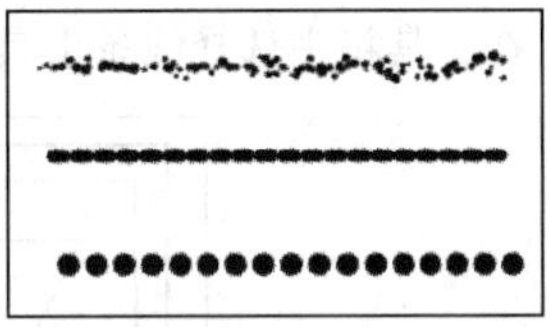

图 2.2.6　使用不同的笔触样式绘制的线条

（4）“自定义笔触样式”按钮 自定义... ：单击该按钮，即可弹出“笔触样式”对话框，如图 2.2.7 所示。该对话框中各选项的含义如下：

1）☑4 倍缩放(Z) 复选框：用于放大图形。若选中该复选框，则会将图形放大 4 倍显示在左上角的预览框中，否则，将以原始大小显示。

2）粗细(T)：用于设置线条的宽度。用户可直接在该下拉列表框中输入数值设置线条的宽度，也可单击其右侧的下拉按钮，在弹出的下拉列表中选择相应的选项。该列表包括 6 个选项，分别为极细、0.5、1、2、4 和 8。

3）☑锐化转角(S) 复选框：用于锐化折线转折部分。若选中该复选框，则会使绘制的折线的转折部分更尖锐。

4）类型(Y)：用于设置线条的类型。单击其右侧的下拉按钮，弹出下拉列表，如图 2.2.8 所示，用户可在该列表中选择线条的类型。

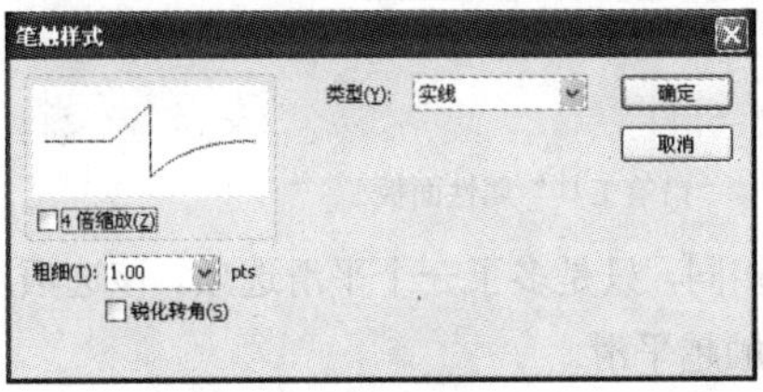

图 2.2.7　“笔触样式”对话框

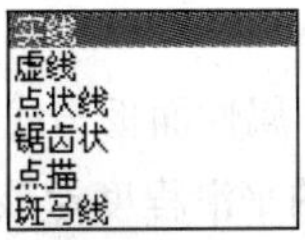

图 2.2.8　类型下拉列表

（5）端点：用于设置绘制的线条的端点样式。单击其右下角的下拉按钮，弹出下拉列表。其中包括 3 个选项，分别为无、圆角和方形，如图 2.2.9 所示即为使用不同的端点样式绘制的图形。

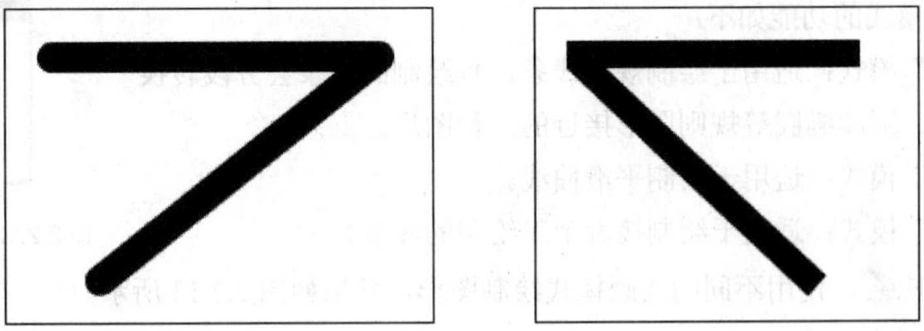

圆角　　　　方形

图 2.2.9　使用不同的端点样式绘制的图形

（6）缩放：用于设置 Flash 播放器中笔触的缩放程度。单击其右侧的下拉按钮，弹出下拉列表，该列表包括 4 个选项，分别为一般、水平、垂直和无，默认设置为一般。

（7）接合：用于设置两个线条接合的方式。单击其右侧的下拉按钮，弹出下拉列表，其中包含 3 个选项，分别为尖角、圆角和斜角，默认设置为尖角。

（8）尖角：当用户将线条的接合方式设置为尖角时，该选项才能使用。在该文本框中输入数值，可以设置尖角接合时的清晰度。

在工具箱中选择线条工具，设置不同的参数绘制图形，效果如图 2.2.10 所示。

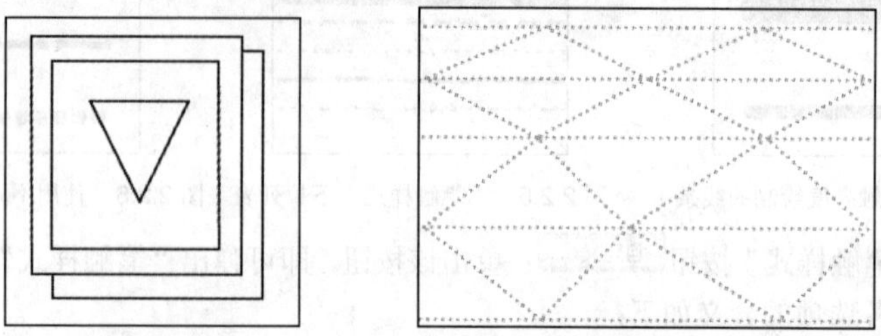

图 2.2.10　使用线条工具绘制的图形

技巧：使用线条工具绘图时，按住“Shift”键可以绘制角度为 0°，45° 和 90° 等按照 45° 整数倍角度变化的直线。

2.2.2　铅笔工具的使用

使用铅笔工具可以绘制直线、折线和曲线，该工具属性面板如图 2.2.11 所示。

图 2.2.11　“铅笔工具”属性面板

“铅笔工具”属性面板与线条工具基本相同，只是多了一个平滑选项。该选项用于设置使用铅笔工具绘图时笔触的平滑程度，该值越大，笔触越平滑。

用户选择铅笔工具后，在工具箱中的选项区中会出现“铅笔模式”按钮，单击该按钮，将弹出其下拉菜单，如图 2.2.12 所示，用户可在该菜单中选择一种绘画模式来绘制图形。

图 2.2.12　铅笔模式下拉菜单

这 3 种绘画模式的功能如下：

（1）“伸直”模式：适用于绘制规则线条，且绘制的线条会分段转换成与直线、矩形、圆和椭圆等规则图形接近的一种图形。

（2）“平滑”模式：适用于绘制平滑曲线。

（3）“墨水”模式：适用于绘制接近手工绘制的线条。

选择铅笔工具，使用不同的绘画模式绘制图形，效果如图 2.2.13 所示。

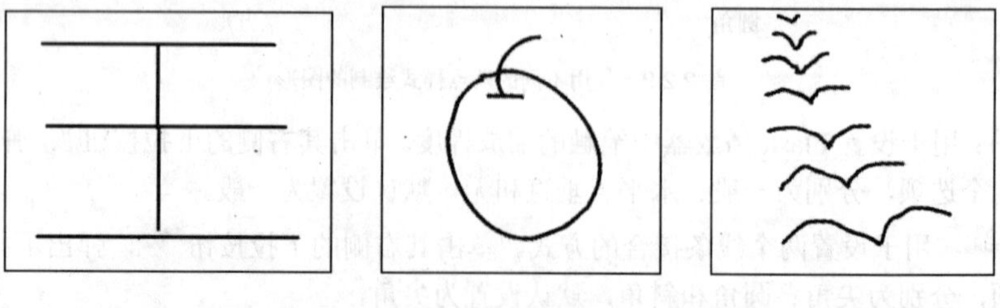

“伸直”模式　　“平滑”模式　　“墨水”模式

图 2.2.13　使用不同的绘画模式绘制的图形

技巧：使用铅笔工具绘图时，按住“Shift”键可使线条沿水平或垂直方向绘制。

2.2.3　钢笔工具的使用

使用钢笔工具可以绘制直线、折线和曲线，该工具属性面板如图 2.2.14 所示。

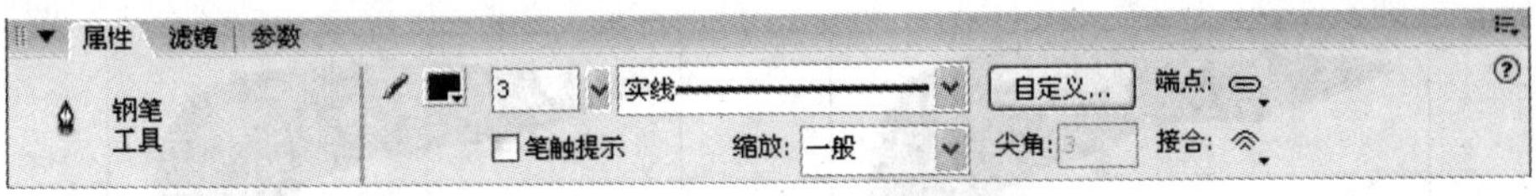

图 2.2.14　“钢笔工具”属性面板

“钢笔工具”属性面板与铅笔工具的相同，各选项的含义也相同。使用钢笔工具绘制图形的具体操作方法如下：

（1）在工具箱中选择钢笔工具。

（2）在该工具属性面板中设置合适的参数。

（3）在舞台任意位置单击鼠标左键，绘制第一个锚点。移动鼠标光标到另一位置，再次单击鼠标左键，可在两次单击点之间产生一条连线，如图 2.2.15 所示。

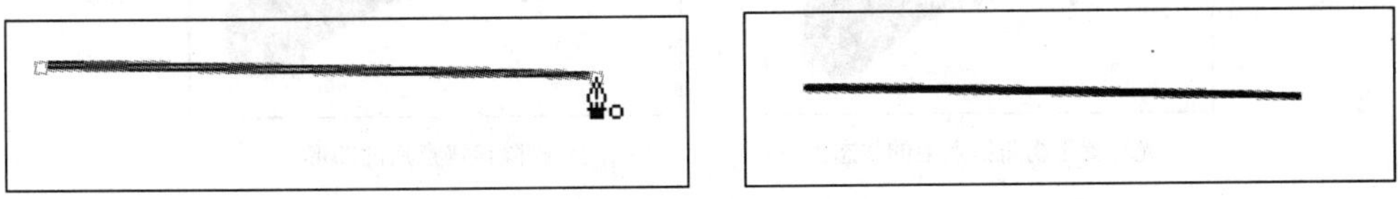

鼠标光标的位置　　　　绘制的线条

图 2.2.15　绘制直线

（4）确定了第 1 个锚点的位置后，绘制第 2 个锚点时，单击鼠标后按住鼠标不放并拖动鼠标，即可在第 2 个锚点与第 1 个锚点之间创建一条曲线，如图 2.2.16 所示。

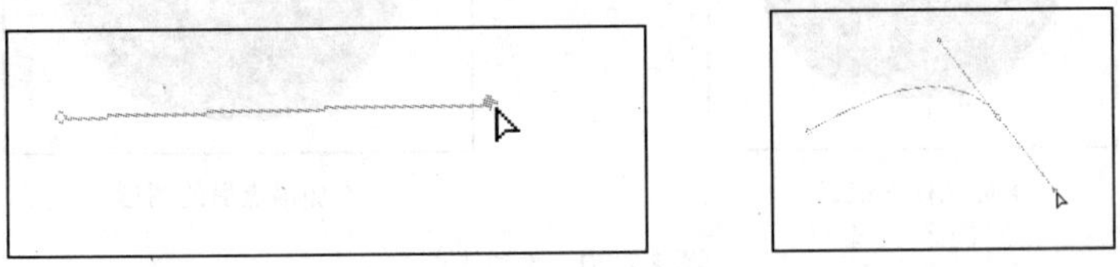

鼠标光标的位置　　　　拖动鼠标后的效果

图 2.2.16　绘制曲线

（5）绘图过程中，如果将光标移到图形的起始锚点处单击，可绘制闭合图形，如图 2.2.17 所示。

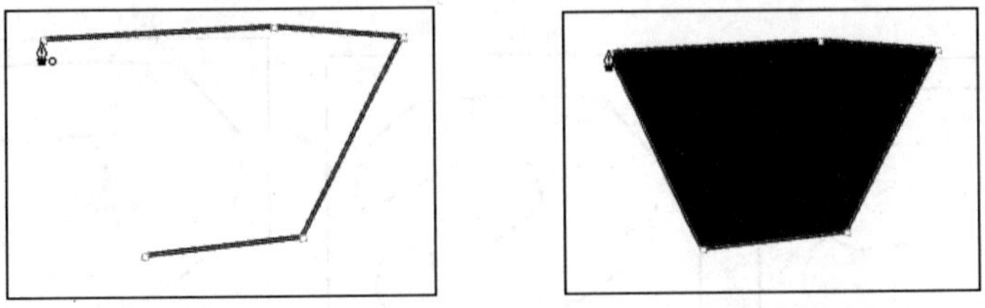

将鼠标光标移到起始锚点处　　　　单击鼠标后的效果

图 2.2.17　绘制闭合图形

在 Flash 中，图形的形状由锚点控制。因此，可通过删除、添加锚点，移动锚点的位置调整图形的形状。锚点分为两种，一种是拐角锚点，该锚点一侧或两侧为直线；另一种是曲线锚点，该锚点两侧都为曲线。

使用钢笔工具绘制好图形后，可采用以下方法调整图形的形状。

（1）将光标移到曲线锚点处，光标将显示为形状，此时单击该锚点即可将曲线锚点转换为拐角锚点，如图 2.2.18 所示。

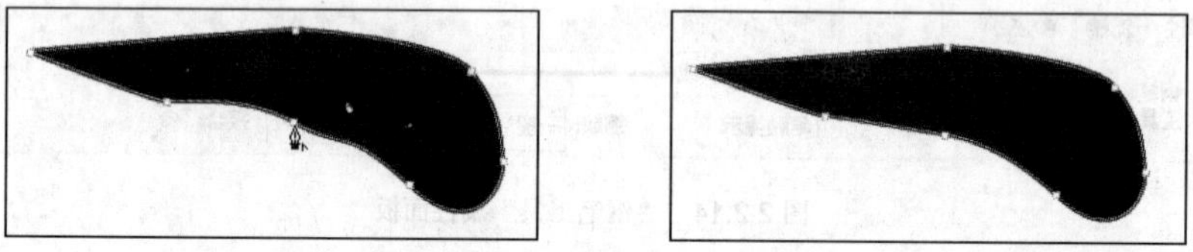

单击前　　单击后

图 2.2.18　将曲线锚点转换为拐角锚点

（2）将光标移到拐角锚点处单击，光标将显示为形状，此时单击该锚点即可将其删除，如图 2.2.19 所示。

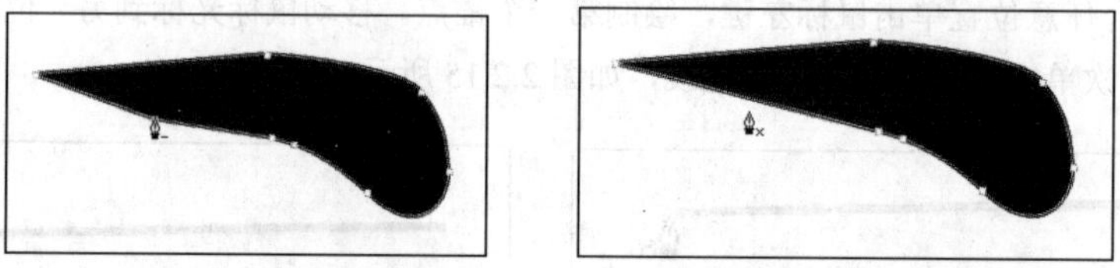

光标置于拐角锚点上的状态　　删除该锚点后的图形

图 2.2.19　删除锚点

（3）将光标移到图形曲线上非锚点位置处，光标将显示为形状，此时单击鼠标左键即可在该位置添加一个锚点，如图 2.2.20 所示。

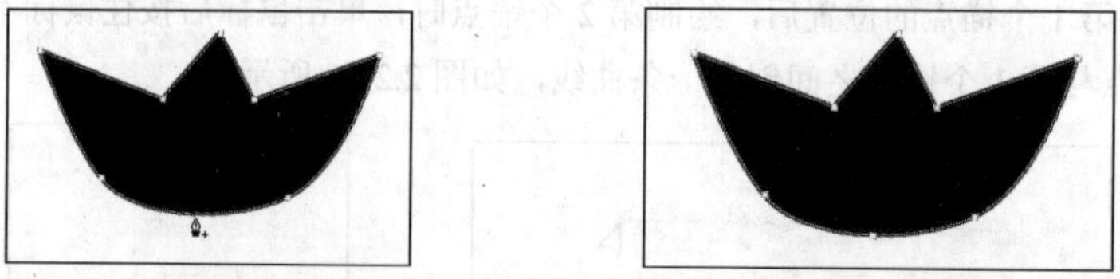

鼠标光标的位置　　添加锚点后的图形

图 2.2.20　添加锚点

（4）如果以前绘制的图形为不闭合图形，还可在该路径的基础上继续绘制图形。先将光标移到图形的一个端点上单击以显示锚点，然后再次单击，此时，光标显示为，单击鼠标即可继续绘图，如图 2.2.21 所示。

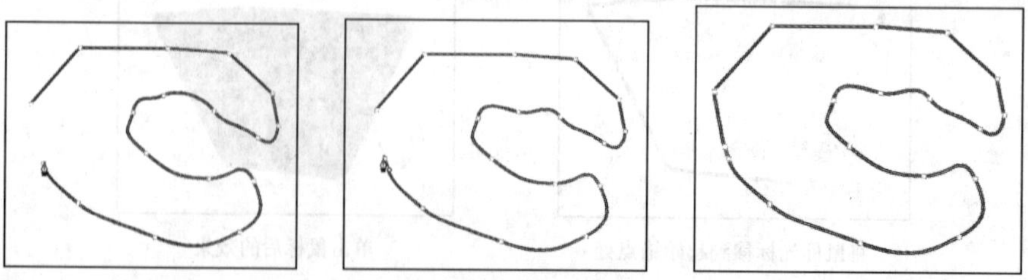

图 2.2.21　在原图形的基础上继续绘制图形

2.2.4　椭圆工具的使用

使用椭圆工具可以绘制椭圆和圆，该工具属性面板如图 2.2.22 所示。

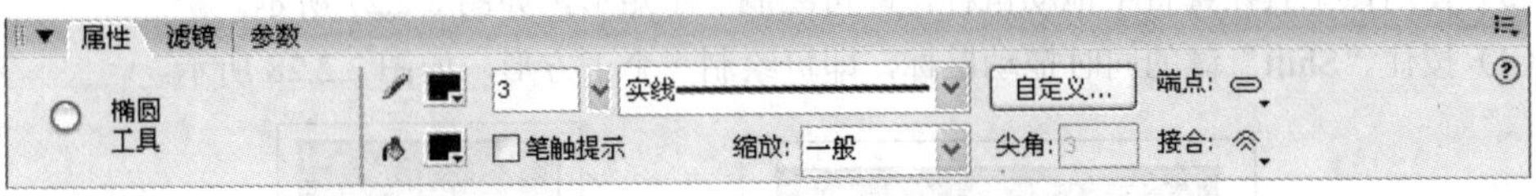

图 2.2.22　“椭圆工具”属性面板

“椭圆工具”属性面板与线条工具基本相同，只是多了一个“填充颜色”按钮，单击该按钮，弹出颜色调节面板，用户可在该面板中选择一种颜色作为图形的填充色。

使用椭圆工具绘制图形的具体操作方法如下：

（1）在工具箱中选择椭圆工具。

（2）在该工具属性面板中设置合适的参数。

（3）使用该工具在舞台中拖动，即可绘制一个椭圆，如图 2.2.23 所示。

（4）在按住“Shift”键的同时拖动鼠标，即可绘制一个圆，如图 2.2.24 所示。

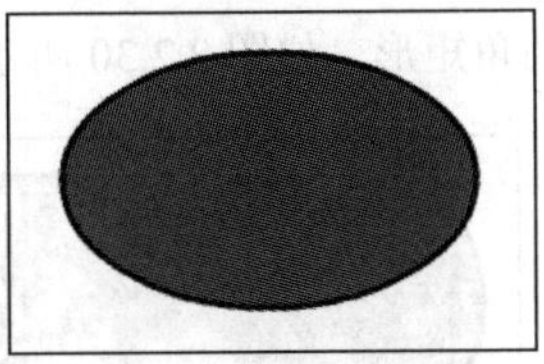

图 2.2.23　绘制的椭圆

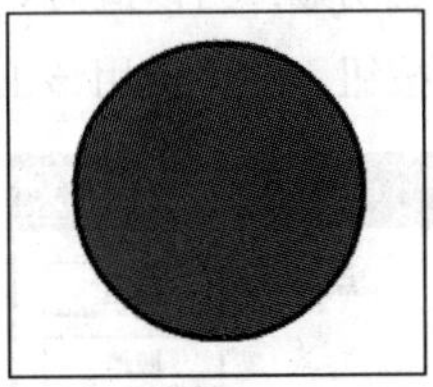

图 2.2.24　绘制的圆

技巧：选择椭圆工具后，按住“Alt”键的同时在舞台中单击，弹出“椭圆设置”对话框，如图 2.2.25 所示。

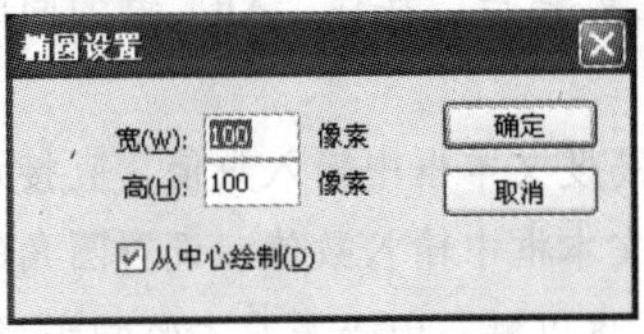

图 2.2.25　“椭圆设置”对话框

用户可在该对话框中的宽和高文本框中输入数值，直接设置要绘制的椭圆的宽度和高度，选中☑从中心绘制(D)复选框，将以舞台中心为起点绘制椭圆。

2.2.5　矩形工具的使用

使用矩形工具可以绘制矩形、正方形和圆角矩形，该工具属性面板如图 2.2.26 所示。

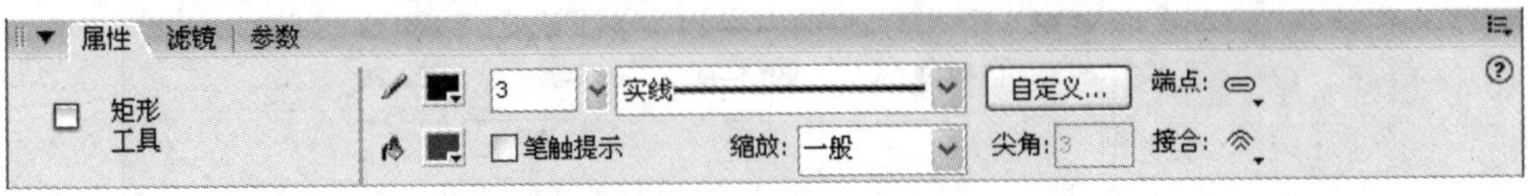

图 2.2.26　“矩形工具”属性面板

“矩形工具”属性面板与椭圆工具相同。使用该工具绘制矩形和正方形的具体操作方法如下：

（1）在工具箱中选择矩形工具。

（2）在该工具属性面板中设置合适的参数。

（3）使用该工具在舞台中拖动鼠标，即可绘制一个矩形，如图 2.2.27 所示。

（4）按住“Shift”键的同时拖动鼠标，即可绘制一个正方形，如图 2.2.28 所示。

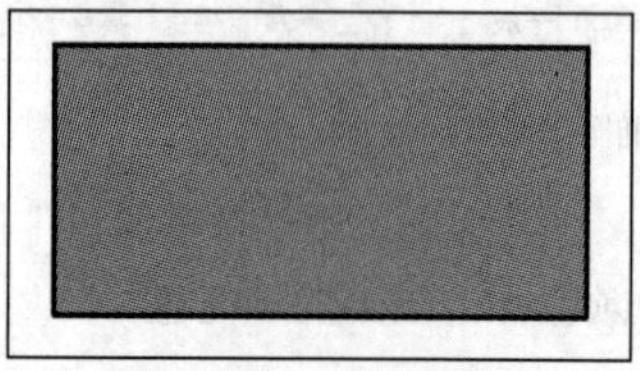
图 2.2.27　绘制的矩形

图 2.2.28　绘制的正方形

用户选择该工具后，工具箱中的选项区中会出现“边角半径设置”按钮，单击该按钮，弹出“矩形设置”对话框（一），如图 2.2.29 所示。

用户可在该对话框中的 边角半径(C) 文本框中输入数值设置边角的半径，其取值范围是 0～999。该值越大，矩形的圆角就越明显；当该值为 0 时，可绘制矩形；当该值为 999 时，可绘制圆形。设置好参数后，单击 确定 按钮，即可使用该工具绘制圆角矩形，如图 2.2.30 所示。

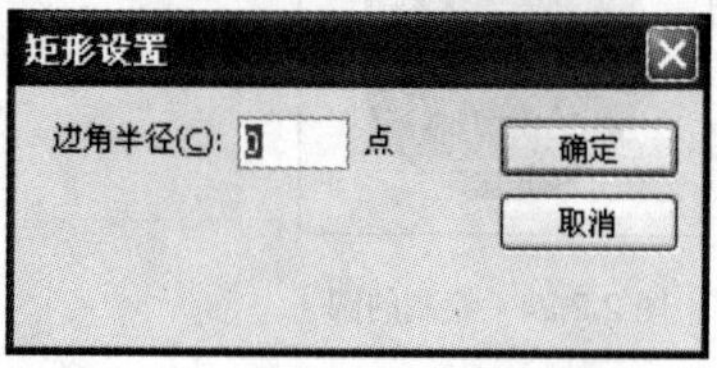

图 2.2.29　“矩形设置”对话框（一）

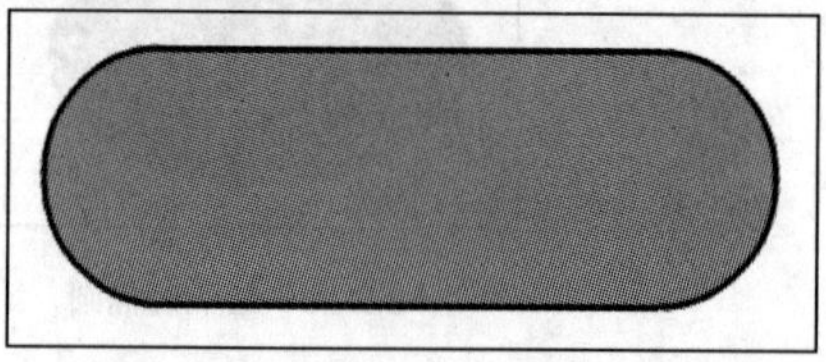
图 2.2.30　绘制的圆角矩形

技巧：（1）选择矩形工具后，按住“Alt”键的同时在舞台中单击，弹出“矩形设置”对话框（二），如图 2.2.31 所示。

用户可在该对话框中的宽度和高度文本框中输入数值，直接设置矩形的宽度和高度；在边角半径文本框中输入数值，设置圆角的半径。选中 ☑从中心绘制(D) 复选框，将以舞台中心为起点绘制矩形。

（2）使用矩形工具绘图时，在拖动鼠标的同时按上、下方向键可以调整圆角的半径，直接绘制圆角矩形。

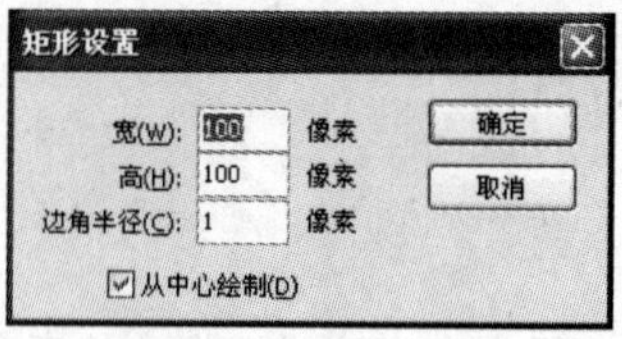

图 2.2.31　“矩形设置”对话框（二）

2.2.6　多角星形工具的使用

使用多角星形工具可以绘制多边形和星形，该工具属性面板如图 2.2.32 所示。

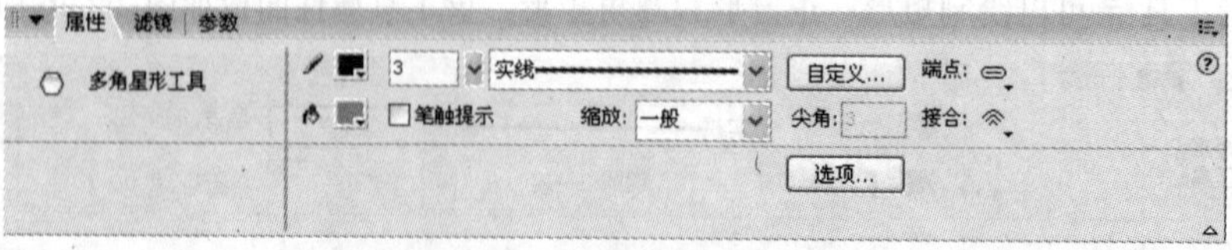

图 2.2.32　“多角星形工具”属性面板

“多角星形工具”属性面板与椭圆工具的基本相同，只是多了一个选项...按钮。单击该按钮，弹出“工具设置”对话框，如图 2.2.33 所示。

该对话框中各选项的含义如下：

（1）样式：用于设置使用多角星形工具绘制图形的样式。单击其右侧的下拉按钮，弹出其下拉列表，该列表包含两个选项，分别为多边形和星形，它们分别用于绘制多边形和星形。

（2）边数：用于设置所绘图形的边角数，其取值范围为 3～32。

（3）星形顶点大小：用于设置绘制的星形顶角的深度，其取值范围为 0～1。该值越接近 0，顶点的深度就越深。如果用户绘制的图形为多边形，应保持该值为默认值不变。

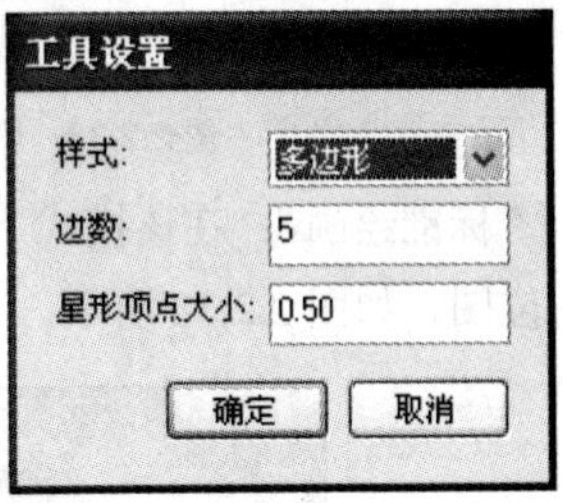

图 2.2.33　“工具设置”对话框

使用多角星形工具绘制图形，其具体操作步骤如下：

（1）在工具箱中选择多角星形工具。

（2）在该工具属性面板中设置合适的参数。

（3）使用该工具在舞台中拖动鼠标，即可绘制出多边形或星形，如图 2.2.34 所示。

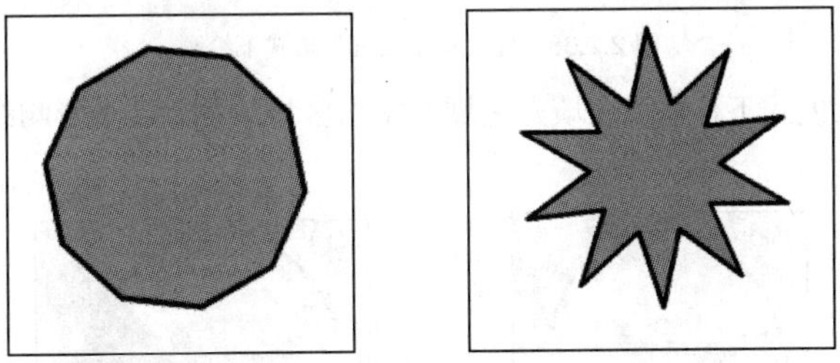

图 2.2.34　绘制的多边形和星形

提示：使用多角星形工具绘制图形时，可移动鼠标旋转图形。如按住“Shift”键，则以固定角度旋转图形。

2.2.7　刷子工具的使用

使用刷子工具可以绘制没有边框的填充区域，该工具属性面板如图 2.2.35 所示。

图 2.2.35　“刷子工具”属性面板

“刷子工具”属性面板中只包含两个选项，分别为“填充颜色”按钮和平滑文本框，用户可在该文本框中输入数值设置使用刷子工具绘图时的平滑度。

用户选择刷子工具后，工具箱中的选项区中会显示该工具的辅助选项，如图 2.2.36 所示。

1．刷子模式

在刷子工具选项区中单击“刷子模式”按钮，弹出刷子模式下拉列表，如图 2.2.37 所示。

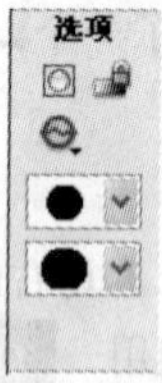

图 2.2.36　刷子工具选项区

图 2.2.37　“刷子模式”下拉列表

“标准绘画”：在该模式下，新绘制的线条将覆盖同一图层中的原有图形，但不会影响文本和导入的位图，如图 2.2.38 所示。

图 2.2.38　在“标准绘画”模式下绘画

“颜料填充”：在该模式下，只能在填充区域和空白区域绘图，且不影响线条的颜色，如图 2.2.39 所示。

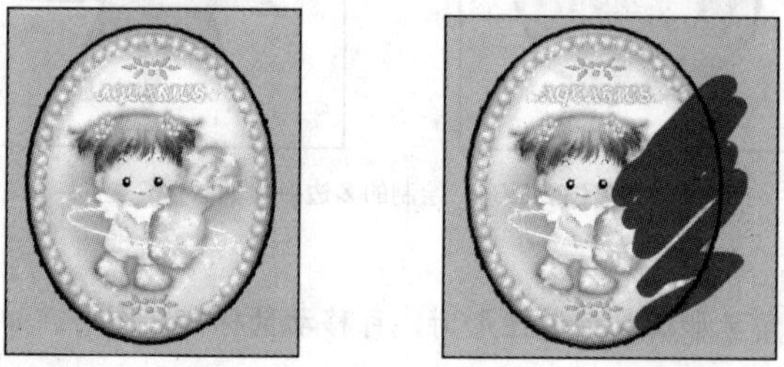

原图　　效果图

图 2.2.39　在“颜料填充”模式下绘画

“后面绘画”：在该模式下，只能在同一层的空白区域绘图，且不影响原图形，即在原图形的后面绘画，如图 2.2.40 所示。

“颜料选择”：在该模式下，只能在选择区域里绘图，即必须先选择一个区域，然后才能在该区域中绘图，且不影响线条和未选择区域，如图 2.2.41 所示。

图 2.2.40　在“后面绘画”模式下绘画

图 2.2.41　在“颜料选择”模式下绘画

“内部绘画”：在该模式下绘画，可分为两种情况。第一种情况是当画笔起点位于图形之外的空白区域，在经过图形时，绘画笔触从其背后穿过；第二种情况是当画笔起点位于图形内部时，只能在图形内部绘图，如图 2.2.42 所示。

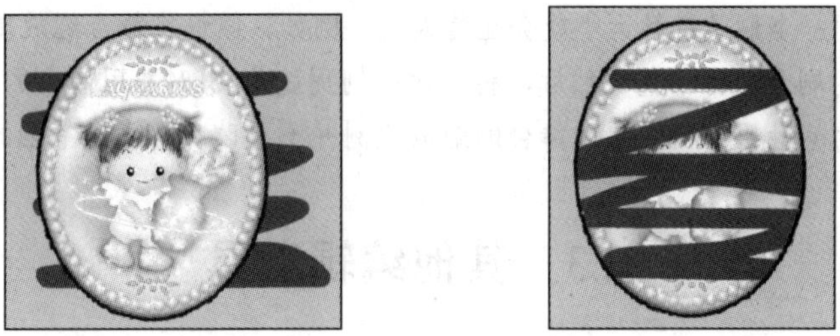

第一种情况　　第二种情况

图 2.2.42　在“内部绘画”模式下绘图

2．刷子大小

在刷子工具选项区中单击 右侧的下拉按钮，弹出“刷子大小”下拉列表，如图 2.2.43 所示，用户可在该列表中选择合适的刷子大小。

3．刷子形状

在刷子工具选项区中单击 右侧的下拉按钮，弹出“刷子形状”下拉列表，如图 2.2.44 所示，用户可在该列表中选择合适的刷子形状。

图 2.2.43　“刷子大小”下拉列表

图 2.2.44　“刷子形状”下拉列表

4．锁定填充

在刷子工具选项区中单击“锁定填充”按钮，可进入锁定填充模式。当该按钮处于弹起状态时，是非锁定填充模式。锁定填充选项用来切换在使用渐变色进行填充时的参照点。

在非锁定填充模式下，画笔涂过的地方，都包含着一个完整的渐变过程，如图 2.2.45 所示。

当画笔处于锁定状态时，以系统确定的参照点为基准进行填充，完成渐变色的过渡是以整个舞台为完整的渐变区域，画笔涂到什么区域，就对应出现什么样的渐变色，如图 2.2.46 所示。

图 2.2.45　在非锁定填充模式下绘画

图 2.2.46　在锁定填充模式下绘画

技巧：对于新笔触来说，刷子大小在用户更改舞台的缩放比例时保持不变，所以当舞台缩放比例降低时，同一个刷子笔触大小就会显得太大。例如，假设将舞台缩放比例设置为 100%并使用刷子工具以最小的刷子进行涂色，然后，将缩放比例更改为 50%并用最小的刷子再画一次。绘制的新笔触就比以前的笔触粗 50%（更改舞台的缩放比例并不更改现有刷子笔触的大小）。

2.3　其他编辑工具

用户使用绘图工具绘制好图形后，还可以使用其他编辑工具对图形进行调整，以使图形更加完美。

2.3.1　选择工具的使用

使用选择工具可以选取图形对象、调整图形的形状及伸直和平滑线条。

1．选取图形对象

使用选择工具可以选取整个图形或图形的某个部分，使用该工具选取图形的具体操作步骤如下：

（1）在工具箱中选取选择工具。

（2）在图形中断开的笔触上单击，可选取一条边线，如图 2.3.1 所示。

（3）在图形中连续的笔触上双击，可选择整个笔触，如图 2.3.2 所示。

图 2.3.1　选取一条边线

图 2.3.2　选择整个笔触

（4）在图形的填充区域单击，可选择该区域中相连部分的内容，如图 2.3.3 所示。

（5）在图形的填充区域双击，可选择整个图形，如图 2.3.4 所示。

图 2.3.3　选择部分填充区域

图 2.3.4　选择整个图形

（6）按住鼠标不放，在舞台中拖出一个矩形选框，则被该矩形包围的图形即可被选中，如图 2.3.5 所示。

拖动鼠标时的状态　　　　创建的选区

图 2.3.5　拖动鼠标选取图形

（7）在按住“Shift”键的同时单击舞台中的对象，可选取多个图形，如图 2.3.6 所示。

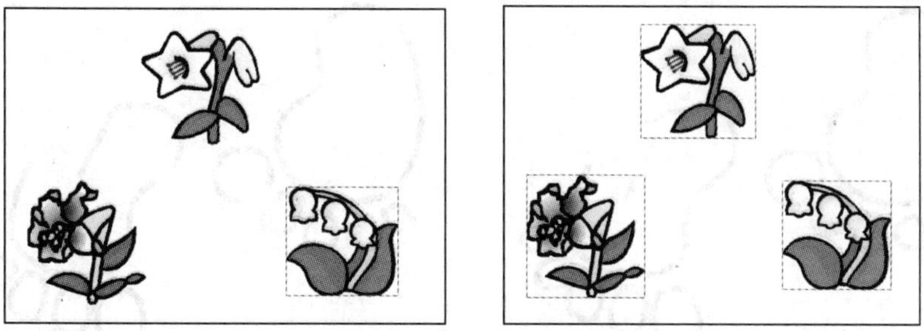

图 2.3.6　按住“Shift”键选取图形

注意：如果选取的图形对象为多个图形的组合或某个元件的实例，在该图形上单击即可选择整个图形。

2．调整图形的形状

使用选择工具可以方便地调整图形的形状，具体操作步骤如下：

（1）在工具箱中选取选择工具。

（2）将鼠标移到图形边线上，当光标变成形状时，单击并拖动鼠标，即可调整图形中曲线的形状，如图 2.3.7 所示。

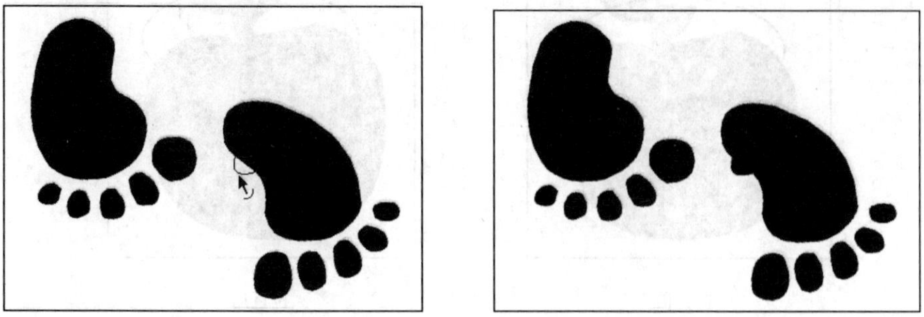

图 2.3.7　调整曲线的形状

（3）如果光标所在的位置为拐点，光标将变成形状，此时单击并拖动鼠标，即可拉出一个拐角，如图 2.3.8 所示。

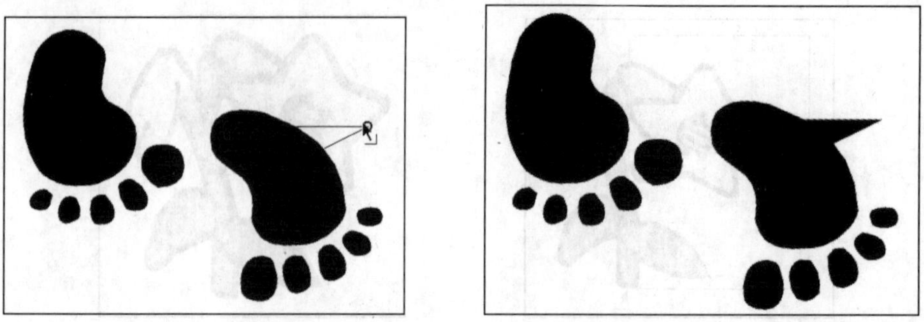

图 2.3.8　拉出拐角

（4）如果绘制的图形为不闭合图形，则单击图形端点并拖动可拉长或缩短图形线条，来改变图形的形状，如图 2.3.9 所示。

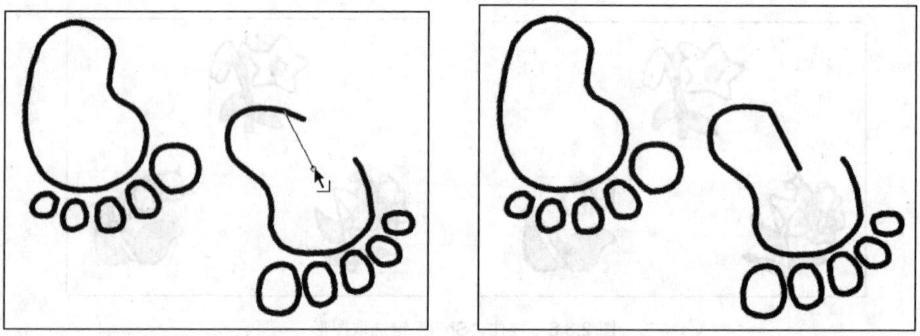

图 2.3.9　拉长或缩短不闭合图形线条

技巧：按住“Ctrl”键，单击并拖动线条可创建一个新的拐角。

3．伸直和平滑线条

使用选择工具可以伸直和平滑图形，具体操作步骤如下：

（1）使用选择工具选取图形。

（2）单击该工具选项区中的“伸直”按钮，可拉直图形，效果如图 2.3.10 所示。

拉直前　　拉直后

图 2.3.10　拉直图形

（3）单击该工具选项区中的“平滑”按钮，可平滑图形，效果如图 2.3.11 所示。

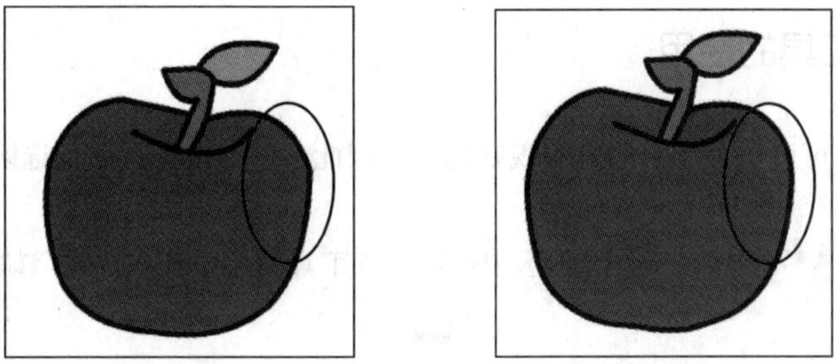

平滑前　　平滑后

图 2.3.11　平滑图形

2.3.2　部分选择工具的使用

使用部分选择工具可以调整图形中的锚点或调节杆，以改变图形的形状，具体操作步骤如下：

（1）在工具箱中选择部分选择工具。

（2）使用该工具在图形中单击，可将构成图形的所有锚点显示出来，如图 2.3.12 所示。

（3）在线条的非锚点处单击并拖动，可移动整个图形，如图 2.3.13 所示。

图 2.3.12　显示所有锚点

图 2.3.13　移动整个图形

（4）使用鼠标单击某个锚点，将显示该锚点的控制杆。此时，单击锚点或拖动控制杆上的控制点，即可改变图形的形状，如图 2.3.14 所示。

显示锚点　　移动锚点的位置　　拖动控制点

图 2.3.14　改变图形的形状

技巧：（1）使用部分选择工具选择锚点后使用方向键可控制锚点以较小的位移移动。

（2）使用部分选择工具选择某个锚点，在按住 “Alt” 键的同时拖动该点可将拐角锚点转换为曲线锚点。

2.3.3 套索工具的使用

使用套索工具可以在图形中创建不规则选区。因此，使用该工具创建选区比使用选择工具创建选区更加灵活方便。

用户选择套索工具后，该工具选项区中会显示该工具的相关选项按钮，如图 2.3.15 所示。

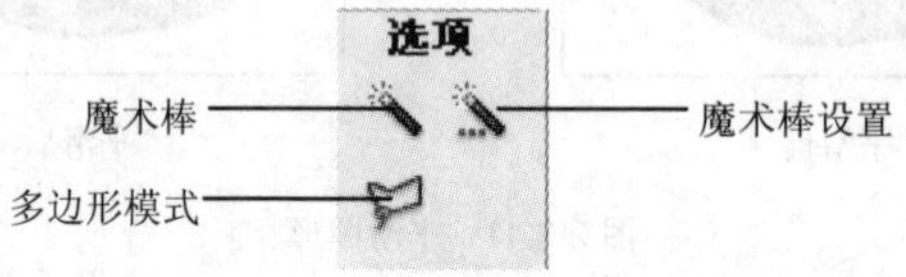

图 2.3.15 套索工具选项区

默认情况下，套索工具工作在自由选取模式下，用户可通过单击该工具选项区中的“魔术棒”按钮和“多边形模式”按钮在自由选取模式、魔术棒模式和多边形模式之间切换。其具体操作步骤如下：

（1）用户选择套索工具后，该工具即工作在自由选取模式下。在该模式下，使用鼠标在舞台中单击并拖动，沿鼠标拖动的轨迹会产生一个不规则的黑线，如图 2.3.16 所示。无论鼠标拖动的轨迹是闭合区域还是不闭合区域，系统都会自动创建闭合选区，如图 2.3.17 所示。

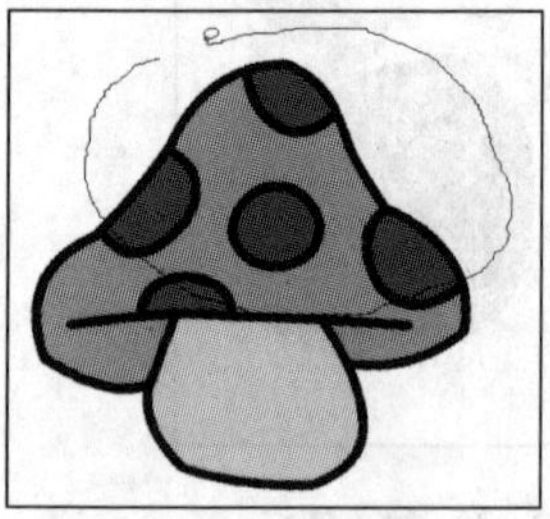

图 2.3.16 鼠标移动的轨迹

图 2.3.17 创建的选区

（2）单击该工具选项区中的“魔术棒”按钮，即可进入魔术棒模式。在该模式下，将鼠标光标移到图形中单击，即可将与鼠标单击点颜色相近区域的图形全部选中，如图 2.3.18 所示。

原图像　　　　创建的选区

图 2.3.18 在魔术棒模式下创建选区

注意：在魔术棒模式下，只能在分解后的位图中创建选区。

（3）单击“魔术棒设置”按钮，弹出“魔术棒设置”对话框，如图 2.3.19 所示。

在 阈值(T) 文本框中输入数值可设置选取时的颜色容差，该值越大，选取的范围就越大。单击 平滑(S)

右侧的下拉按钮，弹出其下拉列表。该列表包含 4 个选项，分别为像素、粗略、一般和平滑，用户可根据需要，选择合适的选项设置选取边界的平滑方式。

（4）单击该工具选项区中的“多边形模式”按钮，即可进入多边形模式。在该模式下，将鼠标光标移到舞台中单击，移动光标位置后再次单击，重复该操作，即可创建多边形选区。要结束并创建闭合选区，双击鼠标左键即可，如图 2.3.20 所示。

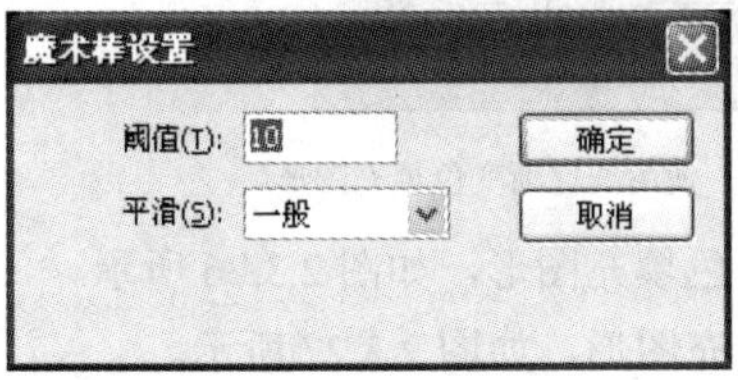

图 2.3.19　“魔术棒设置”对话框

图 2.3.20　在多边形模式下创建选区

2.3.4　颜料桶工具的使用

使用颜料桶工具可以用纯色、渐变色或位图填充图形，该工具属性面板如图 2.3.21 所示。

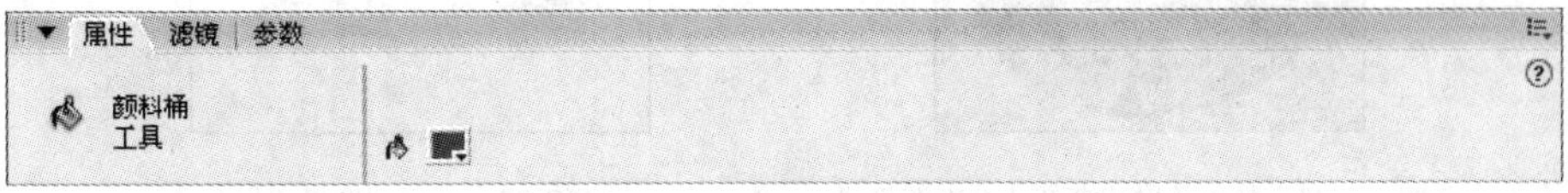

图 2.3.21　“颜料桶工具”属性面板

单击该工具属性面板中的“填充颜色”按钮，弹出颜色调节面板，用户可在该面板中选择一种颜色作为填充区域的颜色。也可在菜单栏中选择 窗口(W) → 混色器(X) 命令，打开混色器面板，如图 2.3.22 所示。

在混色器面板中单击“填充颜色”按钮，单击 类型 右侧的下拉按钮，在弹出的下拉列表中选择填充内容。该列表包括 5 个选项，分别为无、纯色、线性、放射状和位图，用户可在该列表中选择不同的选项填充图形。具体操作步骤如下：

（1）当用户选择“无”选项时，使用颜料桶工具在图形的填充区域单击，即可将图形填充区域的内容设置为“无”，如图 2.3.23 所示。

图 2.3.22　混色器面板

图 2.3.23　将图形填充区域的内容设置为“无”

（2）当用户选择“纯色”选项时，即可在混色器面板中的颜色选择器中选择一种纯色作为图形填充区域的颜色，如图 2.3.24 所示。

（3）当用户选择“线性”选项时，即可使用线性渐变色填充图形，如图 2.3.25 所示。

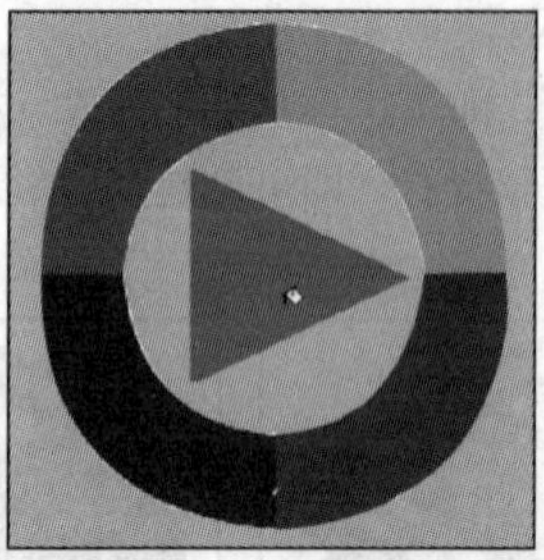

图 2.3.24　使用纯色填充图形

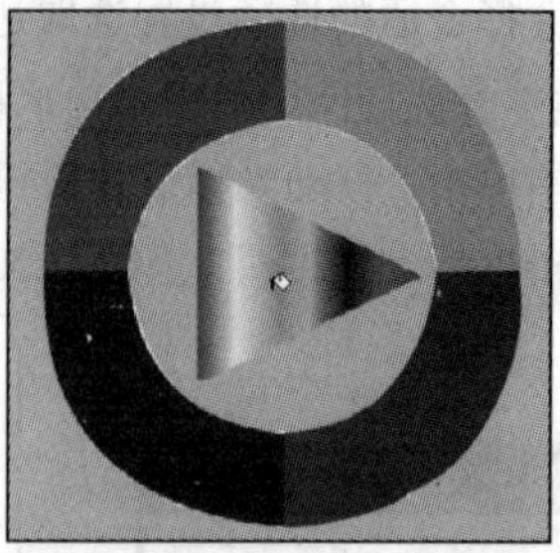

图 2.3.25　使用线性渐变色填充图形

（4）当用户选择“放射状”选项时，即可使用放射状渐变色填充图形，如图 2.3.26 所示。

（5）当用户选择“位图”选项时，即可使用导入的位图填充图形，如图 2.3.27 所示。

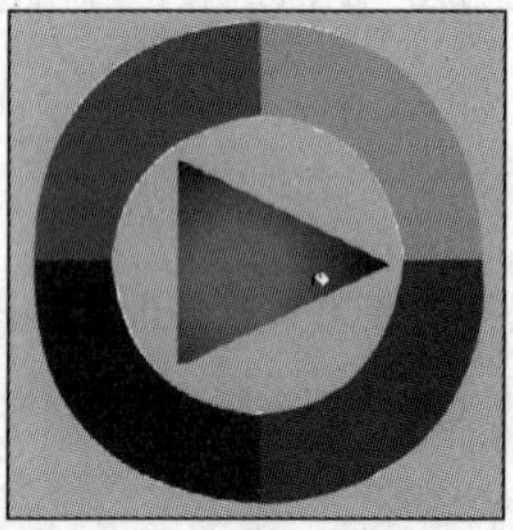

图 2.3.26　使用放射状渐变色填充图形

图 2.3.27　使用位图填充图形

当用户选择颜料桶工具时，工具选项区会显示该工具的相关按钮，分别为“空隙大小”按钮和“锁定填充”按钮。这两个按钮的使用方法如下：

（1）单击“空隙大小”按钮，弹出其下拉菜单，如图 2.3.28 所示。

1）不封闭空隙：只能填充完全封闭的区域。

2）封闭小空隙：当填充区域存在较小的空隙时可以填充。

3）封闭中等空隙：当填充区域存在中等大小的空隙时可以填充。

4）封闭大空隙：当填充区域存在较大缺口时可以填充。

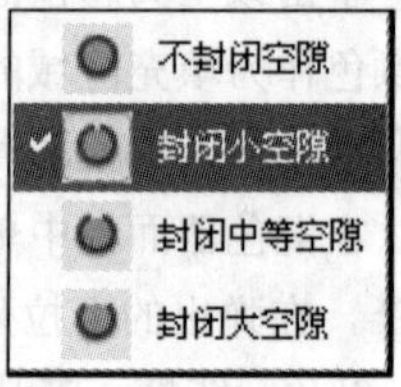

图 2.3.28　“空隙大小”下拉菜单

注意：填充区域的空隙大小只是相对的，即当用户选择“封闭大空隙”时，实际上该空隙也很小。当空隙很大时，不能使用颜料桶工具进行填充。如果要填充，可先将该图形闭合，然后再进行填充。

（2）选择合适的填充颜色，根据图形填充区域中的空隙大小，选择合适的空隙封闭模式填充图形，效果如图 2.3.29 所示。

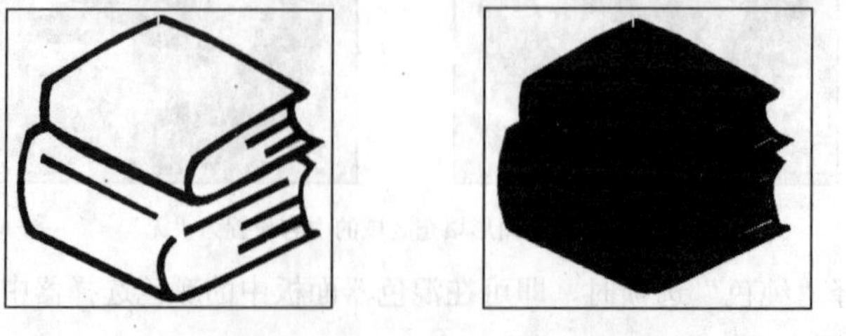

图 2.3.29　使用颜料桶工具填充图形

（3）单击“锁定填充”按钮，当填充内容为渐变色或位图时，系统将填充内容看做一个整体（相当于将渐变色映射到整个舞台中），如图 2.3.30 所示。

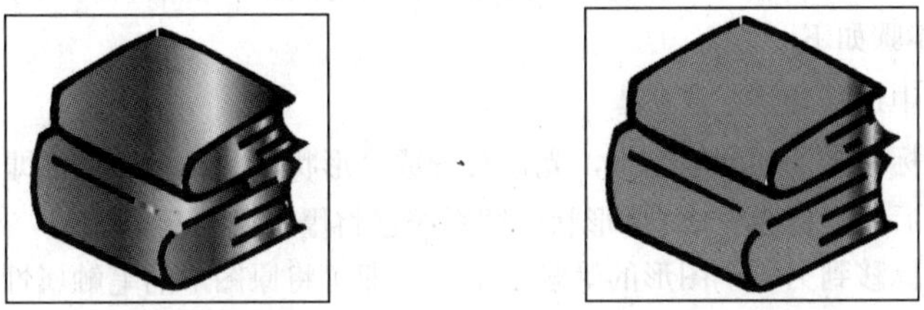

正常填充效果　　　　锁定填充效果

图 2.3.30　“锁定填充”前后的效果

2.3.5　墨水瓶工具的使用

使用墨水瓶工具可以修改绘制的图形的笔触属性，该工具属性面板如图 2.3.31 所示。

图 2.3.31　“墨水瓶工具”属性面板

该工具属性面板与“线条工具”属性面板相同，其选项的含义也相同。使用墨水瓶工具修改图形笔触属性的具体操作步骤如下：

（1）在工具箱中选择墨水瓶工具。

（2）在该工具属性面板中设置合适的笔触颜色、高度和样式。

（3）将光标移到舞台中，当光标变成形状时，单击图形中的线条，即可改变该线条的笔触属性，如图 2.3.32 所示。

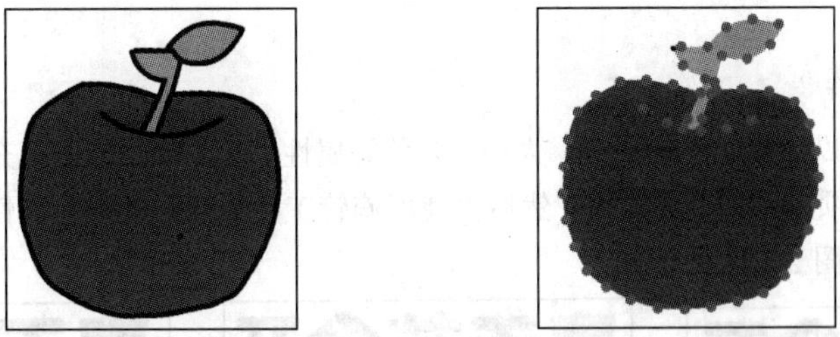

更改前　　　　更改后

图 2.3.32　更改图形的笔触属性

提示：使用墨水瓶工具在填充区域单击，即使该填充区域没有被选中，也可为其添加边线。如果该填充区域处于选中状态，单击该填充区域的边缘，即可为其添加边线。

2.3.6　滴管工具的使用

使用滴管工具可以吸取图形的笔触、填充区域的属性和文字的属性，然后可将这些属性赋给其他图形。

1. 吸取笔触属性

使用滴管工具可以吸取线条的颜色、高度及样式等属性，然后再将吸取的笔触属性赋给其他线条。其具体操作步骤如下：

（1）在工具箱中选择滴管工具。

（2）将鼠标光标移到图形的笔触上，光标会变成形状，此时单击鼠标即可吸取笔触的属性。

（3）单击鼠标后，光标会变成形状，即系统已将墨水瓶工具选中。

（4）将鼠标光标移到另一个图形的笔触上单击，即可将原图形的笔触属性复制到该图形上，如图 2.3.33 所示。

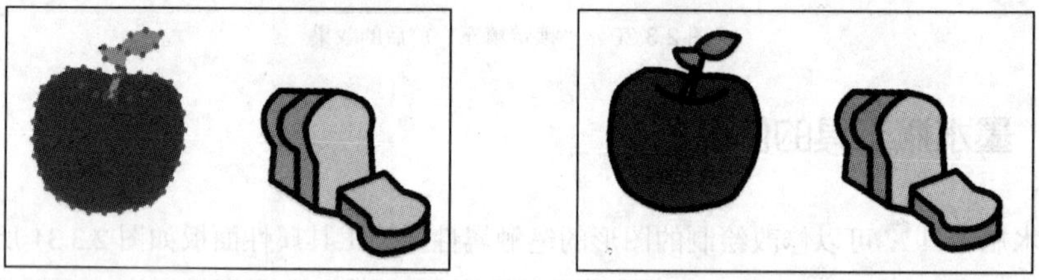

修改前　　修改后

图 2.3.33　吸取图形的笔触属性

2. 吸取填充区域的属性

使用滴管工具吸取图形填充区域属性的操作与吸取笔触属性的操作基本相同，只是当用户将滴管工具移到填充区域时，光标会变成形状。用户单击鼠标后，光标会变成形状，即系统已自动选中颜料桶工具。

提示：当用户将吸取的填充区域的内容赋给其他图形时，必须先单击“锁定填充”按钮，使该按钮处于弹起状态，此时光标的形状变成形状，即可使用颜料桶工具进行填充；否则，填充的将是纯色。

3. 吸取文字属性

使用滴管工具可以吸取文字的字体、大小、颜色等属性，其方法与吸取填充区域相同。但在吸取文字的属性之前，必须先选择目标文字，然后再使用滴管工具吸取源文字的属性，目标文字即会被赋予源文字的属性，如图 2.3.34 所示。

选择目标文字　　吸取源文字的属性　　将源文字的属性赋给目标文字

图 2.3.34　吸取文字属性

2.3.7　任意变形工具的使用

使用任意变形工具可以使图形以某个点为中心，做任意角度的旋转、缩放、倾斜、扭曲和封套变形。

1．调整图形变形中心点的位置

在 Flash 中，所有图形都有其中心点。在对所选对象进行变形时，在对象的中心会出现一个变形中心点。默认情况下，图形的变形中心点与图形的中心点对齐，用户要移动变形中心点的位置，只需要单击变形中心点并拖动即可，如图 2.3.35 所示。

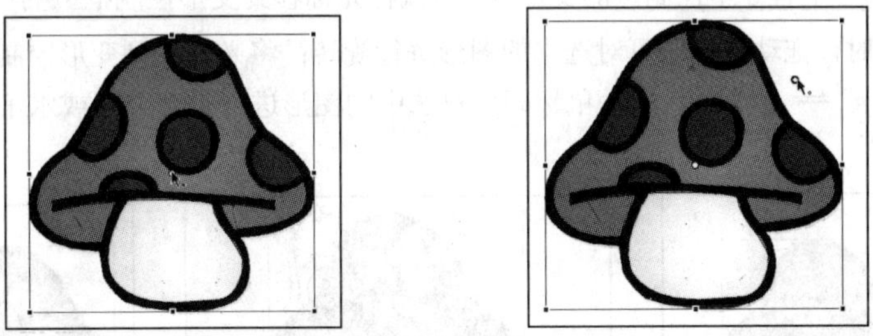

图 2.3.35　移动变形中心点的位置

图形变形中心点的位置被移动后，此时，如果对图形进行变形操作，则以新的变形中心点为中心进行变形操作，如图 2.3.36 所示。

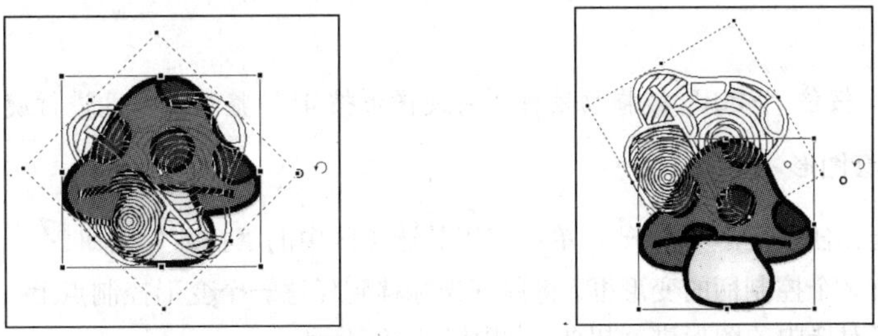

以原变形中心点旋转　　　　以新的变形中心点旋转

图 2.3.36　调整变形中心点位置前后所做的旋转操作

提示：如果要将变形中心点与所选图形的中心点重新对齐，双击变形中心点即可。

2．缩放、旋转和倾斜对象

在工具箱中选择任意变形工具，单击该工具选项区中的“缩放”按钮，此时所选图形对象周围将显示一个有 8 个控制点的变形框。将鼠标光标移到变形控制框上的任意一个角点上，光标会变成 ↗ 形状，此时按住鼠标不放，沿着箭头方向拖动鼠标，即可对图形进行等比例缩放，如图 2.3.37 所示。

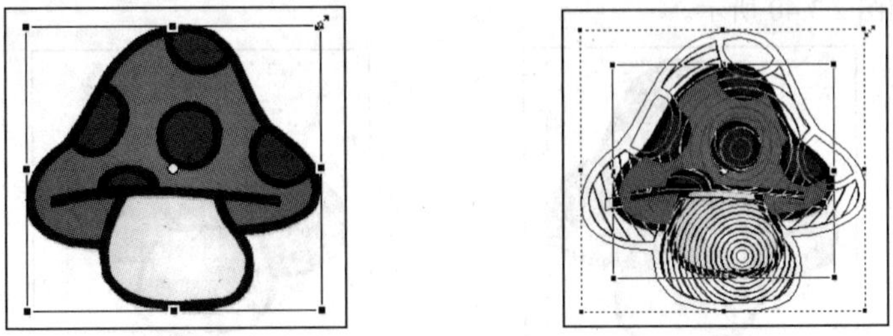

图 2.3.37　等比例缩放图形

提示：用户在未单击“缩放”按钮的情况下，直接使用任意变形工具缩放图形，可使图形任意缩放。如果要使图形等比例缩放，可在按住“Shift”键的同时拖动变形控制点缩放图形。

在工具箱中选择任意变形工具，单击该工具选项区中的“旋转与倾斜”按钮，此时所选图形对象周围将显示一个有 8 个控制点的变形框。将鼠标光标移到变形控制框上的任意一个角点上，当光标变成形状时，拖动鼠标即可对选中的图形进行旋转；将光标移到变形控制框任意一边的中点上，当光标变为或形状时，拖动鼠标即可对选中的图形进行垂直方向或水平方向的倾斜，如图 2.3.38 所示。

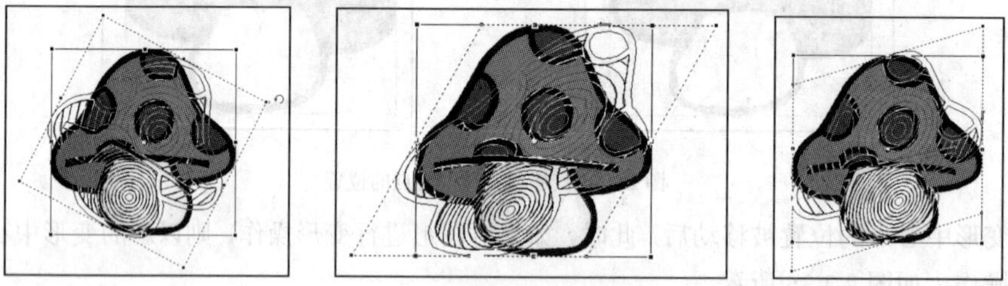

图 2.3.38　旋转和倾斜对象

技巧：按住“Shift”键拖动鼠标，可使图形按 45° 整数倍角度进行旋转。

3．扭曲与封套图形

在工具箱中选择任意变形工具，单击该工具选项区中的“扭曲”按钮，此时所选图形对象周围将显示一个有 8 个控制柄的变形框。将鼠标光标移到任意一个变形控制点上，当光标变为形状时，拖动鼠标即可对选中的图形进行扭曲，如图 2.3.39 所示。

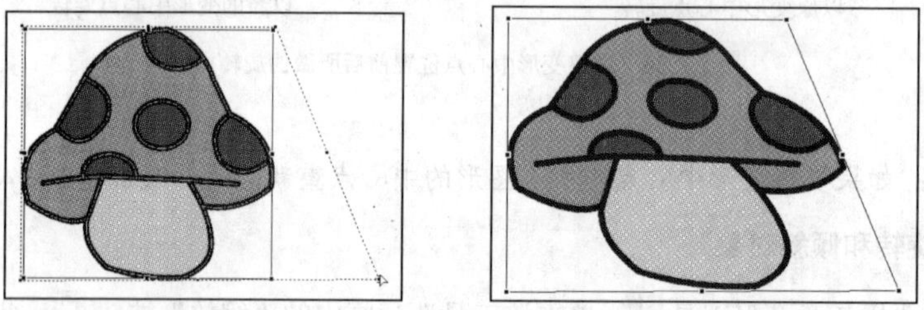

图 2.3.39　扭曲图形

在工具箱中选择任意变形工具，单击该工具选项区中的“封套”按钮，此时所选图形对象周围将显示封套控制框。通过拖动封套控制框上的控制点及切线手柄可改变封套的形状，封套内的图形也随之改变，如图 2.3.40 所示。

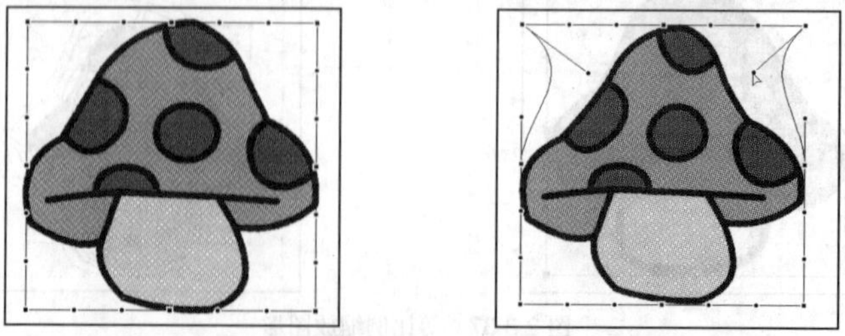

图 2.3.40　封套对象

技巧：将鼠标光标移到圆形封套控制点处单击并拖动，可使封套控制框进行"S"变形；将鼠标光标移到方形封套控制点处单击并拖动，可使封套控制框凹进或凸出。

注意：扭曲与封套都只能应用于未组合的图形，而不能应用于位图、组合对象、文本、元件和视频对象。如果要对上述对象进行扭曲或封套操作，必须先将它们打散为图形对象。

2.3.8 填充变形工具的使用

填充图形时，既可以使用纯色填充，也可以使用渐变色和位图填充，还可以使用填充变形工具对其填充效果进行缩放、旋转、拉伸和斜倾等操作。

1. 调整渐变色填充效果

渐变色分为线性渐变和放射状渐变，其调整方法也不同，具体操作步骤如下：

（1）在舞台中使用线条工具绘制图形，并使用线性渐变色填充，效果如图 2.3.41 所示。

（2）在工具箱中选择填充变形工具，使用该工具在图形的填充区域单击，此时，图形上出现两条渐变控制线，且渐变控制线还包括三个渐变控制点，如图 2.3.42 所示。

图 2.3.41 使用线性渐变填充图形

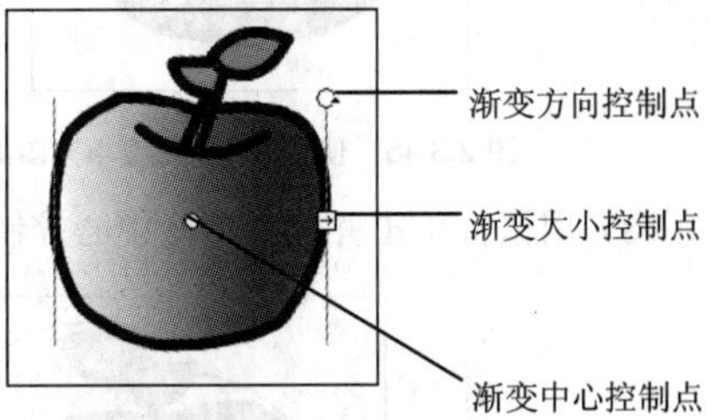

图 2.3.42 显示渐变控制线与控制点

（3）用鼠标单击并拖动渐变中心控制点，可以移动渐变中心的位置，如图 2.3.43 所示。

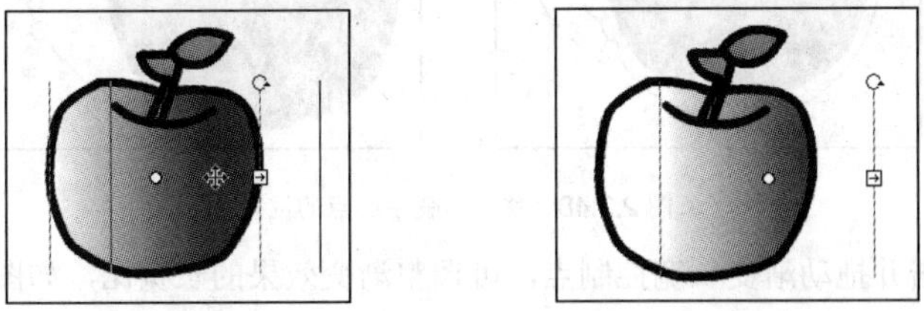

图 2.3.43 移动渐变中心的位置

（4）用鼠标单击并拖动渐变大小控制点，可以调整填充效果的渐变大小，即可对渐变内容进行缩放，如图 2.3.44 所示。

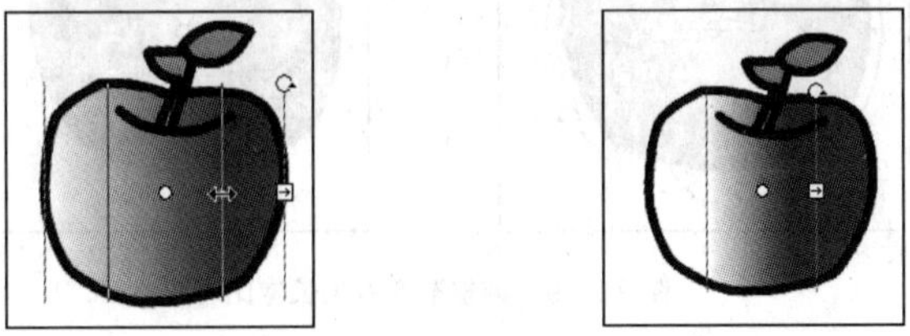

图 2.3.44 调整渐变大小

（5）用鼠标单击并拖动渐变方向控制点，可以调整填充效果的渐变方向，如图 2.3.45 所示。

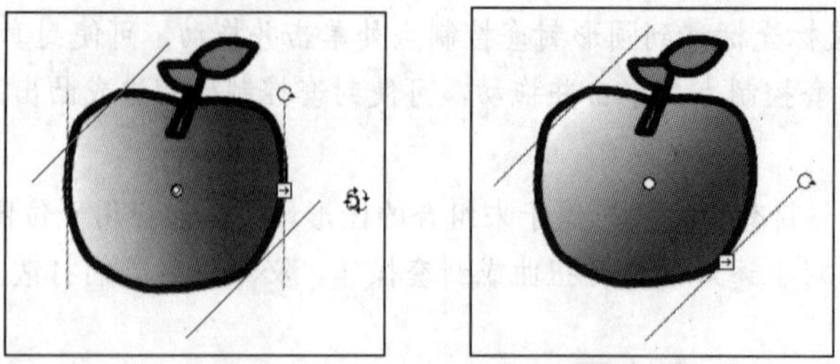

图 2.3.45　调整填充的渐变方向

（6）使用选择工具 选中图形的填充区域，并使用放射状渐变色填充图形，如图 2.3.46 所示。

（7）使用填充变形工具在图形的填充区域单击，此时，在图形周围将出现一个圆形的控制圈，且该控制圈包括 4 个控制点，如图 2.3.47 所示。

图 2.3.46　使用放射状渐变填充图形

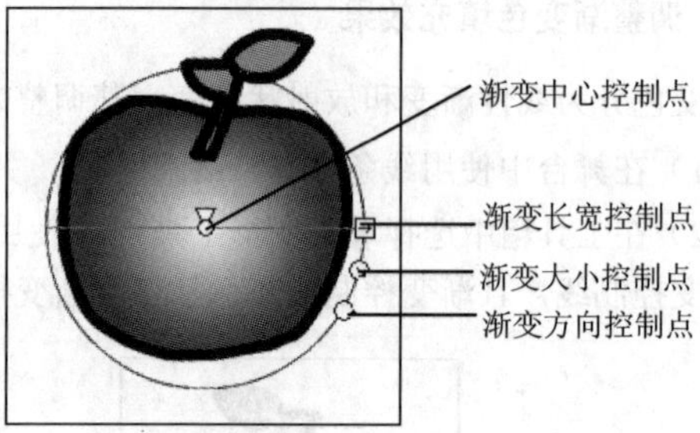

图 2.3.47　显示控制圈和控制点

（8）用鼠标单击并拖动渐变中心控制点，可移动渐变中心点的位置，如图 2.3.48 所示。

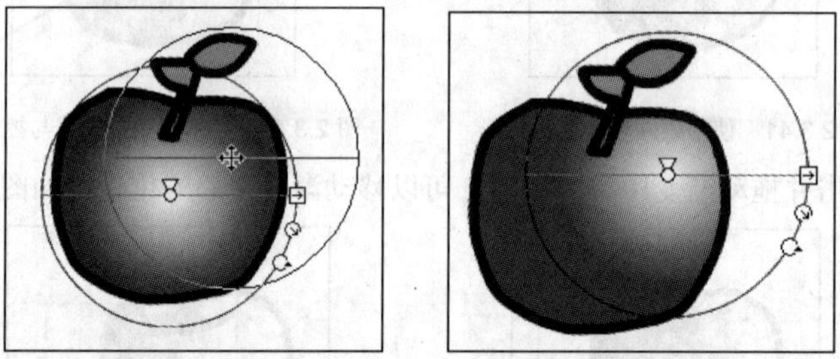

图 2.3.48　移动渐变中心点的位置

（9）用鼠标单击并拖动渐变长宽控制点，可调整渐变效果的长宽比，如图 2.3.49 所示。

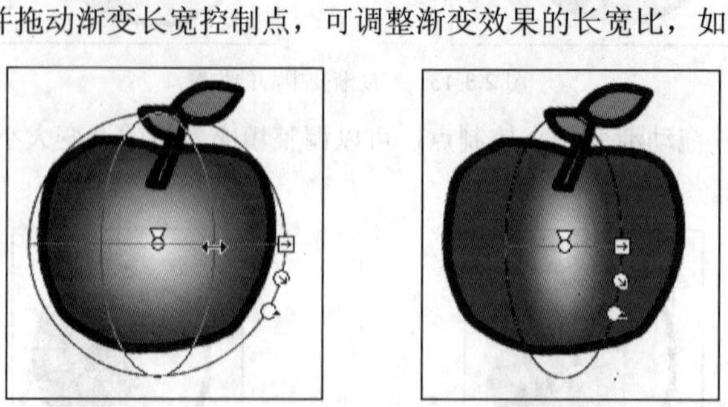

图 2.3.49　调整渐变效果长宽比

（10）用鼠标单击并拖动渐变大小控制点，可调整渐变效果的大小，从而缩放渐变填充，如图

2.3.50 所示。

图 2.3.50　调整渐变填充的大小

（11）单击并拖动渐变方向控制点，可调整渐变效果的倾斜方向，如图 2.3.51 所示。

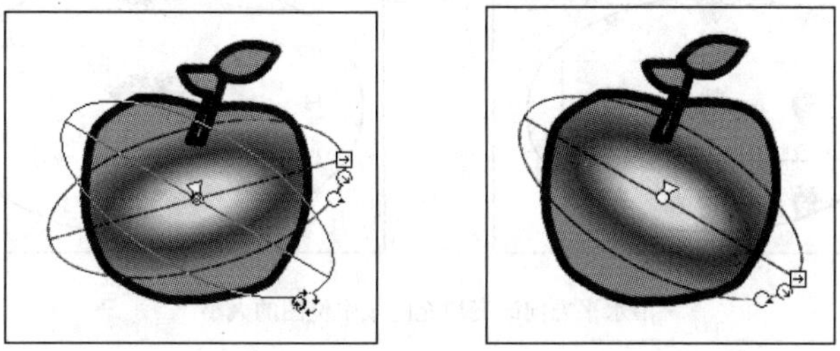

图 2.3.51　调整渐变效果的倾斜方向

2. 调整位图填充效果

使用填充变形工具还可以调整位图填充效果，具体操作步骤如下：

（1）绘制一个图形，并使用位图填充。

（2）使用填充变形工具在图形的填充区域单击，此时，图形周围出现一个矩形控制框，且该控制框上包括 7 个控制点，如图 2.3.52 所示。

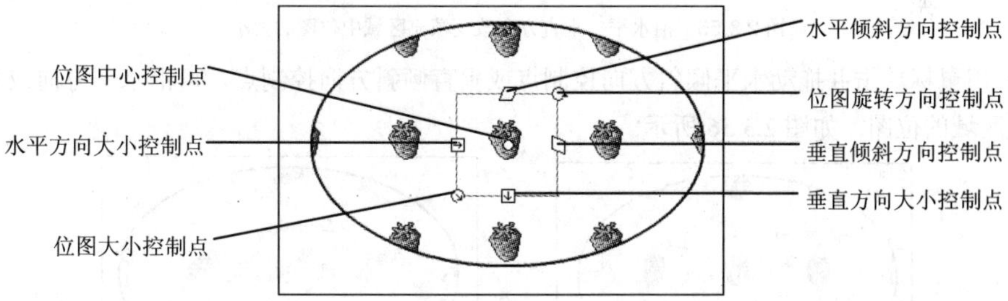

图 2.3.52　显示控制框和控制点

（3）用鼠标单击位图中心控制点并拖动，可以移动填充区域中的位图，如图 2.3.53 所示。

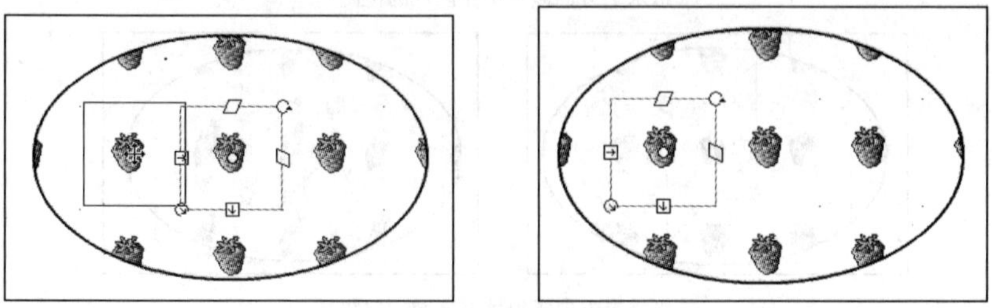

图 2.3.53　移动填充区域中的位图

（4）用鼠标单击位图大小控制点并拖动，可以调整填充区域中位图的大小，如图 2.3.54 所示。

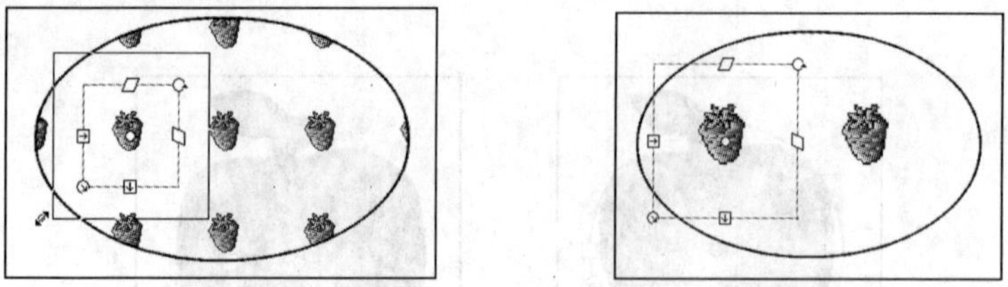

图 2.3.54 调整位图的大小

（5）用鼠标单击并拖动水平方向大小控制点或垂直方向大小控制点，可以沿水平或垂直方向改变填充区域中位图的大小，如图 2.3.55 所示。

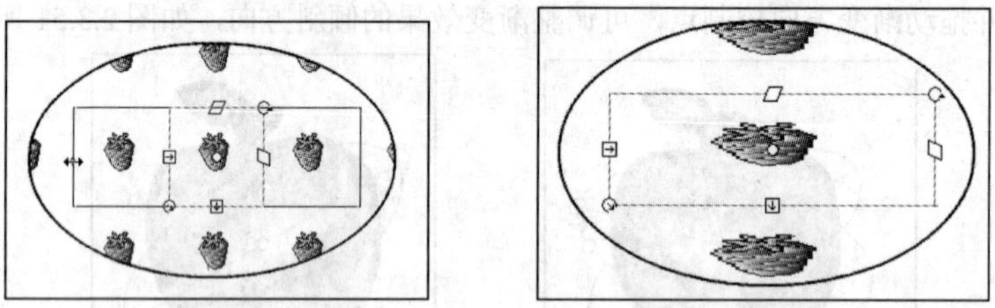

沿水平方向改变填充区域中位图的大小

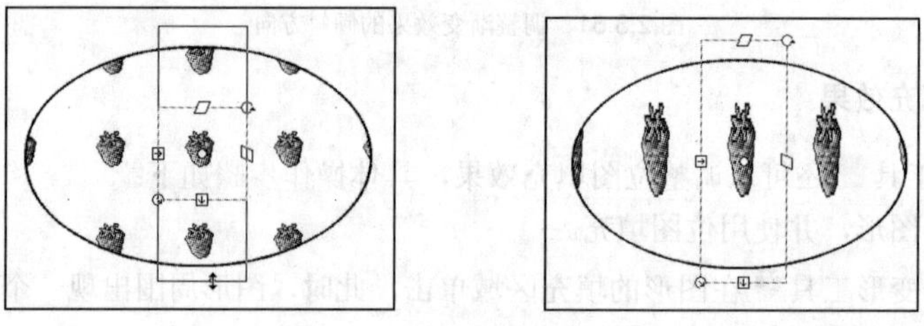

沿垂直方向改变填充区域中位图的大小

图 2.3.55 沿水平、垂直方向改变填充区域中位图的大小

（6）用鼠标单击并拖动水平倾斜方向控制点或垂直倾斜方向控制点，可沿水平方向或垂直方向倾斜填充区域的位图，如图 2.3.56 所示。

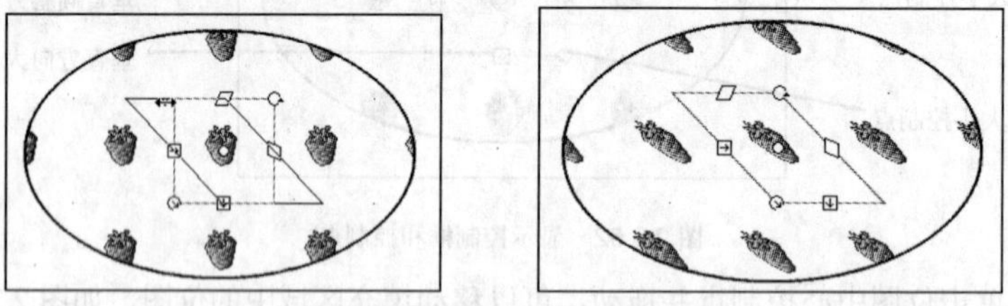

沿水平方向倾斜填充区域的位图

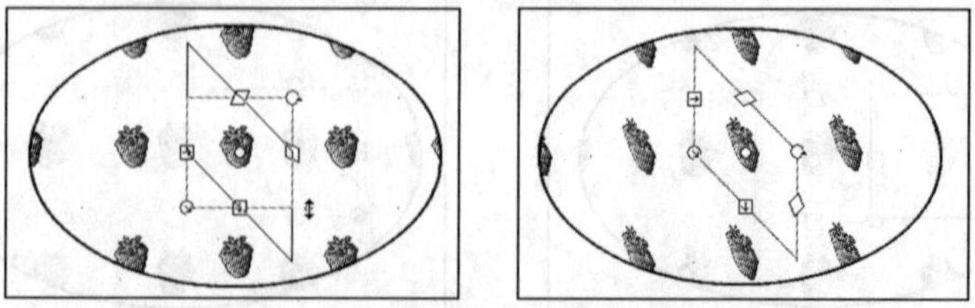

沿垂直方向倾斜填充区域的位图

图 2.3.56 沿水平、垂直方向倾斜填充区域的位图

（7）用鼠标单击并拖动位图旋转方向控制点，可以旋转填充区域的位图，如图 2.3.57 所示。

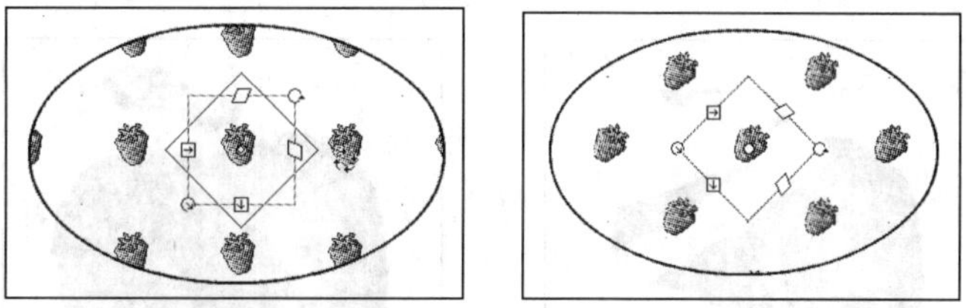

图 2.3.57　旋转填充区域的位图

2.3.9　橡皮擦工具的使用

使用橡皮擦工具可以擦除舞台中的图形，使用该工具擦除图形的具体操作步骤如下：

（1）在工具箱中选择橡皮擦工具。

（2）该工具选项区中会出现如图 2.3.58 所示的选项。

（3）单击“擦除模式”按钮，弹出“擦除模式”下拉菜单，如图 2.3.59 所示。

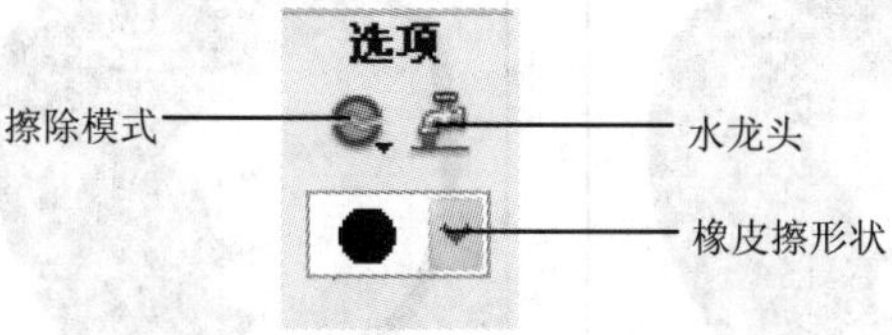

图 2.3.58　橡皮擦工具选项区

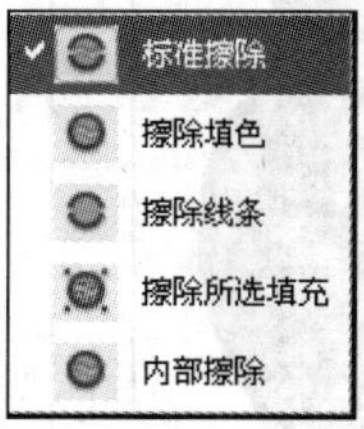

图 2.3.59　“擦除模式”下拉菜单

1）标准擦除：默认的擦除模式，在该模式下，可擦除舞台中同一图层中的笔触和填充内容，如图 2.3.60 所示。

图 2.3.60　在“标准擦除”模式下擦除图形

2）擦除填充：在该模式下，只能擦除图形的填充区域，而不能擦除笔触，如图 2.3.61 所示。

图 2.3.61　在“擦除填充”模式下擦除图形

3）擦除线条：在该模式下，只能擦除图形的笔触，而不影响填充区域，如图 2.3.62 所示。

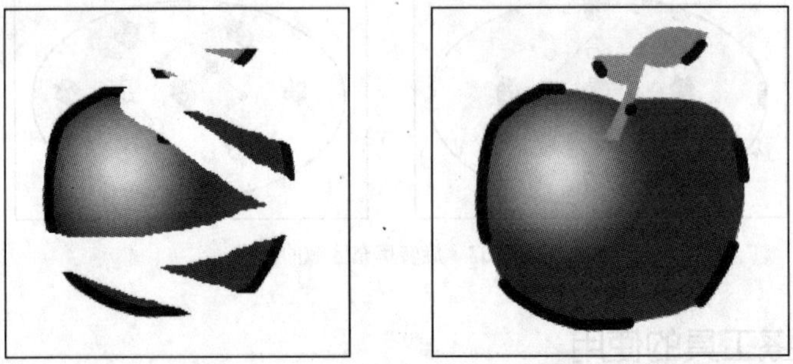

图 2.3.62　在“擦除线条”模式下擦除图形

4）擦除所选填充：在该模式下，只能擦除选择区域中的填充内容，且必须在擦除前先创建好选区，如图 2.3.63 所示。

图 2.3.63　在“擦除所选填充”模式下擦除图形

5）内部擦除：在该模式下，只能擦除鼠标单击点所在位置图形的填充内容。如果单击点为空白区域，则不擦除任何图形，如图 2.3.64 所示。

（4）单击 ● 右侧的下拉按钮，弹出“橡皮擦形状”下拉列表，如图 2.3.65 所示，用户可在该列表中选择合适的形状擦除图形。

图 2.3.64　在“内部擦除”模式下擦除图形

图 2.3.65　“橡皮擦形状”下拉列表

（5）单击“水龙头”按钮，就可以选择水龙头工具擦除图形。使用该工具，可以将图形的笔触或填充区域一次性擦除，如图 2.3.66 所示。

技巧：在工具箱中用鼠标双击橡皮擦工具，可将舞台中的图形全部擦除。

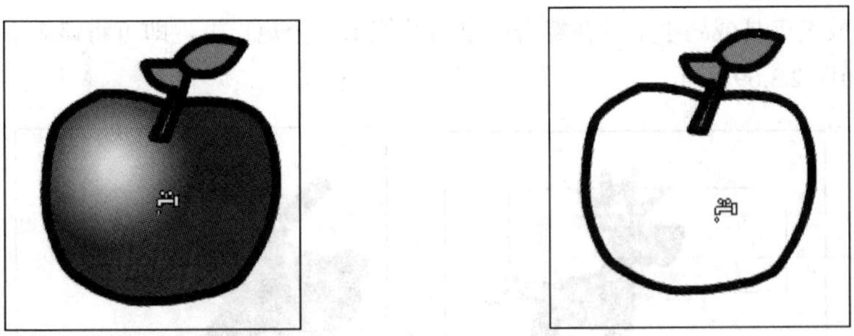

擦除前　　　　擦除后

图 2.3.66　使用水龙头工具擦除图形

2.3.10　缩放工具和手形工具的使用

使用缩放工具可以调整舞台的显示比例，放大或缩小舞台显示。当舞台的显示比例太大而不能将图形全部显示出来时，可以使用手形工具移动舞台的位置，查看某个图形对象。

1．缩放工具的使用

用户选择缩放工具后，该工具选项区中会显示“放大”按钮和“缩小”按钮。当用户单击“放大”按钮时，即可选择放大工具；当用户单击“缩小”按钮时，即可选择缩小工具。

使用放大工具可以放大舞台的显示比例，使用缩小工具可以缩小舞台的显示比例。其具体操作步骤如下：

（1）在工具箱中选择缩放工具。

（2）在该工具选项区中单击“放大”按钮，选择放大工具。

（3）使用该工具在舞台中的图形对象上单击，即可放大该图形，如图 2.3.67 所示。

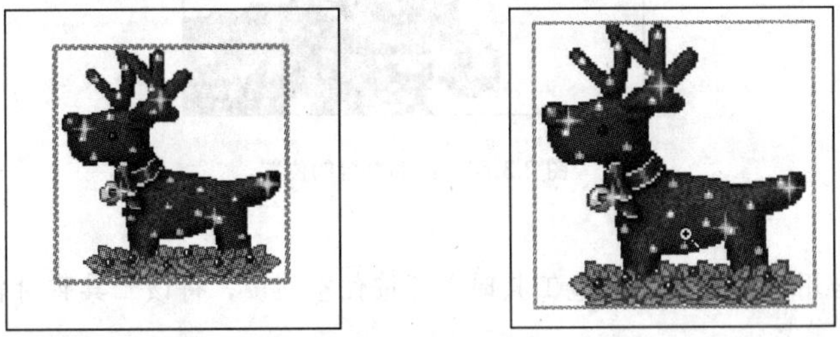

图 2.3.67　放大图形

（4）在该工具选项区中单击“缩小”按钮，选择缩小工具。

（5）使用该工具在舞台中的图形对象上单击，即可缩小该图形，如图 2.3.68 所示。

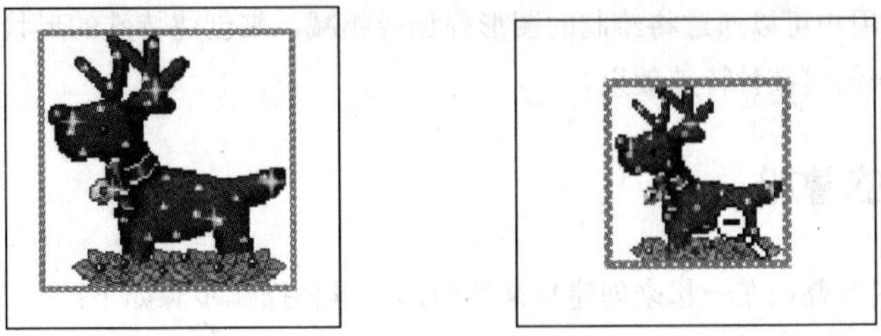

图 2.3.68　缩小图形

（6）使用放大工具或缩小工具在舞台中单击并拖出一个矩形框，即可将该矩形框中的图形对象放大或缩小，如图 2.3.69 所示。

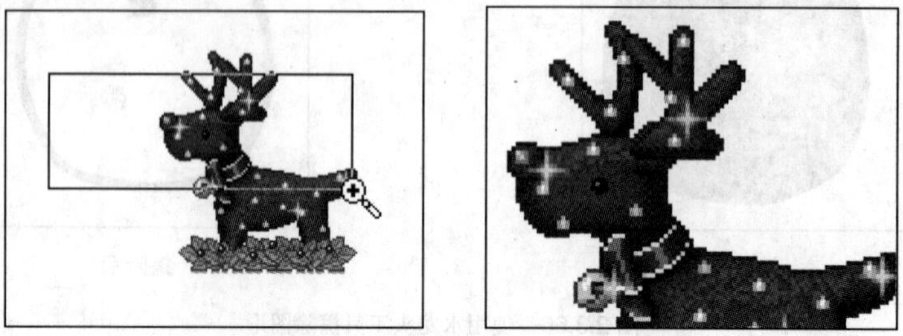

图 2.3.69　放大图形的局部

技巧：按“Ctrl++”快捷键可放大图形的显示比例，按“Ctrl+ -”快捷键可缩小图形的显示比例。

2．手形工具的使用

使用手形工具可以移动舞台的位置，查看某个图形对象。具体操作步骤如下：

（1）在工具箱中选择手形工具。

（2）使用该工具在舞台中单击并拖动，即可移动舞台的位置，如图 2.3.70 所示。

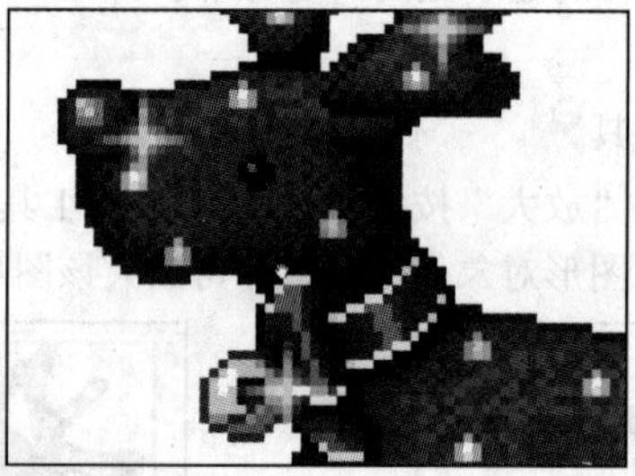

图 2.3.70　移动舞台的位置

技巧：当用户正在使用其他工具时，可按住空格键，将该工具暂时转换为手形工具使用。

2.4　绘 图 技 巧

在 Flash 8 中，用户可以通过将绘制的图形叠加或相减，来创建特殊的形状，还可以对填充区域进行扩展和柔化，来创建某种特殊效果。

2.4.1　图形的叠加

将绘制的独立图形叠加在一起来创建复杂的图形。具体操作步骤如下：

（1）使用绘图工具绘制如图 2.4.1 所示的花朵。

（2）使用绘图工具绘制如图 2.4.2 所示的叶子。

（3）使用选择工具将叶子选中后移动到花的下边，即可将两个图形叠加在一起，组成一朵完整的花，如图 2.4.3 所示。

图 2.4.1 绘制的花朵

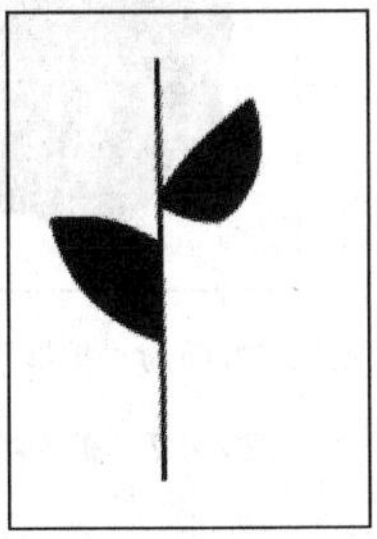
图 2.4.2 绘制的叶子

图 2.4.3 图形的叠加

2.4.2 图形的相减

从叠加在一起的图形中将某个图形选取，再将其移走，创建另一种效果，其具体操作步骤如下：

（1）使用选择工具将需要移走的图形选中，如图 2.4.4 所示。

（2）拖动鼠标将其移到舞台的其他区域，即可将该图形从原图形中减去，如图 2.4.5 所示。

图 2.4.4 选中图形

图 2.4.5 图形的相减

2.4.3 扩展和柔化填充区域

创建好图形后，可将图形的填充区域扩展或柔化，以创建某种特殊效果。

1. 扩展填充区域

扩展图形填充区域的具体操作步骤如下：

（1）使用选择工具将图形选中。

（2）在菜单栏中选择修改(M)→形状(P)→扩展填充(E)...命令，弹出“扩展填充”对话框，如图 2.4.6 所示。

该对话框中各选项含义如下：

1）距离(D)：在该选项右侧的文本框中输入数值可设置扩展或缩小的距离。

2）方向(R)：该选项区用于设置扩展类型，选中⊙扩展单选按钮可以扩展填充区域；选中⊙插入单选按钮可以缩小填充区域。

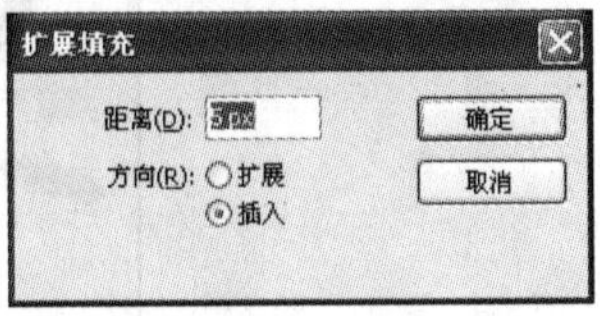

图 2.4.6 “扩展填充”对话框

（3）设置好参数后，单击确定按钮，即可扩展或缩小填充区域，如图 2.4.7 所示。

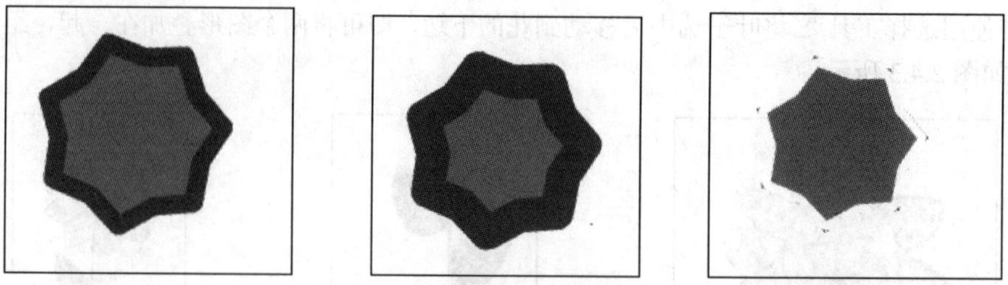

原图形　　方向为“扩展”的图形　　方向为“插入”的图形

图 2.4.7　扩展填充区域

注意：扩展填充区域时，必须先选择 修改(M) → 形状(P) → 将线条转换为填充(C) 命令，将图形笔触转换为填充区域。

2．柔化填充边缘

用户可以将绘制好的图形的边缘进行柔化，以创建模糊效果。其具体操作步骤如下：

（1）使用绘图工具绘制如图 2.4.8 所示的图形。

（2）使用选择工具选取图形的笔触。

（3）在菜单栏中选择 修改(M) → 形状(P) → 将线条转换为填充(C) 命令，将线条转换为填充区域。

（4）在菜单栏中选择 修改(M) → 形状(P) → 柔化填充边缘(F)... 命令，弹出“柔化填充边缘”对话框，如图 2.4.9 所示。

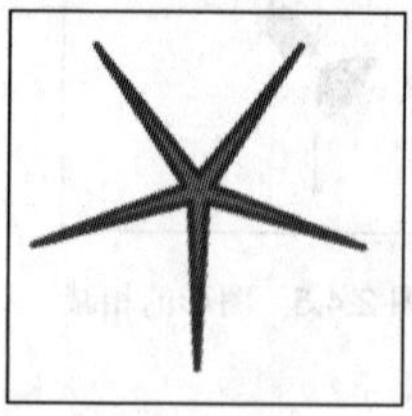

图 2.4.8　绘制图形

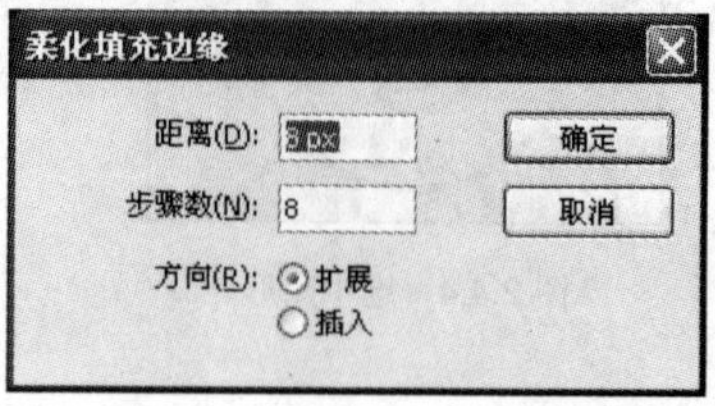

图 2.4.9　“柔化填充边缘”对话框

该对话框中各选项的含义如下：

1）距离(D)：用于设置柔化边缘的宽度。

2）步骤数(N)：用于设置柔化边缘的曲线数量。

3）方向(R)：用于设置柔化边缘时的方向。选中 ⊙扩展 单选按钮可以扩展填充区域；选中 ⊙插入 单选按钮可以缩小填充区域。

（5）设置好参数后，单击 确定 按钮即可柔化填充边缘，如图 2.4.10 所示。

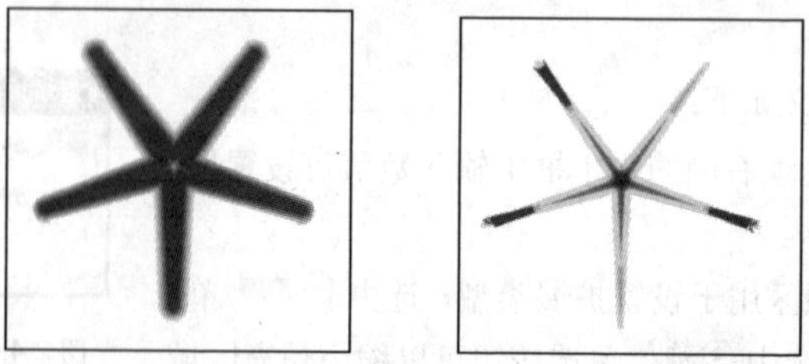

方向为“扩展”的图形　　方向为“插入”的图形

图 2.4.10　柔化填充边缘

2.5　课堂实战——绘制插画

通过本章的学习，练习绘制如图 2.5.1 所示的插画。

图 2.5.1　绘制的插画

操作步骤

（1）在菜单栏中选择 文件(F) → 新建(N)... 命令，新建一个 Flash 文档。

（2）用鼠标在舞台中单击，在该文档的属性面板中单击 550 x 400 像素 按钮，在弹出的“文档属性”对话框中将文档大小更改为 374 像素×550 像素。

（3）在工具箱中选择矩形工具，将该工具的笔触颜色设置为无，填充颜色设置为线性渐变，且该线性渐变起始点的颜色为 35E9FA，终点的颜色为 43C9FB。使用该工具在舞台中绘制矩形，效果如图 2.5.2 所示。

图 2.5.2　绘制的矩形

（4）在工具箱中选择填充变形工具，使用该工具在矩形上单击，将控制线和控制点显示出来。单击各控制点并拖动其位置，调整矩形的填充效果，如图 2.5.3 所示。

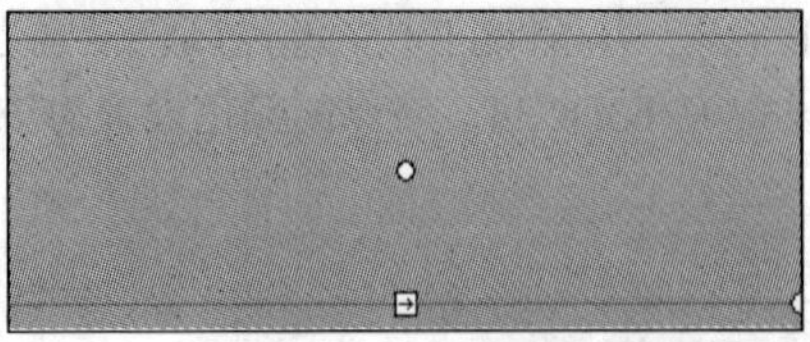

图 2.5.3　调整矩形的填充效果

（5）将图层 1 更名为“天空”。单击时间轴面板下方的“插入图层”按钮，新建图层 2，并将该图层命名为“云朵”。在工具箱中选择铅笔工具，将该工具的笔触颜色设置为白色，使用该工具在舞台中绘制云朵轮廓，如图 2.5.4 所示。

（6）在工具箱中选择颜料桶工具，将该工具的填充颜色设置为白色，并将该颜色的不透明度设置为 70%。使用该工具在绘制的云朵上单击进行填充，效果如图 2.5.5 所示。

图 2.5.4　绘制的云朵轮廓

图 2.5.5　填充云朵

（7）使用选择工具将云朵的轮廓选中，按“Delete”键删除，如图 2.5.6 所示。

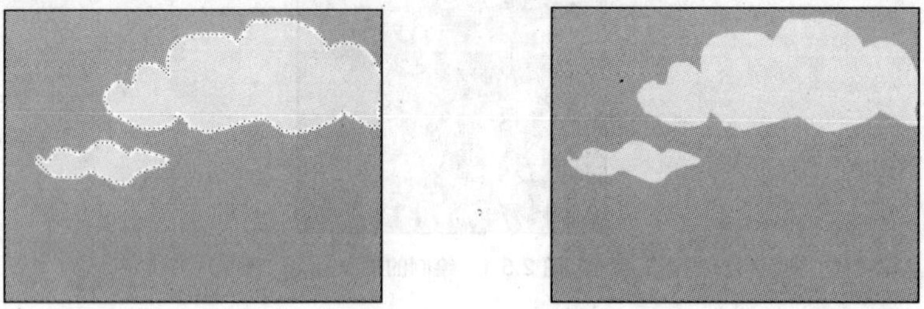

图 2.5.6　将云朵的轮廓删除

（8）单击时间轴面板下方的“插入图层”按钮，新建图层 3，并将该图层命名为“山峰”。

（9）在工具箱中选择线条工具，将该工具的笔触颜色设置为黑色，在舞台中绘制山峰轮廓，如图 2.5.7 所示。

（10）在工具箱中选择颜料桶工具，将该工具的填充颜色设置为 6EB879，填充左侧的山峰；将填充颜色设置为 57B3DA，填充右侧的山峰，效果如图 2.5.8 所示。

图 2.5.7　绘制的山峰轮廓

图 2.5.8　填充山峰

（11）使用选择工具将山峰的轮廓选中，按“Delete”键删除，效果如图 2.5.9 所示。

（12）单击时间轴面板下方的“插入图层”按钮，新建图层 4，并将该图层命名为“草地”。

（13）在工具箱中选择矩形工具，将该工具的笔触颜色设置为无，填充颜色设置为线性渐变，且将该线性渐变起始点的颜色设置为 F3DC34，终点的颜色设置为 E0C600。使用该工具在舞台中绘制矩形，如图 2.5.10 所示。

图 2.5.9　删除山峰轮廓

图 2.5.10　绘制的矩形

（14）重复步骤（4）的操作，使用填充变形工具调整图形的填充效果，如图 2.5.11 所示。

（15）重复步骤（12）的操作，新建图层“小草”。在工具箱中选择刷子工具，并在该工具选项区中选择合适的刷子大小及形状。使用该工具在舞台中绘制小草，并在草地的不同位置设置不同的填充颜色，如图 2.5.12 所示。

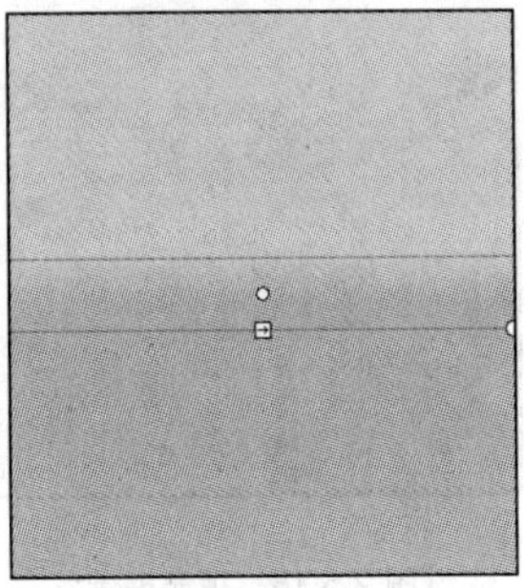

图 2.5.11　调整图形的填充效果

图 2.5.12　绘制小草

（16）重复步骤（12）的操作，新建图层“稻草人”。在工具箱中选择线条工具，使用该工具绘制稻草人的轮廓，如图 2.5.13 所示。

（17）使用选择工具调整稻草人轮廓，使线条更平滑，如图 2.5.14 所示。

图 2.5.13　绘制的稻草人轮廓

图 2.5.14　调整稻草人的轮廓

（18）使用线条工具绘制稻草人图形中的其他线条，使其更逼真，如图 2.5.15 所示。

（19）在工具箱中选择椭圆工具，将该工具的笔触颜色设置为无，填充颜色设置为黑色，使用该工具绘制稻草人的眼睛，如图 2.5.16 所示。

图 2.5.15　绘制稻草人图形中的其他线条

图 2.5.16　绘制稻草人的眼睛

（20）在工具箱中选择颜料桶工具，将该工具的填充颜色设置为 D7A601，使用该工具填充稻草人的帽子及衣服，效果如图 2.5.17 所示。

（21）将颜料桶工具的填充颜色设置为 73543F，填充稻草人站立的棍子，如图 2.5.18 所示。

图 2.5.17　填充稻草人的衣服及帽子

图 2.5.18　填充棍子

（22）将颜料桶工具的填充颜色分别设置为 BC8461，填充稻草人衣服上的补丁，如图 2.5.19 所示。

图 2.5.19　填充稻草人衣服上的补丁

（23）将颜料桶工具的填充颜料设置为 FEC762，填充稻草人的脸，如图 2.5.20 所示。

（24）重复步骤（12）的操作，新建图层“蜻蜓”。

（25）使用钢笔工具绘制蜻蜓的轮廓，如图 2.5.21 所示。

图 2.5.20　填充稻草人的脸

图 2.5.21　绘制的蜻蜓轮廓

（26）将颜料桶工具的填充颜色设置为白色，填充蜻蜓的翅膀；将填充颜色设置为 F9D14B，填充蜻蜓的肚子；将填充颜色设置为 F27813，填充蜻蜓的尾巴，效果如图 2.5.22 所示。

（27）使用选择工具将图形中多余的线条选中，按“Delete”键删除，效果如图 2.5.23 所示。

图 2.5.22　填充蜻蜓

图 2.5.23　删除多余线条

（28）在工具箱中选择铅笔工具，将该工具的笔触颜色设置为 D7A603，绘制草帽周围突起的线条，如图 2.5.24 所示。

（29）在工具箱中选择刷子工具，将该工具的填充颜色设置为 996600，在草帽上的两条线条中间的部分涂抹，创建帽子的暗部，效果如图 2.5.25 所示。

图 2.5.24　绘制草帽上突起的线

图 2.5.25　创建帽子的暗部

（30）将草帽上的细线选中并删除。重复步骤（12）的操作，新建图层“草”。使用线条工具绘制草的轮廓，并使用颜料桶工具填充，最终效果如图 2.5.1 所示。

本 章 小 结

本章在讲解矢量图和位图的区别与应用的基础上，介绍了 Flash 8 中各种工具的使用，包括基本绘图工具和图形编辑工具。希望通过本章的学习，用户应该熟练掌握各种工具的使用方法，并能使用它们绘制需要的图形素材。

操 作 练 习

一、填空题

1．存储在计算机中的图形分为________和________。

2．绘制线条的工具包括________、________和________。

3．使用________工具，可以绘制多边形和星形。

4．使用______工具，可以选中图形。

二、选择题

1．使用矩形工具和椭圆工具绘制正方形和圆形时须按住（ ）键。

（A）Alt　　（B）Shift

（C）Ctrl　　（D）Tab

2．在 Flash 8 中，使用（ ）可调整图形笔触的属性。

（A）套索工具　　（B）颜料桶工具

（C）墨水瓶工具　　（D）滴管工具

3．使用（ ）可以调整图形的填充效果。

（A）自由变形工具　　（B）填充变形工具

（C）墨水瓶工具　　（D）滴管工具

三、上机操作题

1．使用线条工具和颜料桶工具绘制如题图 2.1 所示的图形。

题图　2.1

2．使用钢笔工具和颜料桶工具绘制如题图 2.2 所示的图形。

题图　2.2

第 3 章　对象的编辑

在 Flash 8 中，对象是指舞台中所有可以被选择和操作的元素，包括图形、位图、文本和实例等。用户可以对选择的对象进行复制、粘贴、变形、对齐、组合和分解等操作，还可以重新设置被选取对象的属性。

知识要点

- ⊙ 移动、复制、粘贴和删除对象
- ⊙ 自由变换对象
- ⊙ 对齐对象
- ⊙ 组合和分解对象
- ⊙ 设置对象的属性

3.1　移动、复制、粘贴和删除对象

在 Flash 8 中，用户可以使用选择工具、部分选择工具和套索工具选取对象，还可以在编辑(E)菜单中选择相应命令，对选中的对象进行移动、复制、粘贴和删除等操作。

3.1.1　移动对象

将对象选中后，可通过以下几种方法移动对象：

（1）使用选择工具选中对象后，当光标变成形状时，单击并拖动对象，即可移动该对象。如果在移动对象的同时按住“Shift”键，则只能沿 45°的整数倍角度移动对象。

（2）按键盘上的方向键，可使对象每次移动 1 像素。在按住“Shift”键的同时按方向键，可使对象每次移动 10 像素。

（3）打开被选中对象的属性面板，在其左下角的坐标区域中输入 X 坐标和 Y 坐标的值，通过更改对象的坐标值来移动对象。

（4）在菜单栏中选择窗口(W)→信息(I)命令，打开信息面板，如图 3.1.1 所示。用户可在该面板右上角的坐标区域中输入 X 坐标和 Y 坐标的值，通过更改对象的坐标值来移动对象。

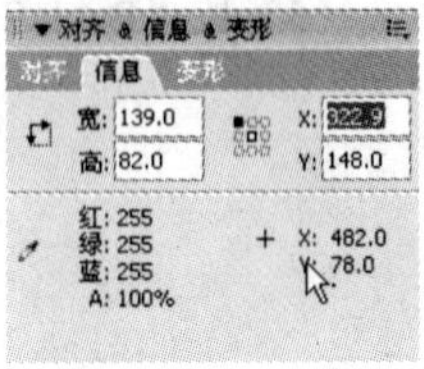

图 3.1.1　信息面板

3.1.2　复制和粘贴对象

在 Flash 8 中，用户不仅可以将对象复制、粘贴到同一个文档中，还可以在不同的图层、场景或 Flash 文件中复制、粘贴对象。具体操作步骤如下：

（1）将对象选中后，在菜单栏中选择编辑(E)→复制(C)命令，可将复制的对象暂时放置于剪贴板中。

（2）将对象选中后，在按住“Ctrl”键的同时拖动鼠标，即可复制并粘贴选中的对象。

（3）将对象选中后，在按住“Alt”键的同时拖动鼠标，即可复制并粘贴选中的对象。

（4）将对象选中后，按“Ctrl+C”快捷键可将复制对象暂时放置于剪贴板中。

（5）在菜单栏中选择 编辑(E) → 粘贴到中心位置 命令，可将剪贴板中的对象粘贴到舞台的中心位置。

（6）按“Ctrl+V”快捷键，也可将剪贴板中的对象粘贴到舞台的中心位置。

（7）在菜单栏中选择 编辑(E) → 粘贴到当前位置(P) 命令，可将剪贴板中的对象原位置粘贴。

（8）按“Ctrl+Shift+V”快捷键，也可将剪贴板中的对象原位置粘贴。

（9）在菜单栏中选择 编辑(E) → 选择性粘贴(S)... 命令，弹出“选择性粘贴”对话框，如图 3.1.2 所示。在 作为(A) 列表框中选择合适的粘贴类型，单击 确定 按钮，即可将对象粘贴到舞台中。

（10）在菜单栏中选择 编辑(E) → 直接复制(D) 命令，可快速复制对象，且复制后的对象与原对象错开一定的位置，如图 3.1.3 所示即为多次选择该命令后复制的对象。

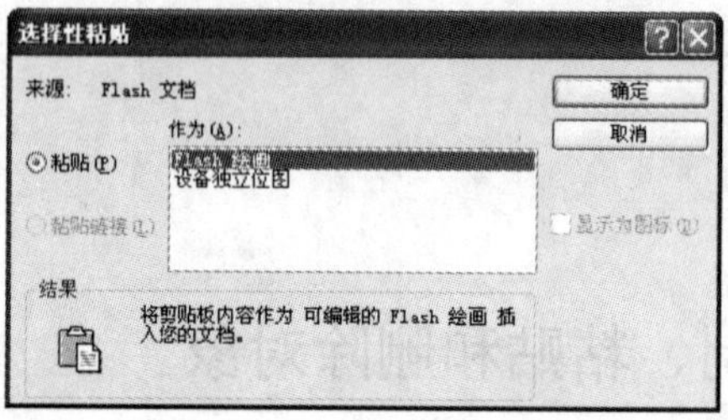

图 3.1.2　“选择性粘贴”对话框

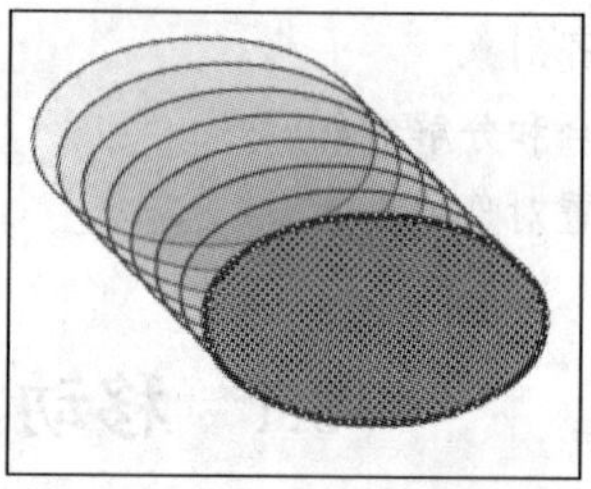

图 3.1.3　错位复制对象

3.1.3　删除对象

当舞台中的对象较多时，可以将不再使用的对象删除，简化操作界面，其具体操作步骤如下：

（1）使用选择工具将需要删除的对象选中。

（2）在菜单栏中选择 编辑(E) → 清除(A) 命令，可将选中的对象删除。

（3）在菜单栏中选择 编辑(E) → 剪切(T) 命令，可将选中的对象剪切到剪贴板中，使该对象不显示在舞台中。

（4）按“Delete”键可将选中的对象删除。

（5）按“Back Space”键也可将选中的对象删除。

3.2　自由变换对象

在 Flash 8 中，用户不仅可以使用任意变形工具变形对象，还可以使用菜单命令自由变换对象。

3.2.1　缩放对象

用户可通过不同的方法对选中的对象进行任意缩放，具体操作步骤如下：

（1）使用选择工具将对象选中。

（2）在菜单栏中选择 修改(M) → 变形(T) → 缩放(S) 命令，被选中的对象周围将会出现调节框，如图 3.2.1 所示。用户可将鼠标光标放置于调节框中的任意一个调节点上，拖动鼠标放大或缩小对象，如图 3.2.2 所示。

图 3.2.1　调节框

图 3.2.2　放大对象

（3）在菜单栏中选择修改(M)→变形(T)→缩放和旋转(C)...命令，弹出“缩放和旋转”对话框，如图 3.2.3 所示。在该对话框中用户可直接在缩放(S)文本框中输入数值，设置对象的缩放比例，此种方法可精确地控制对象的缩放。

（4）在菜单栏中选择窗口(W)→变形(T)命令，打开变形面板，如图 3.2.4 所示。在变形面板中，用户可在↔文本框中输入数值，设置对象在水平方向的缩放比例；在↕文本框中输入数值，设置对象在垂直方向的缩放比例。选中☑约束复选框，可控制对象在水平方向和垂直方向同时缩放。

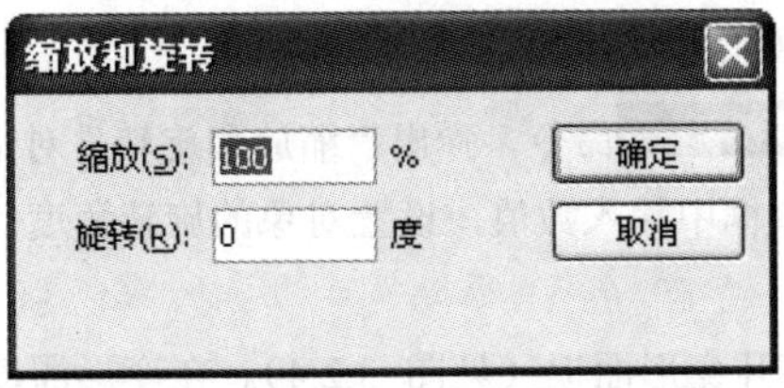

图 3.2.3　“缩放和旋转”对话框

图 3.2.4　变形面板

3.2.2　旋转对象

用户可对选中的对象通过不同的方法进行任意角度的旋转，具体操作步骤如下：

（1）使用选择工具将对象选中。

（2）在菜单栏中选择修改(M)→变形(T)→顺时针旋转 90 度(0)命令，可使选中的对象顺时针旋转 90°，如图 3.2.5 所示。

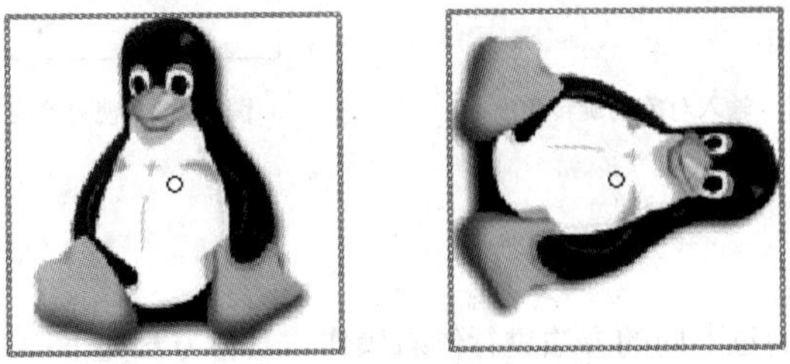

图 3.2.5　顺时针旋转 90°

（3）在菜单栏中选择修改(M)→变形(T)→逆时针旋转 90 度(9)命令，可使选中的对象逆时针旋转 90°，如图 3.2.6 所示。

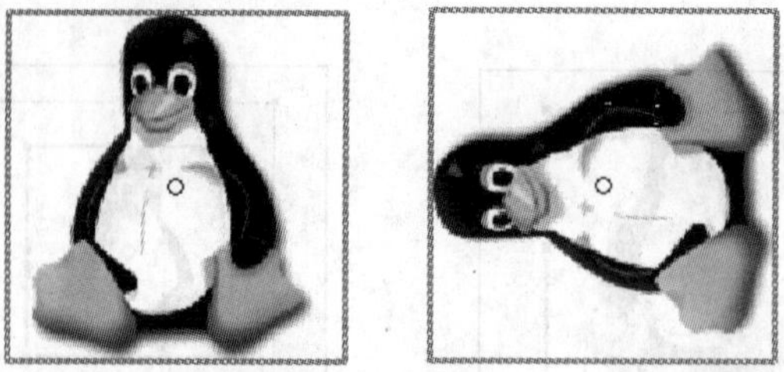

图 3.2.6　逆时针旋转 90°

（4）在菜单栏中选择修改(M)→变形(T)→旋转与倾斜(R)命令，选中的对象周围将出现调节框。用户可将鼠标光标放置于调节框中 4 个顶点的任意一个调节点上，拖动鼠标旋转对象，如图 3.2.7 所示。

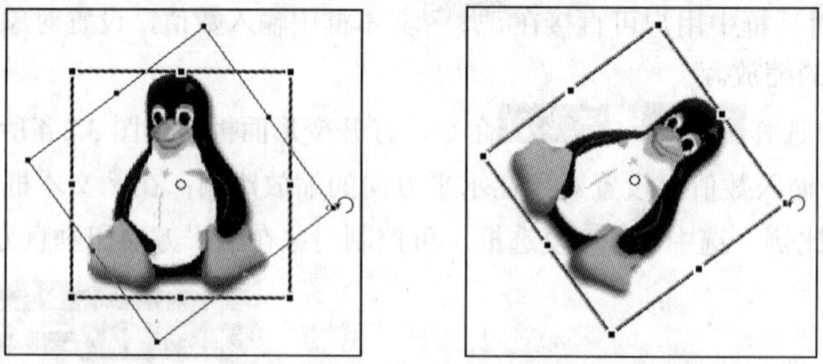

图 3.2.7　旋转对象

（5）在菜单栏中选择修改(M)→变形(T)→缩放和旋转(C)...命令，弹出“缩放和旋转”对话框，如图 3.2.3 所示。在该对话框中用户可直接在旋转(R)文本框中输入数值，设置对象的旋转角度，此种方法可精确地控制对象的旋转。

（6）在菜单栏中选择窗口(W)→变形(T)命令，打开变形面板（见图 3.2.4）。在变形面板中选中 ⊙旋转 单选按钮，在 0.0度 文本框中输入数值设置对象的旋转角度，如图 3.2.8 所示，旋转后的效果如图 3.2.9 所示。

图 3.2.8　输入对象的旋转角度

图 3.2.9　使对象旋转 30°

3.2.3　倾斜对象

用户可对选中的对象通过不同的方法进行倾斜操作，具体方法如下：

（1）使用选择工具将对象选中。

（2）在菜单栏中选择修改(M)→变形(T)→旋转与倾斜(R)命令，被选中的对象周围将出现调节框。用户可将鼠标光标置于调节框中间 4 个调节点的任意一个上，拖动鼠标即可倾斜对象，如图 3.2.10 所示。

图 3.2.10　倾斜对象

（3）在菜单栏中选择窗口(W)→变形(T)命令，打开变形面板（见图 3.2.4）。在变形面板中，选中⊙倾斜单选按钮，在 0.0度 文本框中输入数值，可设置水平方向的倾斜角度；在 0.0度 文本框中输入数值，可设置垂直方向的倾斜角度，如图 3.2.11 所示。

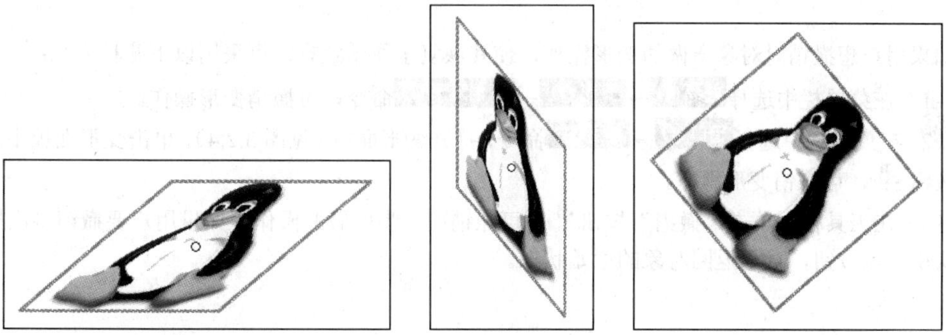

水平倾斜 50°　　垂直倾斜 50°　　水平、垂直倾斜 50°

图 3.2.11　倾斜对象

提示：如果将对象水平方向和垂直方向的倾斜角度设置为相同的数值，与将该对象旋转此数值的角度效果相同。

3.2.4　翻转对象

用户可对选中的对象进行水平翻转和垂直翻转，具体操作步骤如下：

（1）使用选择工具将对象选中。

（2）在菜单栏中选择修改(M)→变形(T)→水平翻转(H)命令，可使对象水平翻转，如图 3.2.12 所示。

原图　　水平翻转

图 3.2.12　水平翻转对象

（3）在菜单栏中选择 修改(M) → 变形(T) → 垂直翻转(V) 命令，可使对象垂直翻转，如图 3.2.13 所示。

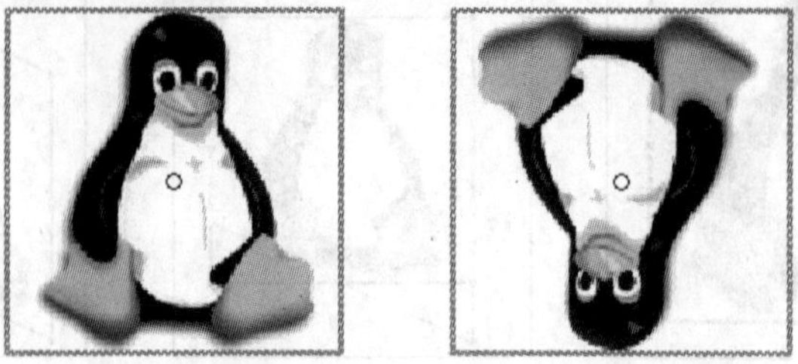

原图　　垂直翻转

图 3.2.13　垂直翻转对象

3.2.5　撤销变形

如果用户想撤销对对象所做的变形操作，使其恢复至原始状态，可采用以下几种方法：

（1）在菜单栏中选择 修改(M) → 变形(T) → 取消变形(T) 命令，可撤销变形操作。

（2）在菜单栏中选择 窗口(W) → 变形(T) 命令，打开变形面板（见图 3.2.4），单击变形面板中的“重置”按钮，可撤销变形操作。

（3）在工具栏中单击“撤销”按钮，可撤销前一步所做的操作。如果用户要撤销多次操作，可多次单击该按钮，直至返回对象的原始状态。

3.3　对 齐 对 象

在 Flash 8 中，用户可以使用对齐面板对齐对象、分布对象，调整对象的大小。

3.3.1　对象的对齐

用户可以将舞台中的对象在水平方向上左对齐、水平居中对齐和右对齐；在垂直方向上上对齐、垂直居中对齐和底对齐。

在菜单栏中选择 窗口(W) → 对齐(G) 命令，打开对齐面板，如图 3.3.1 所示。

左对齐：单击“左对齐”按钮，可使选中的对象以所选对象中最左边的对象为基准对齐。

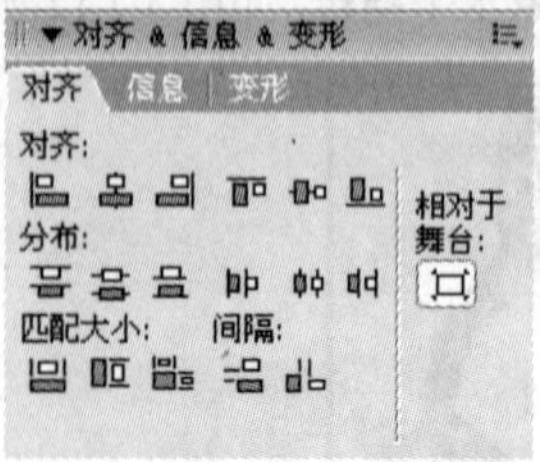

图 3.3.1　对齐面板

水平中齐：单击“水平中齐”按钮，可使选中的对象以所选对象集合的垂直中线为基准对齐。

右对齐：单击“右对齐”按钮，可使选中的对象以所选对象中最右边的对象为基准对齐。

上对齐：单击“上对齐”按钮，可使选中的对象以所选对象中最上边的对象为基准对齐。

垂直中齐：单击“垂直中齐”按钮，可使选中的对象以所选对象集合的水平中线为基准对齐。

底对齐：单击“底对齐”按钮，可使选中的对象以所选对象中最下边的对象为基准对齐。

选中舞台中的对象，单击不同的按钮对齐对象，效果如图 3.3.2 所示。

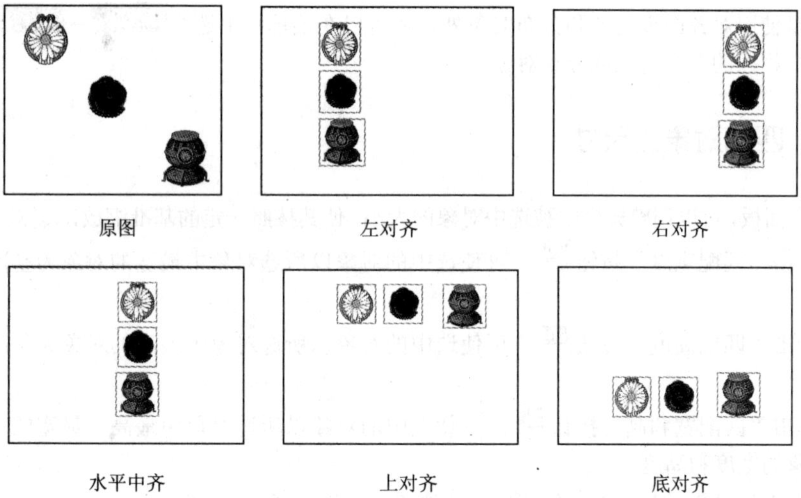

图 3.3.2　各种对齐效果

3.3.2　对象的分布

用户可以将舞台中的对象在水平方向上顶部分布、垂直居中分布和底部分布；在垂直方向上左侧分布、水平居中分布和右侧分布。

在菜单栏中选择窗口(W)→对齐(G)命令，打开对齐面板，如图 3.3.1 所示。

顶部分布：单击“顶部分布”按钮，可使选中的对象以所选对象中最上边的对象为基准等距离分布。

垂直居中分布：单击“垂直居中分布”按钮，可使选中的对象以所选对象集合的垂直中心线为基准等距离分布。

底部分布：单击“底部分布”按钮，可使选中的对象以所选对象中最下边的对象为基准等距离分布。

左侧分布：单击“左侧分布”按钮，可使选中的对象以所选对象中最左边的对象为基准等距离分布。

水平居中分布：单击“水平居中分布”按钮，可使选中的对象以所选对象集合的水平中心线为基准等距离分布。

右侧分布：单击“右侧分布”按钮，可使选中的对象以所选对象中最右边的对象为基准等距离分布。

选中舞台中的对象，单击“顶部分布”按钮，效果如图 3.3.3 所示。

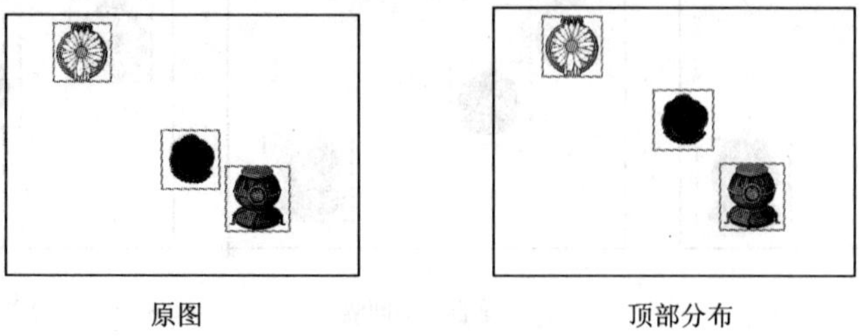

图 3.3.3　顶部分布对象

除了可以使用对齐面板对齐和分布对象外，还可以在菜单栏中选择 修改(M) → 对齐(N) 命令，在其子菜单中选择相应的命令对齐或分布对象。

3.3.3　匹配对象的尺寸

使用对齐面板，可以调整舞台中被选中对象的大小，使其按照一定的基准缩放，具体操作步骤如下：

（1）单击“匹配宽度”按钮，可使选中的对象以所选对象中最宽的对象为基准，调整其他对象的宽度。

（2）单击“匹配高度”按钮，可使选中的对象以所选对象中最高的对象为基准，调整其他对象的高度。

（3）单击“匹配宽和高”按钮，可使选中的对象以所选对象中最高、最宽的对象为基准，调整其他对象的宽度和高度。

选中舞台中的对象，单击不同的匹配尺寸按钮，效果如图 3.3.4 所示。

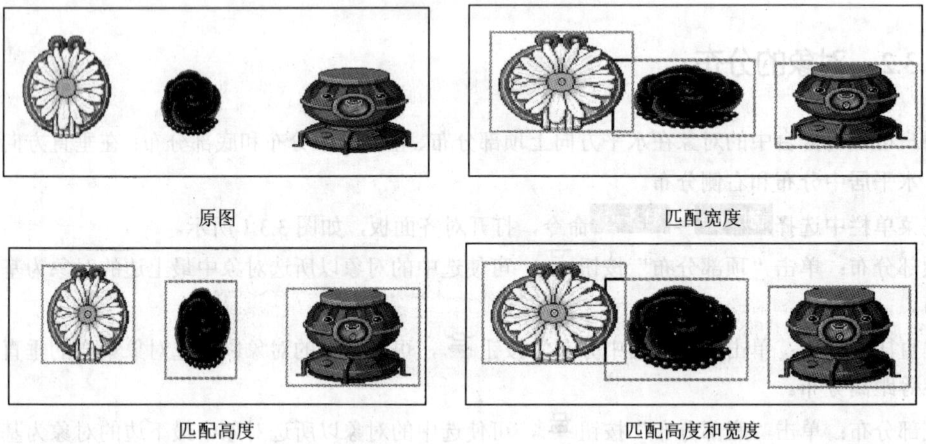

图 3.3.4　匹配对象的尺寸

3.3.4　调整对象的间隔

使用对齐面板，可以调整舞台中被选中对象的间隔，使其均匀排列，具体操作步骤如下：

（1）单击“垂直平均间隔”按钮，可使选中的对象垂直间隔相等。

（2）单击“水平平均间隔”按钮，可使选中的对象水平间隔相等，效果如图 3.3.5 所示。

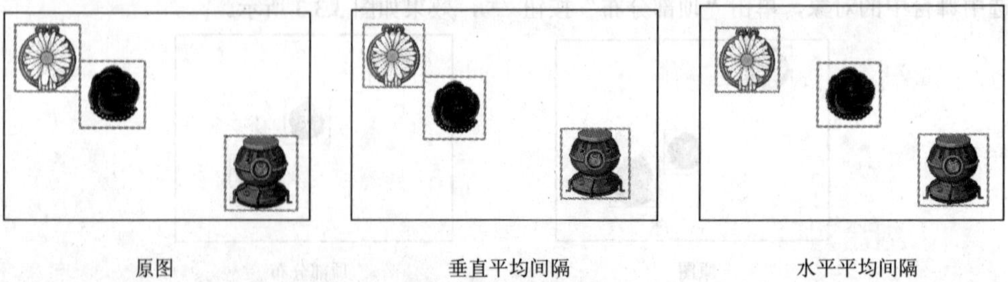

图 3.3.5　调整对象的间隔

注意：在对齐面板中单击“相对于舞台居中”按钮，可使选中的对象以舞台的四条边线为基准对齐、分布、匹配尺寸和调整间隔。

3.3.5　调整对象的叠放顺序

在 Flash 中，系统会自动将用户在同一层中创建的对象按照先后顺序层叠放置，最先创建的对象放置于最底层，最后创建的对象放置于最顶层。如果要查看某个对象，可调整该对象的叠放顺序来进行查看。具体操作步骤如下：

（1）使用选择工具将需要查看的对象选中。

（2）在菜单栏中选择修改(M)→排列(A)→移至顶层(F)命令，可将选中的对象移至顶层。

（3）在菜单栏中选择修改(M)→排列(A)→上移一层(R)命令，可将选中的对象在原叠放位置的基础上上移一层。

（4）在菜单栏中选择修改(M)→排列(A)→下移一层(E)命令，可将选中的对象在原叠放位置的基础上下移一层。

（5）在菜单栏中选择修改(M)→排列(A)→移至底层(B)命令，可将选中的对象移至底层。

调整舞台中所选对象的叠放顺序，如图 3.3.6 所示。

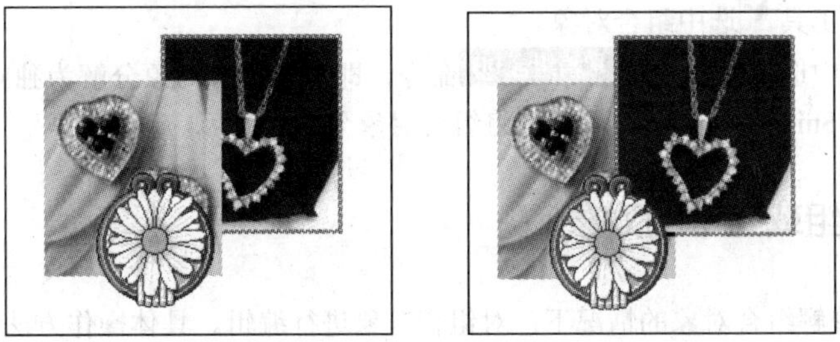

原图　　　　上移一层

图 3.3.6　调整对象的叠放顺序

注意：调整对象的叠放顺序时，只限于调整舞台中同一层中的对象。

3.4　组合和分解对象

在 Flash 8 中，绘制的图形在未组合之前被称为形状。当用户要对该图形进行选择、复制、移动等操作时，必须先将该图形的组成部分组合为一个整体，这样就可以将该图形当成一个整体来处理。用户可以直接对组进行编辑而不必将其分解，还可以在组中选择某个对象对其进行单独的编辑，而不必取消对象的组合。

3.4.1　组合对象

用户既可以将组成一个对象的多个组成部分组合，也可以将多个独立的对象组合为一个整体。具体操作步骤如下：

（1）使用选择工具将需要组合的对象选中。

（2）在菜单栏中选择修改(M)→组合(G)命令，即可将选中的对象组合为一个整体，且组合后的对象周围被蓝色的细线包围。

（3）按“Ctrl+G”快捷键可快速将选中的对象组合为一个整体，如图 3.4.1 所示。

图 3.4.1　组合对象

3.4.2　分解对象

如果用户要将组合的对象重新分解，可采用以下方法实现。

（1）使用选择工具选中组合对象。

（2）在菜单栏中选择修改(M)→取消组合(U)命令，即可将组合对象分解为独立的对象。

（3）按“Ctrl+Shift+G”快捷键可快速将组合对象分解。

3.4.3　编辑组或组中的对象

用户可以在不分解组合对象的情况下，对组合对象进行编辑。具体操作方法如下：

（1）使用选择工具选中组合对象。

（2）在菜单栏中选择编辑(E)→编辑所选项目(I)命令，即进入该组合对象的编辑状态，如图 3.4.2 所示。使用鼠标双击该组合对象，也可进入其编辑状态。

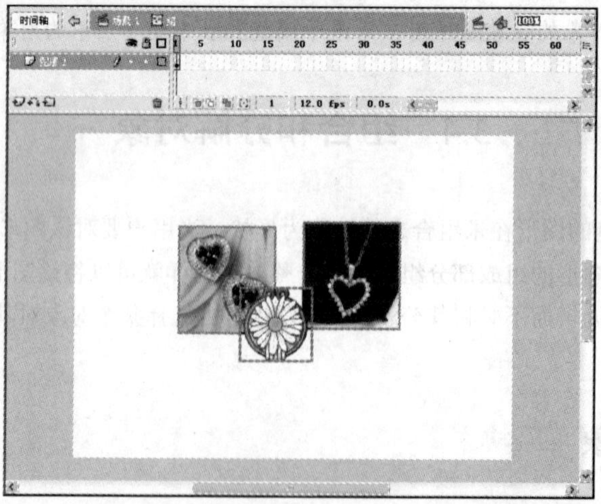

图 3.4.2　组合对象编辑状态

（3）舞台中不属于该组的其他对象处于灰色状态，表示不可以对该对象进行操作。

（4）使用鼠标单击选中组合对象中的某个对象，即可对其进行编辑。

（5）编辑完成后，在菜单栏中选择 编辑(E) → 全部编辑(A) 命令，即可返回到主场景。此时，该组合对象又恢复为一个整体。

3.5　设置对象的属性

默认情况下，在 Flash 8 中使用绘图工具绘制的图形为黑色笔触、白色填充，然而这种图形并不能满足创作需求，用户可根据需要使用多种方法来重新设置图形对象的笔触和填充效果。

3.5.1　设置对象的笔触属性

绘制好图形后，用户可以使用工具箱、混色器面板、属性面板和滴管工具设置对象的笔触属性。

1．使用工具箱设置笔触颜色

使用工具箱可以设置图形对象的笔触颜色，具体操作步骤如下：

（1）使用选择工具将需要更改笔触颜色的对象选中。

（2）单击工具箱中颜色区域中的“笔触颜色”按钮，打开颜色调节面板，如图 3.5.1 所示。

（3）用户可在该面板中的颜色列表中选择一种颜色作为图形对象的笔触颜色，既可以选择纯色，也可以使用渐变色，如图 3.5.2 所示。

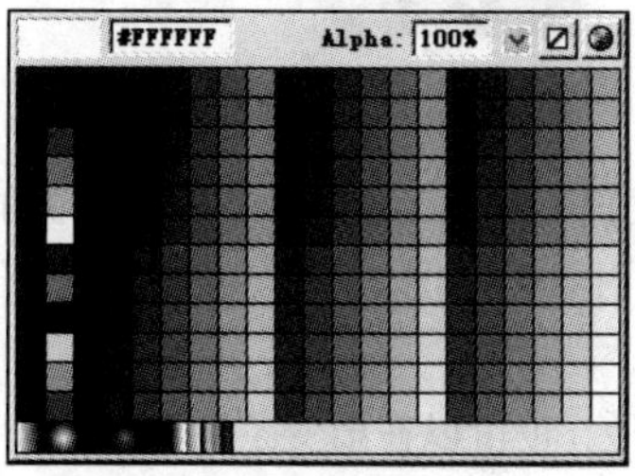

图 3.5.1　颜色调节面板

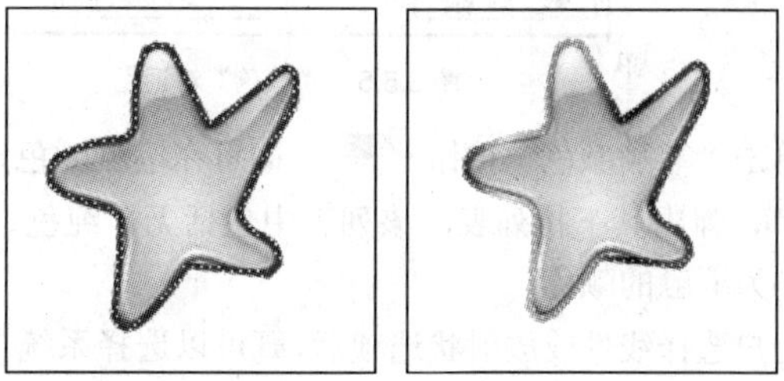

图 3.5.2　不同的笔触颜色

（4）当用户将笔触的颜色设置为纯色时，还可在 Alpha 文本框中输入数值设置纯色的透明度。该值越小，颜色越透明，当该值为 100 时，完全不透明。如图 3.5.3 所示即为将图形对象的笔触颜色设置为不同透明度时的效果。

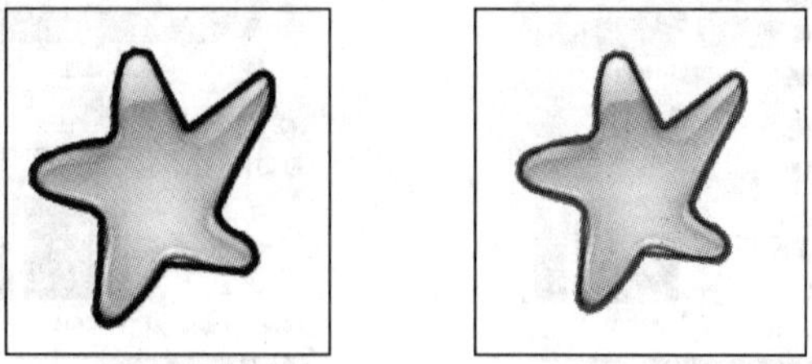

100%　　60%

图 3.5.3　不同透明度的笔触颜色

（5）单击按钮，可将笔触颜色设置为无，如图 3.5.4 所示。

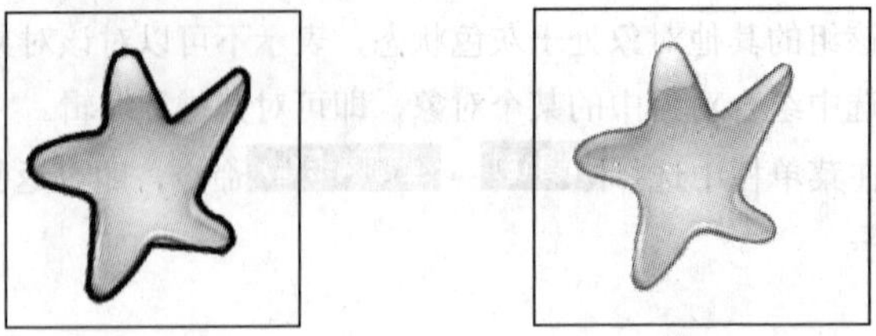

黑色笔触　　　　无笔触

图 3.5.4　设置笔触颜色为无

（6）当颜色列表中的颜色不能满足用户的需要时，单击“系统颜色”按钮，打开 Windows 中的“颜色”对话框，如图 3.5.5 所示。

用户可在该对话框中选择合适的颜色或自定义颜色，选择完成后单击 确定 按钮，即可将该颜色添加到颜色列表中。

2．使用混色器面板设置笔触的颜色

在菜单栏中选择 窗口(W) → 混色器(X) 命令，打开混色器面板，如图 3.5.6 所示。

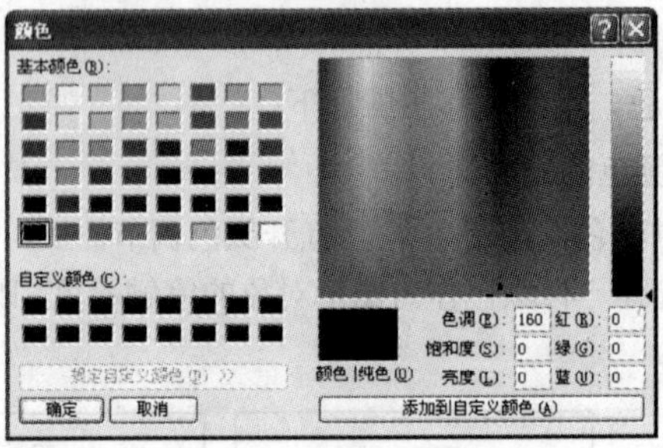

图 3.5.5　“颜色”对话框

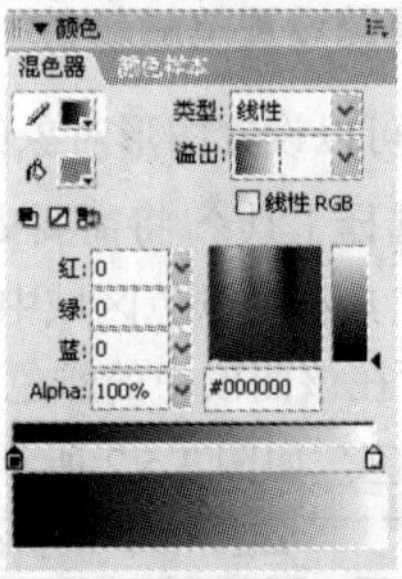

图 3.5.6　混色器面板

单击“笔触颜色”按钮，即可在笔触颜色设置区中设置笔触的颜色。单击 类型 右侧的下拉按钮，弹出其下拉列表。该列表中包括无、纯色、线性、放射状和位图选项，用户可选择合适的选项作为笔触的颜色。

用户选择线性或放射状选项后，既可以选择系统自带的渐变色，也可以在渐变条上自定义渐变色，具体操作步骤如下：

（1）单击渐变条下方的某个颜色桶图标，将其设置为当前颜色桶，如图 3.5.7 所示。

（2）在颜色条右上方的颜色设置区中单击选择一种颜色作为该颜色桶的颜色；也可以用鼠标双击该颜色桶，在打开的颜色调节面板中选择合适的颜色，如图 3.5.8 所示。

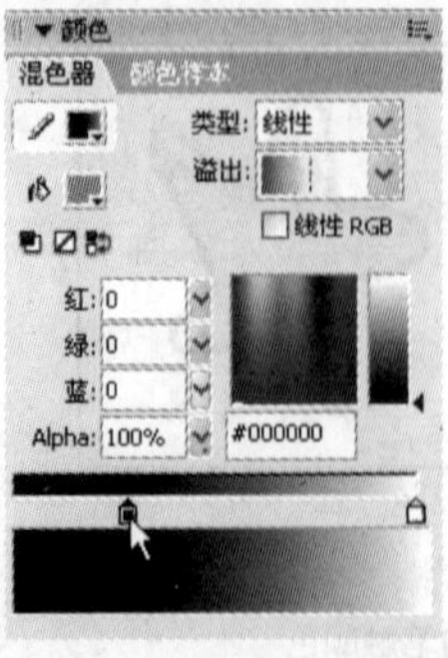

图 3.5.7　选择当前颜色桶

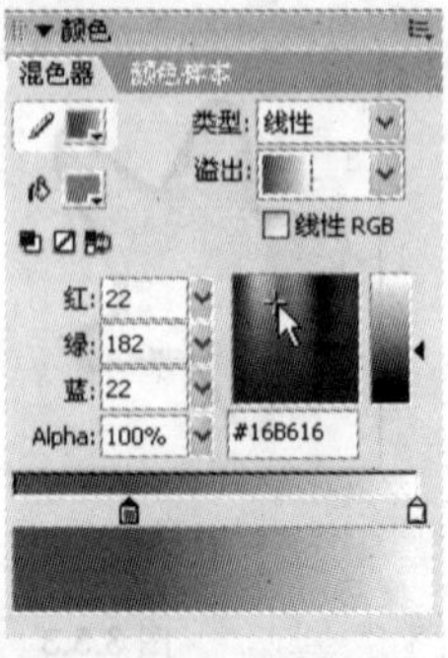

图 3.5.8　设置当前颜色桶的颜色

（3）在红、绿、蓝文本框中输入数值，可直接设置该颜色桶的颜色。

（4）在 Alpha 文本框中输入数值，可设置颜色的透明度。

（5）如果要创建复杂的渐变，可在渐变条上单击添加颜色桶。将颜色桶单击选中后左右拖动，通过调整颜色桶的位置可改变渐变色，如图 3.5.9 所示。

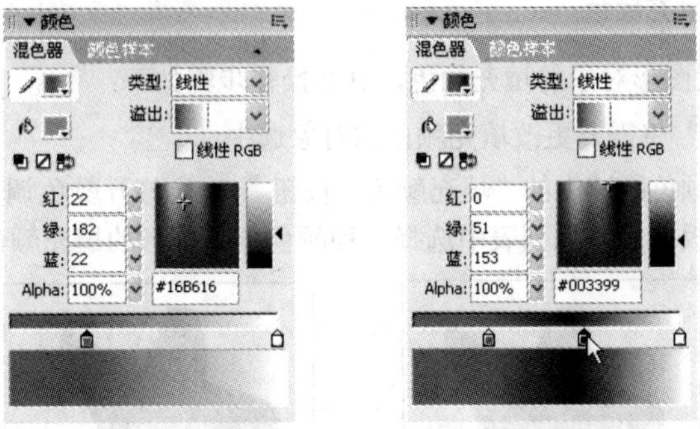

图 3.5.9　添加并移动颜色桶

（6）如果要删除渐变色中的某个颜色，可将该颜色对应的颜色桶单击选中后拖离渐变条即可。

（7）如果要将设置的渐变色保存起来，可单击“选项”按钮，在弹出的下拉菜单中选择添加样本命令，即可将当前的渐变色添加到“颜色样本”面板中。

3．使用属性面板设置笔触属性

使用工具箱和混色器面板只能调整笔触的颜色，而不能设置笔触的其他属性。使用属性面板，不仅可以更改笔触颜色，还可以对其高度、样式等属性进行设置，具体操作步骤如下：

（1）使用选择工具将需要更改笔触属性的对象选中。

（2）打开该对象的属性面板，如图 3.5.10 所示。

图 3.5.10　属性面板

（3）用户可在该面板中设置笔触的颜色、高度和样式属性，如图 3.5.11 所示。

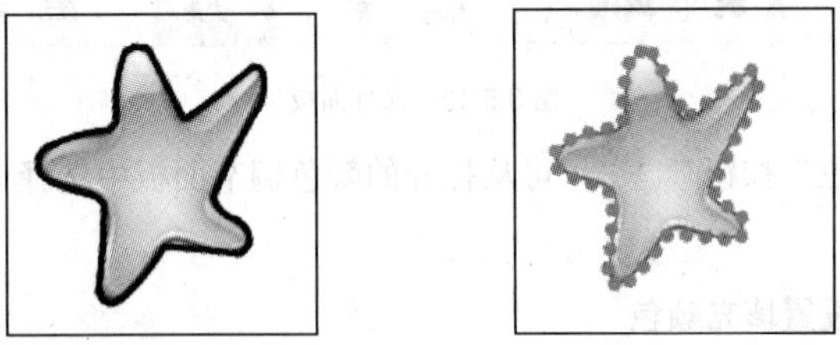

原笔触　　　　更改后的笔触

图 3.5.11　使用属性面板设置笔触的属性

4．使用滴管工具设置笔触属性

使用滴管工具可以吸取其他图形的笔触属性，然后再将它们应用于被选中的对象中。

3.5.2 设置对象的填充颜色

绘制好图形后，用户可以使用工具箱、混色器、属性面板和颜料桶工具重新设置对象的填充颜色。

1．使用工具箱设置填充颜色

使用工具箱可以设置图形对象的填充颜色，具体操作步骤如下：

（1）使用选择工具将需要更改填充颜色的对象选中。

（2）单击工具箱中颜色区域中的“填充颜色”按钮，打开颜色调节面板，如图 3.5.1 所示。

（3）用户可在该面板中的颜色列表中选择一种颜色作为图形的填充颜色，如图 3.5.12 所示。

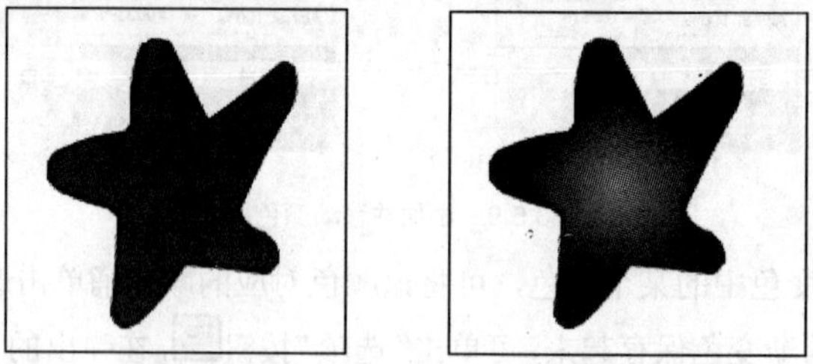

图 3.5.12　不同的填充颜色

2．使用混色器面板设置填充颜色

在菜单栏中选择 窗口(W) → 混色器(X) 命令，打开混色器面板，如图 3.5.6 所示。

单击“填充颜色”按钮，即可在填充颜色设置区中设置填充颜色，其具体操作与设置笔触颜色相同。

3．使用属性面板设置填充颜色

使用属性面板设置填充颜色的具体操作步骤如下：

（1）使用选择工具将需要更改填充颜色的对象选中。

（2）打开该对象的属性面板，如图 3.5.13 所示。

图 3.5.13　属性面板

（3）单击“填充颜色”按钮，可从打开的颜色调节面板中选择一种颜色，作为图形填充区域的颜色。

4．使用颜料桶工具设置填充颜色

使用颜料桶工具在图形的填充区域内单击，可以更改该图形的填充颜色。

3.6　课堂实战——绘制生日贺卡

通过本章的学习，绘制如图 3.6.1 所示的生日贺卡。

图 3.6.1 生日贺卡

操作步骤

（1）打开 Flash 8 应用程序。

（2）新建一个空白文档，并将其背景颜色设置为浅黄色。

（3）在菜单栏中选择 文件(F) → 导入(I) → 导入到舞台(I)... 命令，弹出“导入”对话框，如图 3.6.2 所示。

（4）在该对话框中选择一幅图片，单击 打开(O) 按钮，将其导入舞台中，如图 3.6.3 所示。

图 3.6.2 “导入”对话框

图 3.6.3 导入的图片

（5）在菜单栏中选择 修改(M) → 变形(T) → 缩放(S) 命令，在图片周围出现变形框，拖动鼠标，调整图片的大小，并使用选择工具将图片选中后移到合适的位置，效果如图 3.6.4 所示。

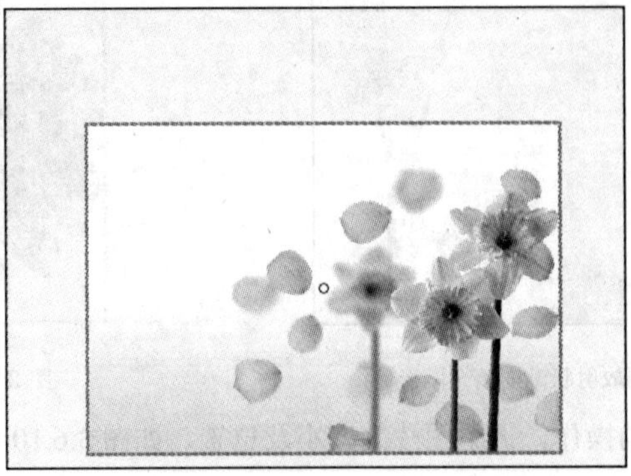

图 3.6.4 调整图片的大小及位置

（6）单击时间轴面板下方的“插入图层”按钮，新建图层 2。

（7）在工具箱中选择矩形工具，在该工具属性面板中设置参数，如图 3.6.5 所示。

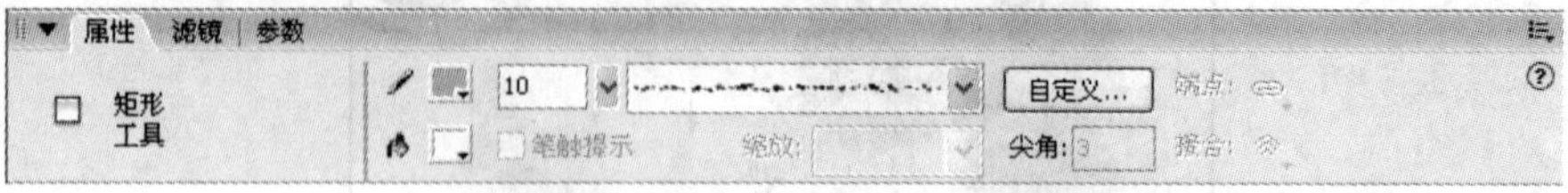

图 3.6.5 “矩形工具”属性面板

（8）使用该工具在舞台中绘制矩形。在菜单栏中选择修改(M)→变形(T)→旋转与倾斜(R)命令，旋转矩形至合适位置，并调整其大小，效果如图 3.6.6 所示。

（9）在菜单栏中选择窗口(W)→混色器(X)命令，打开混色器面板。在该面板中单击“填充颜色”按钮，单击类型右侧的下拉按钮，在弹出的下拉列表中选择“放射状”选项，并在其下方的渐变条上设置渐变，如图 3.6.7 所示。

图 3.6.6 调整矩形的大小及位置

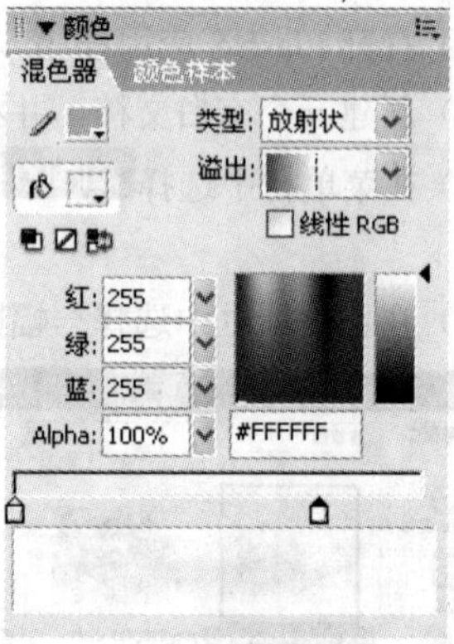

图 3.6.7 设置渐变色

（10）在工具箱中选择颜料桶工具，使用该工具在矩形上单击，即可在该图形中填充放射状渐变，如图 3.6.8 所示。

（11）单击时间轴面板下方的“插入图层”按钮，新建图层 3。

（12）在菜单栏中选择文件(F)→导入(I)→导入到舞台(I)...命令，在弹出的“导入”对话框中选择一幅图片将其导入舞台中，如图 3.6.9 所示。

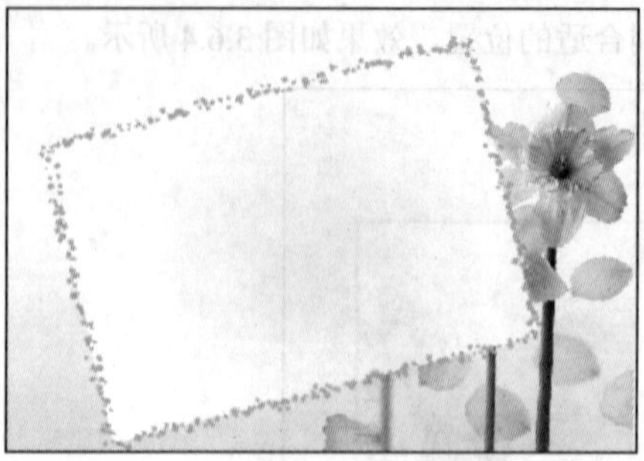

图 3.6.8 使用放射状渐变填充图形

图 3.6.9 导入的图片

（13）重复步骤（5）的操作，调整图片的大小及位置，如图 3.6.10 所示。

（14）选中该图片，按“Ctrl+C”键复制，并按“Ctrl+V”键两次，将该图片复制两次得到两个副本。

（15）分别调整这两个副本至合适的大小，将其放置于合适的位置，效果如图 3.6.11 所示。

图 3.6.10 调整图片的大小及位置

图 3.6.11 调整图片的大小及位置

（16）单击时间轴面板下方的“插入图层”按钮，新建图层 4。

（17）在工具箱中选择文本工具，将字体设置为 Curlz MT、大小为 54、颜色为红色。使用该工具在舞台中输入文字。

（18）在工具箱中选择任意变形工具，使用该工具调整文字的旋转角度，如图 3.6.12 所示。

（19）单击时间轴面板下方的“插入图层”按钮，新建图层 5。

（20）在工具箱中选择刷子工具，在该工具选项区中选择合适的刷子大小及形状，将其填充颜色设置为粉色至红色的线性渐变。使用该工具在舞台中绘制图形，如图 3.6.13 所示。

图 3.6.12 输入文字

图 3.6.13 使用刷子工具绘制图形

（21）单击时间轴面板下方的“插入图层”按钮，新建图层 6。

（22）在工具箱中选择多角星形工具，将该工具的笔触颜色设置为无，将其填充颜色设置为粉色至红色的线性渐变。单击该工具属性面板中的选项...按钮，在弹出的“工具设置”对话框中设置参数，如图 3.6.14 所示。

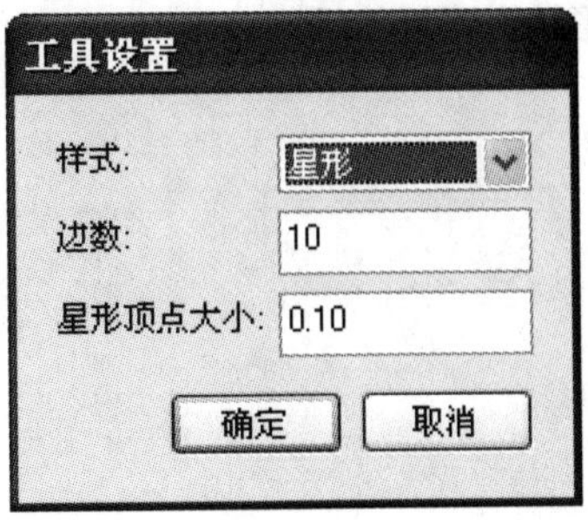

图 3.6.14 “工具设置”对话框

（23）使用该工具在舞台中绘制图形。至此，生日贺卡已制作完成，最终效果如图 3.6.1 所示。

本章小结

本章主要讲解了对象的编辑方法和编辑技巧，包括移动、复制、粘贴、删除、自由变换、对齐、组合与分离以及属性设置等，熟练掌握这些知识，有助于提高工作效率。

操作练习

一、填空题

1. 按________快捷键，可将复制的对象粘贴到舞台的中心位置。
2. 按________快捷键，可将复制的对象原位置粘贴。

二、选择题

1. 在 Flash 8 中，可将对象按（ ）种方式对齐。

（A）5　　（B）6

（C）7　　（D）8

2. 在 Flash 8 中，可使用（ ）种方法设置图形的笔触属性。

（A）1　　（B）2

（C）3　　（D）4

三、上机操作题

1. 将如题图 3.1（a）所示图形的笔触属性设置为如题图 3.1（b）所示的属性。

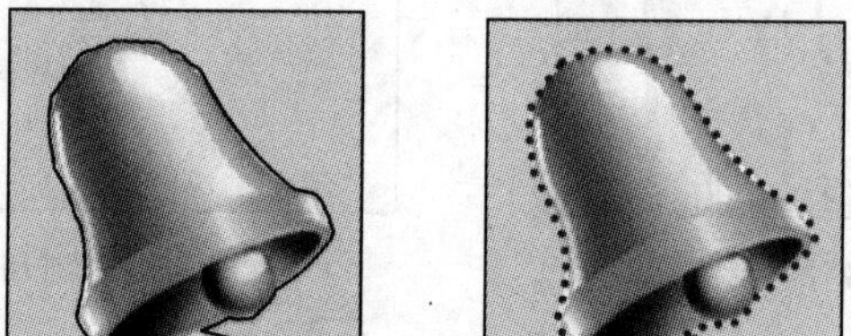

（a）　　（b）

题图 3.1

2. 使用不同的方法，更改图形填充区域的颜色。

第 4 章　文本的使用

在 Flash 8 中，不仅可以创建和编辑图形，还可以使用文本工具创建文本，并且可对创建的文本进行修饰，使文本更加漂亮、美观。

知识要点

- ⊙ 文本的创建
- ⊙ 设置文本和段落文本的属性
- ⊙ 选取文本
- ⊙ 查找和替换
- ⊙ 检查和拼写
- ⊙ 编辑文本

4.1　文本的创建

使用文本工具不仅可以创建一般的文本，还可以创建固定宽度和固定高度的特殊文本，并可将一般文本和特殊文本互换。

4.1.1　创建静态文本

在 Flash 8 中，用户可以使用文本工具来创建文本，具体操作步骤如下：

（1）在工具箱中选择文本工具。

（2）使用该工具在舞台中单击，即可创建一个文本框，如图 4.1.1 所示。

（3）在该文本框中输入文字，即可创建文本，如图 4.1.2 所示。

（4）默认情况下，使用文本工具创建的文本为水平方向的静态文本。如果要创建垂直方向的文本，可单击该工具属性面板中的“更改文本方向”按钮，从弹出的下拉列表中选择“垂直，从左向右”或“垂直，从右向左”选项创建垂直方向的文本，如图 4.1.3 所示。

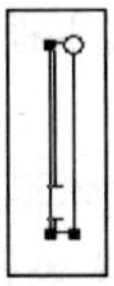

图 4.1.1　创建的文本框

图 4.1.2　水平方向的文本

图 4.1.3　垂直方向的文本

4.1.2 创建固定宽度和高度的文本

默认情况下，使用文本工具创建的文本被放置于同一行中，该行的长度会随着文本的输入逐渐扩展，并且文本框右上角有一个圆形手柄，表示该文本框为宽度可变的文本框。但是，此种文本并不能满足用户的需要，在实际操作中，经常需要创建可自动换行的文本。其具体操作步骤如下：

（1）在工具箱中选择文本工具 A 。

（2）使用该工具在舞台中单击并拖动可创建一个文本框，且文本框的右上角有一个方形手柄，如图 4.1.4 所示。

（3）在该文本框中输入文本，当输入的文本到了右边界后会自动换行，此时，创建的文本即为固定宽度的文本，如图 4.1.5 所示。

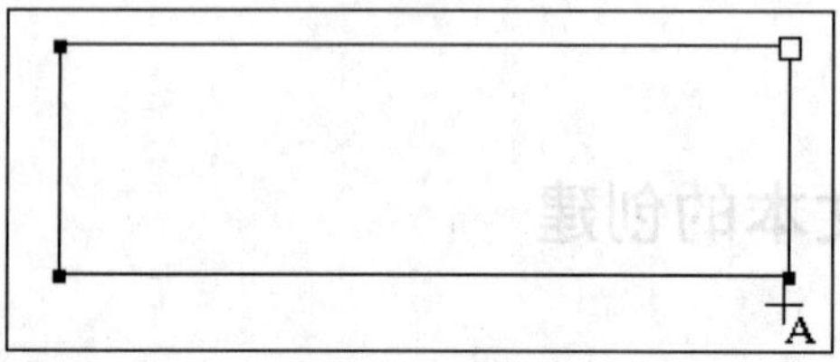

图 4.1.4 创建的文本框

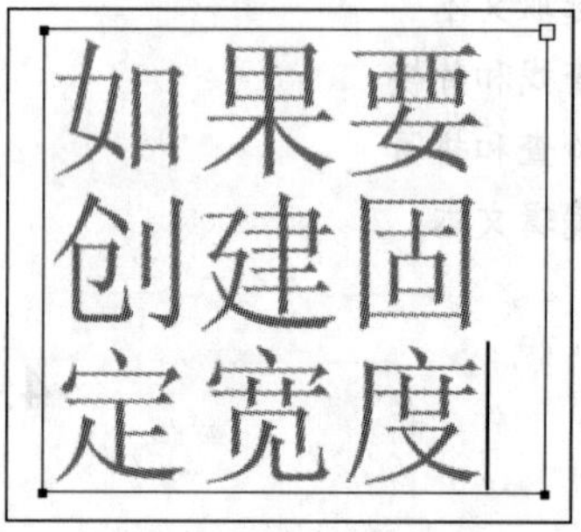

图 4.1.5 创建的固定宽度的文本

提示：单击并拖动宽度可变的文本框右上角的圆形手柄，可将该文本框转换为固定宽度的文本框。

（4）单击“文本工具”属性面板中的“更改文本方向”按钮 ，从弹出的下拉列表中选择合适的选项更改文本方向后，即可在舞台中拖动鼠标，创建固定高度的文本，如图 4.1.6 所示。

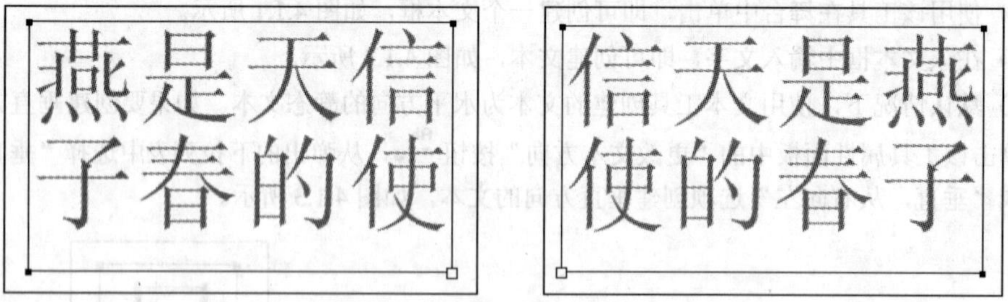

图 4.1.6 创建的固定高度的文本

提示：（1）单击并拖动高度可变的文本框右下角的圆形手柄，可将该文本框转换为固定高度的文本框。

（2）对于创建的固定宽度或固定高度的文本框，可通过拖动控制手柄调整文本框的大小。

（3）双击固定宽度或固定高度文本框中的方形手柄，可将其转换为宽度或高度可变的文本框。

4.1.3　转换文本的类型

在 Flash 8 中，可以创建静态文本、动态文本和输入文本这 3 种类型的文本。所谓静态文本，就是指在动画播放的过程中，不能再对动画中的文本进行编辑修改；动态文本是指在动画播放的过程中，可通过激发事件改变文本内容的文本；输入文本是指在动画播放的过程中，通过让用户输入文本来产生交互功能。

在默认情况下创建的文本为静态文本，用户也可以将静态文本转换为其他类型，具体操作步骤如下：

（1）使用选择工具将创建的静态文本选中，并打开该文本的属性面板，如图 4.1.7 所示。

图 4.1.7　“静态文本”属性面板

（2）单击 静态文本 右侧的下拉按钮，弹出其下拉列表。该列表包括 3 个选项，分别为静态文本、动态文本和输入文本。

（3）当用户选择动态文本选项时，即可将该文本转换为动态文本。

（4）当用户选择输入文本选项时，即可将该文本转换为输入文本。

注意：动态文本和输入文本只能是水平方向的文本。且在默认情况下，这两种文本都为固定宽度的文本。如果要创建宽度可变的动态文本或输入文本，可先创建宽度可变的静态文本，然后将属性面板中的文本类型更换为动态文本或输入文本，此时，即可将其转换为宽度可变的动态文本或输入文本，并且该文本框的右下角有一个圆形手柄，可拖动该手柄调整动态文本或输入文本的宽度。

4.2　设置文本的属性

使用文本工具创建好文本后，可使用属性面板设置各种文本的属性。

1．设置静态文本的属性

如果创建的文本为静态文本，其属性面板如图 4.2.1 所示。

图 4.2.1　“静态文本”属性面板

该面板中各选项的含义如下：

（1）A 宋体：单击其右侧的下拉按钮，弹出“字体”下拉列表，用户可在该列表中选择一种字体作为文本的字体，也可以直接在字体文本框中输入字体的名称选择相应的字体，如图 4.2.2 所示。

（2）83 ：在该文本框中输入数值或单击其右侧的下拉按钮，在弹出的滑杆上拖动滑块可以调整字体的大小，如图 4.2.3 所示。

图 4.2.2　不同字体的文本

图 4.2.3　字体不同大小的文本

（3）“字体颜色”按钮：单击该按钮，打开颜色调节面板，用户可在该面板中选择一种颜色作为文本的颜色，如图 4.2.4 所示。

（4）“切换粗体”按钮：单击该按钮，可将选中的文本在粗体和正常体之间切换，如图 4.2.5 所示。

（5）“切换斜体”按钮：单击该按钮，可将选中的文本在斜体和正常体之间切换，如图 4.2.6 所示。

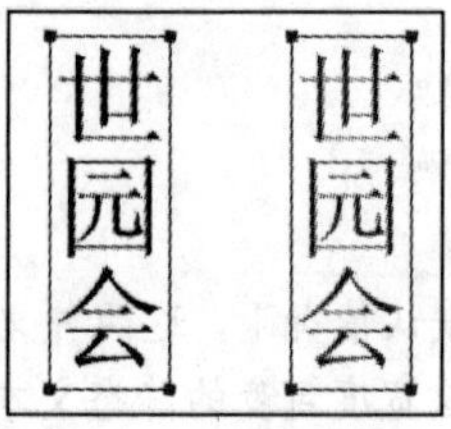

图 4.2.4　不同颜色的文本

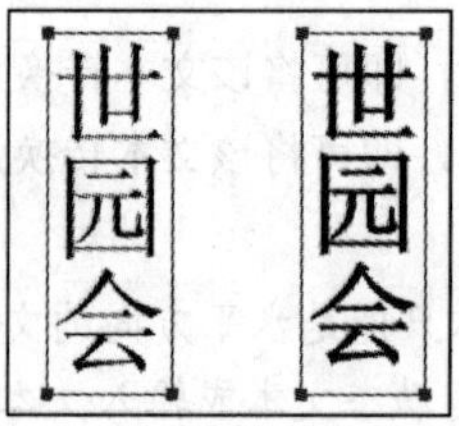

图 4.2.5　将文本设置为粗体

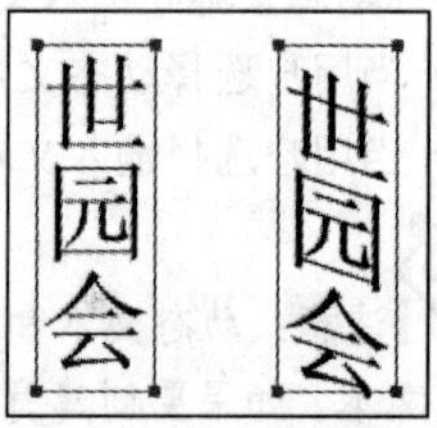

图 4.2.6　将文本设置为斜体

（6）“左对齐”按钮：单击该按钮，可将选中的段落文本左对齐，如图 4.2.7 所示。

（7）“水平居中对齐”按钮：单击该按钮，可将选中的段落文本水平居中对齐，如图 4.2.7 所示。

（8）“右对齐”按钮：单击该按钮，可将选中的段落文本右对齐，如图 4.2.7 所示。

（9）“两端对齐”按钮：单击该按钮，可将选中的段落文本两端对齐，如图 4.2.7 所示。

（10）“格式”按钮：单击该按钮，弹出“格式选项”对话框，如图 4.2.8 所示，用户可在该对话框中设置文本的格式。

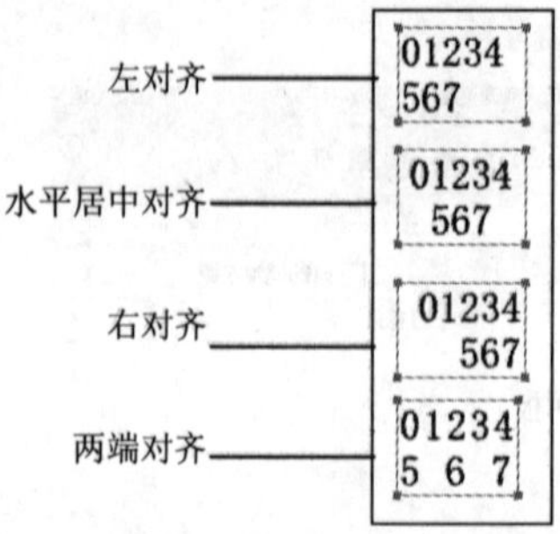

图 4.2.7　不同对齐方式的文本

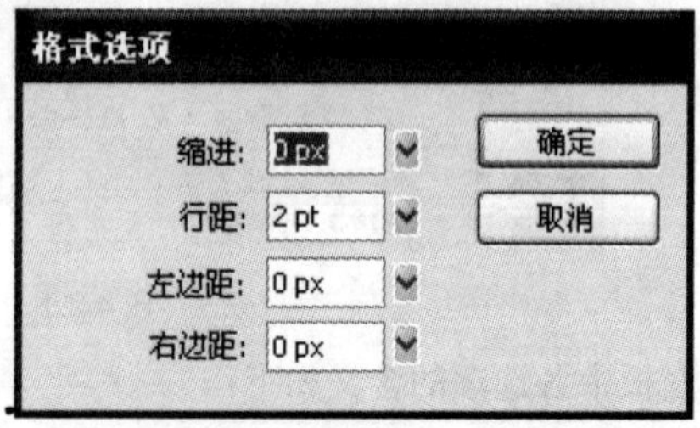

图 4.2.8　“格式选项”对话框

（11）“更改文本方向”按钮：单击该按钮，弹出其下拉列表。该列表中包含 3 个选项，分别为水平、垂直，从左向右、垂直，从右向左，用户可根据需要选择相应的选项设置文本的方向，如

图 4.2.9 所示。

（12）：在该文本框中输入数值或单击其右侧的下拉按钮，从弹出的滑杆上拖动滑块可调整字符之间的间距，如图 4.2.10 所示。

（13）：单击其右侧的下拉按钮，弹出“字符位置”下拉列表。该列表中包含 3 个选项，分别为一般、上标和下标，用户可根据需要设置字符的位置，如图 4.2.11 所示。

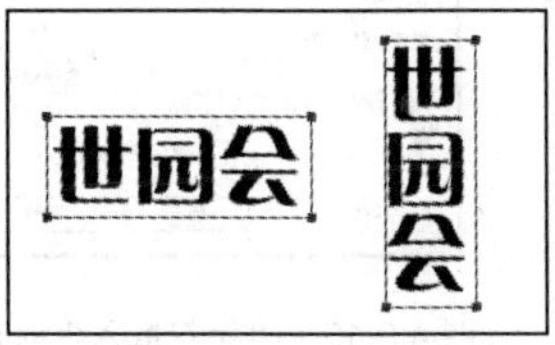

图 4.2.9　不同方向的文本

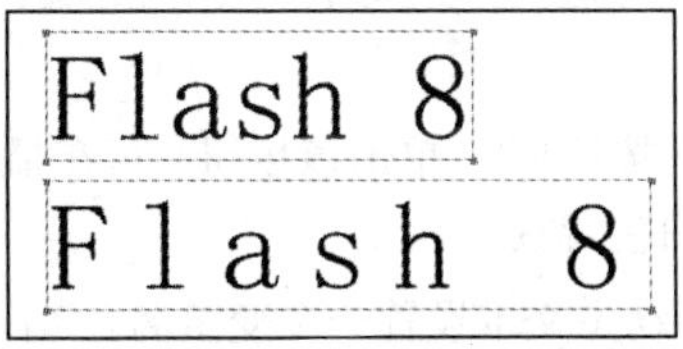

图 4.2.10　不同间距的文本

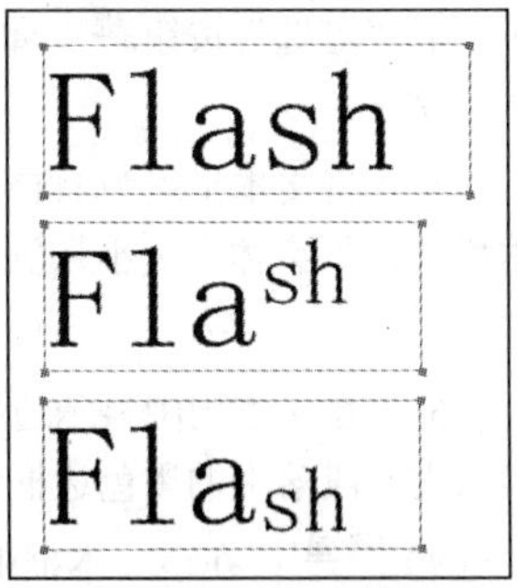

图 4.2.11　不同字符位置的文本

（14）动画消除锯齿：单击其右侧的下拉按钮，弹出下拉列表。该列表中包含 5 个选项，分别为使用设备字体、位图文本、动画消除锯齿、可读性消除锯齿和自定义消除锯齿，用户可根据需要选择相应的选项。

（15）选中 自动调整字距 复选框，可使 Flash 自动微调输入文本的间距。

（16）“可选”按钮：单击该按钮，可以让用户在浏览动画时，将动画中水平方向的静态文本选中。

（17）：在该文本框中可输入文本的链接地址，将整个文本或选中的文本设置为超链接。

（18）目标：单击其右侧的下拉按钮，弹出“链接地址”下拉列表。该列表中包括 4 个选项，分别为_blank（在新浏览器窗口中打开链接网页）、_parent（在当前框架的父框架中打开文档）、_self（在当前窗口中打开链接网页）和_top（在当前窗口的顶层框架中打开文档），用户可选择合适的选项设置文本的链接地址。

2．设置动态文本的属性

如果创建的文本为动态文本，其属性面板如图 4.2.12 所示。

图 4.2.12　“动态文本”属性面板

该面板与“静态文本”属性面板基本相同，其中不同选项的含义如下：

（1）<实例名称>：在该文本框中可设置实例的名称。

（2）嵌入...按钮：单击该按钮，弹出“字符嵌入”对话框，如图 4.2.13 所示。该对话框中各选项的含义如下：

1）用户可在列表中选择一个或多个选项，然后在包含这些字符文本框中输入要嵌入到文档中的字符。或单击自动填充按钮，将选定文本字段的所有字符都嵌入到文档中。

2）单击 不嵌入 按钮，表示不嵌入任何字体。

（3）：单击其右侧的下拉按钮，弹出其下拉列表，其中包括 3 个选项：单行、多行和多行不换行。当用户选择“单行”选项时，将在一行中显示该文本；当选择“多行”选项时，将在多行中显示该文本；当选择“多行不换行”选项时，在多行中显示该文本，只有当最后一个字符是换行字符，如“Enter”时才会换行。

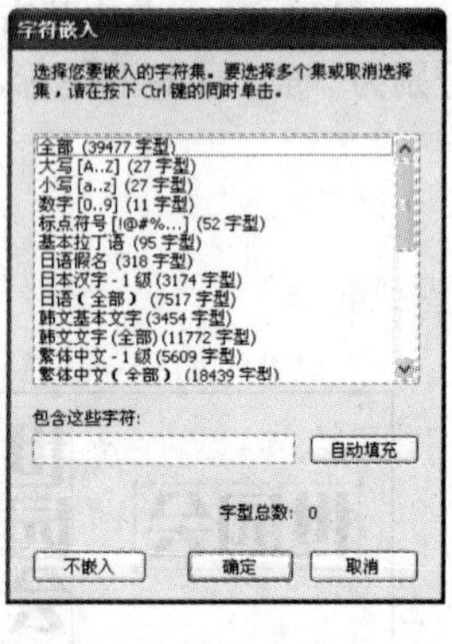

图 4.2.13 “字符嵌入”对话框

（4）“可选”按钮：单击该按钮，可以使用户在浏览动画时选中其中的文字。

（5）“将文本呈现为 HTML”按钮：单击该按钮，可保留丰富的文本格式，如字体、大小、颜色和超链接，且文本中带有相应的 HTML 标记。

（6）“在文本周围显示边框”按钮：单击该按钮，可在播放动画时显示文本段落中的黑色边框和白色背景。

（7）变量：在该文本框中为动态文本设置一个变量名。

注意：由于动态文本在编辑状态下的显示与导出时的显示不同，所以只能在导出的影片中进行测试。

3. 设置输入文本的属性

如果创建的文本为输入文本，其属性面板如图 4.2.14 所示。

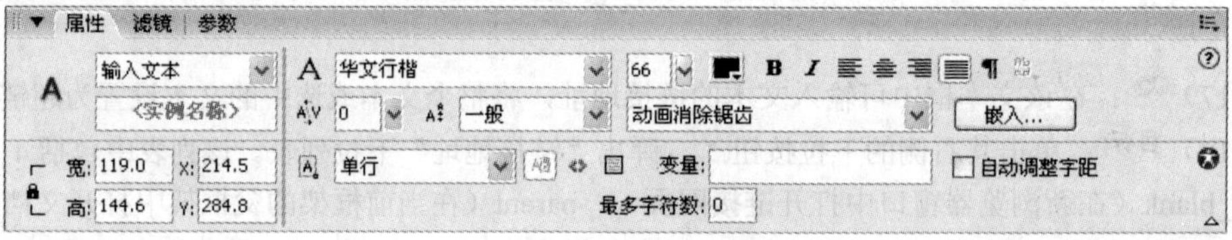

图 4.2.14 “输入文本”属性面板

“输入文本”属性面板与“动态文本”属性面板基本相同，其中不同选项的含义如下：

（1）：单击其右侧的下拉按钮，弹出其下拉列表，其中包括 4 个选项：单行、多行、多行不换行和密码。

（2）最多字符数：在该文本框中输入数值，可以设置文本区域内可以看见的最多字符数。

4.3 选 取 文 本

用户创建好文本后，既可以将整个文本框选中，对其进行操作，也可以只选择其中的几个字符，对它们进行操作。

4.3.1 选取文本框

如果用户要选取文本框，可采用以下方法将其选中。

（1）使用文本工具创建文本框，并在其中输入文字。

（2）在工具箱中选取选择工具 。

（3）使用该工具在文本框中单击，即可将单个文本框选中，如图 4.3.1 所示。

（4）如果在按住“Shift”键的同时用鼠标单击多个文本框，可将它们全部选中，如图 4.3.2 所示。还可以使用选择工具拖出一个矩形框，将舞台中的所有文本框包括在内，也可将它们全部选中。

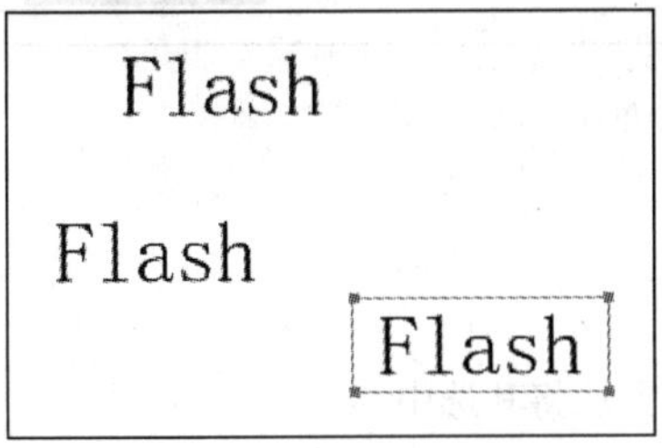

图 4.3.1　选中单个文本框

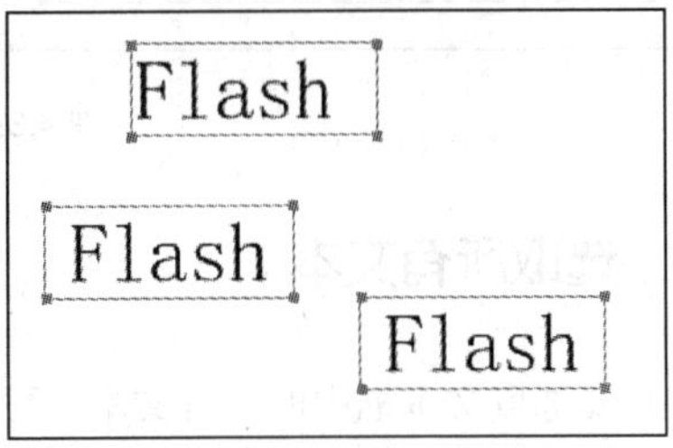

图 4.3.2　选中多个文本框

4.3.2　选取单个文本

如果用户要选取文本框中的某个文本，可采用以下方法将其选中。

（1）使用文本工具 在舞台中创建的文本框中单击，进入文本编辑状态，如图 4.3.3 所示。

（2）按方向键将光标移至要选中的文本的左侧。

（3）拖动鼠标将该文本选中，选中的文本以反白方式显示，如图 4.3.4 所示。

图 4.3.3　文本编辑状态

图 4.3.4　选中单个文本

4.3.3　选取多个文本

如果用户要选取文本框中的多个文本，可采用以下方法将其选中。

（1）使用文本工具 在舞台中创建的文本框中单击，进入文本编辑状态。

（2）按方向键将光标移至要选中的文本的左侧。

（3）拖动鼠标即可将需要编辑的文本全部选中，如图 4.3.5 所示。

（4）将光标移至要选中的文本的左侧，按住“Shift”键的同时在要选择的文本的右侧单击，可将光标之间的文本全部选中，如图 4.3.6 所示。

图 4.3.5　选中多个文本

图 4.3.6　选中光标之间的文本

4.3.4　选取一个单词

如果用户要选取输入的英文中的某个单词，可使用以下方法将其选中。

（1）使用文本工具 A 在舞台中创建的文本框中单击，进入文本编辑状态。

（2）将鼠标光标移至单词中间，双击鼠标即可选中该单词，如图 4.3.7 所示。

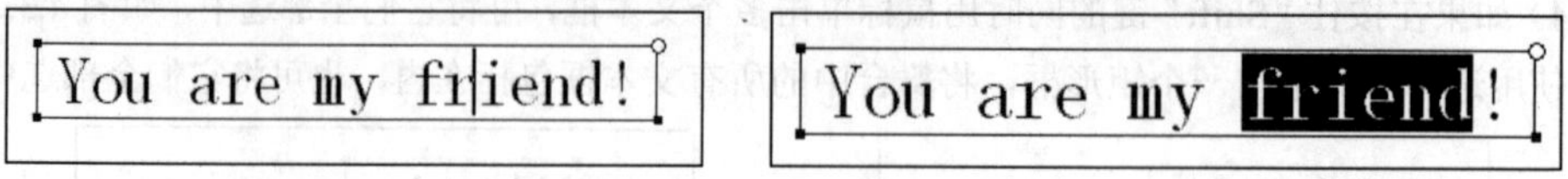

图 4.3.7　选中一个单词

4.3.5　选取所有文本

如果用户要选取文本框中的所有文本，可采用以下方法将其选中。

（1）使用文本工具 A 在舞台中创建的文本框中单击，进入文本编辑状态。

（2）按“Ctrl+A”快捷键，可将文本框中的所有文本选中，如图 4.3.8 所示。

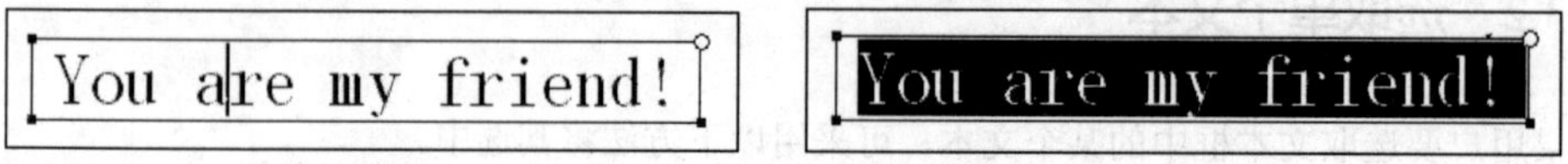

图 4.3.8　选取所有文本

4.4　设置段落文本的属性

用户使用文本工具创建段落文本后，可设置该段落文本的属性，使其符合用户的需要。

4.4.1　页边距

页边距用于确定文本框的边框和段落文本之间的间隔量，修改页边距的具体操作步骤如下：

（1）选中文本框。

（2）单击其属性面板中的“格式”按钮 ¶，弹出“格式选项”对话框，如图 4.2.8 所示。

（3）在 左边距 文本框中输入数值或拖动其右侧的滑块可调整文本框的左边距。

（4）在 右边距 文本框中输入数值或拖动其右侧的滑块可调整文本框的右边距。

（5）设置好参数后，单击 确定 按钮即可，如图 4.4.1 所示。

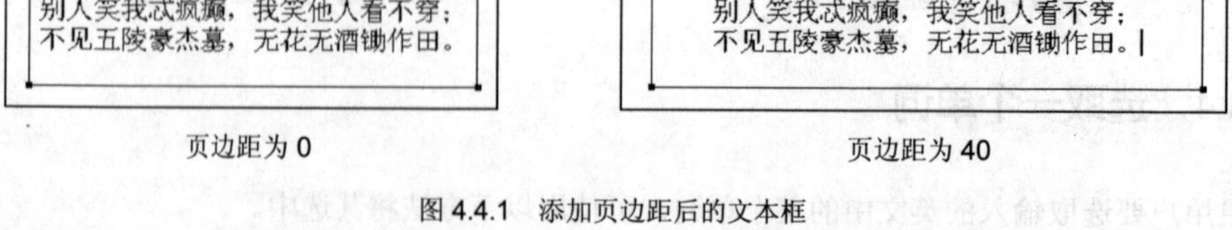

页边距为 0　　　　页边距为 40

图 4.4.1　添加页边距后的文本框

4.4.2　缩进

缩进用于确定文本框和段落文本首行开头之间的距离，修改段落缩进量的具体操作步骤如下：

（1）选中文本框。

（2）单击其属性面板中的“格式”按钮¶，弹出“格式选项”对话框（见图 4.2.8）。

（3）在缩进文本框中输入数值可确定缩进量的大小。

（4）设置好参数后，单击确定按钮即可，如图 4.4.2 所示。

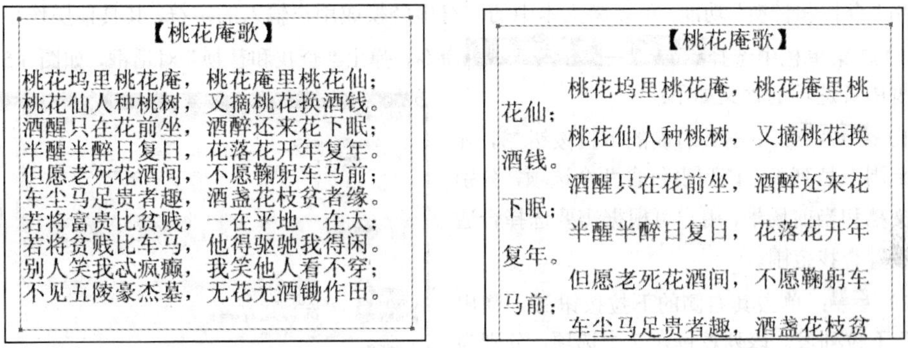

无缩进　　缩进 60

图 4.4.2　设置段落文本的首行缩进

4.4.3　行距

行距用于确定段落文本中相邻行之间的距离，修改行距的具体操作步骤如下：

（1）选中文本框。

（2）单击其属性面板中的“格式”按钮¶，弹出“格式选项”对话框（见图 4.2.8）。

（3）在行距文本框中输入数值，可确定行距的大小。

（4）设置好参数后，单击确定按钮，即可调整文本框中所有文本行的行距，如图 4.4.3 所示。

（5）如果将鼠标光标放置于某个文本行中，可调整该行与它下面的那个文本行之间的距离，如图 4.4.4 所示。

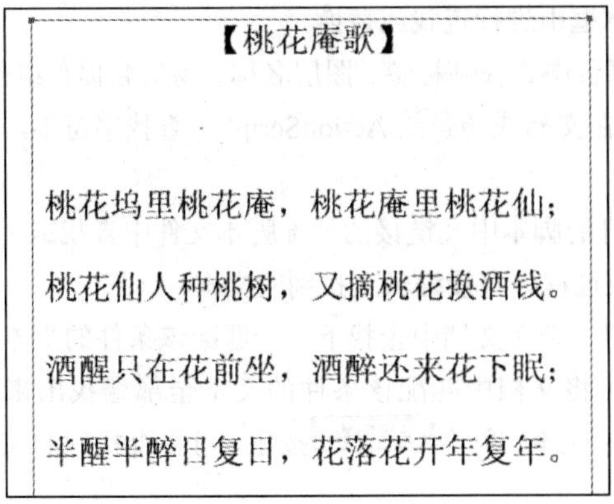

图 4.4.3　调整所有文本行的行距

图 4.4.4　调整相邻两个文本行之间的行距

4.5 查找和替换

在 Flash 8 中，使用“查找和替换”功能可以查找和替换 Flash 文档中指定的对象，该对象包括文字、文本的字体、文本的颜色、元件、声音文件、视频文件和导入的位图。

4.5.1 查找和替换文本的内容

使用“查找和替换”功能，可以将文本中的字符串替换成用户输入的字符，其具体操作步骤如下：

（1）在菜单栏中选择 编辑(E) → 查找和替换(F) 命令，弹出“查找和替换”对话框，如图 4.5.1 所示。该对话框中各选项的含义如下：

1）搜索范围：单击其右侧的下拉按钮，弹出搜索范围下拉列表。该列表包含两个选项，分别为当前文档和当前场景，用户可根据需要选择合适的选项设置查找范围。

2）类型：单击其右侧的下拉按钮，弹出“类型”下拉列表。该列表包含 7 个选项，分别为文字、字体、颜色、元件、声音、视频和位图，用户可根据需要选择相应的类型。

3）文本：当用户在“类型”下拉列表中选择“文字”选项时，可在该文本框中输入要查找的文本。

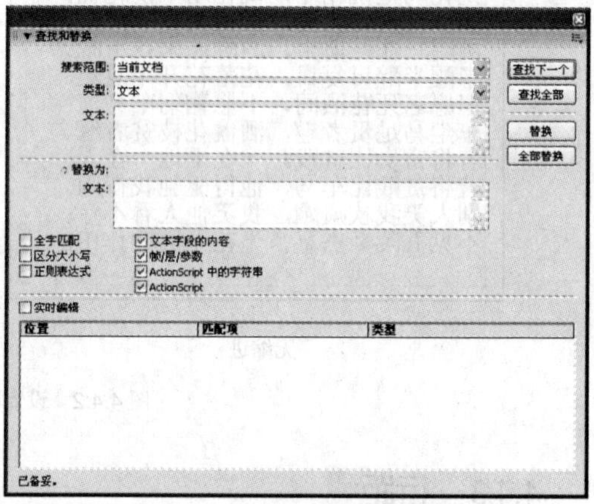

图 4.5.1 “查找和替换”对话框

4）替换为：在 替换为 选项区中 文本 右侧的文本框中可输入用于替换现有文本的文本。

5）选中 全字匹配 复选框，将指定文本字符串仅作为一个完整单词搜索，即查找到的文本必须和指定的文本完全匹配，该字符串两边可以由空格、引号或类似的标记进行限制。如果取消选中该复选框，则可以将指定文本作为某个较长单词的一部分来搜索，如单词 place 可作为单词 replace 的一部分来搜索。

6）选中 区分大小写 复选框，在查找时将搜索与指定文本的大小写完全匹配的文本。

7）选中 正则表达式 复选框，在动作脚本中查找和替换代码程序中的文本。

8）选中 文本字段的内容 复选框，将在文本框中进行查找或替换。

9）选中 帧/层/参数 复选框，将在文档或舞台中查找帧标签、图层名称、场景名称和组件参数。

10）选中 ActionScript 中的字符串 复选框，将在文档或场景的 ActionScript 中查找字符串，但不搜索外部的 ActionScript 文件。

11）选中 ActionScript 复选框，将在文档自身的脚本中及链接的外部脚本文件中查找或替换。

12）选中 实时编辑 复选框，可在查找/替换过程中直接编辑查找到的文本。

（2）设置好查找条件后，单击 查找下一个 按钮，则在文档中查找下一个匹配该条件的文本，而不替换当前查找到的文本；单击 查找全部 按钮，可将文档中匹配该条件的文本全部查找出来；单击 替换 按钮，可将当前查找到的文本替换为目标文本；单击 全部替换 按钮，可将查找到的文本全部替换为目标文本。

4.5.2 查找和替换文本的字体

使用“查找和替换”功能，可以将文本中的字体替换成目标字体，其具体操作步骤如下：

（1）在菜单栏中选择编辑(E)→查找和替换(F)命令，弹出“查找和替换”对话框（见图 4.5.1）。

（2）单击类型右侧的下拉按钮，在弹出的下拉列表中选择“字体”选项，如图 4.5.2 所示。

（3）选中☑字体名称复选框，可按字体的名称进行查找。在☑字体名称:文本框中输入字体的名称，或单击其右侧的下拉按钮，在弹出的“字体”下拉列表中选择一种字体。如果取消选中该复选框，则会查找场景或文档中的所有字体。

（4）选中☑字体样式复选框，可按字体的样式进行查找。在字体样式文本框中输入字体样式的名称，或单击其右侧的下拉按钮，在弹出的字体样式列表中选择一种字体样式。如果取消选中该复选框，则会查找场景或文档中的所有字体样式。

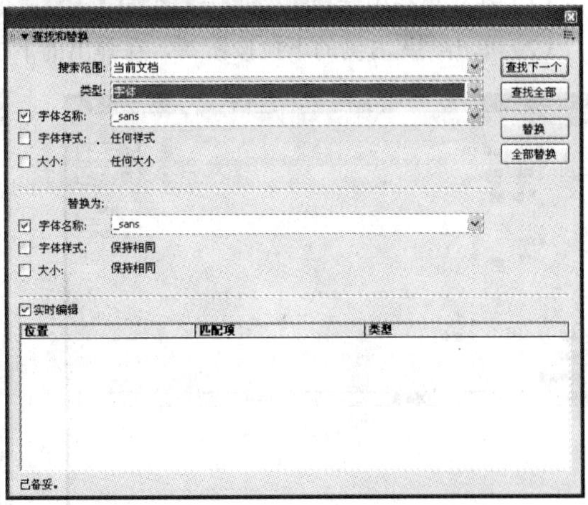

图 4.5.2 在“类型”下拉列表中选择“字体”选项

（5）选中☑大小复选框，可按字体的大小进行查找。在最小和最大文本框中输入字体大小的数值，来确定要查找字体大小的范围。如果取消选中该复选框，则会查找场景或文档中的所有字体大小。

（6）在替换为选项区中选中☑字体名称复选框，可将原字体替换为目标字体；选中☑字体样式复选框，可将原字体样式替换为目标字体样式；选中☑大小复选框，可将原字体大小替换为目标字体大小。如果取消选中这 3 个复选框，则保持原字体名称、样式和大小不变。

（7）设置好查找条件后，单击查找下一个按钮，则在文档中查找下一个匹配该条件的字体，而不替换当前查找到的字体；单击查找全部按钮，可将文档中匹配该条件的字体全部查找出来；单击替换按钮，可将当前查找到的字体替换为目标字体；单击全部替换按钮，可将查找到的字体全部替换为目标字体。

4.5.3 查找和替换颜色

使用“查找和替换”功能，可以将查找到的颜色替换成目标颜色，其具体操作步骤如下：

（1）在菜单栏中选择编辑(E)→查找和替换(F)命令，弹出“查找和替换”对话框（见图 4.5.1）。

（2）单击类型右侧的下拉按钮，在弹出的下拉列表中选择“颜色”选项，如图 4.5.3 所示。

（3）单击“颜色”按钮，打开颜色调节面板。可在该面板中选择一种颜色作为要查找的颜色。

（4）在替换为选项区中单击“颜色”按钮，可在打开的颜色调节面板中选择一种颜色作为替换颜色。

（5）选中☑填充、☑文本和☑笔触复选框，可以在填充区域、文本和笔触中替换颜色。

（6）设置好查找条件后，单击查找下一个按钮，则在文档中查找下一个匹配该条件的颜色，而不替换当前查找到的颜色；单击查找全部按钮，可将文档中匹配该条件的颜色全部查找出来；单击替换按钮，可将当前查找到的颜色替换为目标颜色；单击全部替换按钮，可将查找到的颜色全部替换为目标颜色。

4.5.4 查找和替换文档中的元件

使用“查找和替换”功能，可以将文档中的元件替换成目标元件，其具体操作步骤如下：

（1）在菜单栏中选择 编辑(E) → 查找和替换(F) 命令，弹出“查找和替换”对话框（见图 4.5.1）。

（2）单击 类型 右侧的下拉按钮，在弹出的下拉列表中选择“元件”选项，如图 4.5.4 所示。

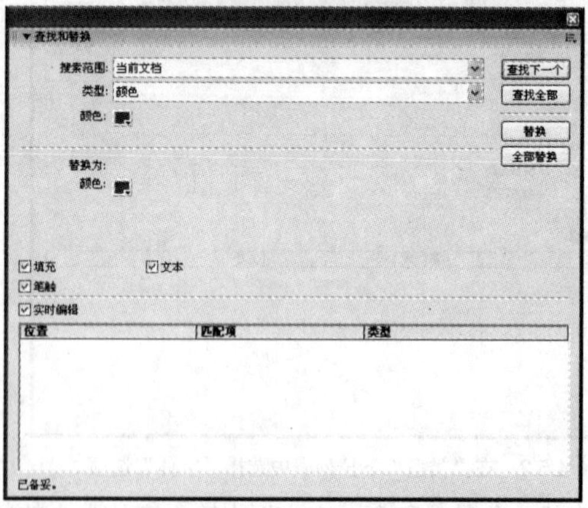

图 4.5.3 在“类型”下拉列表中选择“颜色”选项

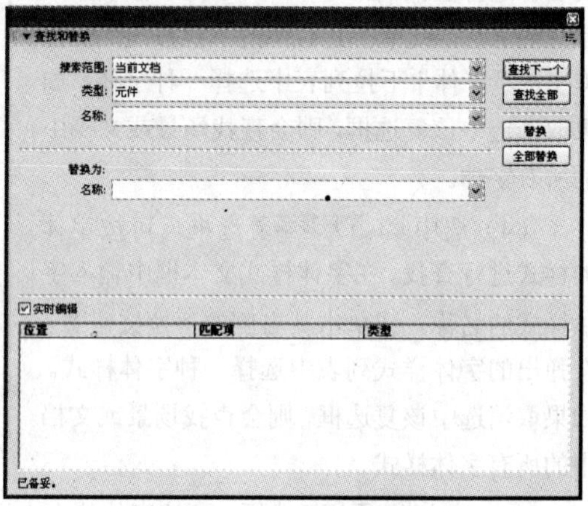

图 4.5.4 在“类型”下拉列表中选择“元件”选项

（3）在 名称 文本框中输入元件的名称或单击其右侧的下拉按钮，在弹出的下拉列表中选择某个元件。

（4）在 替换为 选项区中的 名称 文本框中输入目标元件的名称。

（5）设置好查找条件后，单击 查找下一个 按钮，则在文档中查找下一个匹配该条件的元件，而不替换当前查找到的元件；单击 查找全部 按钮，可将文档中匹配该条件的元件全部查找出来；单击 替换 按钮，可将当前查找到的元件替换为目标元件；单击 全部替换 按钮，可将查找到的元件全部替换为目标元件。

4.5.5 查找和替换文档中的位图、声音或视频

使用“查找和替换”功能，可以将文档中的位图、声音或视频替换成目标位图、声音或视频，其具体操作步骤如下：

（1）在菜单栏中选择 编辑(E) → 查找和替换(F) 命令，弹出“查找和替换”对话框，如图 4.5.1 所示。

（2）单击 类型 右侧的下拉按钮，在弹出的下拉列表中选择位图、声音或视频选项。

（3）在 替换为 选项区中的 名称 文本框中输入目标位图、声音或视频的名称。

（4）设置好查找条件后，单击 查找下一个 按钮，则在文档中查找下一个匹配该条件的位图、声音或视频，而不替换当前查找到的位图、声音或视频；单击 查找全部 按钮，可将文档中匹配该条件的位图、声音或视频全部查找出来；单击 替换 按钮，可将当前查找到的位图、声音或视频替换为目标位图、声音或视频；单击 全部替换 按钮，可将查找到的位图、声音或视频全部替换为目标位图、声音或视频。

4.6 拼写设置和检查拼写

使用“拼写设置”对话框可对检查拼写的功能选项进行设置；使用检查拼写功能，可以检查文档中的文本拼写。

4.6.1 拼写设置

使用“拼写设置”对话框设置检查拼写功能的具体操作步骤如下：

（1）在菜单栏中选择 文本(T) → 拼写设置(P)... 命令，弹出“拼写设置”对话框，如图 4.6.1 所示。

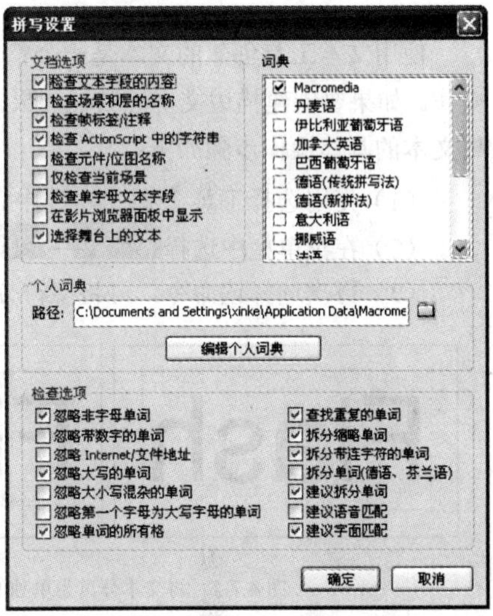

图 4.6.1 “拼写设置”对话框

在初次检查拼写之前，必须在“拼写设置”对话框中指定拼写选项，以初始化检查拼写功能。指定完成后，可以使用“拼写设置”对话框更改用于检查拼写的选项。

在 文档选项 选项区中选中某个复选框，用于设置文档级的拼写检查选项。

在 词典 选项区中，可以选择 Macromedia 词典列表框中的一本或多本词典在检查拼写时使用，必须选择至少一本词典才能启用拼写检查功能。

在 个人词典 文本框中输入路径，或单击文件夹图标，在弹出的“打开”对话框中选择要用作个人词典的文档。

单击 编辑个人词典 按钮，弹出“编辑个人词典”对话框。用户可在该对话框中将新的单词和短语输入到文本字段的单独一行中，单击 确定 按钮，即可将输入的单词或短语添加到用户的“个人词典”中。

在 检查选项 选项区中选中某个复选框，可设置在拼写检查时处理特定单词和字符类型的方式。

（2）设置好参数后，单击 确定 按钮，即可将设置的参数保存起来。

4.6.2 检查拼写

用户设置好 Flash 8 中的检查拼写选项后，即可使用检查拼写功能对文档中的内容进行检查。在菜单栏中选择 文本(T) → 检查拼写(C)... 命令，将会打开影片浏览器面板，同时弹出一个提示框，通知用户拼写检查已经完成，如图 4.6.2 所示。

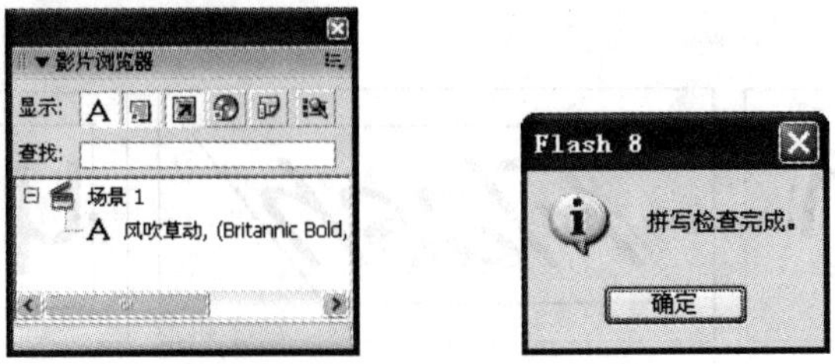

图 4.6.2 影片浏览器面板和提示框

提示：弹出提示框的前提条件是当所有能找到的文本都被替换或忽略，如果当系统检查出找不到的单词或短语时，将弹出“检查拼写”对话框，让用户更改该单词或短语的内容。

4.7 编 辑 文 本

Flash 8 具有强大的文字编辑功能，用户可对创建的文本进行编辑，以得到各种不同效果的文本。

4.7.1 分离文本

使用文本工具创建的文本是一个整体，此时，用户只能对该文本进行改变颜色、大小等常规编辑操作。如果要创建描边文字等其他效果，必须将文本分离成图形，才能像编辑图形一样编辑文字，分离文本的具体操作步骤如下：

（1）使用选择工具将文本选中。

（2）在菜单栏中选择 修改(M) → 分离(K) 命令，可将文本分离为单独的字符，如图 4.7.1 所示。

（3）再次选择该命令，可将字符分离成图形，如图 4.7.2 所示。

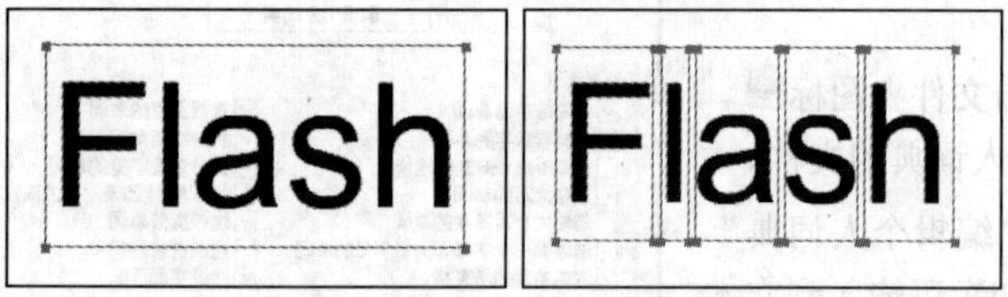

图 4.7.1 将文本分离为单独的字符

图 4.7.2 将字符分离成图形

技巧：按“Ctrl+B”快捷键，可快速将选中的文本分离成字符。

4.7.2 变形文本

在 Flash 8 中，不仅可以对图形进行旋转、缩放、倾斜和翻转等变形操作，还可以对创建的文本进行变形，具体操作步骤如下：

（1）使用任意变形工具在创建的文本中单击，即可在文本周围添加变形框。

（2）此时，即可对文本进行旋转、缩放、倾斜和翻转等变形操作，如图 4.7.3 所示，且变形后的文本仍然可以编辑。

图 4.7.3 变形文本

4.7.3　将文本分散到图层

在制作文字类动画时，经常需要在不同的图层创建文字。此时，可先创建一个整体的文本块，然后将其打散，并分散到不同的图层。这样，既节省时间，又可以快速地在多个不同图层中创建文本，将文本分散到图层的具体操作步骤如下：

（1）使用选择工具将文本选中。

（2）在菜单栏中选择 修改(M)→分离(K) 命令，可将文本分离为单独的字符。

（3）在菜单栏中选择 修改(M)→时间轴(M)→分散到图层(D) 命令，即可将字符分散到不同的图层中去，如图 4.7.4 所示。

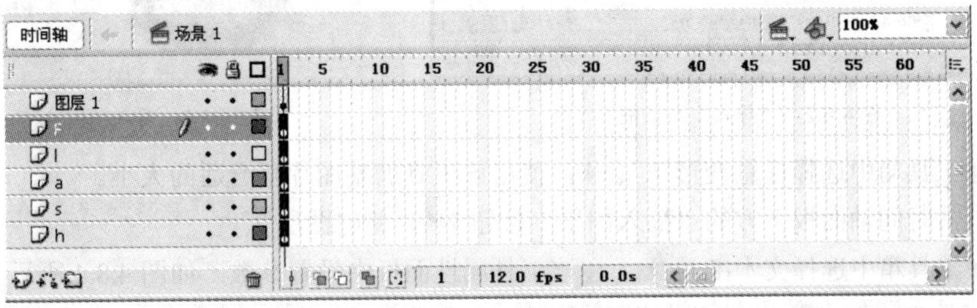

图 4.7.4　将字符分散到图层

4.8　课堂实战——制作特效字

应用本章所学知识制作特效字，最终效果如图 4.8.1 所示。

图 4.8.1　特效字最终效果图

操作步骤

（1）打开 Flash 8 应用程序。

（2）新建一个空白文档，并将其大小设置为 480 像素×360 像素。

（3）在菜单栏中选择 文件(F)→导入(I)→导入到舞台(I)... 命令，弹出“导入”对话框，如图 4.8.2 所示。

（4）在该对话框中选择一幅图片，单击 打开(O) 按钮，将其导入到舞台中，如图 4.8.3 所示。

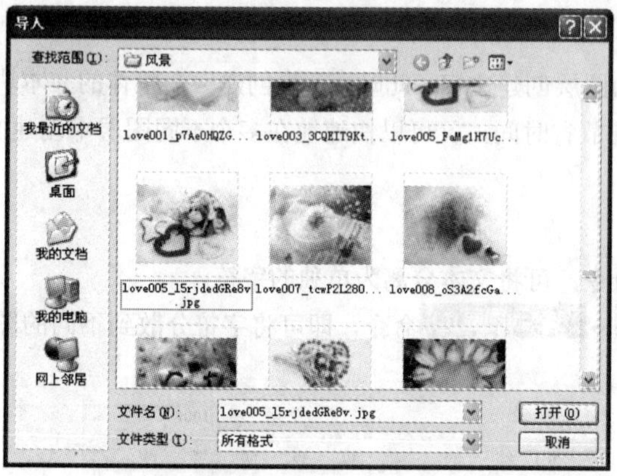

图 4.8.2 “导入”对话框

图 4.8.3 导入的图片

（5）在工具箱中选择任意变形工具，使用该工具调整图片至合适的大小。

（6）单击时间轴面板下方的“插入图层”按钮，新建图层 2。

（7）在工具箱中选择文本工具，在该工具属性面板中设置参数，如图 4.8.4 所示。

图 4.8.4 “文本工具”属性面板

（8）设置好参数后，使用该工具在舞台中输入文字，如图 4.8.5 所示。

（9）在菜单栏中选择 修改(M) → 分离(K) 命令，将文本分离为单独的字符，如图 4.8.6 所示。

图 4.8.5 输入文字

图 4.8.6 将文本分离为字符

（10）再次选择该命令，可将文字分离为图形，如图 4.8.7 所示。

（11）在工具箱中选取选择工具，使用该工具调整第一个“心”字的形状，如图 4.8.8 所示。

图 4.8.7 将文本分离为图形

图 4.8.8 调整第一个“心”字的形状

（12）使用选择工具调整第二个“心”字左侧那一点的形状，如图 4.8.9 所示。

（13）使用选择工具调整第二个“心”字右侧那一点的形状，如图 4.8.10 所示。

图 4.8.9　调整“心”字形状

图 4.8.10　调整“心”字形状

（14）使用选择工具调整“相”字中“木”字的形状，如图 4.8.11 所示。

（15）使用选择工具调整“相”字中“目”字的形状，如图 4.8.12 所示。

图 4.8.11　调整“木”字的形状

图 4.8.12　调整“目”字的形状

（16）使用选择工具调整“印”字左侧的形状，如图 4.8.13 所示。

（17）单击时间轴面板下方的“插入图层”按钮，新建图层 3。

（18）在工具箱中选择刷子工具，并在该工具选项区中选择合适的刷子大小和形状，使用该工具在舞台中绘制图形，如图 4.8.14 所示。

图 4.8.13　调整“印”字左侧的形状

图 4.8.14　使用刷子工具绘制的图形

（19）在菜单栏中选择 窗口(W) → 混色器(X) 命令，打开混色器面板。在该面板中单击“填充颜色”按钮，单击 类型 右侧的下拉按钮，在弹出的下拉列表中选择“线性”选项，并在其下方的渐变条上设置渐变，如图 4.8.15 所示。

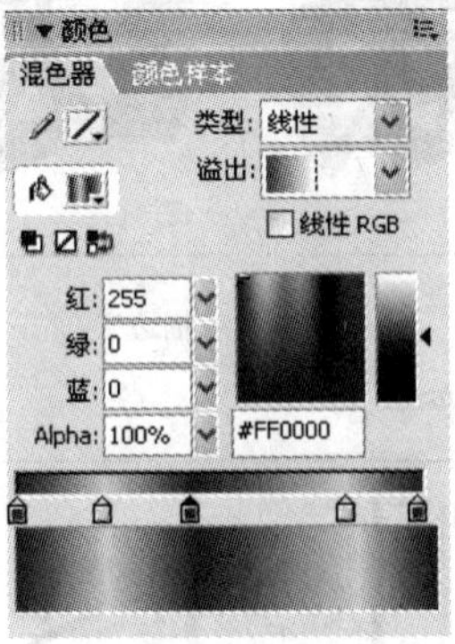

图 4.8.15　设置线性渐变

（20）在时间轴面板中单击文字图层，使其成为当前图层。在工具箱中选择颜料桶工具，使用该工具在文字上单击，即可为该文字添加线性渐变。至此，该特效字已制作完成，最终效果如图

4.8.1 所示。

本 章 小 结

本章主要介绍了文本的创建与编辑，包括文本的创建、属性设置、编辑和文本的滤镜应用。通过本章的学习，用户应熟练掌握文本的使用，为动画的创建打下基础。

操 作 练 习

一、填空题

1．使用________工具可创建文本。

2．文本可分为________文本、动态文本和________文本。

二、选择题

1．在 Flash 8 中，按（　）键可将多个文本框选中。

（A）Shift　　（B）Alt

（C）Ctrl　　（D）全错

2．使用查找和替换功能可以查找和替换文本的（　）。

（A）内容　　（B）字体

（C）颜色　　（D）全选

三、上机操作题

1．创建如题图 4.1 所示的描边字。

题图 4.1　描边字

2．创建如题图 4.2 所示的空心渐变字。

题图 4.2　空心渐变字

第5章　元件、实例和库

在 Flash 8 中，用户可以将重复使用的图形、按钮或影片剪辑制作成元件，便于用户在使用它们的时候直接从库中调用，从而提高工作效率。

知识要点

- 元件和实例概述
- 元件和实例的创建
- 元件和实例的编辑
- 使用库
- 使用公共库

5.1　元件和实例概述

所谓元件，就是指在元件库中存放的图形、按钮、影片剪辑、导入的音频和视频文件。在创建动画前，可以将该动画中用到的图形等内容制作成元件，当需要使用它们时，再直接从库中调用即可。

所谓实例，就是元件库中的元件在动画中的应用。

5.1.1　元件和实例的关系

元件是一种可重复使用的对象，而实例是元件在舞台上的一次具体使用。可以将元件看做是演员，将实例看做是演员扮演的角色。演员是固定的实体，它本身不会有任何变化，但该演员可以扮演不同的角色，且随着扮演角色的不同，演员所穿的衣服会有所不同。这就类似于元件本身是固定的，但用户可以使用该元件创建不同的实例，且每个实例的颜色、透明度和亮度等属性是可以调整的。

当用户编辑元件时，该元件的所有实例都相应地更新以便实时反映元件的最新状态，元件的另一个用处是使用它们可以创建交互式动画。

5.1.2　元件的分类

在 Flash 8 中，可以将元件分为 4 类，分别为图形元件、按钮元件、影片剪辑元件和字体元件。

（1）图形元件：用于制作静态图像及连接到主时间轴中可重复使用的动画序列。图形元件与主时间轴同步运行，且不能在图形元件的动画序列中添加交互式控件和声音。

（2）按钮元件：用于制作响应鼠标单击、滑过或其他动作的交互式按钮。在按钮中，可以定义与按钮各种状态相关联的图形，然后再将动作分配给该按钮的实例。

（3）影片剪辑元件：用于制作可重复使用的动画片段。影片剪辑元件拥有独立于主时间轴的时间轴，可以将它看做是主时间轴内嵌套的时间轴。影片剪辑元件中可以包含交互式控件、声音及其他的影片剪辑实例，还可以将影片剪辑实例放在按钮元件的时间轴内来创建动画按钮。

（4）字体元件：使用字体元件可以导出字体并在其他 Flash 文档中使用。

5.2 元件和实例的创建

在 Flash 8 中，既可以直接创建一个空白元件，然后在该元件的编辑模式中创建和编辑元件的内容，也可以将舞台中的某个对象转换为元件来使用。

5.2.1 图形元件的创建

图形元件用于制作静态图形，它有相对独立的编辑区域，当将其应用到场景中时，会受到当前场景中帧序列和其他交互式设置的影响。图形元件的创建过程如下：

（1）在菜单栏中选择 插入(I) → 新建元件(N)... 命令，弹出“创建新元件”对话框，如图 5.2.1 所示。

（2）在 名称(N) 文本框中输入元件的名称，在 类型(T) 选项区中选中 ⊙图形 单选按钮，单击 确定 按钮，即可进入该元件的编辑模式，如图 5.2.2 所示。

图 5.2.1 “创建新元件”对话框

图 5.2.2 元件的编辑模式

（3）在菜单栏中选择 文件(F) → 导入(I) → 导入到舞台(I)... 命令，在弹出的“导入”对话框中选择一幅图片，并将其导入到舞台中，如图 5.2.3 所示。

（4）在菜单栏中选择 窗口(W) → 库(L) 命令，打开库面板。此时，创建的图形元件已被放置于库中，如图 5.2.4 所示。

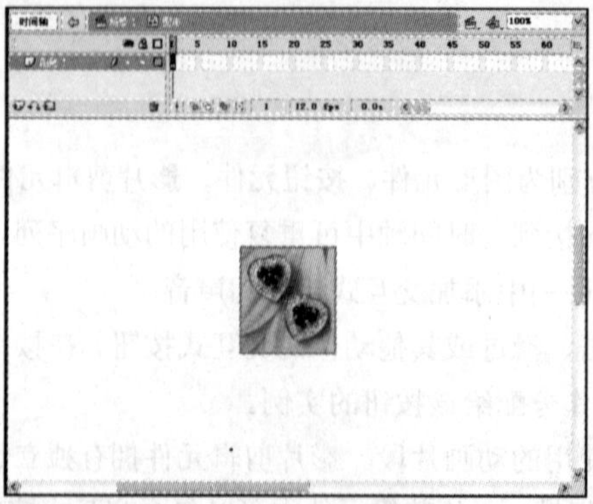

图 5.2.3 导入的图片

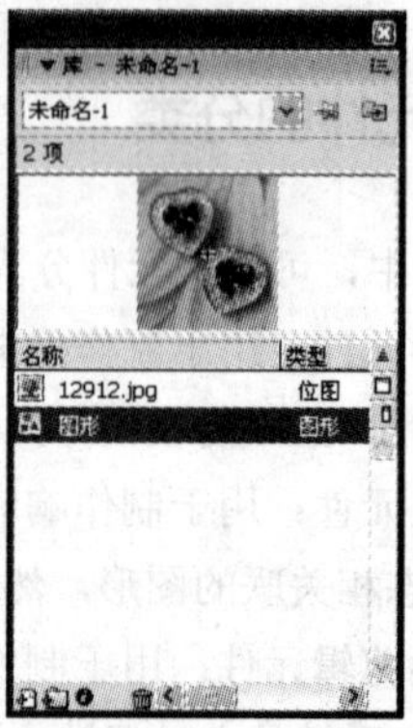

图 5.2.4 库面板

5.2.2　将图形对象转换为图形元件

用户也可以将舞台中的对象选中后，将其转换为元件来使用，具体操作步骤如下：

（1）使用选择工具将舞台中的对象选中，如图 5.2.5 所示。

（2）在菜单栏中选择修改(M)→转换为元件(C)...命令，弹出“转换为元件”对话框，如图 5.2.6 所示。

图 5.2.5　选中图形对象

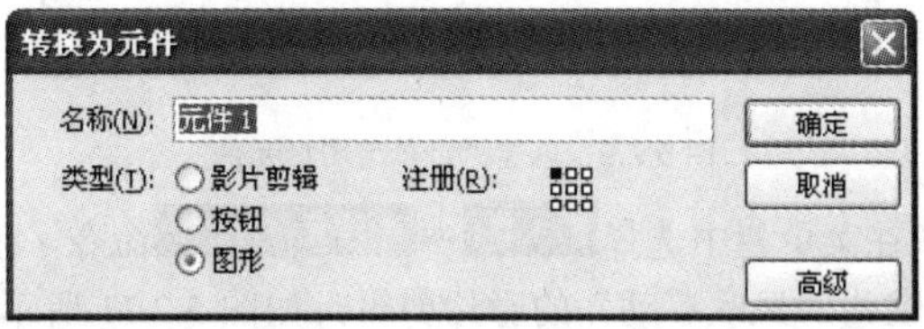

图 5.2.6　“转换为元件”对话框

（3）在名称(N)文本框中输入元件的名称，在类型(T)选项区中选中图形单选按钮。注册(R)选项区中的注册网格使用黑色的小正方形来指示注册点在元件定位框中的位置。注册点是元件旋转时所围绕的轴，也是元件对齐时依照的参照物。单击注册(R):网格中左上角的正方形，将它作为注册点的位置，单击确定按钮，即可将选中的图形对象转换为图形元件，且该元件的注册点在其左上角，如图 5.2.7 所示。

（4）在菜单栏中选择窗口(W)→库(L)命令，打开库面板。此时，创建的图形元件已被放置于库中，如图 5.2.8 所示。

图 5.2.7　将图形对象转换为图形元件

图 5.2.8　库面板

5.2.3　影片剪辑元件的创建

如果要在动画中反复使用某个动画片段，可将其制作成影片剪辑元件，这样就可重复调用该元件。影片剪辑元件的创建过程如下：

（1）在菜单栏中选择插入(I)→新建元件(N)...命令，在弹出的“创建新元件”对话框中设置参数，创建一个名为“野草”的图形元件，如图 5.2.9 所示。

（2）在该元件的编辑模式中，使用绘图工具绘制如图 5.2.10 所示的野草。

图 5.2.9　创建“野草”图形元件

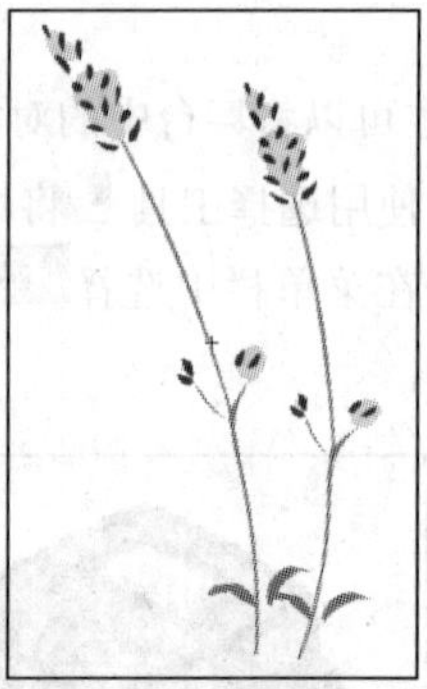

图 5.2.10　绘制的野草

（3）在菜单栏中选择 插入(I) → 新建元件(N)... 命令，在弹出的“创建新元件”对话框中设置参数，创建一个名为“风吹草动”的影片剪辑，如图 5.2.11 所示。

（4）在该元件的编辑模式中，将库中的图形元件“野草”选中，并将其拖至舞台中。

（5）将元件中心的小圆圈移至元件的右下角，如图 5.2.12 所示。

图 5.2.11　创建“风吹草动”影片剪辑

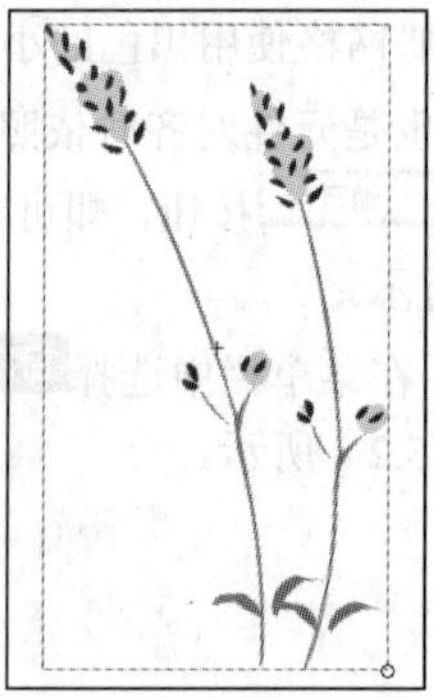

图 5.2.12　移动圆圈的位置

（6）用鼠标单击第 4 帧，按“F6”键插入关键帧。在工具箱中单击任意变形工具，使用该工具将图形元件水平倾斜－2.7°。在第 6 帧按“F6”键插入关键帧，并使用任意变形工具将该帧中的图形水平倾斜－5.2°。在第 11 帧按“F6”键插入关键帧，并将该帧中的图形恢复至原始状态。

（7）用鼠标右键单击选中第 1 帧和第 4 帧之间的任意一帧，在弹出的快捷菜单中选择 创建补间动画 命令，在这两个关键帧之间创建补间动画。

（8）重复步骤（6）的操作，分别在第 4 帧和第 6 帧、第 6 帧和第 11 帧之间创建补间动画，如图 5.2.13 所示。

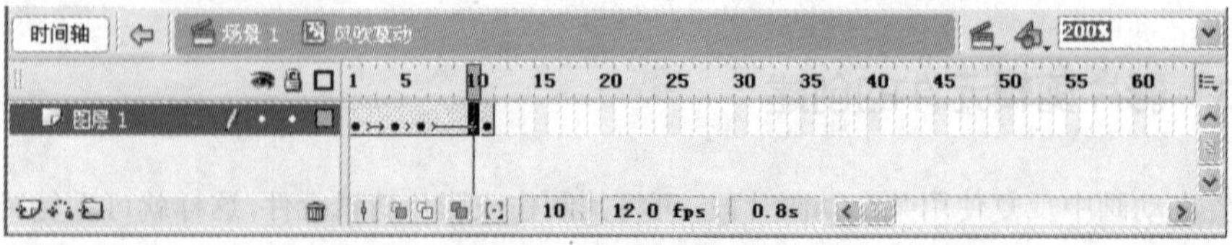

图 5.2.13　时间轴面板

（9）此时，该影片剪辑已制作完成，可来回拖动时间轴面板上方的红色方块，即播放指针，来观看风吹时草的运动。

5.2.4　将动画转换为影片剪辑

在 Flash 8 中，可将制作的 Flash 动画转换为影片剪辑来使用，具体操作步骤如下：

（1）在菜单栏中选择 文件(F) → 打开(O)... 命令，在弹出的“打开”对话框中选择一个 Flash 影片，并将其打开。

（2）在时间轴面板中的任意一帧上单击鼠标右键，从弹出的快捷菜单中选择 选择所有帧 命令。

（3）在系统将所有的帧选中后，再次在时间轴面板中的任意一帧上单击鼠标右键，从弹出的快捷菜单中选择 复制帧 命令。

（4）在菜单栏中选择 插入(I) → 新建元件(N)... 命令，在弹出的“创建新元件”对话框中设置参数，创建一个名为“动作”的影片剪辑。

（5）在该影片剪辑元件的编辑模式中，用鼠标右键在时间轴面板中的第 1 帧上单击，从弹出的快捷菜单中选择 粘贴帧 命令，即可将复制的动画全部粘贴到该影片剪辑中，如图 5.2.14 所示。

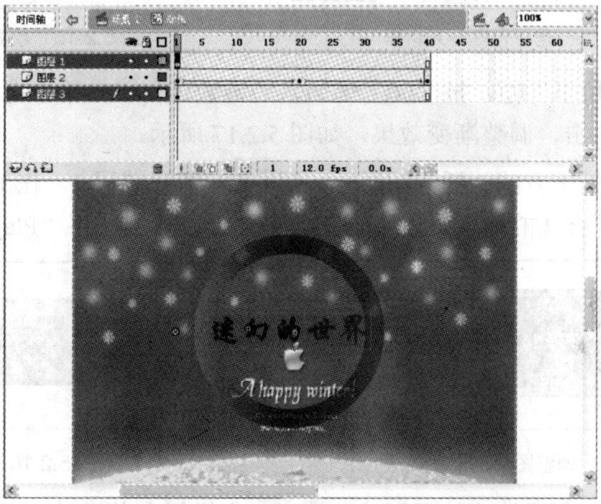

图 5.2.14　复制动画到影片剪辑中

5.2.5　按钮元件的创建

按钮实际上是一个包含有 4 个帧的交互式影片剪辑，前 3 帧用于定义按钮的 3 种可能发生的状态，第 4 帧定义按钮的活动区域。按钮元件的时间轴并不能播放影片，它只是对鼠标的运动过程和鼠标的动作做出反应，并指示影片跳转到相应的帧。

要制作交互式按钮，可把该按钮元件的一个实例放在舞台上，然后为该实例指定动作，且必须将动作指定给文档中按钮的实例，而不是指定给按钮时间轴中的某个帧。

1. 按钮的状态

在按钮元件的时间轴中包含 4 个帧，它们分别代表按钮的一种状态，并且每一帧都有其特定的功能。

（1）弹起状态：代表鼠标指针没有经过按钮时该按钮的外观。

（2）指针经过状态：代表当鼠标指针滑过按钮时该按钮的外观。

（3）按下状态：代表单击按钮时该按钮的外观。

（4）点击状态：此状态用于定义响应鼠标单击的区域，且此区域在 SWF 文件中是不可见的。

2．创建按钮

创建按钮实际上就是绘制在不同状态下按钮的外观。一般情况下，制作按钮需要经过绘制按钮的外形、添加关键帧和定义动作 3 个步骤。具体操作步骤如下：

（1）在菜单栏中选择插入(I)→新建元件(N)...命令，在弹出的“创建新元件”对话框中设置参数，创建一个名为“播放按钮”的按钮元件，如图 5.2.15 所示。

（2）在该元件的编辑模式中，选择矩形工具，将其圆角半径设置为 30，将其填充颜色设置为浅蓝至深蓝的放射状渐变，然后绘制圆角矩形，如图 5.2.16 所示。

图 5.2.15 “创建新元件”对话框

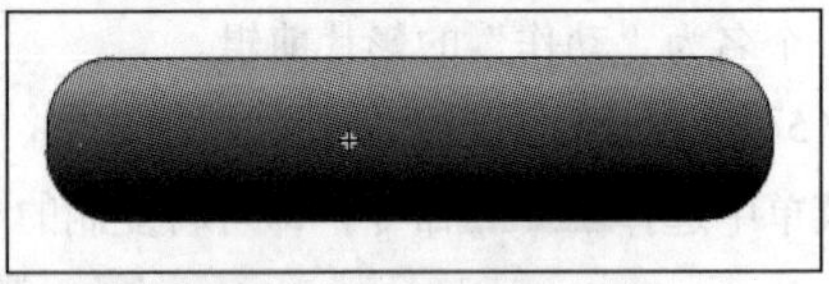

图 5.2.16 绘制的圆角矩形

（3）用鼠标单击“按下”帧，按“F6”键插入关键帧。在工具箱中选择填充变形工具，使用该工具在绘制的图形上单击，调整渐变效果，如图 5.2.17 所示。

（4）单击时间轴面板下方的“插入图层”按钮，新建图层 2。在工具箱中选择文本工具，在该工具属性面板中设置合适的参数，使用该工具在舞台中输入文字“Play”，如图 5.2.18 所示。

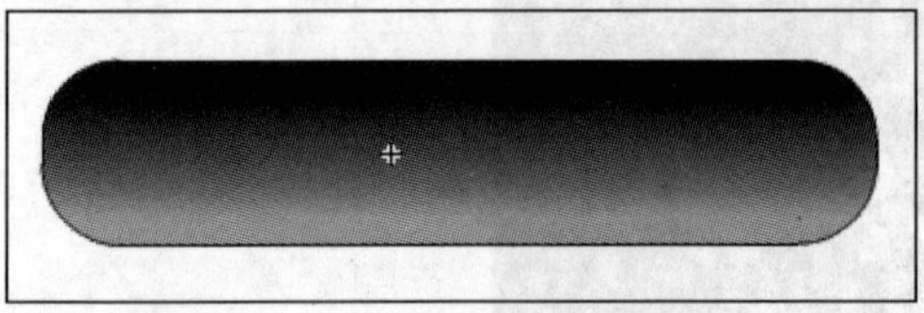

图 5.2.17 调整图形的渐变效果

图 5.2.18 输入文字

（5）用鼠标单击文字图层的“按下”帧，按“F6”键插入关键帧，并将该帧中文字的颜色设置为黑色，如图 5.2.19 所示。

（6）至此，该按钮已制作完成，且制作好的按钮元件出现在库面板中，如图 5.2.20 所示。

图 5.2.19 调整文字的颜色

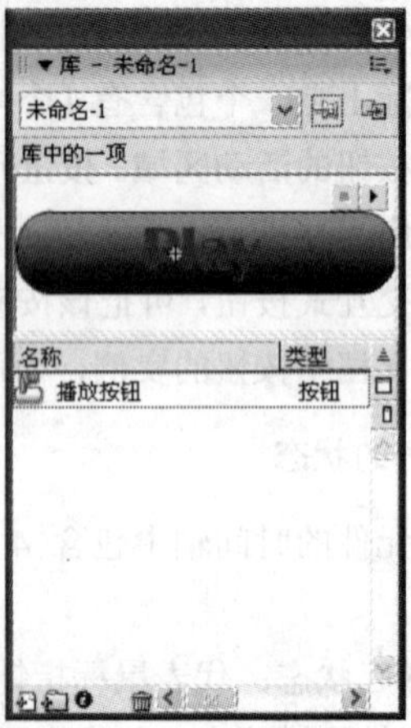

图 5.2.20 库面板

（7）单击库面板预览区中的“播放”按钮，可查看制作的按钮。

提示：也可以用影片剪辑元件或按钮组件创建按钮。使用影片剪辑创建按钮，可以添加更多的帧到按钮或添加更复杂的动画。但是，影片剪辑按钮的文件大小必须大于按钮元件；使用按钮组件允许将按钮捆绑到其他组件上来创建特定形式的按钮。

5.2.6　实例的创建

创建元件之后，可以在文档中任何需要的地方（包括在其他元件内）创建该元件的实例，且当用户修改元件时，Flash 会自动更新使用该元件的所有实例。实例的创建过程如下：

（1）在时间轴面板中单击选中某个图层，将其作为当前图层。

（2）在菜单栏中选择 窗口(W) → 库(L) 命令，打开库面板。

（3）在库中选择一个元件，将其拖到舞台中，即可创建该元件的实例，如图 5.2.21 所示。

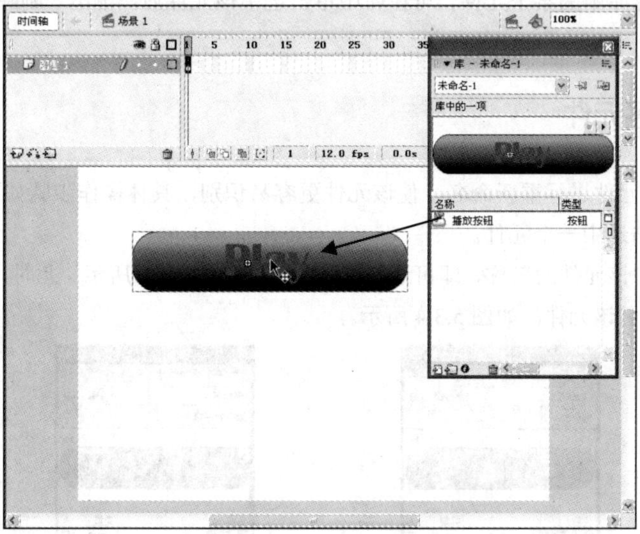

图 5.2.21　创建实例

5.3　元件和实例的编辑

在 Flash 8 中，用户可对创建的元件和实例进行复制、删除和重命名等编辑操作。

5.3.1　复制和删除元件

使用库面板可以方便地进行元件的复制和删除操作，具体方法如下：

（1）在库中单击选中一个元件。

（2）单击库面板右上角的“选项”按钮，在弹出的下拉菜单中选择 直接复制... 命令，弹出“直接复制元件”对话框，如图 5.3.1 所示。

（3）在默认情况下，复制后的元件名称为原元件名加上“副本”两字，如果用户想要重命名该元件，也可以在 名称(N) 文本框中输入元件的名称。

（4）设置好名称后，单击 确定 按钮，即可为该元件复制出一个副本，如图 5.3.2 所示。

图 5.3.1 “直接复制元件”对话框

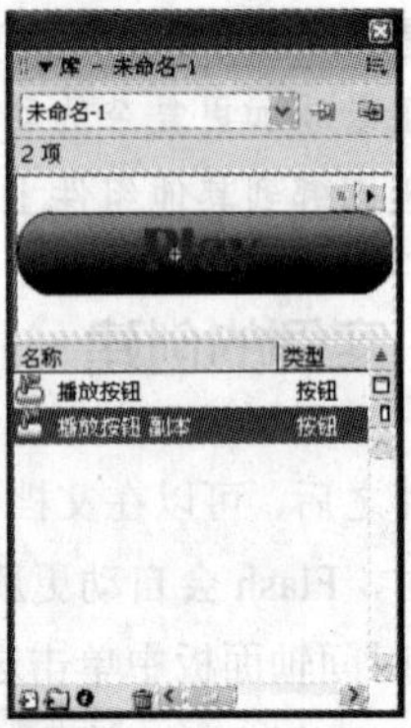

图 5.3.2 库面板

（5）如果要删除库中的某个元件，可在库中单击选中该元件后，单击“删除”按钮，将选中的元件删除。

5.3.2 重命名元件

用户可对库中的元件进行重新命名，使该元件更容易识别，具体操作步骤如下：

（1）在库中单击选中一个元件。

（2）用鼠标双击该元件的名称，即可进入编辑状态，如图 5.3.3 所示。此时，用户可在该文本框中输入文字，重新命名该元件，如图 5.3.4 所示。

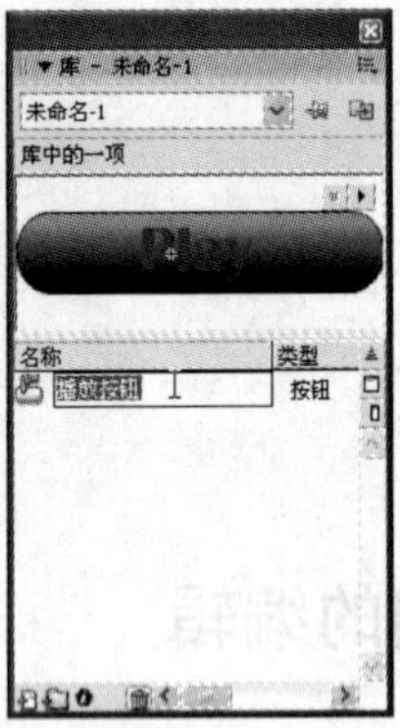

图 5.3.3 进入“名称”文本框

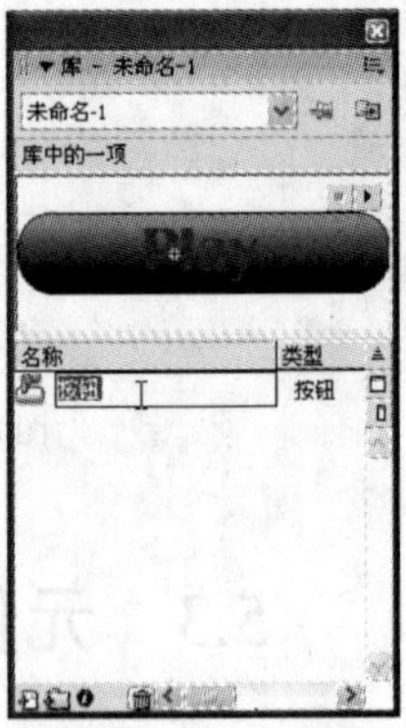

图 5.3.4 重命名元件

（3）也可以单击库面板右上角的“选项”按钮，在弹出的下拉菜单中选择 重命名 命令，即可重命名该元件。

5.3.3 元件编辑模式

用户创建好元件后，还可以对其进行编辑，且被编辑的元件会影响该元件创建的所有实例。在 Flash 8 中，可以使用以下 3 种方法进入元件编辑模式对元件进行编辑。

（1）在元件编辑模式中编辑元件：用鼠标双击库中要编辑的元件图标，此时，舞台将显示为该元件的元件编辑模式。并且当舞台中有多个图形时，只有被选中的元件显示在编辑窗口中，如图 5.3.5

所示。

（2）在新窗口中编辑元件：用鼠标右键单击元件，在弹出的快捷菜单中选择 在新窗口中编辑 命令，即可打开一个新的元件编辑窗口，如图 5.3.6 所示。

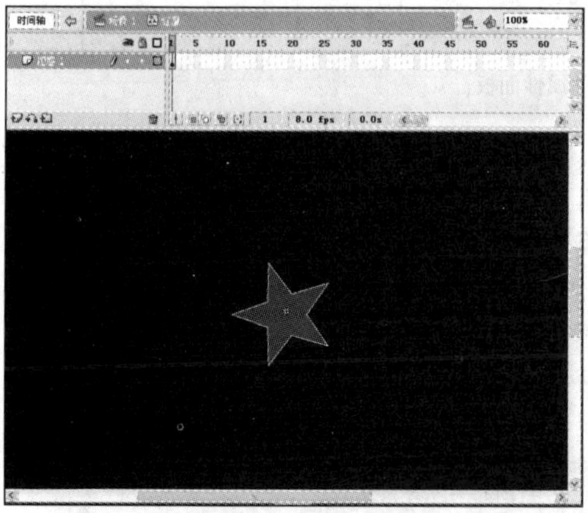

图 5.3.5　元件编辑模式

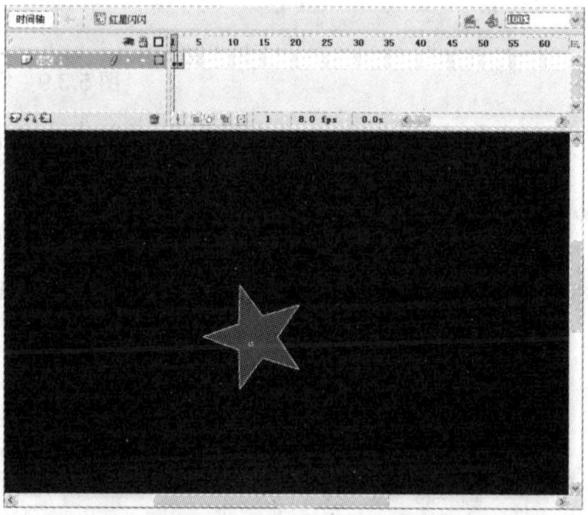

图 5.3.6　新的元件编辑窗口

（3）在当前位置编辑元件：用鼠标双击舞台中的元件，即可进入该元件的编辑模式。此时，只有选中的元件才可以被编辑，其他元件均以灰色显示，如图 5.3.7 所示。

进入元件编辑模式后，用户可对舞台中的元件进行编辑，且同时更改该元件所有的实例，如图 5.3.8 所示。

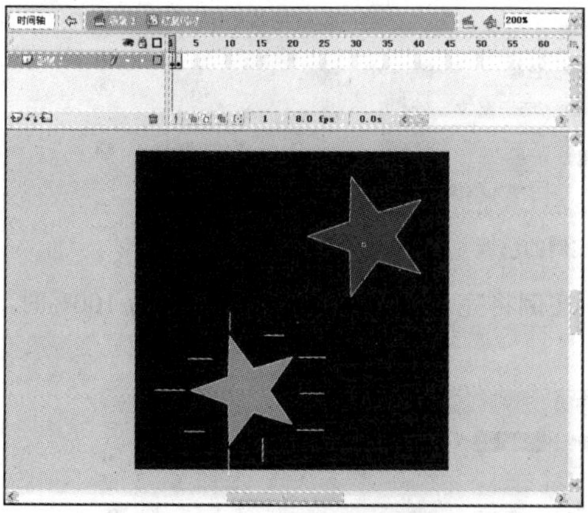

图 5.3.7　在当前位置编辑元件

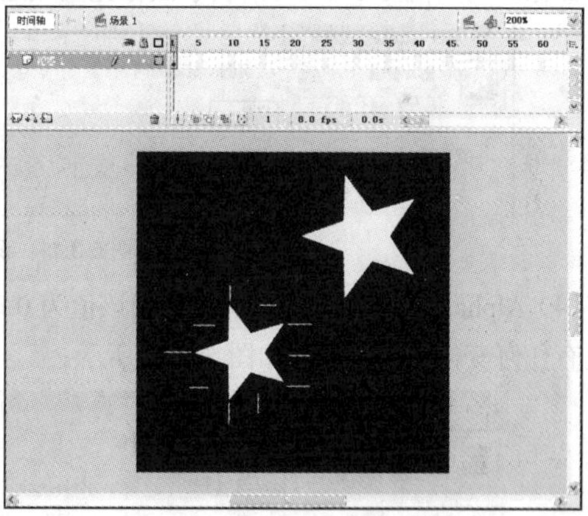

图 5.3.8　更改元件的实例

不管在哪一种编辑模式中编辑元件，都可在编辑结束后，单击编辑窗口左上角的场景名称、按钮或编辑窗口右上角的“编辑场景”按钮，切换到主场景中去。

5.3.4　设置实例的颜色和透明度

用户可在属性面板中设置实例的颜色和透明度，具体操作步骤如下：

（1）在舞台中选择一个实例。

（2）打开该实例的属性面板，如图 5.3.9 所示。

（3）如果要设置实例的颜色和透明度，可在属性面板的 颜色 下拉列表中选择相应的选项进行设置。

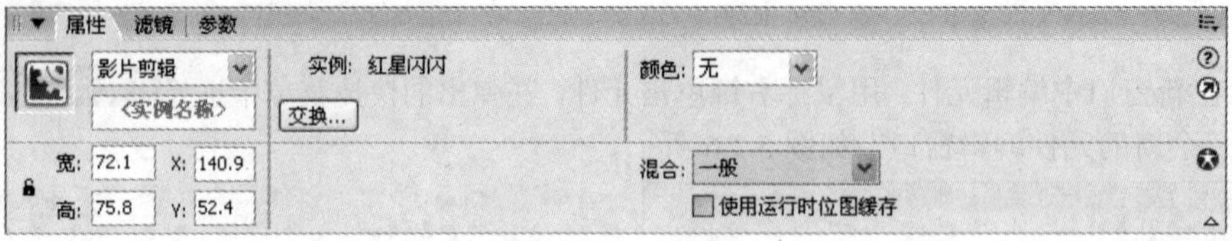

图 5.3.9　实例的属性面板

该列表包含 5 个选项，分别为无、亮度、色调、Alpha 和高级，各选项的含义如下：

1）无：不设置颜色效果。

2）亮度：设置实例的亮度。可直接在文本框中输入数值或拖动滑杆上的滑块调整图像的亮度值。当该值为 100%时，图像为纯白色；当该值为－100%时，图像为黑色，如图 5.3.10 所示。

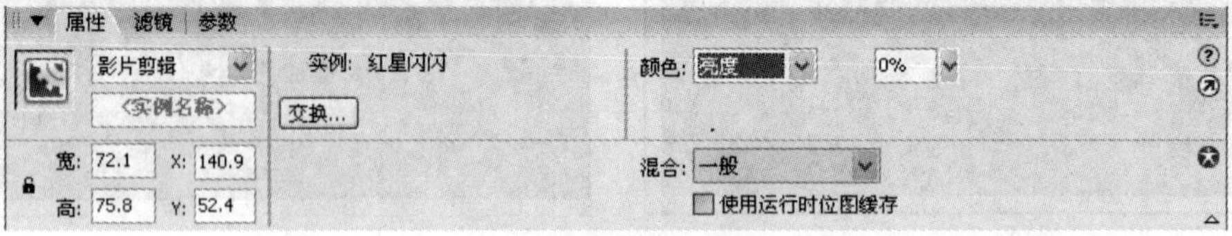

图 5.3.10　设置实例的亮度

3）色调：设置实例的颜色。可以使用一种颜色为实例着色。单击“颜色”按钮，打开颜色调节面板，可在该面板中选择一种颜色，或在颜色的 R、G 和 B 文本框中输入三原色的分量值确定一种颜色作为实例的颜色。在 50% 文本框中输入数值可设置着色比例，当该值为 0 时，表示完全不影响原图像；当该值为 100%时，表示图像完全被选定的颜色覆盖，如图 5.3.11 所示。

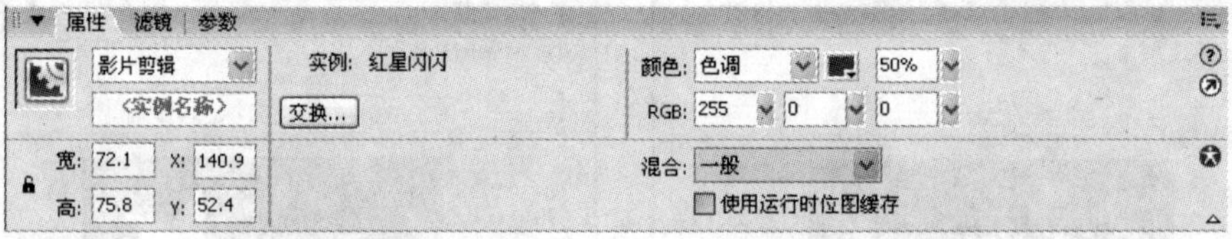

图 5.3.11　设置实例的色调

4）Alpha：设置实例的透明度。当该值为 0 时，实例将完全透明不可见；当该值为 100%时，实例没有任何变化完全可见，如图 5.3.12 所示。

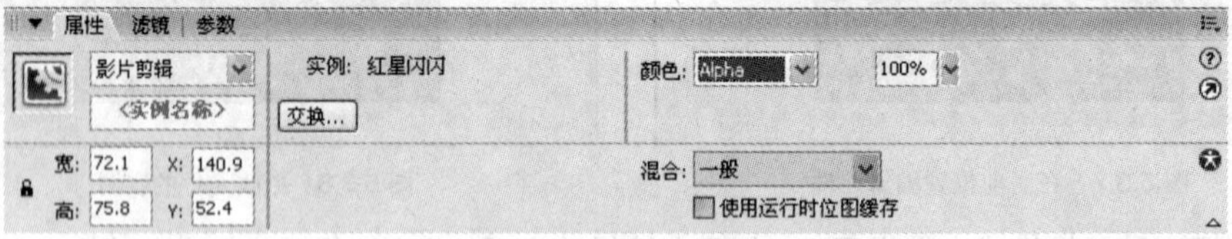

图 5.3.12　设置实例的透明度

5）高级：单独设置实例的红、绿、蓝三原色和透明度，如图 5.3.13 所示。单击该面板中的“设置”按钮，弹出“高级效果”对话框，如图 5.3.14 所示。

图 5.3.13　设置实例的高级选项

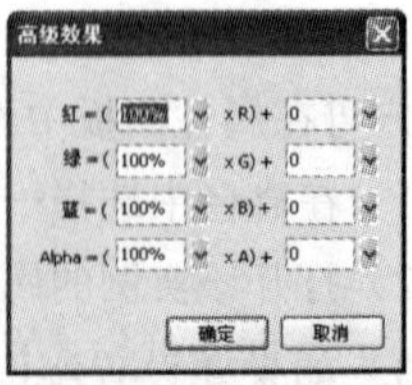

图 5.3.14　“高级效果”对话框

该对话框中的每一个选项都可以通过左、右两个文本框中的数值进行调整。左边的文本框用于输入减少相应颜色分量或透明度的比例；右边的文本框则通过具体的数值来增加或减少相应颜色或透明度的数值。

（4）设置好参数后，即可改变实例的色彩效果，如图 5.3.15 所示即为同一个元件实例应用不同设置后的效果。

无　　亮度　　色调　　Alpha　　高级

图 5.3.15　实例的不同色彩效果

5.3.5　用其他元件替换实例

在 Flash 8 中，用户可给实例更换元件，以改变显示效果，且该实例将保留原来的属性，具体操作步骤如下：

（1）选中舞台中创建的实例。

（2）在该实例属性面板中“颜色”下拉列表中选择“色调”选项，并调整其数值，效果如图 5.3.16 所示。

（3）在菜单栏中选择 窗口(W) → 库(L) 命令，打开库面板。在库中选择一个元件，将其拖到舞台中创建该元件的实例，如图 5.3.17 所示。

图 5.3.16　设置实例的色调

图 5.3.17　创建实例

（4）单击该实例属性面板中的 交换... 按钮，弹出“交换元件”对话框，如图 5.3.18 所示。

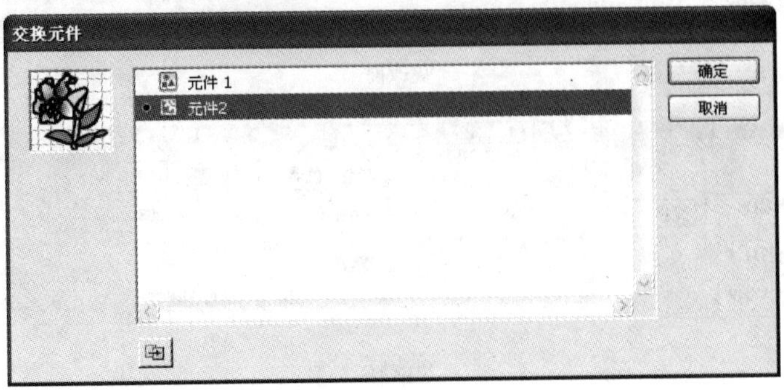

图 5.3.18　“交换元件”对话框

（5）在该对话框中的元件列表中用鼠标双击“元件 1”图标，此时，舞台中将显示替换后的实例，如图 5.3.19 所示。

图 5.3.19　替换实例

虽然该实例的元件被替换，但保留了该元件的属性，更换元件后实例的属性面板如图 5.3.20 所示。

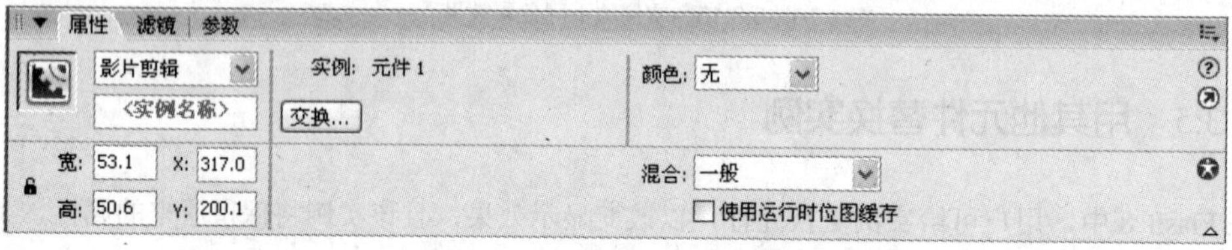

图 5.3.20　替换后实例的属性面板

5.3.6　更改实例的类型

用户可更改实例的类型，以重新定义它在动画中的表现。例如，如果创建的图形元件包含动画，而该动画又可以在主时间轴中独立播放，则可将它重新定义为影片剪辑实例，具体操作步骤如下：

（1）在舞台中选择该图形元件实例，并打开其属性面板。

（2）单击元件行为右侧的下拉按钮，弹出其下拉列表。该列表中包含 3 个选项，分别为图形、按钮和影片剪辑。用户可在该列表中选择影片剪辑。

（3）此时，舞台中图形元件实例的类型将会改变，如图 5.3.21 所示。

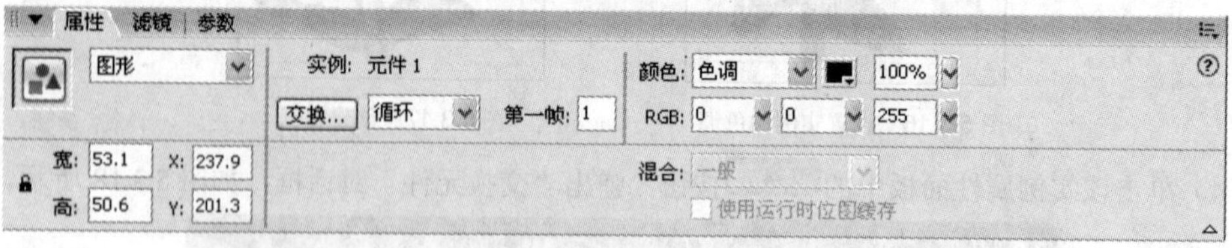

更改前

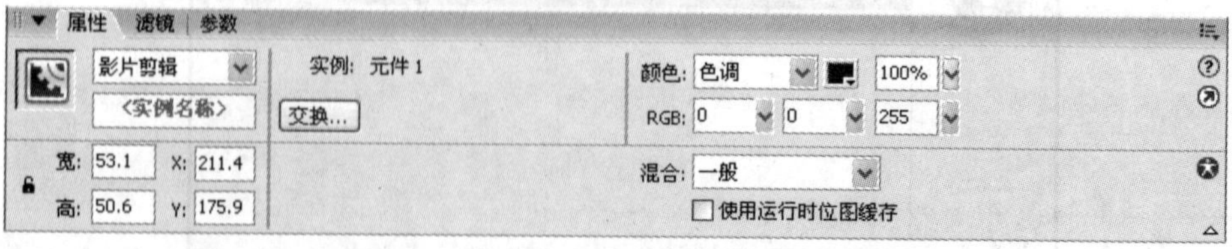

更改后

图 5.3.21　更改实例的类型

5.3.7　设置图形元件实例的动画播放模式

如果用户创建的图形元件实例中包含着动画，可使用属性面板设置动画的播放模式，具体操作步骤如下：

（1）选中舞台中图形元件的实例，并打开该实例的属性面板。

（2）单击该实例属性面板中图形选项右侧的下拉按钮，弹出其下拉列表，该列表包含 3 个选项，分别为循环、播放一次和单帧，这 3 个选项的含义如下：

1）循环：动画播放结束后再从头播放。

2）播放一次：动画从头至尾只播放一次。

3）单帧：显示动画中的任意帧。

（3）在该列表中选择合适的选项，即可设置图形元件实例中动画的播放模式。

5.4　使　用　库

在 Flash 8 中，用户可以使用库存储导入的位图、音频和视频、矢量图和创建的各种元件。用户还可以对库中的对象进行各种编辑处理。

5.4.1　库面板

当用户启动 Flash 应用程序时，系统会自动创建一个附属该文档的库。用户可将导入的位图、音频和视频、矢量图和创建的各种元件存储在库中，当需要使用它们时，再从库中调用。使用库面板可以方便地管理库中的对象，利用它可以查看、编辑和使用元件。在菜单栏中选择 窗口(W) → 库(L) 命令，即可打开库面板，如图 5.4.1 所示。

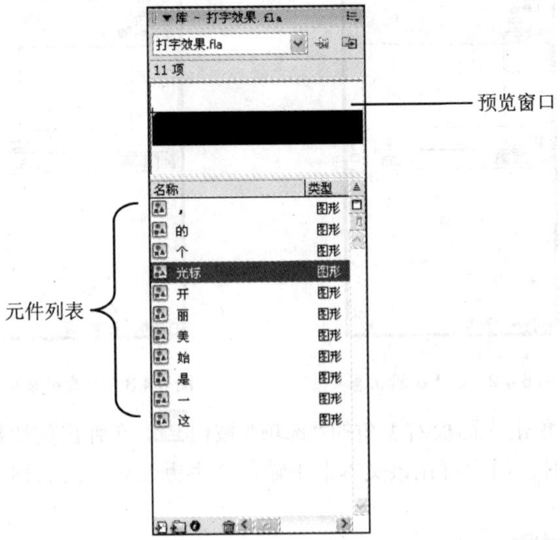

图 5.4.1　库面板

库面板中的预览窗口用于显示库中被选中元件的缩略图；元件列表中显示所有库中所有元件及导

入到库中的对象的列表。

5.4.2 创建库对象

用户可以使用以下几种方法创建库对象：

（1）将位图、视频和音频导入到库中创建库对象。

（2）直接创建新的元件作为库对象。

（3）将动画中的对象转换为元件创建库对象。

（4）调用公共库中的元件创建库对象。

（5）使用其他文档中的元件创建库对象。

5.4.3 使用库对象

用户创建好库对象后，就可以使用库中的对象了，具体操作步骤如下：

（1）在菜单栏中选择窗口(W)→库(L)命令，打开库面板。

（2）在库中选择某个对象，将其从库面板中拖到舞台上，即可使用该对象了。

5.4.4 重命名库对象

用户可使用以下两种方法对库中的对象进行重命名，具体操作步骤如下：

（1）在菜单栏中选择窗口(W)→库(L)命令，打开库面板。

（2）用鼠标双击该对象的名称，即可进入编辑状态，如图 5.4.2 所示。

（3）在其中输入文字，即可更改该对象的名称，如图 5.4.3 所示。

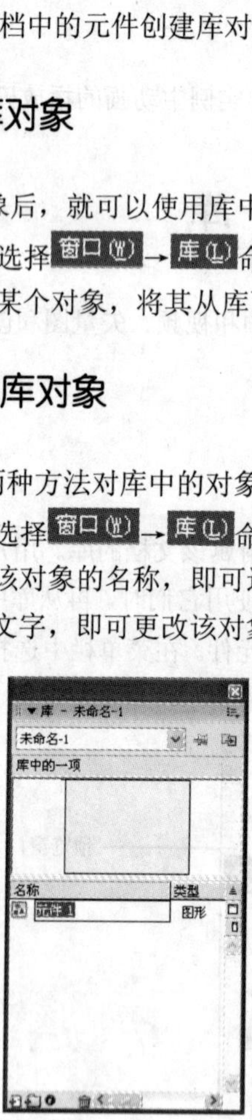

图 5.4.2 进入编辑状态

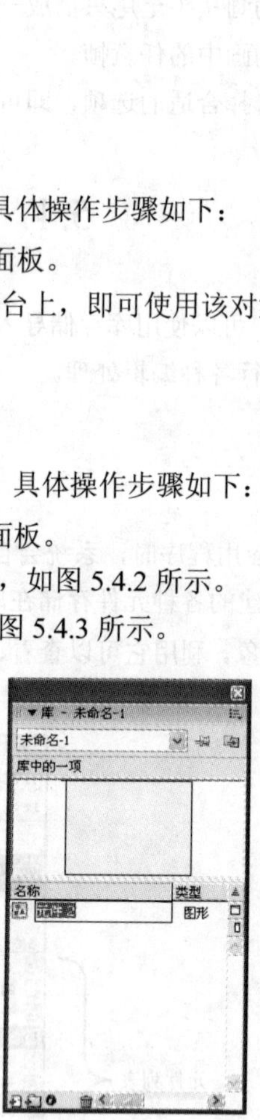

图 5.4.3 更改对象的名称

（4）选中库对象后单击库面板右上角的“选项”按钮，在弹出的快捷菜单中选择重命名命令，即可进入编辑状态。此时，用户可在该文本框中输入文字更改对象的名称。

5.4.5 管理库对象

当库中的对象很多时，库面板将会显得很乱。此时，用户可以使用库文件夹组织整理库对象，就像在 Windows 操作系统中使用文件夹管理文件一样方便。当用户创建一个新对象时，它将被存储在选中的文件夹内；如果没有选中文件夹，它将被存储在库的根目录下。

1．创建文件夹

在使用文件夹管理库对象之前，必须先在库中创建文件夹，具体操作步骤如下：

（1）在菜单栏中选择窗口(W)→库(L)命令，打开库面板。

（2）单击库面板下方的“新建文件夹”按钮，即可在库中创建一个新的文件夹，且用户可对该文件夹进行重命名，如图 5.4.4 所示。

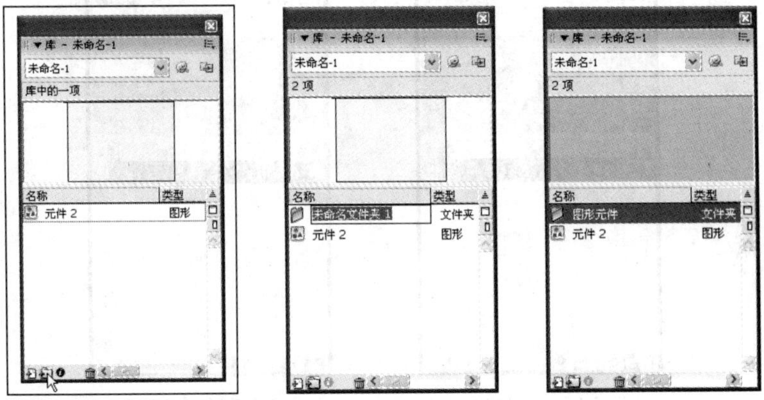

图 5.4.4　创建库文件夹

2．移动对象至文件夹

在默认情况下，新创建的库文件夹中没有对象，用户可根据需要将库对象移至相应的文件夹中。具体操作步骤如下：

（1）选中库中的对象。

（2）按住鼠标左键不放将其移到文件夹图标后松开鼠标，即可将该对象移至文件夹中，此时，该文件夹的图标由变成，如图 5.4.5 所示。

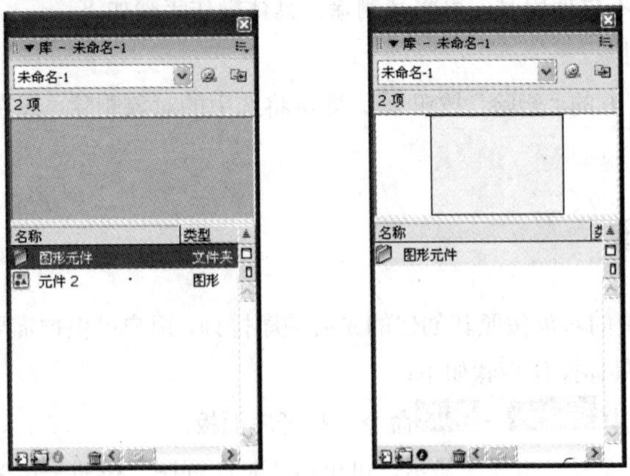

图 5.4.5　移动对象至文件夹

3．展开和折叠文件夹

用户将对象移至文件夹中后，该文件夹处于折叠状态。如果用户要查看该文件夹中的对象，可将其展开。展开和折叠文件夹的具体操作步骤如下：

（1）用鼠标选中该文件夹。

（2）在该文件夹上双击鼠标，即可将其展开，或单击库面板右上角的“选项”按钮，在弹出的快捷菜单中选择展开文件夹命令展开文件夹，如图 5.4.6 所示。

（3）再次在该文件夹上双击鼠标，即可将其折叠起来，或单击库面板右上角的“选项”按钮，在弹出的快捷菜单中选择折叠文件夹命令折叠文件夹，如图 5.4.7 所示。

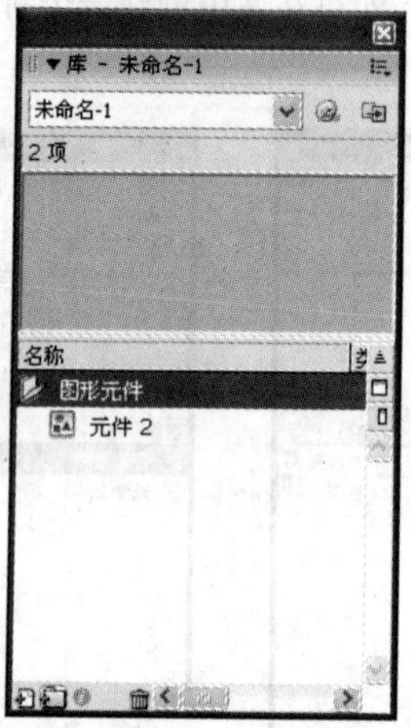

图 5.4.6　展开文件夹

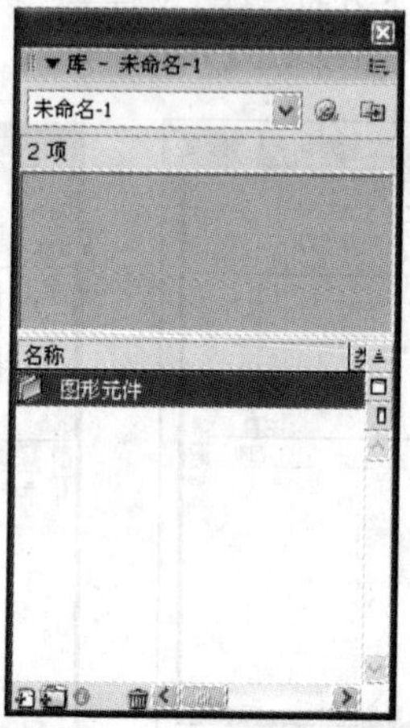

图 5.4.7　折叠文件夹

提示：如果要将库中的所有文件夹展开，可单击库面板右上角的“选项”按钮，在弹出的快捷菜单中选择展开所有文件夹命令；如果要将所有展开的文件夹折叠起来，可单击库面板右上角的“选项”按钮，在弹出的快捷菜单中选择折叠所有文件夹命令即可。

5.4.6　删除库对象

当库中的某个对象不再使用时，可将其删除，具体操作步骤如下：

（1）选中库中的对象。

（2）单击库面板下方的“删除”按钮，即可将选中的对象删除，或在选项菜单中选择删除命令，删除该对象。

5.4.7　排序对象

在默认情况下，库中的对象按照其创建的先后顺序排列，用户可根据需要将其按照一定的顺序排列，以便查看库对象。具体操作步骤如下：

（1）在菜单栏中选择窗口(W)→库(L)命令，打开库面板。

（2）如果此时的库面板以窄视图显示，可单击“宽库视图”按钮，将库面板以宽视图显示，如图 5.4.8 所示。

（3）此时，可以看到库面板中分别列出了库中对象的名称、类型、使用次数、链接和修改时间。

（4）将鼠标光标移到列标题上单击，可使库中的对象按该列表进行排序，如图 5.4.9 所示即为按照修改日期进行排序的库面板。

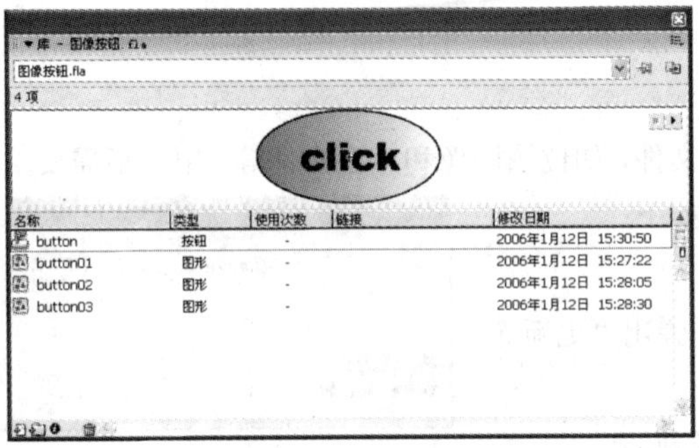

图 5.4.8 宽视图显示库

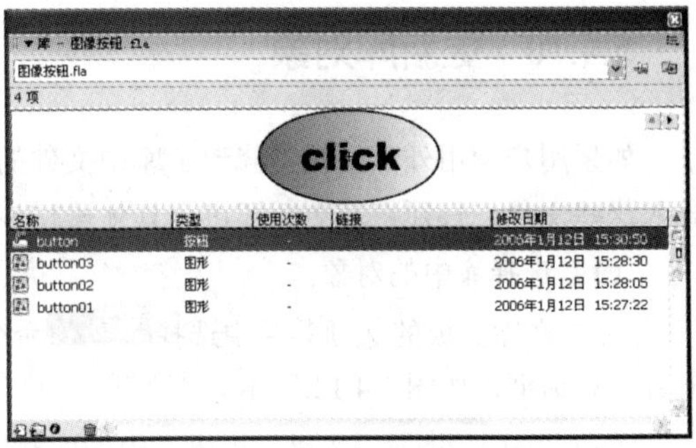

图 5.4.9 按修改日期排序库对象

（5）单击库面板右侧的“切换排序”按钮或，可使库中的对象按照升序或降序排列。

5.4.8 更改元件属性

用户可直接在库中更改所选元件的属性，具体操作步骤如下：

（1）选中库元件。

（2）单击库面板下方的“属性”按钮，弹出“元件属性”对话框，如图 5.4.10 所示。

（3）在类型(T)选项区中选中某个选项，单击确定按钮，即可更改该元件的属性，如图 5.4.11 所示。

图 5.4.10 “元件属性”对话框

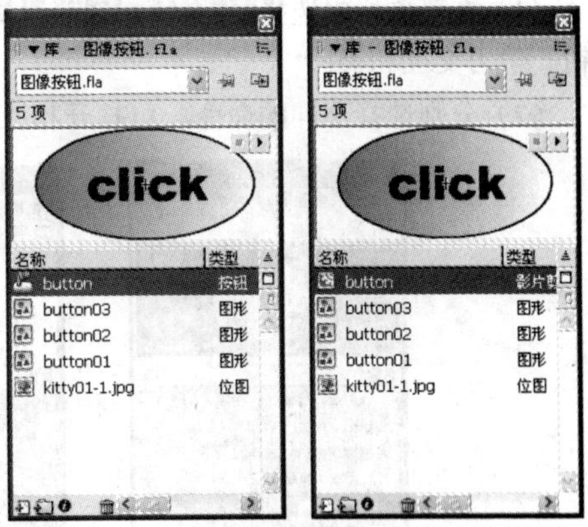

图 5.4.11 更改元件的属性

5.4.9 查找未使用的库对象

用户可将库中未在动画中使用的对象删除，来缩小动画文件。但是，对于发布的 Flash 动画，不能通过删除未使用的对象来缩小文件大小，因为未使用的库对象不包括在发布后的动画中。

查找未使用的库对象，可通过以下两种方法进行。

（1）在库面板的选项菜单中选择选择未用项目命令。

（2）单击库面板中的“使用次数”列，可将库中的对象按使用次数进行排序。此时，库中未使用的对象将全被选中，用户可将选中的库对象删除。

5.4.10 更新库对象

如果用户使用外部编辑器修改了库中文件的源文件，如位图图像和声音文件等。用户不需要重新导入这些文件，只须将其更新即可，具体操作步骤如下：

（1）选择库中的对象。

（2）在库面板的选项菜单中选择 更新... 命令，弹出“更新库项目”对话框，如图 5.4.12 所示。

（3）单击 更新(U) 按钮，可将选中的库对象更新。

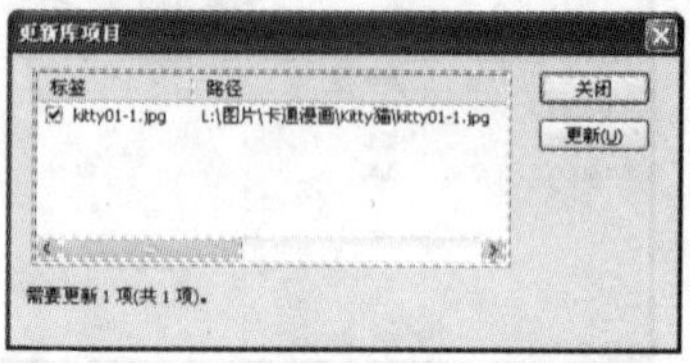

图 5.4.12 “更新库项目”对话框

5.5 使用公共库

在 Flash 8 中，用户不仅可以使用系统自带的公共库中的库对象，还可以根据需要创建自己的公共库，来创建共享元件。

5.5.1 使用系统自带的公共库

用户可以使用系统自带的公共库资源，向文档中添加按钮或声音，具体操作步骤如下：

（1）在菜单栏中选择 窗口(W)→公用库(B) 命令，可发现该命令的子菜单中包含 3 个命令，分别为按钮、学习交互和类。

（2）分别选择不同的命令，可打开相应的公共库，如图 5.5.1 所示。

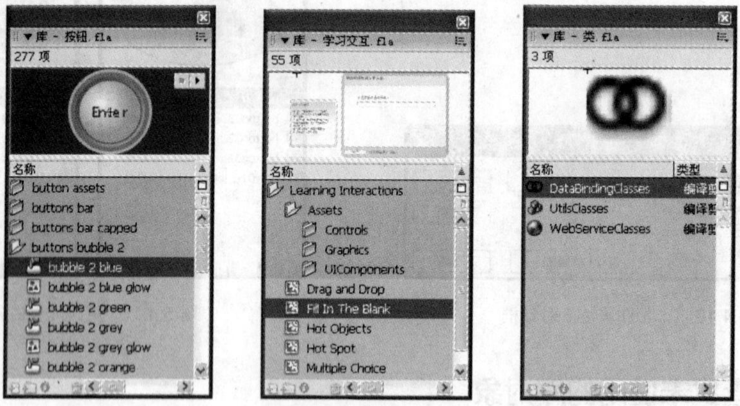

图 5.5.1 系统公共库

（3）在库面板中选择某个对象，将其拖到舞台中，即可使用该对象。

提示：无论用户何时打开 Flash 应用程序，都可在 窗口(W) 菜单中找到公共库，且该库被打开后不会随着文档的关闭而关闭，它一直都保留在工作窗口中。

5.5.2 创建自定义公共库

如果用户要将创建的元件永久保留在库中，可将包含该库的 Flash 文件放在 Flash 应用程序安装文件中的 Libraries 文件夹中，即可创建自定义公共库，具体操作步骤如下：

（1）在库中将需要保留的元件整理好。

（2）将包含该库的文件存放在 Flash 应用程序安装文件中的 Libraries 文件夹中。如果用户安装的时候是按默认方式安装的，则该文件夹所在的路径为 C:\Program Files\Macromedia\Flash 8\zh_cn\First Run\Libraries。

（3）在菜单栏中选择 窗口(W) → 公用库(B) 命令，可发现在该命令的子菜单中添加了一个命令，如图 5.5.2 所示。

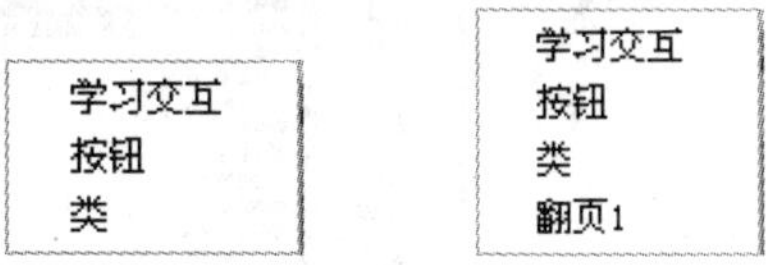

添加前　　添加后

图 5.5.2　创建自定义公共库

5.5.3　元件的共享

用户可将创建的元件共享，以便在其他文档中使用。在 Flash 8 中，可使用以下 3 种方法在不同文件中共享元件。

（1）在库面板之间复制元件。如果用户要使用原文件库中的很多元件，可将它们一次性复制，具体操作步骤如下：

1）将两个文件中的库面板同时打开。

2）在原文件的库面板中按住“Ctrl”键单击所要复制的元件，将其全部选中。

3）按住鼠标不放，将它们拖至新文件的库面板中，松开鼠标后，即可将原文件库面板中选中的元件全部复制过来。

（2）直接使用其他文件库面板中的元件。如果用户同时打开了多个文档，可直接使用其他文档库面板中的元件，具体操作步骤如下：

1）同时打开多个文档。

2）单击当前文档库面板预览窗口上方文档名称右侧的下拉按钮，弹出其下拉列表。该列表中显示了当前所有打开文档的名称，如图 5.5.3 所示。

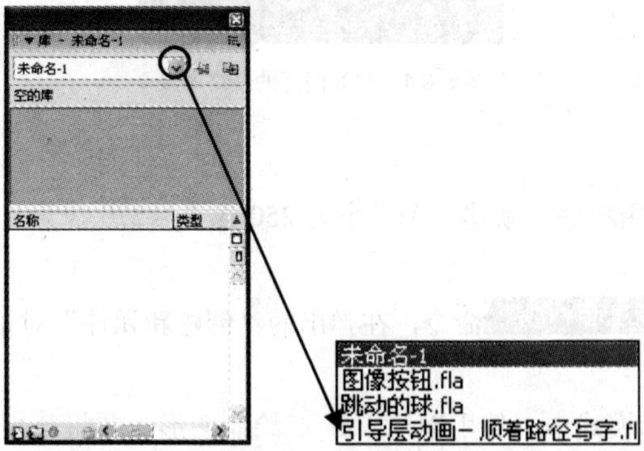

图 5.5.3　“文件名称”下拉列表

3）在该列表中选择合适的选项，即可在当前窗口中打开该文件的库面板。

4）在库面板中选择相应的元件，将其拖到舞台中即可。

（3）在新文件中打开外部库。可使用打开外部库的方法，在当前文件中使用其他文件中的库，具体操作步骤如下：

1）在菜单栏中选择 文件(F) → 导入(I) → 打开外部库(O)... 命令，弹出“作为库打开”对话框。在该对话框中选择要打开库的 Flash 文件，如图 5.5.4 所示。

2）单击 打开(O) 按钮，即可将选中文件的库面板打开，如图 5.5.5 所示。此时，即可使用该库中的元件。

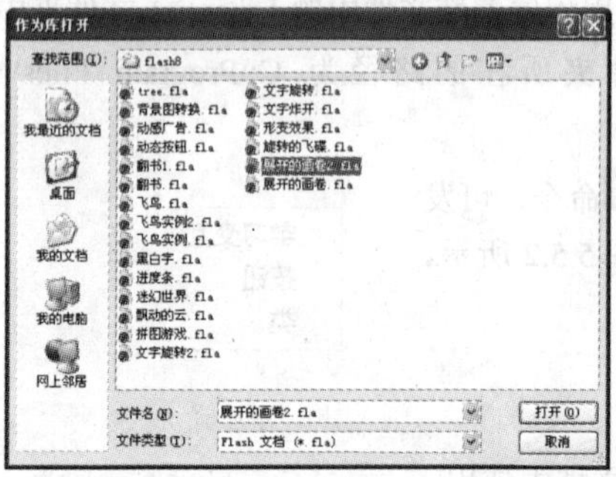

图 5.5.4 “作为库打开”对话框

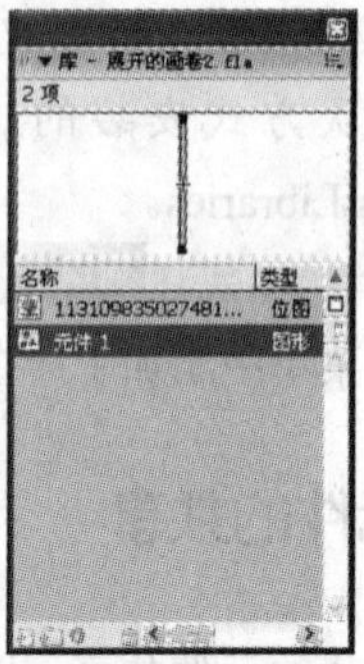

图 5.5.5 库面板

5.6 课堂实战——制作闪烁的星光

应用本章所学知识制作闪烁的星光，如图 5.6.1 所示。

图 5.6.1 星光闪烁的最终效果

操作步骤

（1）打开 Flash 8 应用程序，新建一个大小为 250 像素×270 像素，背景色为黑色，帧频为 15 的 Flash 文档。

（2）选择 插入(I) → 新建元件(N)... 命令，在弹出的“创建新元件”对话框中设置参数，创建一个名为“星光 1”的图形元件。

（3）在该元件的编辑模式中，使用钢笔工具绘制图形，并将其高度和宽度分别设置为 76.3 和 59.3，效果如图 5.6.2 所示。

（4）单击时间轴面板下方的“插入图层”按钮，新建图层 2。在该图层中，再次使用钢笔工具绘制图形，如图 5.6.3 所示。

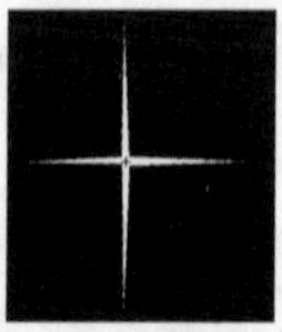

图 5.6.2 绘制图形

图 5.6.3 使用钢笔工具绘制的图形

（5）重复步骤（2）的操作，创建一个名为“星光 2”的影片剪辑。在该影片剪辑的编辑模式中，将库中的图形元件“星光 1”拖动到舞台中，设置其位置如图 5.6.4 所示。

（6）在图层 1 的第 15 帧处按“F6”键插入关键帧，并在其属性面板中设置该帧中图形的参数，如图 5.6.5 所示。

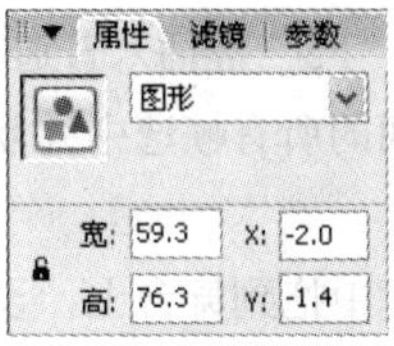

图 5.6.4　图形元件的位置

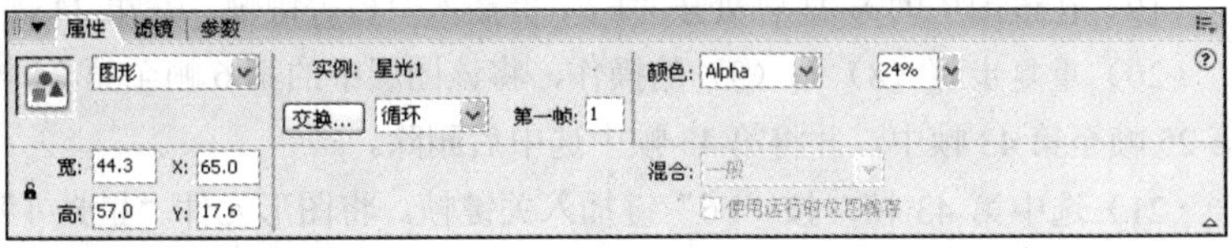

图 5.6.5　设置图形的参数

（7）在第 16 帧处按“F7”键插入空白关键帧，在第 19 帧处按“F5”键插入普通帧。

（8）按住“Shift”键的同时，分别在该图层中的第 1 帧和第 19 帧上单击，将它们之间的帧全部选中。用鼠标右键在选中的帧上单击，在弹出的快捷菜单中选择复制帧命令。

（9）在第 20 帧上单击鼠标右键，从弹出的快捷菜单中选择粘贴帧命令，即可将选中的帧全部复制到该图层的第 20 帧至第 38 帧，并在第 40 帧处按“F5”键插入普通帧。

（10）重复步骤（8）～（9）的操作，将第 1 帧至第 15 帧中的内容复制并粘贴到第 41 帧至第 55 帧中。

（11）单击时间轴面板下方的“插入图层”按钮，新建图层 2。在第 3 帧处按“F6”键插入关键帧，并将图形元件“星光 1”从库中拖到舞台中，放置于如图 5.6.6 所示的位置。

（12）在该图层的第 17 帧处按“F6”键插入关键帧，并在其属性面板中设置该帧中图形的参数，如图 5.6.7 所示。

图 5.6.6　图形元件的位置

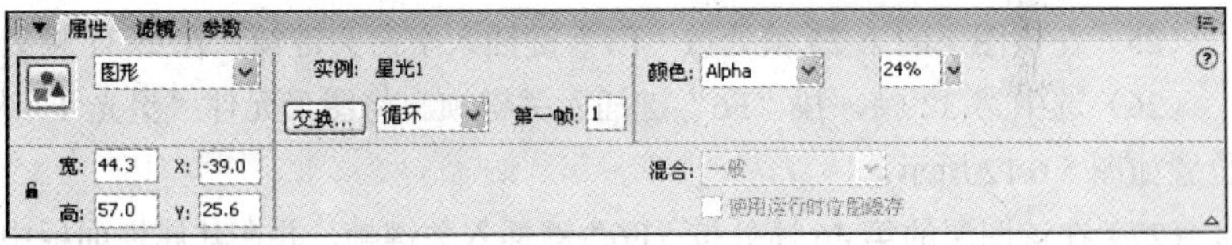

图 5.6.7　设置图形的参数

（13）在该图层的第 18 帧处按“F7”键插入空白关键帧，在第 28 帧处按“F5”键插入普通帧。

（14）重复步骤（8）～（9）的操作，将该图层中第 3 帧至第 28 帧之间的所有帧复制到第 29 帧至第 54 帧中，并将第 54 帧选中后删除。

（15）选中第 54 帧，按“F6”键插入关键帧，并将图形元件“星光 1”从库中拖到舞台上，设置其位置如图 5.6.8 所示。

（16）在该图层的第 68 帧处按“F6”键插入关键帧，并在其属性面板中设置该帧中图形的参数，如图 5.6.9 所示。

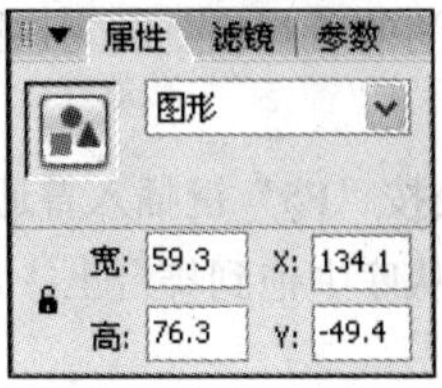

图 5.6.8　图形元件的位置

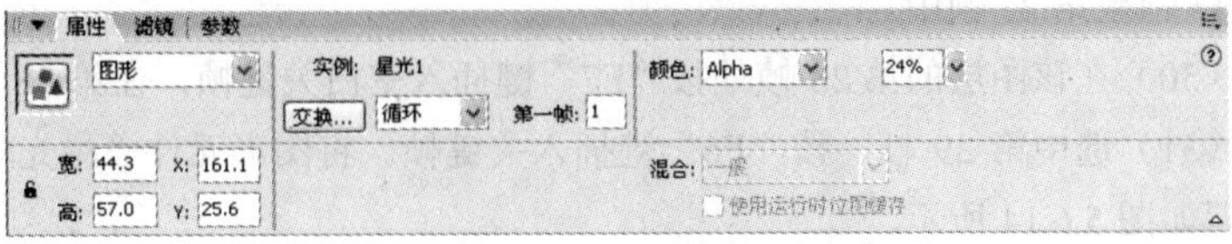

图 5.6.9　设置图形的参数

（17）单击时间轴面板下方的“插入图层”按钮，新建图层 3。在该图层的第 6 帧处按“F6”键插入关键帧。

（18）重复步骤（8）～（9）的操作，将图层 2 中第 54 帧至第 68 帧之间的所有帧复制到该图层的第 6 帧到第 20 帧中。

（19）在该图层的第 21 帧处按“F7”键插入空白关键帧，在第 24 帧处按“F5”键插入普通帧。

（20）重复步骤（8）～（9）的操作，将该图层中的第 6 帧至第 24 帧之间的所有帧选中并复制到第 25 帧至第 43 帧中，并将第 43 帧中选中后删除。

（21）选中第 43 帧，按“F6”键插入关键帧。将图形元件“星光 1”从库中拖到舞台上，设置其位置如图 5.6.10 所示。

（22）在该图层的第 57 帧处按“F6”键插入关键帧，并在其属性面板中设置该帧中图形的参数，如图 5.6.11 所示。

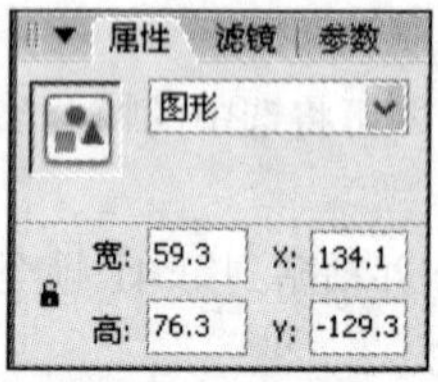

图 5.6.10　图形元件的位置

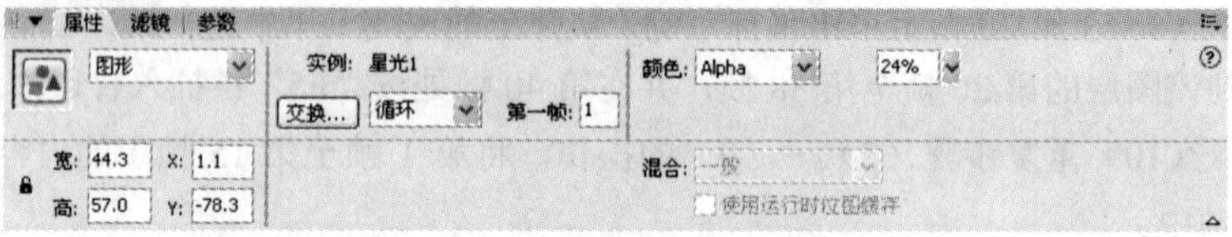

图 5.6.11　设置图形的参数

（23）单击时间轴面板下方的“插入图层”按钮，新建图层 4。在该图层的第 10 帧处按“F6”键插入关键帧。

（24）重复步骤（8）～（9）的操作，将图层 3 中第 43 帧至第 57 帧之间的所有帧复制到该图层的第 10 帧至第 24 帧中。

（25）在该图层的第 25 帧处按“F7”键插入空白关键帧，在第 31 帧处按“F5”键插入普通帧。

（26）选中第 32 帧，按“F6”键插入关键帧。将图形元件“星光 1”从库中拖到舞台上，设置其位置如图 5.6.12 所示。

（27）在该图层的第 46 帧处按“F6”键插入关键帧，并在其属性面板中设置该帧中图形的参数，如图 5.6.13 所示。

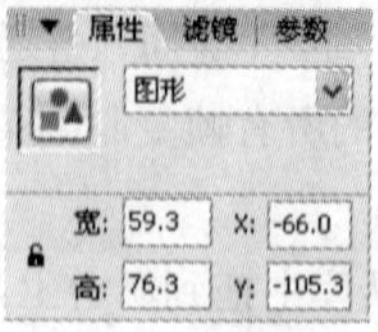

图 5.6.12　图形元件的位置

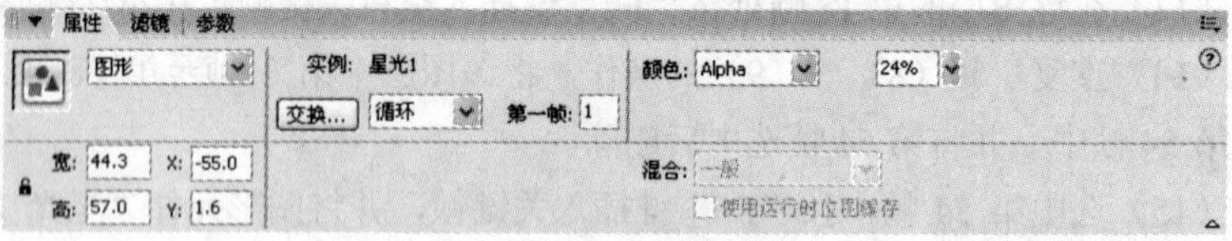

图 5.6.13　设置图形的参数

（28）单击时间轴面板下方的“插入图层”按钮，新建图层 5。在该图层的第 13 帧处按“F6”键插入关键帧。

（29）重复步骤（8）～（9）的操作，将图层 4 中第 32 帧至第 46 帧之间的所有帧复制到该图层的第 13 帧至第 27 帧中。

（30）在该图层的第 28 帧处按“F7”键插入空白关键帧，在第 38 帧处按“F5”键插入普通帧。

（31）选中第 39 帧，按“F6”键插入关键帧。将图形元件“星光 1”从库中拖到舞台上，设置其位置如图 5.6.14 所示。

（32）在该图层的第 53 帧处按“F6”键插入关键帧，并在其属性面板中设置该帧中图形的参数，如图 5.6.15 所示。

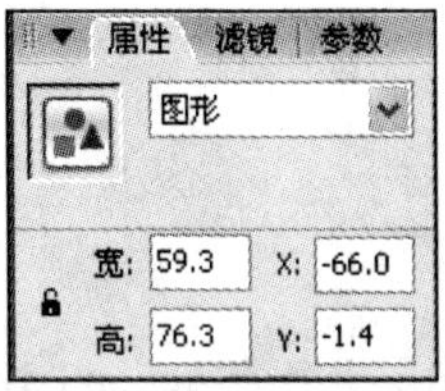

图 5.6.14　图形元件的位置

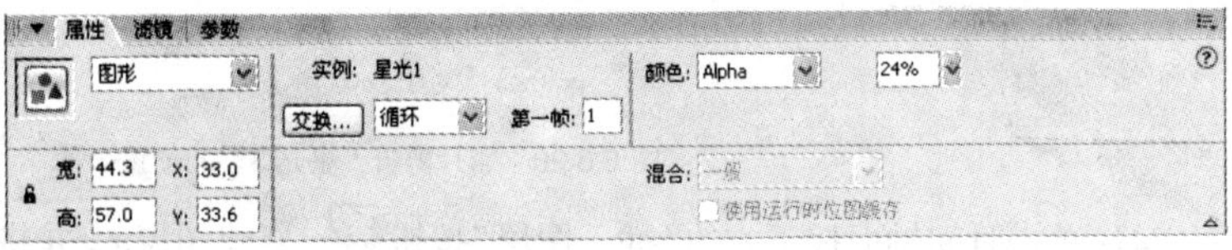

图 5.6.15　设置图形的参数

（33）单击时间轴面板下方的“插入图层”按钮，新建图层 6。在该图层的第 16 帧处按“F6”键插入关键帧。

（34）重复步骤（8）～（9）的操作，将图层 5 中第 39 帧至第 53 帧之间的所有帧复制到该图层的第 16 帧至第 30 帧中。

（35）用鼠标右键单击库中的影片剪辑“星光 2”，在弹出的快捷菜单中选择直接复制命令，并将复制后的影片剪辑更名为“星光 3”。

（36）单击按钮，返回到主场景中。将库中的影片剪辑“星光 2”从库中拖到舞台上，并设置其位置如图 5.6.16 所示。在该图层的第 15 帧处按“F5”键插入普通帧。

（37）单击时间轴面板下方的“插入图层”按钮，新建图层 2。在第 3 帧中按“F6”键插入关键帧。将影片剪辑“星光 3”从库中拖到舞台上，设置其位置如图 5.6.17 所示，并在第 16 帧处按“F5”键插入普通帧。

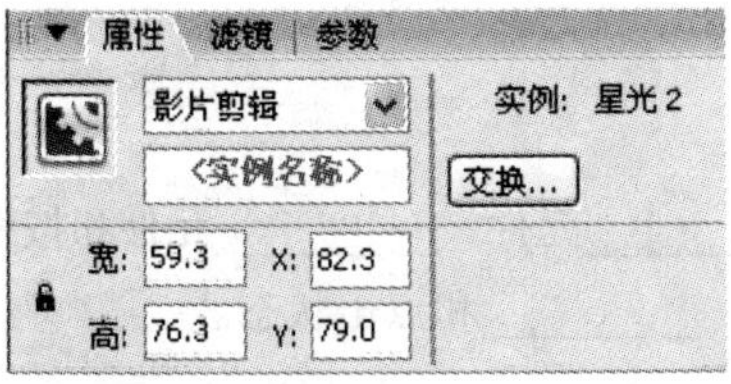

图 5.6.16　影片剪辑“星光 2”的位置

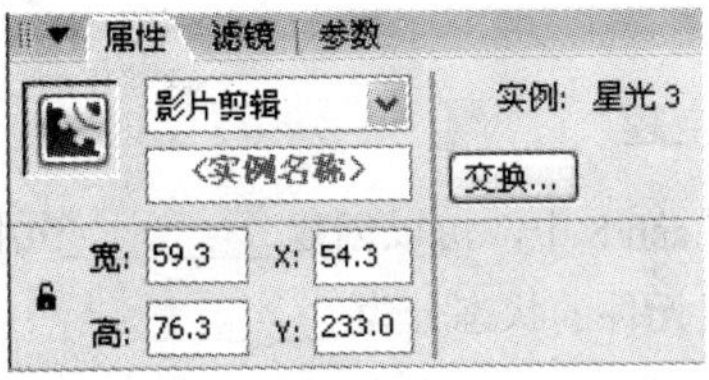

图 5.6.17　影片剪辑“星光 3”的位置

（38）单击时间轴面板下方的“插入图层”按钮，新建图层 3。在第 4 帧中按“F6”键插入关键帧。将影片剪辑“星光 3”从库中拖到舞台上，设置其位置如图 5.6.18 所示，并在第 17 帧处按“F5”键插入普通帧。

（39）单击时间轴面板下方的“插入图层”按钮，新建图层 4。在第 9 帧中按“F6”键插入关键帧。将影片剪辑“星光 3”从库中拖到舞台上，设置其位置如图 5.6.19 所示，并在第 18 帧处按“F5”键插入普通帧。

图 5.6.18　影片剪辑“星光 3”的位置

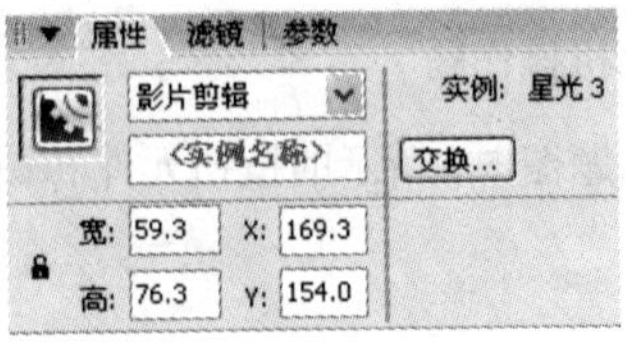

图 5.6.19　影片剪辑“星光 3”的位置

（40）单击时间轴面板下方的“插入图层”按钮，新建图层 5。在第 15 帧中按“F6”键插入关键帧。将影片剪辑“星光 3”从库中拖到舞台上，设置其位置如图 5.6.20 所示，并在第 20 帧处按“F5”键插入普通帧。

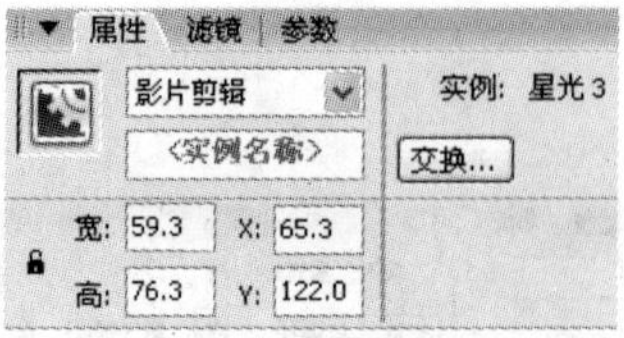

图 5.6.20　影片剪辑“星光 3”的位置

（41）单击时间轴面板下方的“插入图层”按钮，新建图层 6，并将该图层更名为 Action Layer。在该图层的第 16 帧处按“F7”键插入空白关键帧。按“F9”键打开动作面板，在该面板中输入语句：stop();。

（42）至此，该效果已制作完成，可按“Ctrl+Enter”快捷键将文件导出，效果如图 5.6.1 所示。

本 章 小 结

本章主要介绍了元件、实例和库的有关知识，包括元件的分类与创建、实例的创建与编辑、库的创建与管理等。通过本章的学习，用户应该在动画制作的过程中熟练地使用元件，以提高工作效率，减少文件的大小。

操 作 练 习

一、填空题

1．在 Flash 8 中，可以创建__________元件、__________元件、__________元件和按钮元件。

2．按钮元件的状态分为__________、__________、__________和点击状态。

二、选择题

1．在 Flash 8 中，可将（　）转换为影片剪辑。

（A）图形元件　　（B）按钮元件

（C）动画　　（D）全错

2．可使用（　）管理库对象。

（A）库面板　　（B）文件夹

（C）元件　　（D）全选

三、上机操作题

创建如题图 5.1 所示的按钮元件和图形元件。

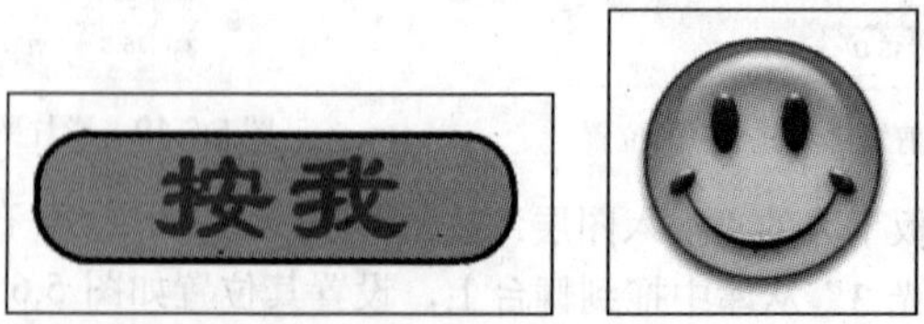

题图　5.1

第 6 章 图层和时间轴

在 Flash 8 中，用户可在不同的图层上创建图形和动画，且各层中的图形彼此间互不影响，这样，就可以十分方便地编辑调整动画中的对象。使用时间轴可以更好地管理图层及图层中的对象。

知识要点

- 图层概述
- 图层的基本操作
- 设置图层属性
- 时间轴面板的使用

6.1 图 层 概 述

利用图层，可以使用户更方便地管理舞台中的对象。用户还可以根据不同的用途创建不同类型的图层。

6.1.1 图层的概念

图层就像一张张透明纸，用户可分别在不同的透明纸上绘图。绘制好图形后，将所有的透明纸重叠在一起，就组成了一个完整的图形，且各图层中的对象不会相互影响。

6.1.2 图层的类型

在 Flash 8 中，可以创建 3 种类型的图层，用户可以根据实际需要在动画中创建不同的图层。

（1）普通图层。默认情况下，在 Flash 中创建的图层都为普通图层。

（2）运动引导层。当用户在创建引导层动画时，在该图层中，可以创建图形运动的路径。

（3）遮罩层。当用户在创建遮罩动画时，在该图层中，可以绘制遮罩的形状。

6.2 图层的基本操作

在默认情况下，用户创建的文档中只包含一个图层，用户可根据创作需要，在动画中创建多个图层。当某个图层不再使用时，还可以将其删除。

在 Flash 8 中，用户不仅可以对创建的图层进行隐藏、锁定和调整图层顺序等操作，而且还可以使用图层文件夹管理图层。

6.2.1 创建新图层

在 Flash 8 中，可以创建任意数量的图层。创建的图层数量只受计算机内存的限制，且图层不会增加发布的 SWF 文件的大小，只有在该图层中创建对象后才会增加文件的大小。

用户可以使用以下 3 种方法创建新图层，具体操作步骤如下：

（1）单击时间轴面板下方的“插入图层”按钮，可在当前图层上方插入一个新图层。

（2）在菜单栏中选择 插入(I) → 时间轴(T) → 图层(L) 命令，可在当前图层上方插入一个新图层。

（3）在时间轴面板中的层操作区中单击鼠标右键，从弹出的快捷菜单中选择 插入图层 命令，也可在当前图层上方插入一个新图层。新创建的图层使用系统默认的名称，如图 6.2.1 所示。

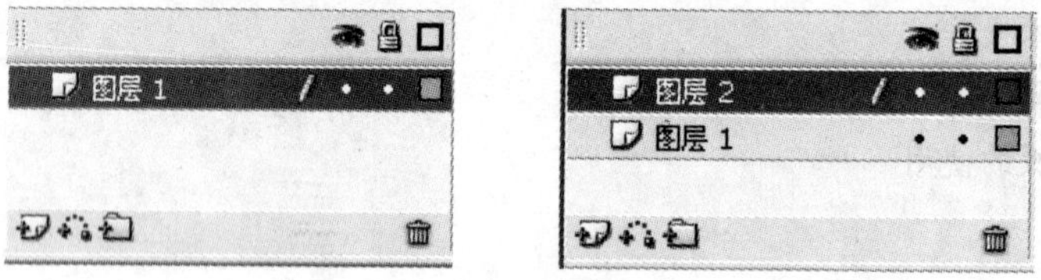

插入图层前　　插入图层后

图 6.2.1 创建新图层

6.2.2 选取图层

如果要在某个图层中创建图形或进行其他操作，必须先将其选中，使它成为当前图层，才能在该图层中进行操作，且被选中图层名称旁边会显示一个铅笔图标。

1．选取单个图层

在 Flash 8 中，用户可以使用 3 种方法选取单个图层。

（1）直接在时间轴中的层操作区中单击，即可选取该图层。

（2）在时间轴面板中单击某个图层中的任意帧，即可选取该图层。

（3）在舞台中单击图层中的对象，即可选取该图层。

2．选取多个图层

在 Flash 8 中，用户可以使用以下两种方法选取多个图层。

（1）在按住“Shift”键的同时单击多个图层，可选择多个连续的图层，如图 6.2.2 所示。

（2）在按住“Ctrl”键的同时单击多个图层，可选择多个不连续的图层，如图 6.2.3 所示。

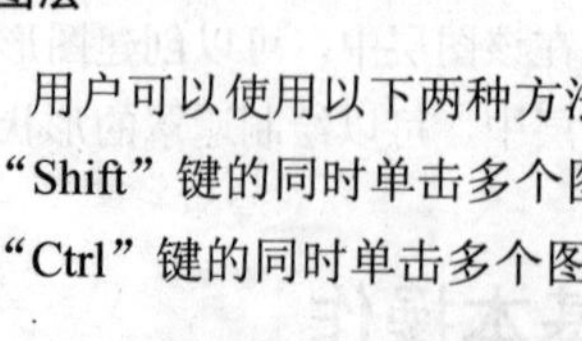

图 6.2.2 选取多个连续的图层

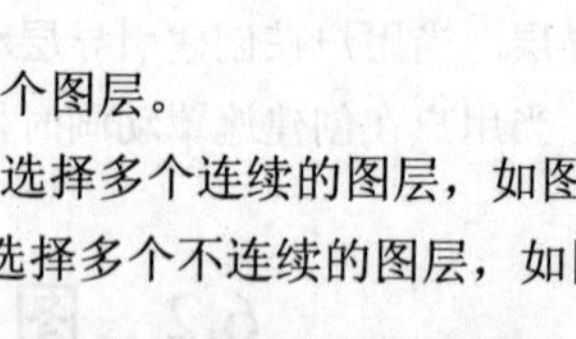

图 6.2.3 选取多个不连续的图层

6.2.3　复制图层

如果要创建两个完全相同的图层，只要将原图层进行复制即可，具体操作步骤如下：

（1）在所要复制的图层上单击，这时该层的所有帧都处于选中状态。

（2）在菜单栏中选择 编辑(E) → 时间轴(M) → 复制帧(C) 命令。

（3）创建一个新图层。

（4）在菜单栏中选择 编辑(E) → 时间轴(M) → 粘贴帧(P) 命令，即可将原图层中的内容全部复制到新图层中。

6.2.4　删除图层

如果某个图层不再使用，可将其删除。在 Flash 8 中，可使用以下 3 种方法将图层删除。

（1）选取图层后，单击时间轴面板中层操作区下方的“删除图层”按钮，即可将该图层删除。

（2）选取图层后，将其拖到“删除图层”按钮上，即可将该图层删除。

（3）在需要删除的图层上单击鼠标右键，从弹出的快捷菜单中选择 删除图层 命令，即可将该图层删除。

6.2.5　重命名图层

在默认情况下，新创建的图层名称为图层 1、图层 2……这样的图层名称不能清楚地反映图层中的内容，因此，用户可以给图层重新命名，以便更好地让图层名称反映图层中的内容。重命名图层的具体操作步骤如下：

（1）在需要更改的图层名称上双击鼠标左键，此时，即可进入编辑状态，如图 6.2.4 所示。

图 6.2.4　进入编辑状态

（2）在其中输入文字后，在该图层外的任意位置单击，即可确认更改图层的名称，如图 6.2.5 所示。

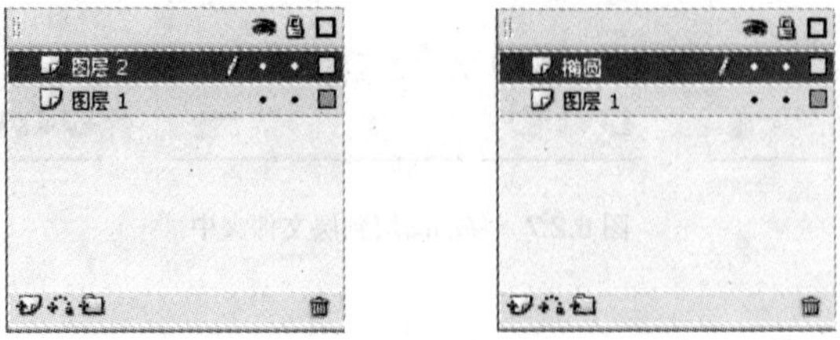

更名前　　　　更名后

图 6.2.5　更改图层名称

6.2.6 创建层文件夹

当动画中创建的图层较多时，可以使用层文件夹管理创建的图层。用户可以使用以下 3 种方法创建层文件夹。

（1）选中一个图层，单击时间轴面板中层操作区下方的“插入图层文件夹”按钮，即可在当前图层上方创建一个层文件夹，如图 6.2.6 所示。

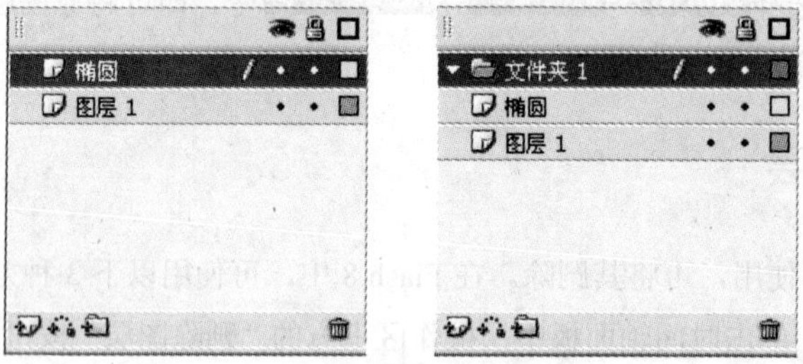

图 6.2.6 创建层文件夹

（2）选中一个图层，在菜单栏中选择 插入(I) → 时间轴(T) → 图层文件夹(O) 命令，可在当前图层上方创建一个层文件夹。

（3）选中一个图层，在该图层上单击鼠标右键，从弹出的快捷菜单中选择 插入文件夹 命令，也可在当前图层上方创建一个层文件夹。

6.2.7 移动图层到层文件夹

在默认情况下，新创建的层文件夹中不包含任何图层，如果用户要使用层文件夹管理图层，必须将图层移到层文件夹中去，具体操作步骤如下：

（1）选中一个或多个图层。

（2）按住鼠标左键不放将其拖动到层文件夹图标上，即可将选中的图层移到层文件夹中，如图 6.2.7 所示。

图 6.2.7 移动图层到层文件夹中

提示：当用户将图层移至层文件夹后，图层以缩进方式显示，表示该图层包含在其上方的层文件夹中。

6.2.8　复制层文件夹

用户可以像复制图层一样复制层文件夹，具体操作步骤如下：

（1）如果该层文件夹为展开状态，可先单击文件夹名称左侧的三角形将它折叠，然后单击文件夹将其选中，如图 6.2.8 所示。

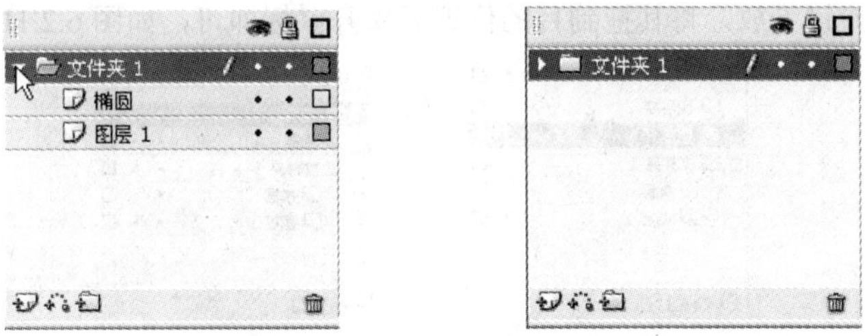

鼠标单击的位置　　　　折叠后的文件夹

图 6.2.8　折叠层文件夹

（2）在菜单栏中选择编辑(E)→时间轴(M)→复制帧(C)命令。

（3）创建一个新的层文件夹。

（4）在菜单栏中选择编辑(E)→时间轴(M)→粘贴帧(P)命令，即可将原层文件夹中的内容全部复制到新的层文件夹中，如图 6.2.9 所示。

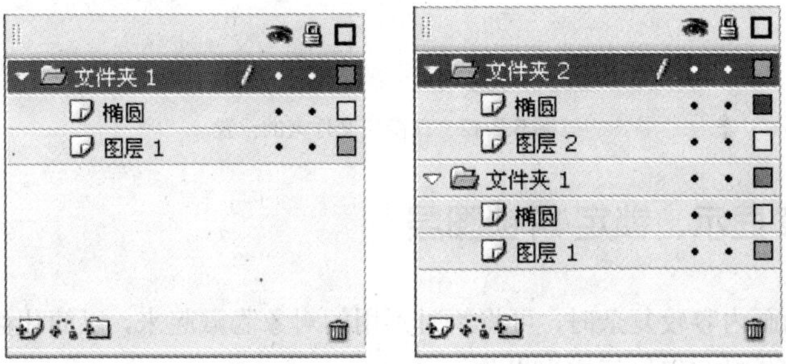

图 6.2.9　复制层文件夹

6.2.9　删除层文件夹

用户可以像删除图层一样删除层文件夹，具体操作步骤如下：

（1）选中一个层文件夹。

（2）单击时间轴面板中层操作区下方的“删除图层”按钮，弹出提示框，提醒用户是否真的删除该层文件夹，如图 6.2.10 所示。

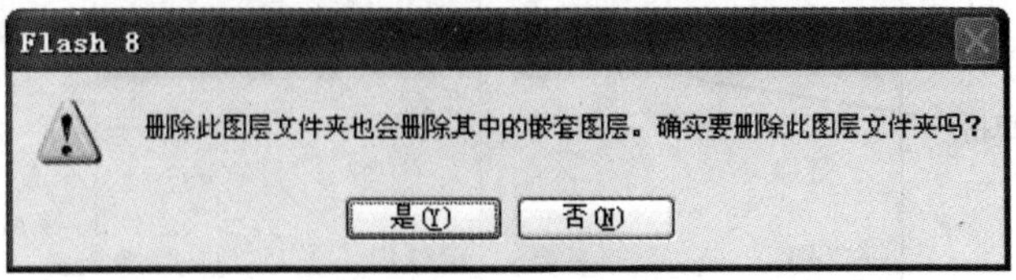

图 6.2.10　提示框

（3）单击是(Y)按钮，即可将该层文件夹及文件夹中的所有图层都删除。

6.2.10 改变图层或层文件夹的位置

图层的位置决定了它所能显示的内容，即下面图层中的内容会被上面图层中有内容的地方遮住。所以，为了显示下面图层中的内容，可改变图层或层文件夹的位置，具体操作步骤如下：

（1）选中一个或多个图层。

（2）按住鼠标左键不放，将其拖到目的位置后松开鼠标即可，如图 6.2.11 所示。

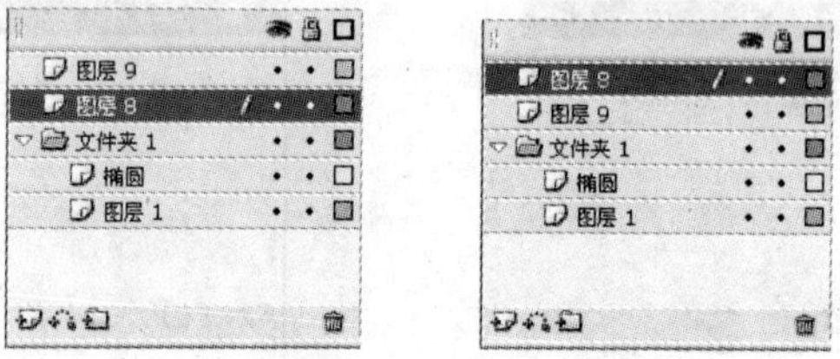

图 6.2.11　改变层的位置

（3）如果要改变层文件夹的位置，必须先将该文件夹折叠起来。然后按照步骤（1）～（2）的方法操作，即可改变层文件夹的位置，如图 6.2.12 所示。

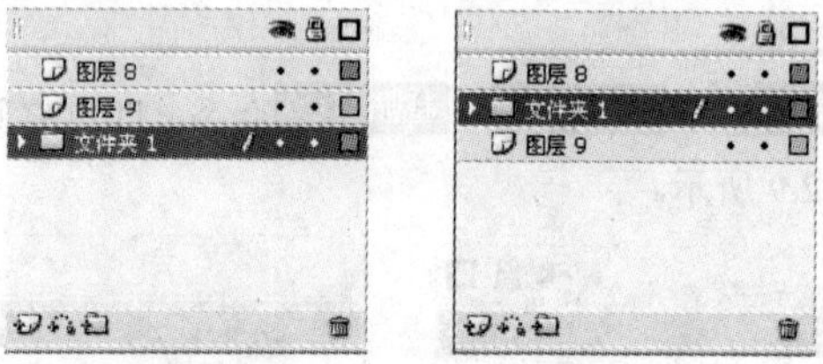

图 6.2.12　改变层文件夹的位置

6.2.11 隐藏/显示、锁定/解锁图层

当用户创建的动画内容较复杂时，可将暂时不用的对象隐藏起来，以简化舞台中的内容；也可以将某些对象锁定，避免对它们执行错误操作。

1．隐藏/显示图层

在默认情况下，所有图层都处于显示状态，用户可根据需要将某个图层隐藏，具体操作步骤如下：

（1）单击层操作区中图标对应的眼睛列，此时，该图层中此列显示一个红色的“×”，表示该图层不可见，即该层已被隐藏，如图 6.2.13 所示。再次单击该眼睛列，即可将隐藏起来的图层重新显示。

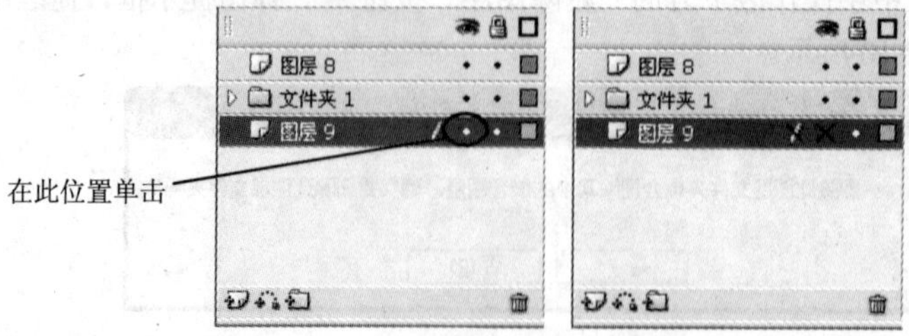

图 6.2.13　隐藏选中的图层

（2）在多个图层中的图标对应的列中单击并拖动鼠标，可以隐藏/显示鼠标经过的多个图层。

（3）如果用户要隐藏所有的图层，可单击层操作区上方的图标将所有的图层隐藏，如图 6.2.14 所示。

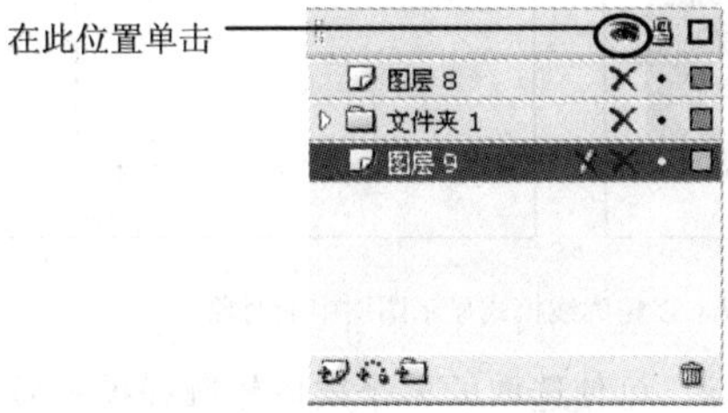

图 6.2.14　隐藏所有图层

技巧：在按住“Alt”键的同时单击图层或层文件夹的列，可将其他所有图层或层文件夹隐藏；再次按住“Alt”键并单击图层或层文件夹的列，可显示所有图层和层文件夹。

2．锁定/解锁图层

在默认情况下，所有图层都处于解锁状态，为了防止对图层中的某些对象进行错误操作，可将已创建完成的对象所在图层锁定，锁定/解锁图层的具体操作步骤如下：

（1）单击层操作区中图标对应的锁定列，此时，该层的此列显示一个锁图标，表示该层已被锁定，如图 6.2.15 所示。再次单击该列，可将该图层解锁。

（2）在多个图层中的图标对应的列中拖动鼠标，可锁定鼠标经过的多个层。

（3）单击层操作区上方的图标，可将所有的图层锁定，如图 6.2.16 所示。

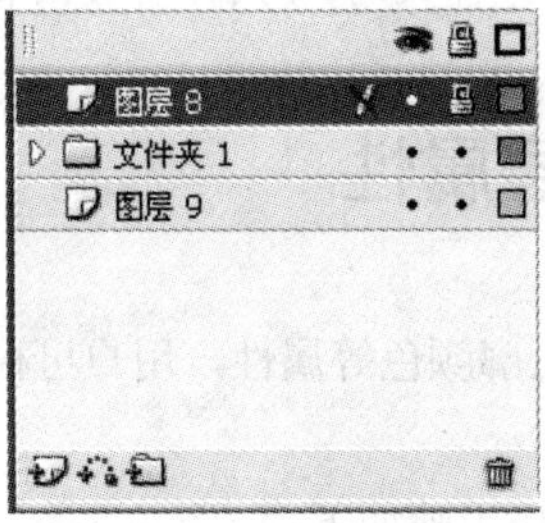

图 6.2.15　锁定图层

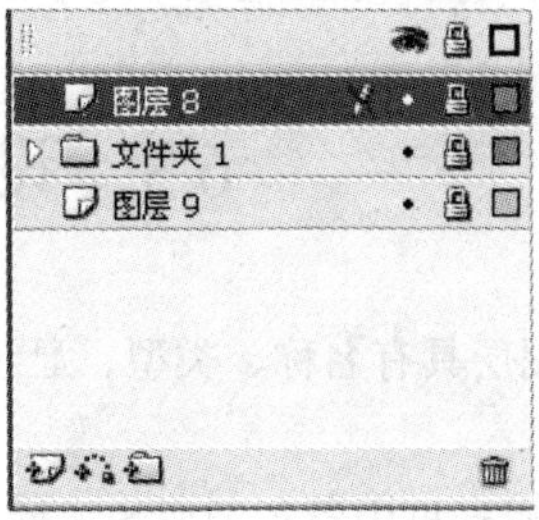

图 6.2.16　锁定所有图层

技巧：在按住“Alt”键的同时单击图层或层文件夹的列，可将其他所有图层或层文件夹锁定；再次按住“Alt”键单击，可将所有图层和层文件夹解锁。

6.2.12　层轮廓线

在 Flash 8 中，为了查看不同层上对象的分布情况，可将对象以轮廓线的方式显示来查看各对象，且各层中对象的轮廓线颜色不同。这样，可使图层中对象的层次结构更加清晰，用户可以使用 3 种方法使图层以轮廓线模式显示。

（1）单击图层右侧的列，可使该图层中的所有对象以轮廓线模式显示，如图 6.2.17 所示。再次单击该列，即可关闭轮廓线模式。

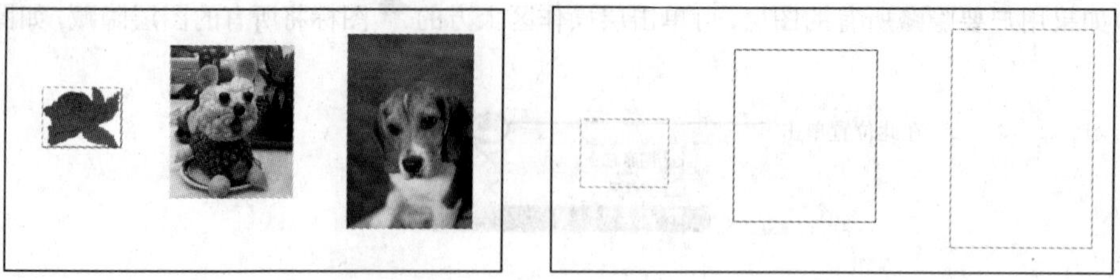

图 6.2.17　以轮廓线模式显示图层中的对象

（2）在□图标对应的列中拖动鼠标，可使选取的多个层以轮廓线模式显示。

（3）单击层操作区上方的□图标，可将所有的图层以轮廓线模式显示，此时的时间轴面板如图 6.2.18 所示。

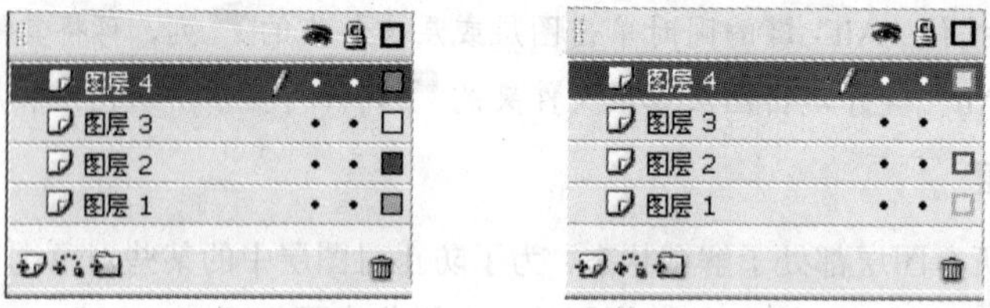

实体模式　　　　轮廓线模式

图 6.2.18　不同模式中图层的状态

技巧：在按住“Alt”键的同时单击图层或层文件夹的□列，可将其他所有图层或层文件夹以轮廓线模式显示；再次按住“Alt”键单击图层或层文件夹的□列，可关闭轮廓线模式。

6.3　设置图层属性

在 Flash 8 中，图层具有名称、类型、显示模式和轮廓颜色等属性，用户可根据不同的需要，设置图层的属性。

在“图层属性”对话框中设置图层的属性，具体操作步骤如下：

（1）选中一个图层。

（2）在该图层的层图标上双击鼠标，弹出“图层属性”对话框，如图 6.3.1 所示。

该对话框中各选项的含义如下：

1）名称(N)：在该文本框中输入文字可更改当前图层的名称。

2）☑显示：选中该复选框，可使当前选中图层处于显示状态；取消选中该复选框，可隐藏当前选中的图层。

3）☑锁定：选中该复选框，可锁定当前选中图层；取消选中该复选框，可解锁当前选中的图层。

4）类型：设置图层的类型。选中⊙一般单选按钮，可将当前选中的图层设置为普通图层；选中⊙引导层单选按钮，可将当前选中的图层设置为引导层；选中⊙遮罩层单选按钮，

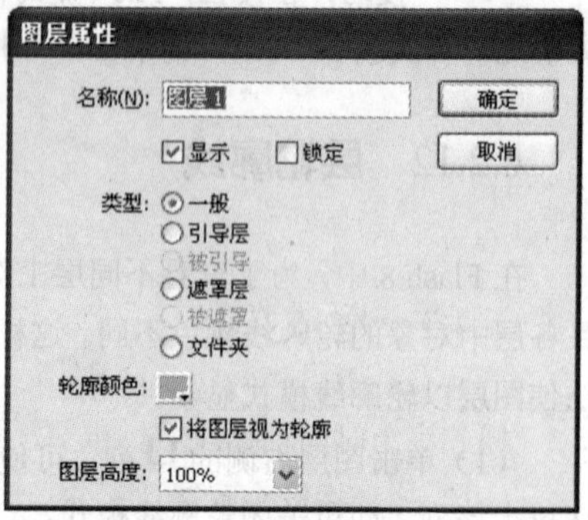

图 6.3.1　“图层属性”对话框

可将当前选中的图层设置为遮罩层；选中⊙文件夹单选按钮，可将当前选中的图层设置为层文件夹。

5）轮廓颜色：设置图层轮廓线的颜色。单击“颜色”按钮，打开颜色调节面板，用户可在该面板中选择一种颜色作为当前图层轮廓线的颜色。

6）☑将图层视为轮廓：选中该复选框，可将选中图层中的所有对象以轮廓线模式显示。

7）图层高度：在该文本框中输入数值，可设置图层的高度。单击该选项右侧的下拉按钮，弹出下拉列表，该列表包含 3 个选项，分别为 100%、200%和 300%。

（3）设置好参数后，单击确定按钮，即可更改当前选中图层的属性，如图 6.3.2 所示。

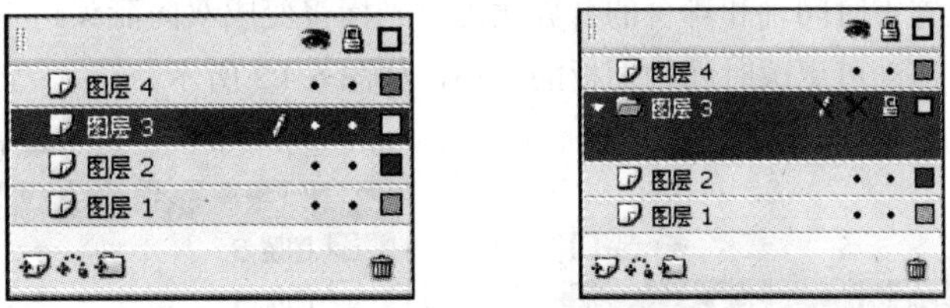

更改属性前　　更改属性后

图 6.3.2　设置图层属性

6.4　时间轴面板的使用

时间轴面板位于主工具栏的下方，它是整个 Flash 的核心，使用它可以组织和控制动画中的对象在特定的时间出现在动画中。前面已对时间轴面板的组成部分进行了简单介绍，下面将介绍其他几个重要组成部件。

6.4.1　时间轴标尺

时间轴标尺由帧标记和帧序号两个部分组成。帧标记为标尺上的垂直短线，每一个刻度代表一帧，每 5 帧显示一个帧序号。在默认情况下，帧序号居中显示在两个帧标记之间，序号值为 10 以上的帧序号与它们所表示的帧居左对齐，如图 6.4.1 所示。

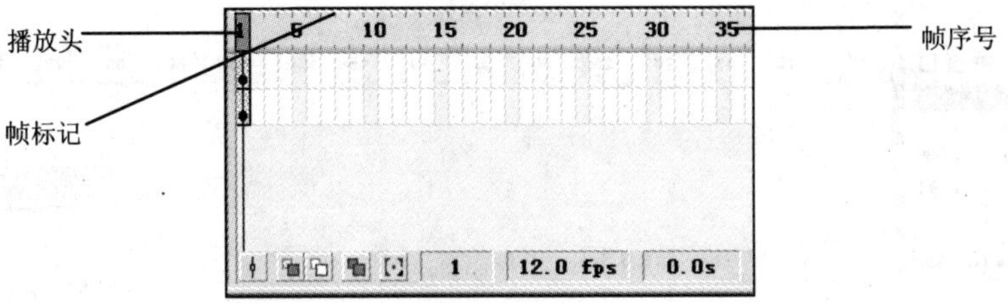

图 6.4.1　时间轴标尺

6.4.2　播放头的使用

播放头为时间轴标尺中红色的小矩形（见图 6.4.1）。在 Flash 8 中，播放头主要有以下两个作用：

（1）拖动播放头可以浏览动画效果。

（2）在动画中选择当前需要处理的某个帧。

创建动画的过程中，在时间轴标尺中拖动播放头，可以浏览动画效果，且随着播放头位置的变化，动画会根据播放头的拖动方向向前或向后播放。

6.4.3 更改时间轴面板的外观

当时间轴中包含多个图层时，有些图层可能显示不出来，此时，可更改时间轴面板的大小，将所有图层显示出来，具体操作步骤如下：

（1）将鼠标光标置于时间轴和舞台的分界线上，光标将变成双向箭头。

（2）单击鼠标并拖动可更改时间轴面板的大小，如图 6.4.2 所示。

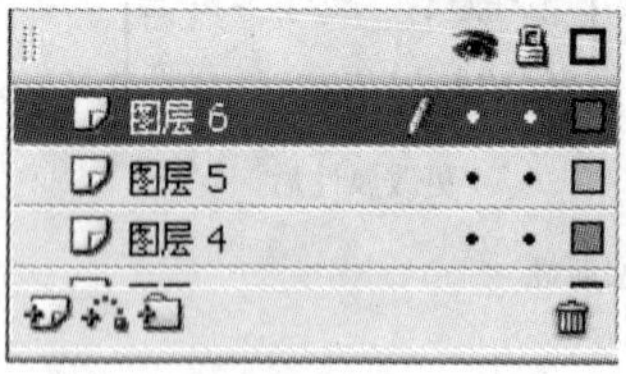

更改前

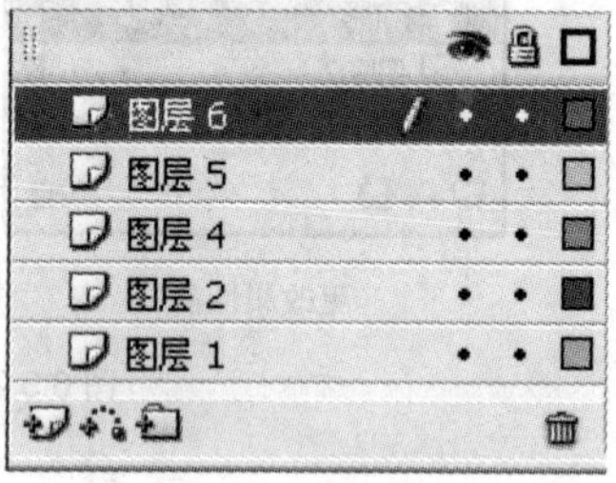

更改后

图 6.4.2 更改时间轴面板的大小

当某个图层中的帧数量较多时，可更改层操作区与时间线操作区的大小，以显示较多的帧，具体操作步骤如下：

（1）将鼠标光标置于层操作区和时间线操作区中间的分界线上，光标将变成双向箭头。

（2）单击鼠标并拖动可更改层操作区和时间线操作区的大小，如图 6.4.3 所示。

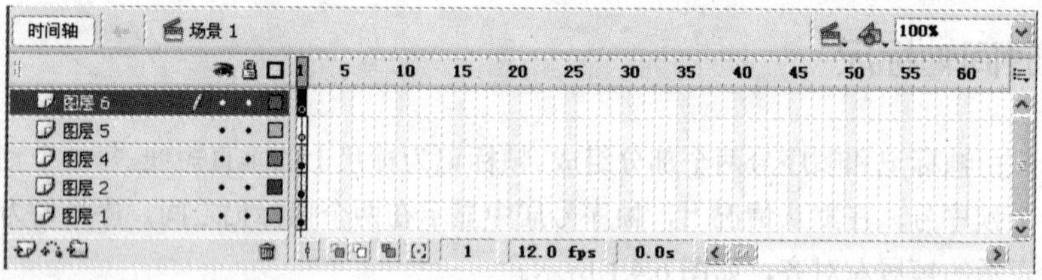

更改前

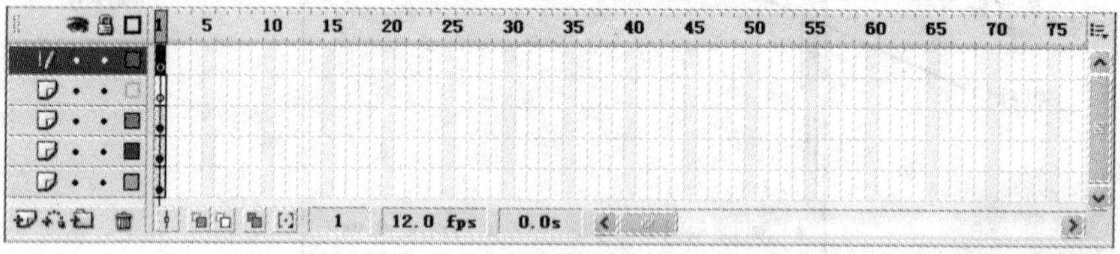

更改后

图 6.4.3 更改层操作区与时间线操作区的大小

如果用户要将时间轴面板折叠起来，可单击时间轴面板左上方的 时间轴 按钮，即可将时间轴面板折叠起来，如图 6.4.4 所示；再次单击该按钮，可将时间轴面板展开。

图 6.4.4 折叠时间轴面板

6.5　课堂实战——切换背景图片

应用本章所学知识，制作如图 6.5.1 所示的切换背景图片的 Flash 动画。

图 6.5.1　切换背景图片

操作步骤

（1）打开 Flash 8 应用程序。

（2）创建一个大小为 320 像素×380 像素的 Flash 文档。

（3）在工具箱中选择矩形工具，在该工具属性面板中设置参数，如图 6.5.2 所示。

图 6.5.2　设置矩形工具的参数

（4）使用该工具在舞台中绘制一个与背景大小相同的矩形，如图 6.5.3 所示。

（5）单击时间轴面板下方的“插入图层”按钮，新建图层 2。

（6）在菜单栏中选择 文件(F) → 导入(I) → 导入到舞台(I)... 命令，在弹出的“导入”对话框中选择一幅图片，如图 6.5.4 所示。

图 6.5.3　绘制的矩形

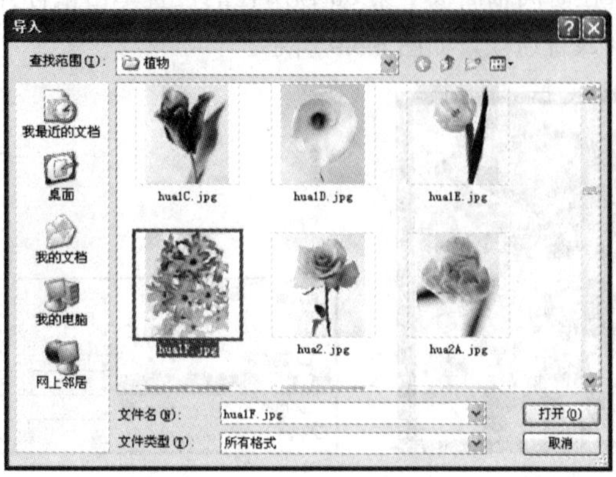

图 6.5.4　“导入”对话框

（7）单击打开(O)按钮，即可将选中的图片导入到舞台中。

（8）在工具箱中选择任意变形工具。使用该工具在导入的图片上单击，调整该图片至合适的大小，如图 6.5.5 所示。

（9）在该图层的第 10 帧处按“F6”键插入关键帧。选择文件(F)→导入(I)→导入到舞台(I)...命令，在弹出的“导入”对话框中选择一幅图片，并将其导入到舞台中。

（10）使用任意变形工具调整导入图片的大小。

（11）重复步骤（9）～（10）的操作，分别在该图层的第 20 帧、第 30 帧、第 40 帧和第 50 帧处放置一幅图片。

（12）单击选中图层 1 的第 50 帧，按“F5”键插入一个普通帧，如图 6.5.6 所示。

图 6.5.5　调整导入图片的大小

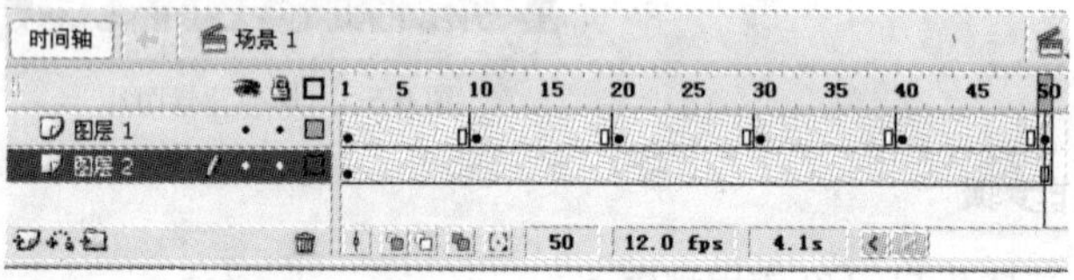

图 6.5.6　时间轴面板

（13）单击时间轴面板下方的“插入图层”按钮，新建图层 3。

（14）在工具箱中选择文本工具，在该工具属性面板中设置参数，如图 6.5.7 所示。

图 6.5.7　设置文本工具的参数

（15）使用该工具在舞台中输入文字，如图 6.5.8 所示。

（16）分别在该图层的第 10 帧、第 20 帧、第 30 帧、第 40 帧和第 50 帧处按“F6”键插入关键帧，并将这几个关键帧中的文字分别更改为“花之香”“花之美”“花之艳”“花之媚”和“花之魂”。

（17）在时间轴面板中第 60 帧所在的位置单击鼠标并拖动，将这 3 个图层中的该帧都选中，按“F5”键插入普通帧，如图 6.5.9 所示。

图 6.5.8　输入文字

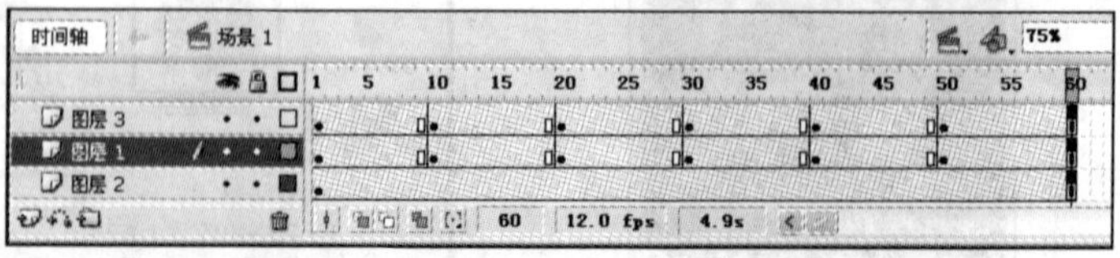

图 6.5.9　插入帧

（18）至此，该效果制作完成，按“Ctrl+Enter”快捷键测试影片，效果如图 6.5.1 所示。

本章小结

本章详细地介绍了图层和时间轴的有关知识，主要包括帧和图层的分类与编辑、时间轴的组成与操作等。通过本章的学习，用户应该熟练使用时间轴，为动画制作创造条件。

操作练习

一、填空题

1．在 Flash 8 中，可以创建_________、_________和遮罩层 3 种类型的图层。

2．单击_________按钮可快速在当前图层上方插入图层。

二、选择题

1．在 Flash 8 中，可配合使用（　）键选取多个连续的图层。

（A）Shift　　（B）Alt

（C）Ctrl　　（D）全错

2．在 Flash 8 中，可配合使用（　）键选取多个不连续的图层。

（A）Shift　　（B）Alt

（C）Ctrl　　（D）全错

三、上机操作题

1．将普通图层更改为遮罩层。

2．更改层的显示方式。

第 7 章　Flash 动画基础知识

Flash 动画通过在时间轴的不同帧上放置不同的图像，再使它们按一定的顺序排列，即可制作出一个完整的 Flash 动画。当用户制作的 Flash 动画较复杂时，可将动画分解为几个部分，将它们分别置于不同的场景，输出时再将它们按场景顺序播放即可。Flash 动画是 Flash 最基本的应用，用户可以使用 Flash 制作各种动画，还可以对动画中的帧进行各种编辑操作，使其符合动画需求。

知识要点

- ⊙ Flash 动画原理
- ⊙ 创建帧和编辑帧
- ⊙ 绘图纸外观
- ⊙ 使用场景

7.1　Flash 动画原理

动画通过连续播放一系列连续的画面，给人的视觉造成连续变化的感觉。它的基本原理跟电影、电视一样。

在动画中，相似的画面越多，且它们之间的差别越小，就越容易实现动画效果，使动画看起来更加逼真。如果两个连续的画面之间的差别很大，就不会产生连续的动画，画面之间的切换将类似于放映幻灯片。仅仅有相似的画面也是不行的，还必须使它们快速显示。因此，实现动画必须快速显示连续的相似画面。

人们在观看动画时，动画中每帧的图像停留在眼睛中的时间大约是 1/24 秒，所以电影和动画片等都采用一秒钟拍摄和播放 24 幅图像。如果大于 24 幅图像，会形成快进的效果；如果低于 24 幅图像，则会出现停顿现象，即类似于播放慢动作的效果。

Flash 正是根据这一原理制作动画的。它是以时间轴为基础的动画，由先后排列的一系列帧组成，且帧的多少与动画播放时间有关系。

7.2　创　建　帧

帧是 Flash 动画中最基本也是最重要的概念，可以将其看成是动画事件的单位。帧中可以包含图形、文字和声音等多种对象，当帧所代表的对象在舞台上发生形状或位置的变化，且当这些变化被连续播放时，就形成了动画。由此可以看出帧在 Flash 中的重要性。

Flash 中的帧被分为两种，它们所表示的含义及作用各不相同，用户可根据其在动画中不同的应用来创建不同的帧构建动画。

7.2.1　帧的分类

在 Flash 8 中，可以将帧分为两种：一种是关键帧，另一种是普通帧。

关键帧：它是用来定义动画在某一时刻的新的状态。关键帧中有具体的内容时，称为实关键帧，它在时间轴上表示为黑色的实心圆点。关键帧中无内容时，称为空白关键帧，它在时间轴中以空心圆点表示，如图 7.2.1 所示。

普通帧：它是处在两个关键帧之间的帧，由系统自动生成的表示渐变或者运动等效果的中间画面，用来延续动画效果的播放时间，它在时间轴中表示为一个个的小方格。

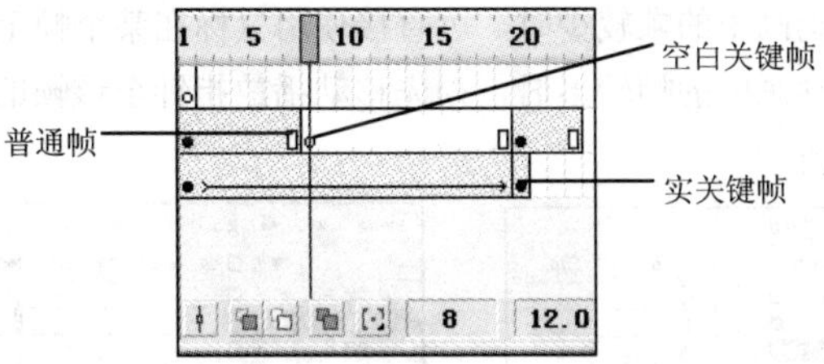

图 7.2.1　动画中的帧

7.2.2　各种帧的创建

在创建动画的过程中，用户可以根据需要在 Flash 动画中插入不同类型的帧来创建各种不同的动画效果。

1. 普通帧的创建

创建单个普通帧有以下两种方法：

（1）单击选择某个帧，在菜单栏中选择 插入(I) → 时间轴(T) → 帧(F) 命令，即可在选取帧的后面插入一个普通帧。

（2）用鼠标右键单击某个帧，在弹出的快捷菜单中选择 插入帧 命令，即可在该帧后面插入一个普通帧。

2. 关键帧的创建

用户不仅可以创建实关键帧，还可以创建空白关键帧，具体操作方法如下：

（1）单击选择某个帧，在菜单栏中选择 插入(I) → 时间轴(T) → 关键帧(K) 命令，即可将选取的帧转换为实关键帧。

（2）单击选择某个帧，在菜单栏中选择 插入(I) → 时间轴(T) → 空白关键帧(B) 命令，即可将选取的帧转换为空白关键帧。

（3）用鼠标右键单击某个帧，在弹出的快捷菜单中选择 插入关键帧 命令，即可将该帧转换为实关键帧。

（4）用鼠标右键单击某个帧，在弹出的快捷菜单中选择 插入空白关键帧 命令，即可将该帧转换为空白关键帧。

7.3 编 辑 帧

在 Flash 8 中，用户可以选择任意数量的帧，并可对选择的帧进行复制、移动、粘贴、删除和翻转等操作。

7.3.1 选择单个帧

如果用户要对动画中的某个帧进行编辑，须先将其选中，具体操作步骤如下：

（1）当用户创建的动画中的帧较少时，可直接使用鼠标在某个帧上单击，即可选中该帧。

（2）当用户创建的动画中的帧较多时，须先移动播放指针至该帧的帧序号上，然后再用鼠标单击进行选取，如图 7.3.1 所示。

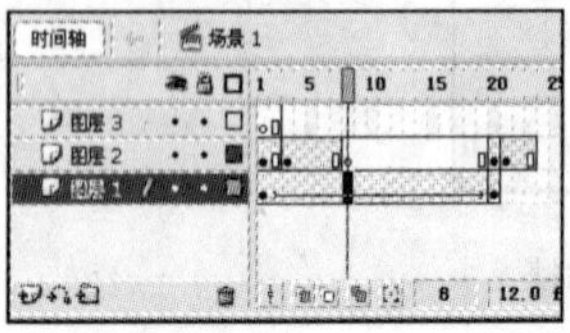
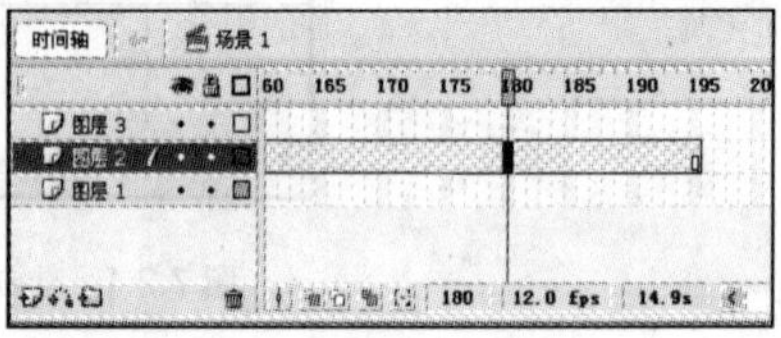

图 7.3.1 选择单个帧

7.3.2 选择多个帧

如果要对动画中的某些帧执行相同的操作，可先将它们全部选择后再进行编辑，具体操作步骤如下：

（1）如果用户要选择一个或几个图层中的一组连续帧，可先单击选中该组的第 1 帧，然后在按住“Shift”键的同时单击选中该组帧中的最后一帧，即可将该组连续帧选取，如图 7.3.2 所示。

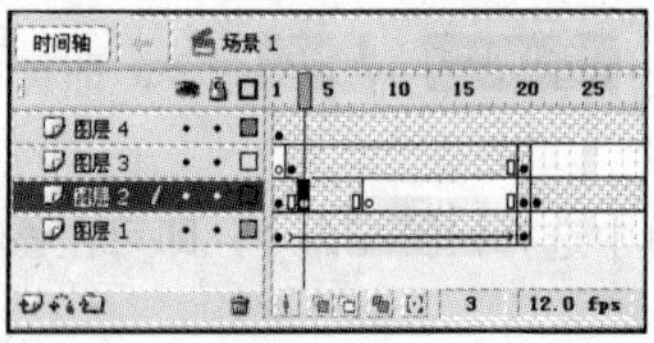

选择起始帧

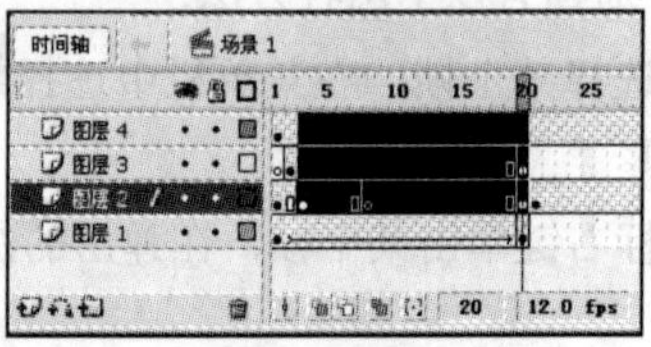

选择一组帧

图 7.3.2 选择一组连续帧

（2）如果用户要选择一组非连续帧，可在按住“Ctrl”键的同时单击选择多个帧，来选取一组非连续帧，如图 7.3.3 所示。

（3）如果用户要选择时间轴中的全部帧，按“Ctrl+Alt+A”快捷键即可将全部帧选取，如图 7.3.4 所示。

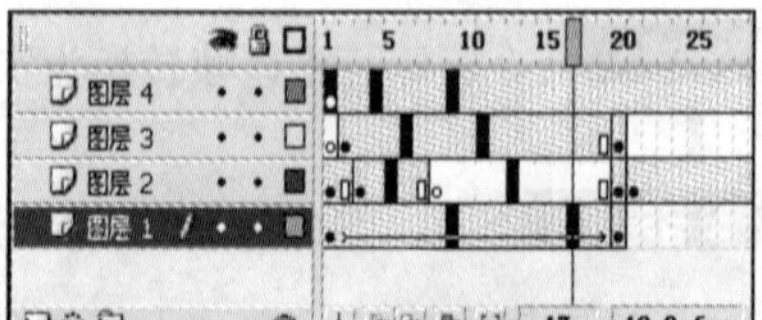

图 7.3.3 选取一组非连续帧

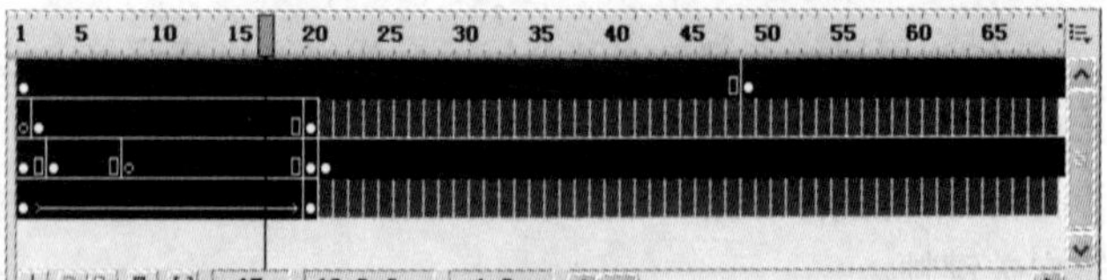

图 7.3.4 选取全部帧

7.3.3　复制、粘贴帧

如果要在动画中执行某些相同的操作，可将已创建好的某个或某些帧复制，在动画中的其他图层或帧中使用，来简化操作步骤，具体操作步骤如下：

（1）选择要复制的帧或帧序列。

（2）在选择的帧上单击鼠标右键，从弹出的快捷菜单中选择复制帧命令，即可复制选取的帧。选择编辑(E)→时间轴(M)→复制帧(C)命令，也可复制选取的帧。

（3）用鼠标右键单击选中要粘贴帧的位置，从弹出的快捷菜单中选择粘贴帧命令，即可将复制的帧粘贴到目的位置，如图 7.3.5 所示。

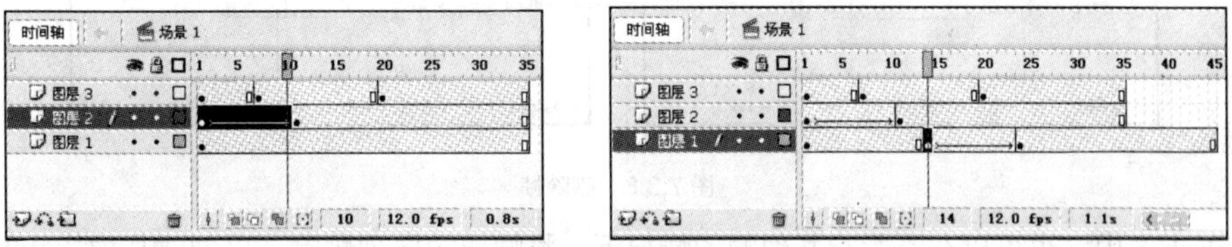

选择并复制帧　　　　粘贴帧

图 7.3.5　复制、粘贴帧

7.3.4　移动帧

用户可移动时间轴中已创建的帧的位置，其具体操作步骤如下：

（1）选择要移动的帧或帧序列。

（2）拖动鼠标将其移动到时间轴面板中的其他位置，即可更改它们的位置，如图 7.3.6 所示。

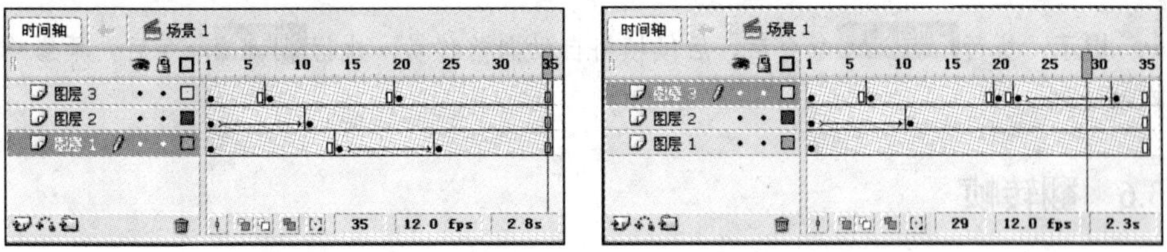

移动前　　　　移动后

图 7.3.6　移动帧

（3）如果用户在移动帧的同时按住“Alt”键，即可将选取的帧直接复制到移动后的位置处，如图 7.3.7 所示。

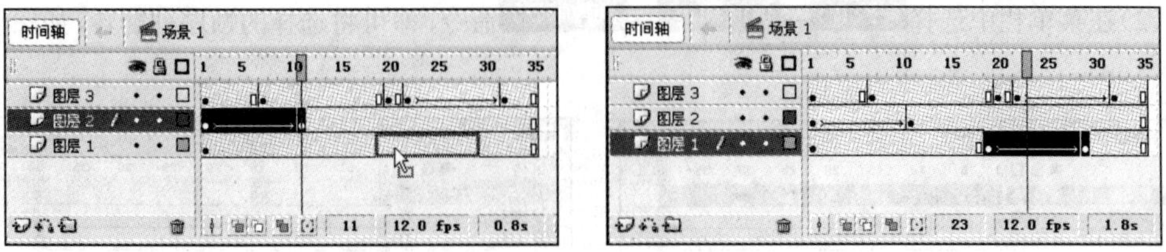

图 7.3.7　移动并复制帧

7.3.5 删除帧

用户可将时间轴面板中多余的帧或帧序列删除，具体操作步骤如下：

（1）选择帧或帧序列。

（2）在菜单栏中选择 编辑(E) → 时间轴(M) → 删除帧(R) 命令，即可将选取的帧或帧序列删除。

（3）在选取的帧或帧序列上单击鼠标右键，从弹出的快捷菜单中选择 删除帧(R) 命令，也可将选取的帧或帧序列删除，如图 7.3.8 所示。

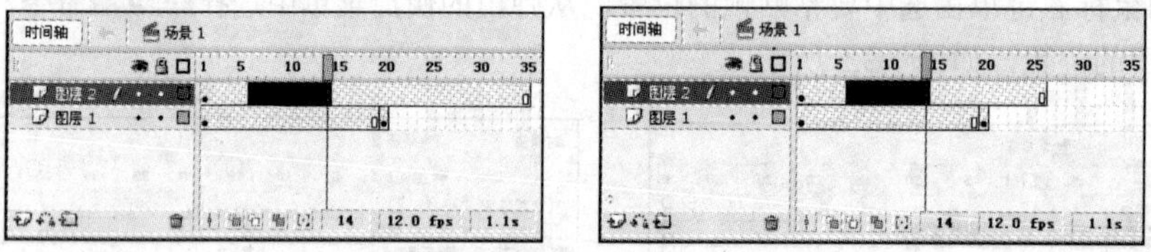

图 7.3.8　删除帧

在 Flash 8 中，也可以在不影响其他帧的情况下，将帧或帧序列删除，以创建某种特殊的动画效果。可在选取帧或帧序列后，选择 编辑(E) → 时间轴(M) → 清除帧 命令，将其删除，如图 7.3.9 所示。

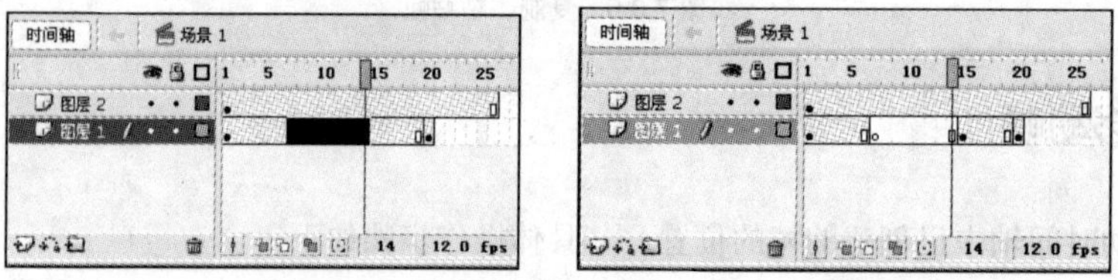

图 7.3.9　清除帧

提示：执行 删除帧(R) 命令后，后续帧将自动向前移动；执行 清除帧 命令后，不影响被清除帧后面的帧序列。

7.3.6 翻转帧

在默认情况下，帧按照其创建的先后顺序排列。有时，需要对帧序列进行翻转（即第一个关键帧变成最后一个关键帧，而最后一个关键帧则变为第一个关键帧）来创建某种特殊的动画效果。翻转帧的具体操作步骤如下：

（1）选择一组帧序列，且该帧序列中至少有两个关键帧，位于帧序列的开始和结束位置。

（2）在菜单栏中选择 修改(M) → 时间轴(M) → 翻转帧(R) 命令，即可将选择的帧序列翻转，如图 7.3.10 所示。

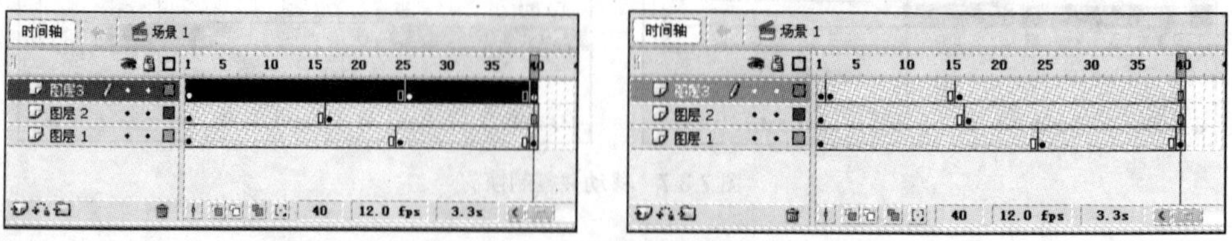

图 7.3.10　翻转帧

7.3.7　普通帧与关键帧之间的转换

用户可根据需要将创建的动画中的普通帧转换为关键帧，也可将关键帧转换为普通帧。

1．将普通帧转换为关键帧

如果要将普通帧转换为关键帧，可通过以下操作来实现。

（1）选中某个需要转换的普通帧。

（2）选择 修改(M) → 时间轴(M) → 转换为关键帧(K) 命令，或选择 插入(I) → 时间轴(T) → 关键帧(K) 命令可将普通帧转换为实关键帧。

（3）选择 修改(M) → 时间轴(M) → 转换为空白关键帧(B) 命令，可将普通帧转换为空白关键帧，如图 7.3.11 所示。

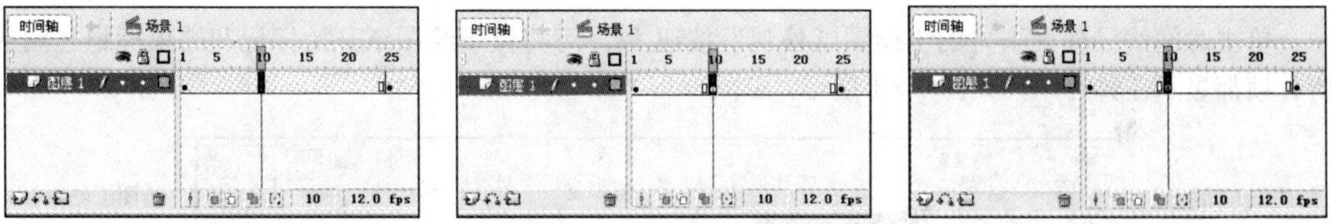

图 7.3.11　将普通帧转换为关键帧

2．将关键帧转换为普通帧

如果要将关键帧转换为普通帧，可通过以下操作来实现。

（1）选中某个需要转换的关键帧。

（2）在菜单栏中选择 修改(M) → 时间轴(M) → 清除关键帧(A) 命令，或使用鼠标右键单击该帧，在弹出的快捷菜单中选择 清除关键帧(A) 命令，即可将关键帧转换为普通帧，如图 7.3.12 所示。

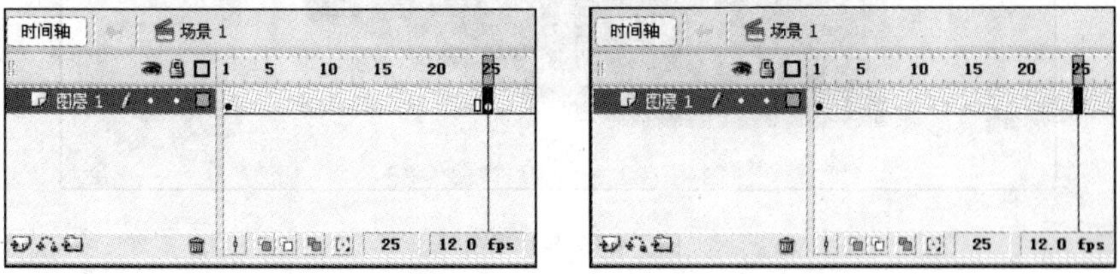

图 7.3.12　将关键帧转换为普通帧

7.3.8　更改动画的长度

用户可根据需要改变动画的长度，具体操作步骤如下：

（1）选中动画中的起始或结束关键帧。

（2）按住鼠标左键不放在时间线中向左或向右拖动，即可更改动画的长度，如图 7.3.13 所示。

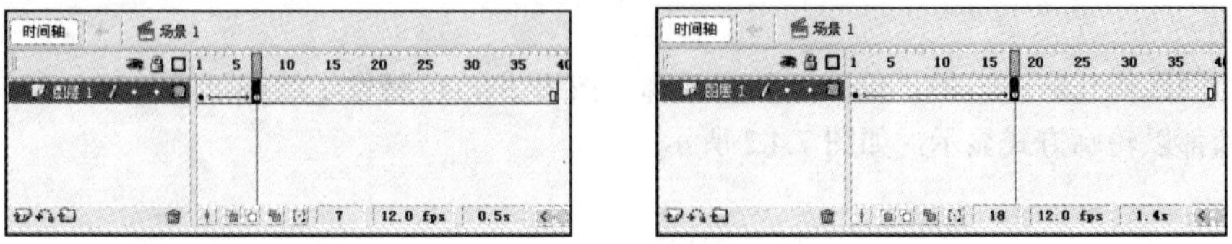

图 7.3.13　更改动画的长度

7.4　绘图纸外观

一般情况下，在同一时间内只能在 Flash 的舞台中显示动画序列中的一个帧的内容。如果用户想一次查看多个帧，可以使用“绘图纸外观”技术进行多帧的查看，并且用户还可以控制绘图纸外观的显示和标记。

7.4.1　使用绘图纸外观

所谓绘图纸外观，就是允许用户同时查看多个帧。它可以使每个帧的图像像是画在一张半透明的绘图纸上，再将这些绘图纸重叠在一起，且只有播放头所在位置的帧正常显示，可以对其进行编辑；而其他帧以暗灰色显示，无法对其进行编辑。

单击时间线操作区下方的“绘图纸外观”按钮，可将位于绘图纸开始标记和结束标记之间的所有帧都显示在舞台中，如图 7.4.1 所示。

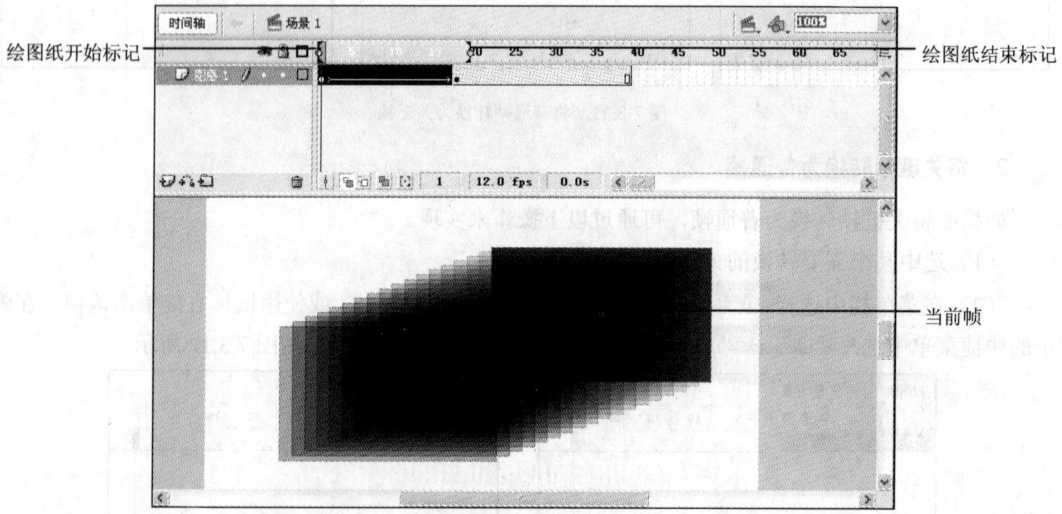

图 7.4.1　显示多个帧

在默认情况下，绘图纸标记随着播放头的移动而改变，用户可更改绘图纸标记的位置，以显示需要查看的帧。单击开始或结束标记后左右拖动鼠标，即可更改开始或结束标记的位置。

注意：如果播放头所在位置的帧（当前帧）不是关键帧，则舞台中的所有帧均以暗灰色显示，无法对它们进行编辑。

7.4.2　绘图纸外观的轮廓

单击时间线操作区下方的“绘图纸外观轮廓”按钮，可将位于绘图纸开始标记和结束标记之间的所有帧都以轮廓方式显示，如图 7.4.2 所示。

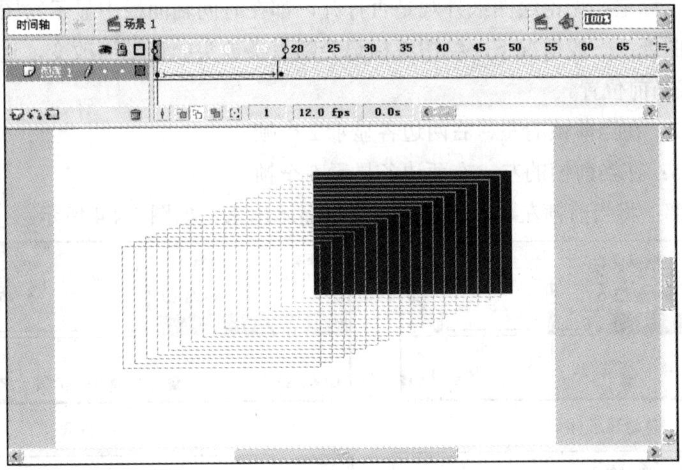

图 7.4.2　显示帧轮廓

7.4.3　编辑多个帧

在一般情况下，只能编辑舞台中的当前帧，如果要同时编辑多个帧，可使用以下方法实现。

（1）单击“编辑多个帧”按钮，此时，舞台中处于绘图纸标记之间的所有帧都处于正常显示状态，如图 7.4.3 所示。

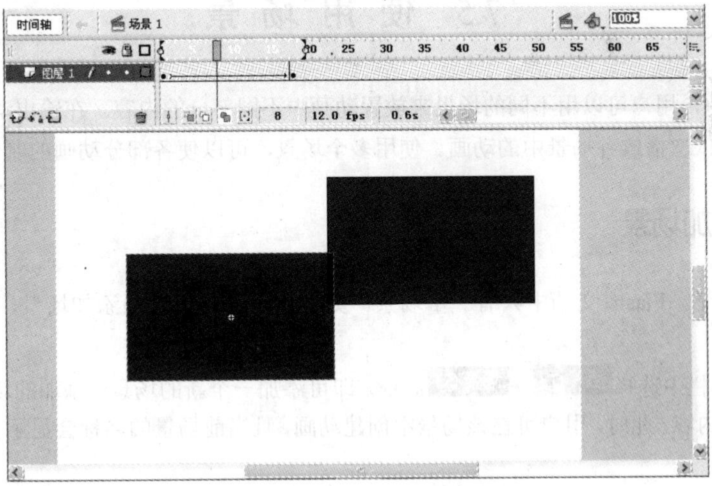

图 7.4.3　以正常状态显示多个帧

（2）用户可单击选择一个帧，或直接在舞台中选择该帧中的对象，即可对其进行编辑。

7.4.4　更改绘图纸标记

在 Flash 8 中，除了可以手动拖动绘图纸标记来更改舞台中显示对象的多少，还可以单击“修改绘图纸标记”按钮，在其下拉列表中选择某个相应选项，以更改绘图纸标记。该列表包含 5 个选项，分别为总是显示标记、锚定绘图纸、绘图纸 2、绘图纸 5 和绘制全部，它们的含义分别如下：

（1）总是显示标记：无论绘图纸外观是否打开，都在时间轴面板中显示绘图纸标记。

（2）锚定绘图纸：一般情况下，绘图纸标记会随着播放头的移动而改变，选择该选项后，可将绘图纸标记锁定在当前位置。

（3）绘图纸 2：在当前帧的左、右两边各显示 2 个帧。

（4）绘图纸 5：在当前帧的左、右两边各显示 5 个帧。

（5）绘制全部：将当前帧左、右两边的帧全部显示出来，如图 7.4.4 所示。

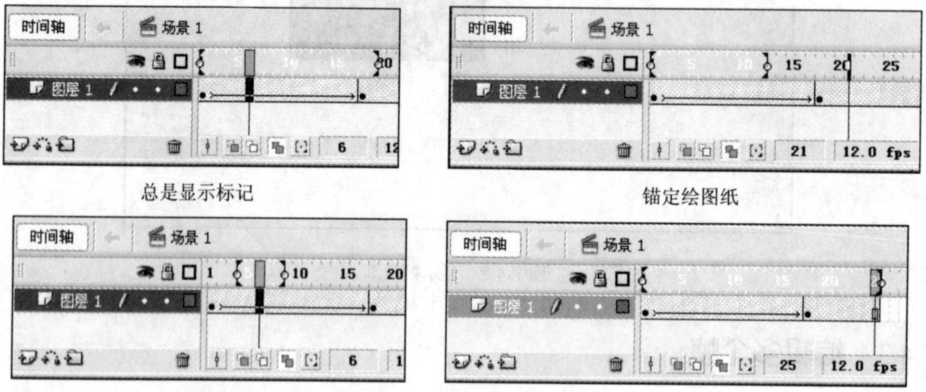

总是显示标记　　锚定绘图纸

绘图纸 2　　绘制全部

图 7.4.4　更改绘图纸标记

7.5 使用场景

在 Flash 8 中，用户可以用不同的场景来放置动画中不同部分的内容。在输出动画时，系统会自动按照场景名称依次播放各场景中的动画。使用多个场景，可以使各部分动画的制作变得较为简单。

7.5.1 添加场景

在默认情况下，Flash 文档中只有一个场景。如果用户需要给动画添加场景，可使用以下两种方法。

（1）在菜单栏中选择 插入(I) → 场景(S) 命令，即可添加一个新的场景。添加的场景中，其舞台和时间轴中都没有内容，此时，用户可在该场景中创建动画，且当前场景的名称会显示在舞台的左上角，如图 7.5.1 所示。

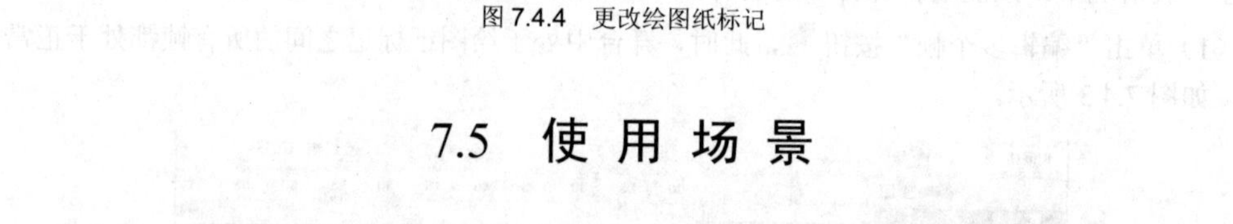

原场景　　添加新场景后的场景

图 7.5.1　添加场景

（2）在菜单栏中选择 窗口(W) → 其它面板(R) → 场景(S) 命令，即可打开场景面板，如图 7.5.2 所示。该列表中各选项的含义如下：

1）场景列表：该列表中显示了当前文档中所有的场景名称。

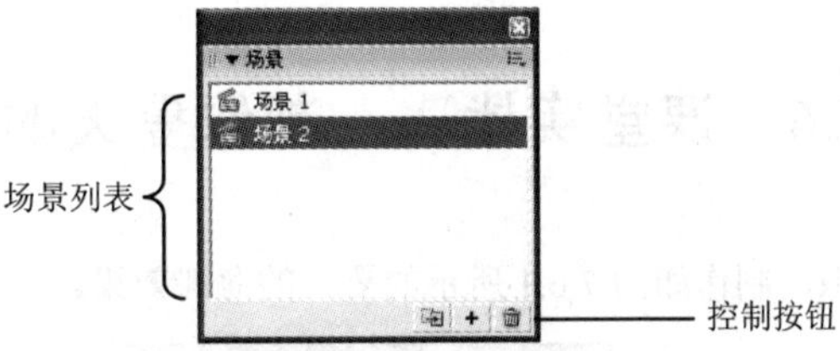

图 7.5.2　场景面板

2）“直接复制场景”按钮：单击该按钮，即可为当前选中的场景复制出一个副本。

3）“添加场景”按钮：单击该按钮，即可添加一个新的场景。

4）“删除场景”按钮：单击该按钮，即可删除当前选中的场景。

在场景面板中单击“添加场景”按钮，即可添加一个新的场景。

7.5.2　切换场景

当动画中的场景较多时，需要在各个场景之间进行切换。在 Flash 8 中，可以使用以下 3 种方法在各个场景间进行切换。

（1）在菜单栏中选择 窗口(W) → 其它面板(R) → 场景(S) 命令，打开场景面板。在场景列表中单击选中某个场景，即可切换到该场景中去。

（2）单击舞台右上角的“编辑场景”按钮，弹出其下拉列表。该列表中显示当前文档中的所有场景名称，用户可在该列表中选择相应的选项切换至该场景中去。

（3）在菜单栏中选择 视图(V) → 转到(G) 命令，会弹出该命令的子菜单。该子菜单的底部会显示当前文档中的所有场景名称，用户可在其中选择相应命令切换到该场景中去。

7.5.3　复制和删除场景

如果要在 Flash 中创建两个相同的动画片段，可将已制作好的场景进行复制。当某个场景不再使用时，可将其删除，来减少文档的大小。复制和删除场景的具体操作步骤如下：

（1）在菜单栏中选择 窗口(W) → 其它面板(R) → 场景(S) 命令，打开场景面板。

（2）单击选中需要复制的场景。

（3）单击“直接复制场景”按钮，即可复制选中的场景，且复制后的场景名称由原场景名称和“副本”两字组成，如图 7.5.3 所示。

（4）单击“删除场景”按钮，弹出提示框，提醒用户是否真的要删除选中的场景，如图 7.5.4 所示。

图 7.5.3　复制场景

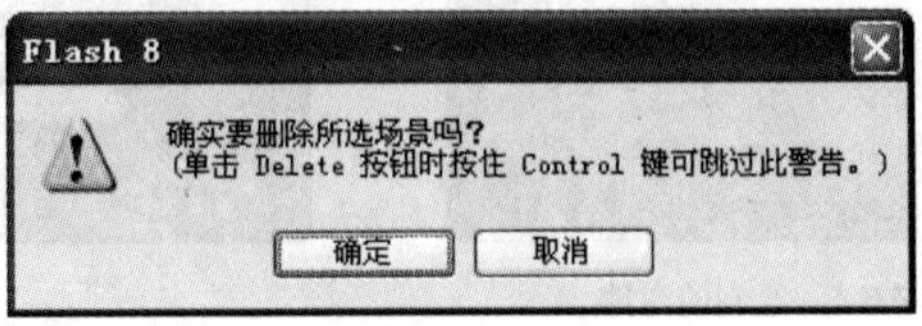

图 7.5.4　提示框

（5）单击确定按钮，即可将该场景删除。

7.6　课堂实战——制作夏天的海滩

通过本章所学的知识，制作如图 7.6.1 所示的夏天的海滩效果。

图 7.6.1　夏天的海滩

操作步骤

（1）打开 Flash 8 应用程序，创建一个大小为 550 像素×500 像素，背景颜色为蓝色的 Flash 文档。

（2）在工具箱中选择矩形工具，将该工具的笔触颜色设置为无，填充颜色设置为蓝色（R：102，G：204，B：255）到绿色（R：1，G：135，B：74）的线性渐变。使用该工具在舞台中绘制矩形，如图 7.6.2 所示。

（3）在工具箱中选择填充变形工具，使用该工具调整矩形的渐变方向，效果如图 7.6.3 所示，并将该矩形所在图层的名称改为“海面”。

图 7.6.2　绘制的矩形

图 7.6.3　调整矩形的渐变方向

（4）在菜单栏中选择插入(I)→新建元件(N)...命令，在弹出的“创建新元件”对话框中创建一个名为“海滩”的图形元件。

（5）在该元件的编辑模式中，使用铅笔工具和颜料桶工具绘制如图 7.6.4 所示的海滩。

（6）重复步骤（4）的操作，创建一个名为“云朵”的图形元件。在该元件的编辑模式中，使用铅笔工具和颜料桶工具绘制如图 7.6.5 所示的云朵。

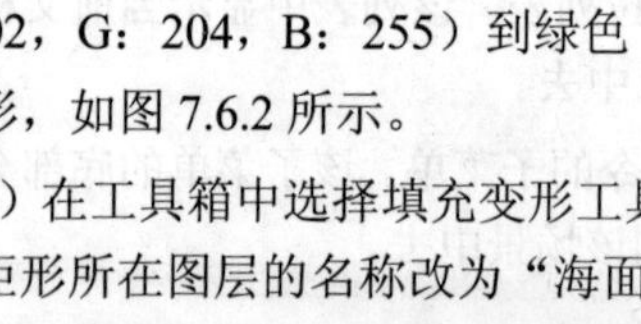

图 7.6.4　绘制的海滩

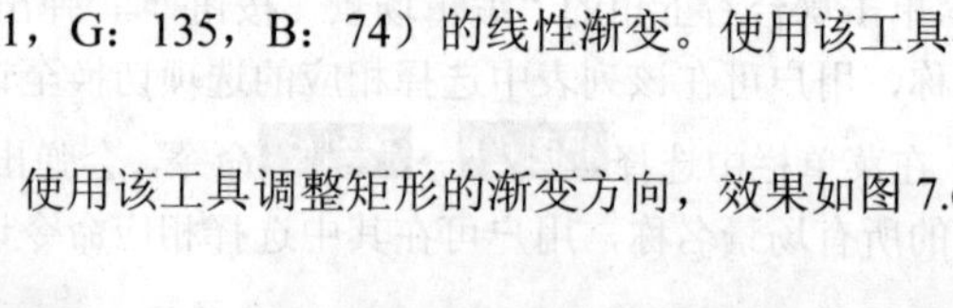

图 7.6.5　绘制的云朵

（7）重复步骤（4）的操作，创建一个名为“帆船”的图形元件。在该元件的编辑模式中，使用线条工具、颜料桶工具和文本工具绘制如图 7.6.6 所示的帆船。

（8）重复步骤（4）的操作，创建一个名为“人”的图形元件。在该元件的编辑模式中，在菜单栏中选择 文件(F) → 导入(I) → 导入到舞台(I)... 命令，弹出“导入”对话框，在该对话框中选择一幅图片，将其导入到舞台中，如图 7.6.7 所示。

图 7.6.6　绘制的帆船

图 7.6.7　导入的图片

（9）单击时间轴面板下方的“插入图层”按钮，新建图层 2。重复步骤（8）的操作，导入一幅葡萄的图片，并将其放置于合适位置，如图 7.6.8 所示。

（10）重复步骤（4）的操作，创建一个名为“椰子树”的图形元件。在该图形元件的编辑模式中，使用绘图工具绘制如图 7.6.9 所示的椰子树。

图 7.6.8　调整导入图片的位置

图 7.6.9　绘制的椰子树

（11）重复步骤（4）的操作，创建一个名为“遮阳伞”的图形元件。在该图形元件的编辑模式中，使用绘图工具绘制如图 7.6.10 所示的遮阳伞。

（12）单击按钮，返回至主场景。单击时间轴面板下方的“插入图层”按钮，新建图层 2，并将该图层的名称改为“海滩”。

（13）将库中图形元件“海滩”拖至舞台中，放置于如图 7.6.11 所示的位置。

图 7.6.10　绘制的遮阳伞

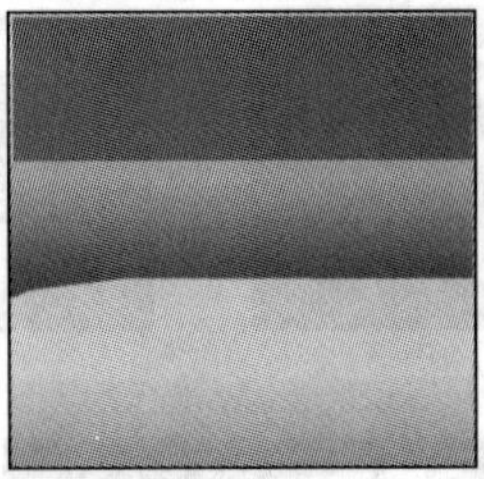

图 7.6.11　海滩的位置

（14）重复步骤（12）的操作，新建图层“云”。将库中的图形元件“云朵”拖至舞台中，将其置于如图 7.6.12 所示的位置。

（15）在该图层的第 71 帧处按“F6”键插入关键帧，将该帧对应的图形向舞台的左侧移动一段距离，如图 7.6.13 所示，并将该图层中两个关键帧中图形的透明度设置为 70%。

图 7.6.12　云朵的位置

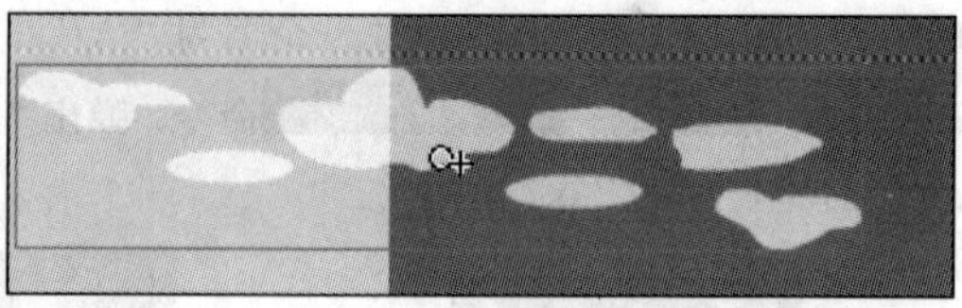

图 7.6.13　移动云朵

（16）在第 1 帧和第 50 帧之间的任意一帧上单击鼠标右键，从弹出的快捷菜单中选择创建补间动画命令，在这两个关键帧之间创建运动补间动画。

（17）新建图层“帆船”，将库中的图形元件“帆船”从库中拖至舞台左侧，如图 7.6.14 所示。

（18）在该图层的第 12 帧处按“F6”键插入关键帧，并将该帧中帆船的位置移至如图 7.6.15 所示的位置。

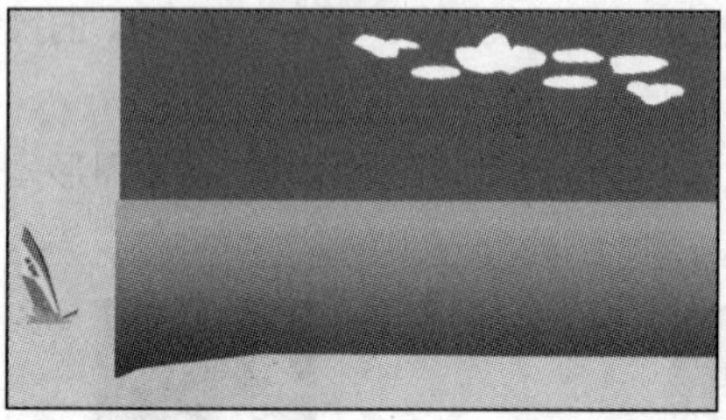

图 7.6.14　将帆船移至舞台左侧

图 7.6.15　第 12 帧中帆船的位置

（19）重复步骤（17）的操作，分别在该图层的第 20 帧、第 26 帧、第 33 帧、第 40 帧、第 46 帧、第 51 帧、第 59 帧和第 70 帧处按“F6”键插入关键帧，并将它们对应的帆船移至如图 7.6.16 所示的位置。

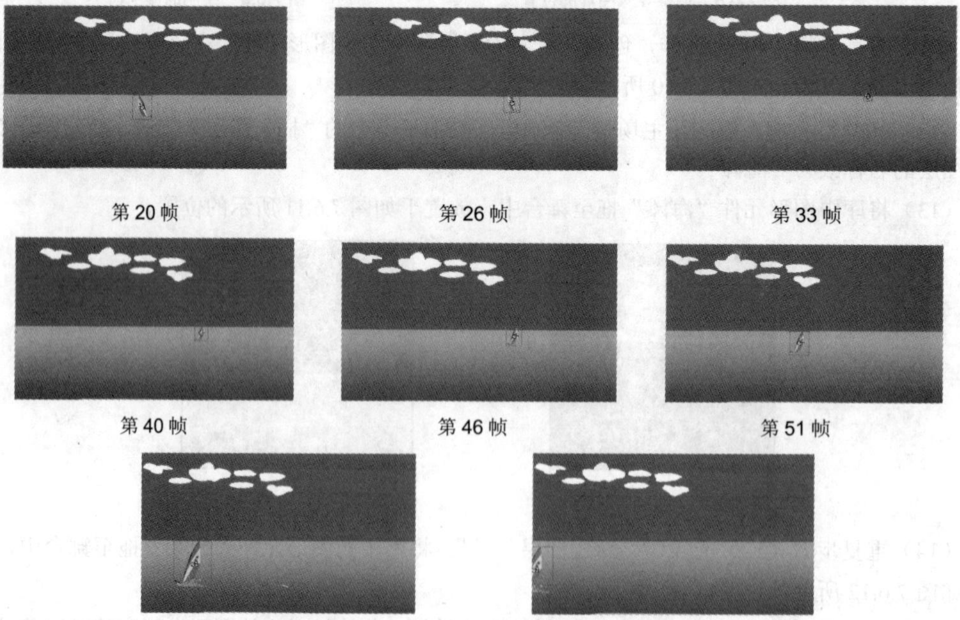

图 7.6.16　各帧中帆船的位置

（20）在该图层的第 34 帧处按“F6”键插入关键帧，并将第 33 帧中的图形复制到该帧后将其水平翻转；在该图层的第 77 帧处按“F6”键插入关键帧，并将该帧中的图形移至舞台左侧。

（21）重复步骤（16）的操作，分别在该图层中这几个关键帧之间创建运动补间动画。

（22）新建图层“椰子树与遮阳伞”，将库中的图形元件“椰子树”和“遮阳伞”从库中拖至舞台中，放置于如图 7.6.17 所示的位置。

（23）新建图层“人物”，将库中的图形元件“人”拖至舞台中，调整其大小与位置，如图 7.6.18 所示。

图 7.6.17　椰子树与遮阳伞的位置

图 7.6.18　女孩的位置

（24）分别在这几个图层的第 85 帧处按“F5”键插入普通帧，按“Ctrl+Enter”键将动画导出，效果如图 7.6.1 所示。

本 章 小 结

本章主要介绍了帧的分类和创建，并进一步讲解了帧的各种编辑方式以及图纸外观的设置，在此基础上，具体介绍了场景的添加、切换、复制删除。通过本章的学习，用户应熟练使用帧，为动画制作打下坚实的基础。

操 作 练 习

一、填空题

1．在 Flash 8 中，可以把帧分为________和________。

2．在 Flash 8 中，可以将关键帧分为________和________。

二、选择题

1．在 Flash 8 中，可配合使用（　）键选取多个连续的帧。

（A）Shift　　（B）Alt　　（C）Ctrl　　（D）全错

2．在 Flash 8 中，可配合使用（　）键选取多个不连续的帧。

（A）Shift　　（B）Al　　（C）Ctrl　　（D）全错

三、上机操作题

1．在动画中创建普通帧和关键帧，并对它们进行移动、复制、粘贴和删除等操作。

2．使用绘图纸外观命令编辑动画中的多个帧。

第 8 章　制 作 动 画

Flash 是一个完美的制作动画的专业软件，使用它可以制作各种类型的动画。使用该软件，不仅可以制作简单的逐帧动画，还可以制作较复杂的补间动画、遮罩动画和引导层动画。

知识要点

- ⊙ 时间轴特效
- ⊙ 逐帧动画
- ⊙ 运动补间动画
- ⊙ 形状补间动画
- ⊙ 遮罩动画
- ⊙ 引导层动画

8.1　时间轴特效

在 Flash 8 中，用户可以使用系统预设的时间轴特效，从而用最少的操作步骤创建复杂的动画。时间轴特效的应用对象有文本、图形、位图图像和按钮元件。

8.1.1　时间轴特效的分类

在 Flash 8 中，时间轴特效被分为变形/转换、帮助和效果这 3 种，选择不同的类型，可以创建不同的时间轴特效。

1．变形/转换

变形用于调整选取对象的位置、缩放比例、旋转、Alpha 值和色调。使用“变形”特效，可应用单一特效或特效组合，从而产生淡入/淡出、放大/缩小及左旋/右旋的特效。

转换使用淡化、擦除或两种特效的组合向内或向外擦除选取对象。

2．帮助

帮助里面包括复制到网格和分散式直接复制两个选项。

（1）复制到网格：按列数直接复制选取对象，然后乘以行数来创建对象的网格。

（2）分散式直接复制：按指定次数复制选取对象。第一个对象是原始对象的副本，且对象将按一定增量发生改变，直至最终对象反映设置中输入的参数为止。

3．效果

效果里面包括分离、展开、投影和模糊 4 个选项。

（1）分离：产生对象发生爆炸的视觉效果。可以使文本或复杂对象组（元件、形状或视频片断）中的元素产生裂开、自旋和向外弯曲的效果。

（2）展开：在一段时间内放大、缩小或者放大和缩小对象。此特效适用于组合对象、影片剪辑和文本对象。

（3）投影：在选取对象的下方产生阴影效果。

（4）模糊：通过更改对象在某一时间内的 Alpha 值、位置或比例来创建运动模糊效果。

8.1.2　应用时间轴特效

用户可以将时间轴特效应用于舞台上创建的对象中来产生某种特殊效果。下面就通过为一个小恐龙设置复制到网格效果，来演示为对象应用时间轴特效的方法。具体操作步骤如下：

（1）在舞台中选取要应用时间轴特效的对象。

（2）在菜单栏中选择 插入(I) → 时间轴特效(E) → 帮助 → 复制到网格 命令，弹出“复制到网格”对话框，如图 8.1.1 所示。

图 8.1.1　“复制到网格”对话框

该对话框中各选项的含义如下：

1）网格尺寸：在该选项区中的行数和列数文本框中输入数值，可设置网格的行数和列数。

2）网格间距：在该选项区中的行数和列数文本框中输入数值，可设置网格中行与行、列与列之间的间距。

（3）设置好参数后，单击 更新预览 按钮，可在该对话框中的预览框中预览更新后的效果，如图 8.1.2 所示。

（4）单击 确定 按钮，即可将该效果应用于舞台中的对象，如图 8.1.3 所示。

当用户向对象添加时间轴特效时，Flash 将自动创建一个图层，并将要应用特效的对象移到该图层中。此外，应用时间轴特效后，具有该特效名称的文件夹将添加到当前文档的库面板中，且该文件夹中包含了在创建该特效时所使用的对象，如图 8.1.4 所示。

应用时间轴特效后，用户创建的对象将被放置于特效图形内，而且特效所需的所有补间和变形都会被自动添加到该图形所在图层的时间线操作区中。

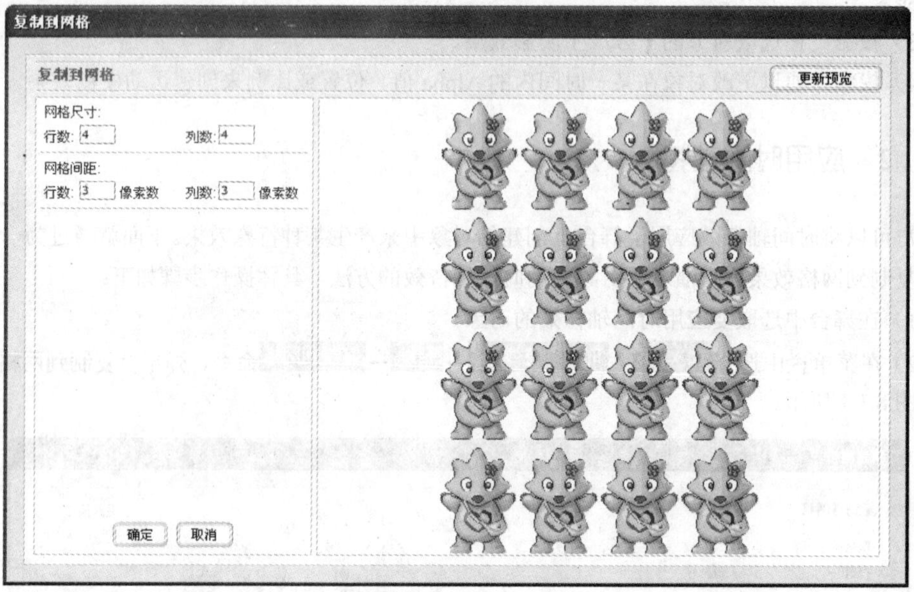

图 8.1.2 更新后的设置及效果

该新建的图层将自动获取一个与特效相同的名称，而且其后会附加一个数字，代表它在文档内的所有特效中应用此特效的顺序。

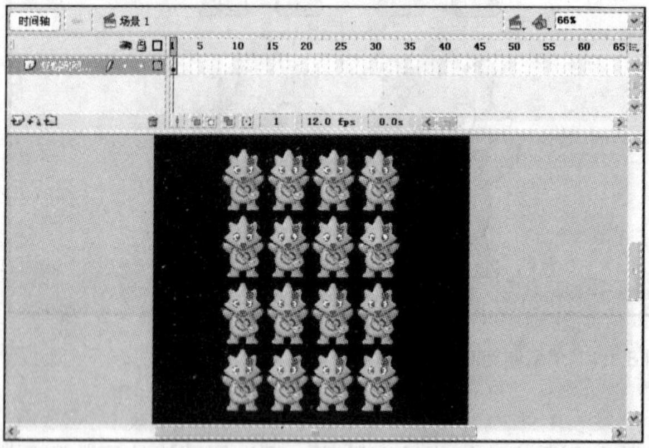

图 8.1.3 应用时间轴特效后的效果

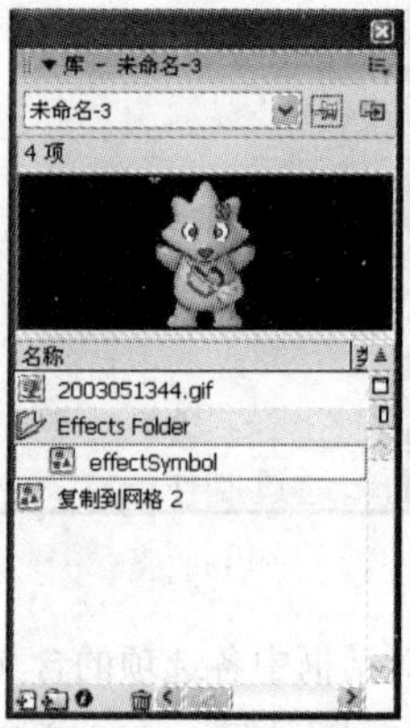

图 8.1.4 库面板

8.1.3 编辑时间轴特效

用户为舞台中的某个对象应用时间轴特效后，还可以根据需要对创建的特效进行编辑，具体操作步骤如下：

（1）在舞台中选择应用了时间轴特效的对象。

（2）在菜单栏中选择 修改(M) → 时间轴特效(E) → 编辑特效(D) 命令。

（3）此时，将会弹出设置时间轴特效的对话框。在该对话框中设置合适的参数后，单击 确定 按钮即可。

8.1.4　删除时间轴特效

用户也可以将应用了时间轴特效的对象上的特效删除，使其恢复到原始状态，具体操作步骤如下：

（1）在舞台中选择应用了时间轴特效的对象。

（2）在菜单栏中选择修改(M)→时间轴特效(E)→删除特效(R)命令，即可将该对象上的时间轴特效删除，如图 8.1.5 所示。

删除前　　删除后

图 8.1.5　删除时间轴特效

8.2　逐 帧 动 画

逐帧动画是最常见的一种动画形式。这种类型的动画通过更改动画中每一帧的图像来创建动画效果。因此，该动画占用的内存空间较大，其文件也较大。

在创建逐帧动画时，需要将每个帧都定义为关键帧，然后给每个帧创建不同的图像。每个新关键帧最初包含的内容和它前面的关键帧是一样的，因此，可以递增地修改动画中的帧，以达到某种动画效果。

下面将通过制作一个实例，来讲解逐帧动画的制作方法，具体操作步骤如下：

（1）打开 Flash 8 应用程序。

（2）新建一个大小为 500 像素×500 像素，帧频为 10 的 Flash 文档。

（3）在菜单栏中选择视图(V)→网格(D)→显示网格(D)命令，将网格显示出来，如图 8.2.1 所示。

（4）在菜单栏中选择视图(V)→网格(D)→编辑网格(E)...命令，弹出“网格”对话框。在该对话框中将网格大小设置为 100 像素×100 像素，如图 8.2.2 所示。

图 8.2.1　显示网格

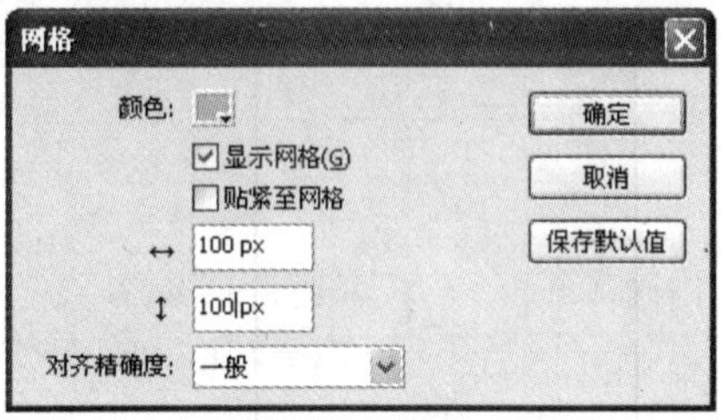

图 8.2.2　“网格”对话框

（5）单击 确定 按钮即可更改网格的大小，如图 8.2.3 所示。在菜单栏中选择视图(V)→标尺(R)

命令，将标尺显示出来。

（6）在菜单栏中选择视图(V)→贴紧(S)→贴紧至网格(E)命令，并创建如图 8.2.4 所示的辅助线，此时，文档被分成 25 个同样大小的方块。

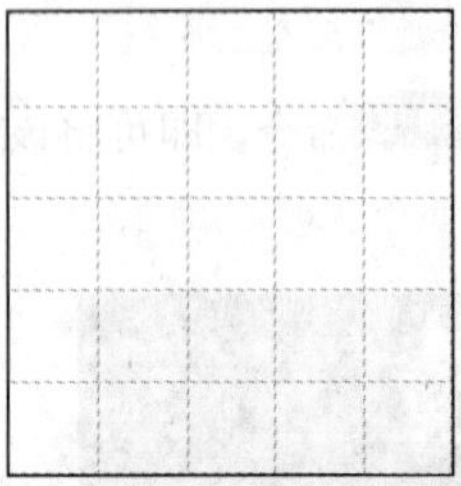
图 8.2.3　更改网格大小

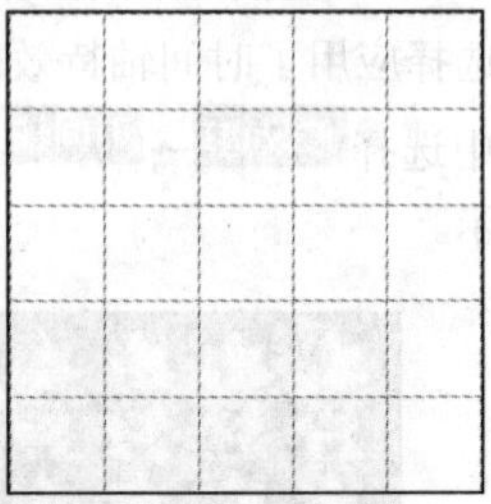
图 8.2.4　创建辅助线

（7）在菜单栏中选择文件(F)→导入(I)→导入到舞台(I)...命令，在弹出的“导入”对话框中选择一幅图片，将其导入到舞台中。

（8）在工具箱中选择任意变形工具，使用该工具调整图片到合适大小，如图 8.2.5 所示。

（9）按“Ctrl+B”快捷键将导入的图片分离，如图 8.2.6 所示。

图 8.2.5　调整图片至合适大小

图 8.2.6　分离图片

（10）单击时间轴面板下方的“插入图层”按钮，新建图层 2。

（11）用鼠标右键单击图层 1 中的第 1 帧，在弹出的快捷菜单中选择复制帧命令。

（12）用鼠标右键单击图层 2 中的第 1 帧，在弹出的快捷菜单中选择粘贴帧命令，即可将导入的图片复制并粘贴到图层 2 中。

（13）单击时间轴面板图层 2 中的图标，将图层 2 暂时隐藏。

（14）单击图层 1，使其成为当前图层。用鼠标将除第 1 个方块以外的其他方块中的图形选中后，按“Delete”键删除，如图 8.2.7 所示。

（15）用鼠标右键单击图层 1 中的第 2 帧，在弹出的快捷菜单中选择粘贴帧命令，将导入的图片复制并粘贴到图层 1 的第 2 帧中。

（16）用鼠标将除第 1 个和第 2 个方块以外其他方块中的图形选中并删除，效果如图 8.2.8 所示。

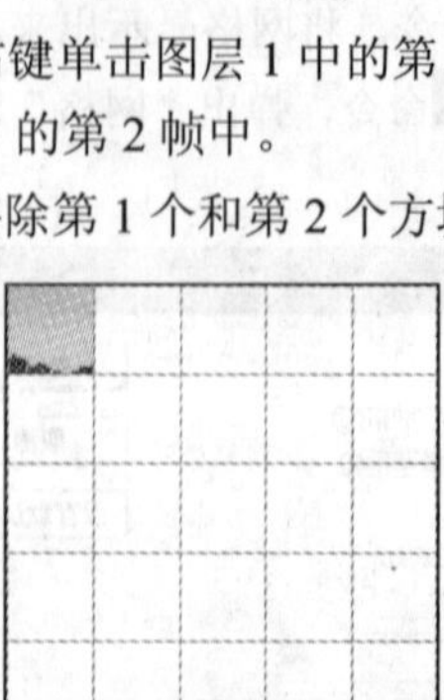
图 8.2.7　第 1 个方块中的图形

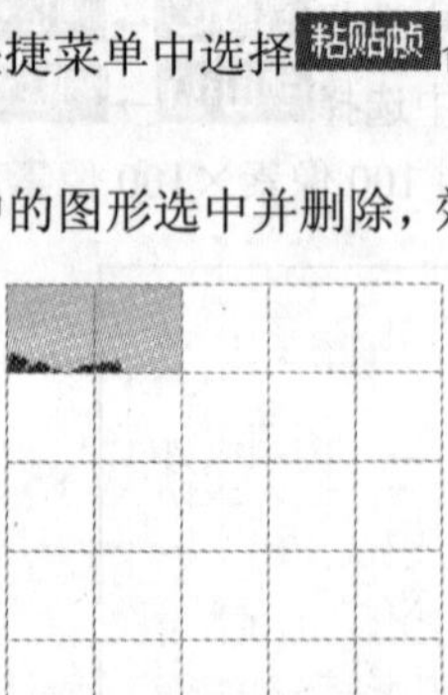
图 8.2.8　第 1 个和第 2 个方块中的图形

（17）重复步骤（15）和（16）的操作，将舞台中其他方块中的图形逐一显示出来。

（18）单击图层 2，使其成为当前图层。单击“删除图层”按钮，将该图层删除。

（19）至此，该动画已制作完成，可按“Ctrl+Enter”快捷键将动画导出后观看。

8.3　运动补间动画

运动补间动画是补间动画的一种。在运动补间动画中，可以使对象在舞台中进行移动、改变大小、旋转、改变颜色等效果的变换。各种变换不仅可以独立进行，还可以将它们组合在一起，创建复杂的动画。

8.3.1　运动补间动画的创建

在 Flash 8 中，可以使图形、实例、文本和群组产生运动补间动画。但在使用这些对象创建运动补间动画前，必须先将它们转换为元件。

下面将通过制作一个实例，来讲解运动补间动画的制作方法，具体操作步骤如下：

（1）打开 Flash 8 应用程序。

（2）新建一个大小为 443 像素×332 像素的 Flash 文档。

（3）在菜单栏中选择文件(F)→导入(I)→导入到舞台(I)...命令，在弹出的“导入”对话框中选择一幅图片，并将其导入到舞台中。

（4）在工具箱中选择任意变形工具，使用该工具调整图片到合适大小，如图 8.3.1 所示。

（5）在菜单栏中选择插入(I)→新建元件(N)...命令，在弹出的“创建新元件”对话框中设置参数，创建一个名为“文字”的图形元件。

（6）在该元件的编辑模式中选择文本工具，在该工具属性面板中将文本的字体设置为 Arial Black，大小设置为 60，颜色设置为蓝色。使用该工具在舞台中输入文字，并使用选择工具调整其位置，使其位于舞台正中央，如图 8.3.2 所示。

图 8.3.1　调整图片的大小

图 8.3.2　输入文字

（7）按“Ctrl+B”快捷键两次，将文字打散为图形。选择颜料桶工具，单击该工具属性面板中的“填充颜色”按钮，在打开的颜色调节面板中选择一种渐变色。使用该工具在文字上单击，即可为文字添加渐变色，如图 8.3.3 所示。

（8）单击按钮，返回至主场景。单击时间轴面板下方的“插入图层”按钮，新建图层 2。将创建的图形元件“文字”从库面板中拖到舞台中，并使其位于舞台正中。

（9）在工具箱中选择任意变形工具，使用该工具调整文字到合适大小。

（10）在图层 2 的第 50 帧处按“F6”键插入关键帧，在第 75 帧处按“F5”键插入普通帧。

（11）选中该图层中的第 1 帧，在该帧属性面板中设置参数，如图 8.3.4 所示。

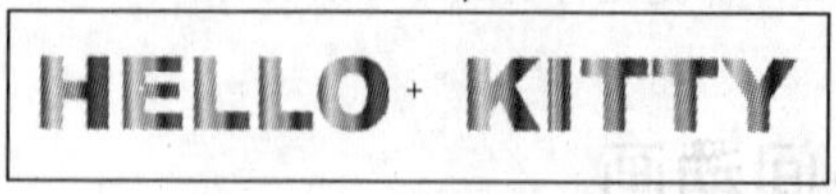

图 8.3.3　创建渐变文字

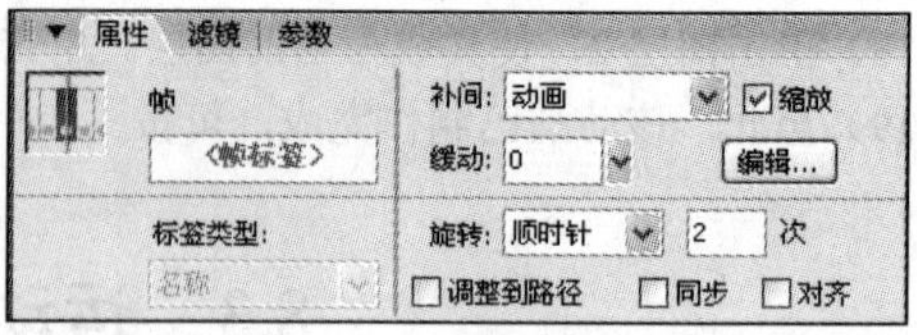

图 8.3.4　设置帧参数

（12）单击图层 1，使其成为当前图层。单击时间轴面板下方的“插入图层”按钮 7 次，在当前图层上方创建 7 个图层，如图 8.3.5 所示。

（13）选中图层 2 中的第 1 帧至第 51 帧，用鼠标单击选中的帧，在弹出的快捷菜单中选择复制帧命令。

（14）用鼠标右键单击图层 9 中的第 3 帧，在弹出的快捷菜单中选择粘贴帧命令，即可将复制的帧粘贴到该图层中。选中第 53 帧以后的所有帧，用鼠标右键单击选中的帧，在弹出的快捷菜单中选择删除帧命令，将它们全部删除。

（15）重复步骤（14）的操作，分别将复制的帧粘贴到其他图层中，最后在图层 1 的第 75 帧处按“F6”键插入关键帧，最后的时间轴面板如图 8.3.6 所示。

图 8.3.5　新建图层

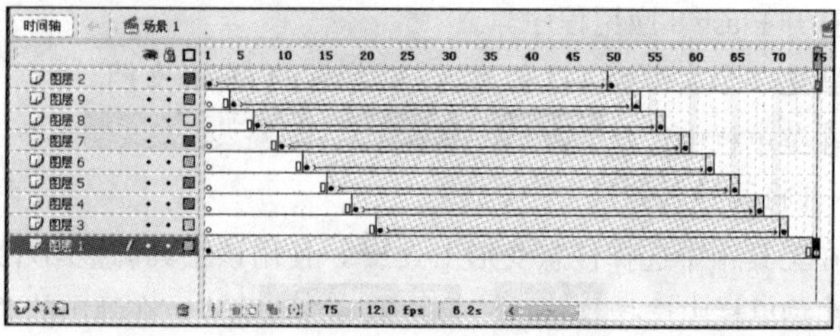

图 8.3.6　删除多余的帧

（16）分别选中图层 2 中第 1 帧和第 50 帧中的图形，在其属性面板中将该图形的透明度设置为 90%，如图 8.3.7 所示。

图 8.3.7　设置图形的透明度

（17）重复步骤（16）的操作，分别将图层 9 至图层 3 中的关键帧中图形的透明度设置为 87%，84%，81%，78%，75%，72%和 69%。

（18）至此，该运动补间动画已制作完成，按“Ctrl+Enter”快捷键将动画导出，效果如图 8.3.8 所示。

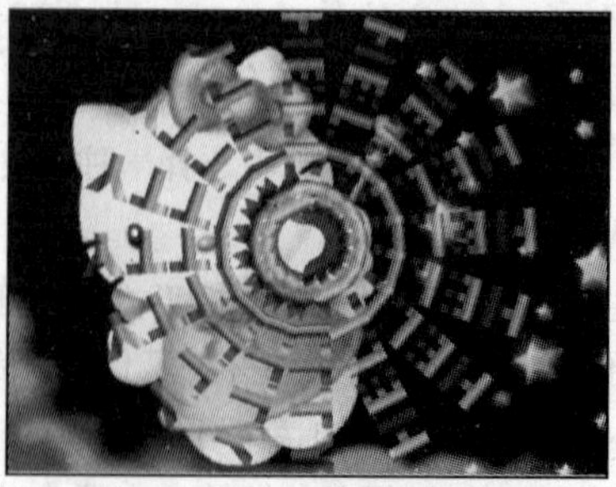

图 8.3.8　最终效果

8.3.2　运动补间动画的属性设置

用户在创建运动补间动画的过程中，可利用属性面板设置运动过程的渐变属性，创建不同的动画效果，具体操作步骤如下：

（1）在运动补间动画中的任意一个补间帧上单击，然后打开该帧的属性面板，如图 8.3.9 所示。

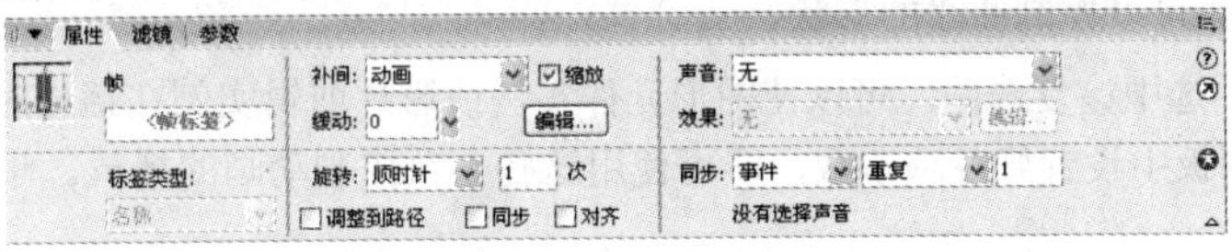

图 8.3.9　帧属性面板

该面板中各选项的含义如下：

1）<帧标签>：用于给动画中的帧命名。

2）补间：设置动画的类型。单击该选项右侧的下拉按钮，弹出其下拉列表。该列表包含 3 个选项，分别为无、动画和形状。如果要创建运动补间动画，可选择“动画”选项。

3）缩放：选中该复选框，可以使对象按一定的缩放比例产生过渡。

4）缓动：控制运动过程中速度的变化。在该文本框中输入正值，可使动画做减速运动；在该文本框中输入负值，可使动画做加速运动；当该值为 0 时，动画匀速变化。

5）旋转：使对象在运动的同时旋转。单击该选项右侧的下拉按钮，弹出其下拉列表。该列表包含 4 个选项，分别为无、自动、顺时针和逆时针。选择“无”选项时，表示不旋转；选择“自动”选项时，表示由 Flash 自动按照用户设置的条件旋转对象；选择“顺时针”或“逆时针”选项时，表示按顺时针方向或逆时针方向旋转，且用户可以设置旋转的次数。

6）编辑...：单击该按钮，弹出“自定义缓入/缓出”对话框，如图 8.3.10 所示。该对话框显示的是随着时间的推移，动画变化程度的曲线图。水平轴表示帧，垂直轴表示变化的百分比。第一个关键帧表示为 0，最后一个关键帧表示为 100%。

对象的变化速率用曲线图的曲线斜率表示。曲线水平时（无斜率），变化速率为零；曲线垂直时，变化速率最大，一瞬间完成变化。

该对话框中各选项的含义如下：

① 为所有属性使用一种设置：选中该复选框，表示所显示的曲线适用于所有属性，并且属性选项是禁用的。取消选中该复选框，属性选项是启用的，每个属性都有定义其变化速率的单独曲线。

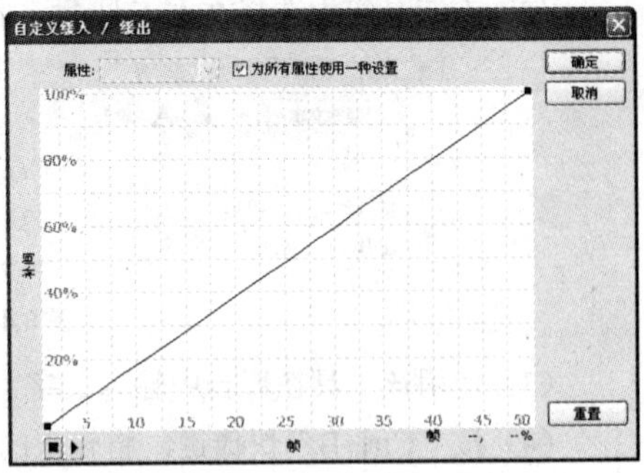

图 8.3.10　“自定义缓入/缓出”对话框

② 属性：当用户取消选中 为所有属性使用一种设置 复选框时，该选项才会启用。单击该选项右侧的下拉按钮，弹出其下拉列表。该下拉列表中包括 5 个选项，分别为位置、旋转、缩放、颜色和滤镜。选择“位置”选项，用于为动画中对象的位置指定自定义缓入/缓出设置；选择“旋转”选项，用于为动画中对象的旋转指定自定义缓入/缓出设置；选择“缩放”选项，用于为动画中对象的缩放指定自定义缓入/缓出设置；选择“颜色”选项，用于为动画中对象的颜色转变指定自定义缓入/缓出设置；选择“滤镜”选项，用于为动画中应用了滤镜效果的对象指定自定义缓入/缓出设置。

③ ▶：单击该按钮，可以使用“自定义缓入/缓出”对话框设置的参数预览动画的效果。

④ ■：单击该按钮，停止播放动画。

⑤ 重置 ：单击该按钮，将使该对话框中的所有参数还原为默认设置。

在该对话框中对角线上单击，即可添加控制点，通过拖动控制点的位置，可以实现对对象动画的精确控制。当用户选中某个控制点时，在该对话框的右下角会显示当前所选控制点对应的关键帧及其位置。

单击控制点即可选择该点，并在该点两侧显示控制杆。用鼠标拖动控制点或该点的控制杆，或使用键盘上的方向键，可以控制曲线的形状。

7） ☑同步：选中该复选框，可以使图形元件实例或影片剪辑实例在播放时与主时间轴同步。

（2）在属性面板中设置好各项参数，即可使用这些参数控制动画的播放。

8.4 形状补间动画

形状补间动画是补间动画的另外一种。在形状补间动画中，可以使对象在舞台中进行形状的改变，同时也可以改变对象的位置、大小和颜色。

8.4.1 形状补间动画的创建

通过创建形状补间动画，可以创建变形效果。舞台中的对象刚开始以一种形状出现，随着时间的推移，该对象的形状将逐渐变成另外一种形状，由此来产生形状的变形效果，且一对一的形状补间，可以产生最佳的变形效果。

下面将通过制作一个实例，来讲解形状补间动画的制作方法，具体操作步骤如下：

（1）打开 Flash 8 应用程序，新建一个大小为 800 像素×200 像素、背景颜色为蓝色的 Flash 文档。

（2）在工具箱中选择文本工具A，在该工具属性面板中设置参数，如图 8.4.1 所示。

图 8.4.1 “文本工具”属性面板

（3）使用该工具在舞台中输入文字，如图 8.4.2 所示。

（4）按“Ctrl+B”快捷键，将输入的文字打散成为图形，如图 8.4.3 所示。

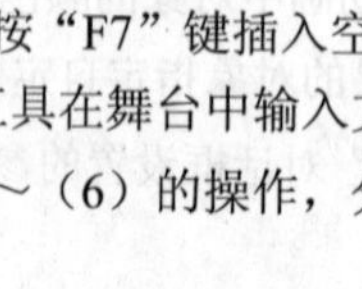

图 8.4.2 输入文字

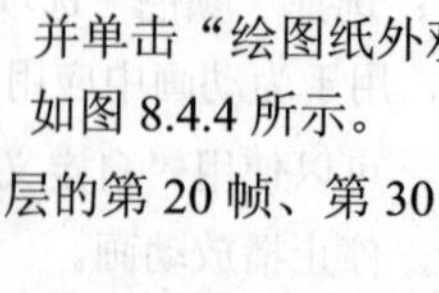

图 8.4.3 打散文字

（5）选中第 10 帧，按“F7”键插入空白关键帧，并单击“绘图纸外观”按钮。

（6）再次使用文本工具在舞台中输入文字“状”，如图 8.4.4 所示。

（7）重复步骤（4）～（6）的操作，分别在该图层的第 20 帧、第 30 帧、第 40 帧和第 50 帧输入文字“补”“间”“动”和“画”，此时的时间轴面板如图 8.4.5 所示。

图 8.4.4　输入文字

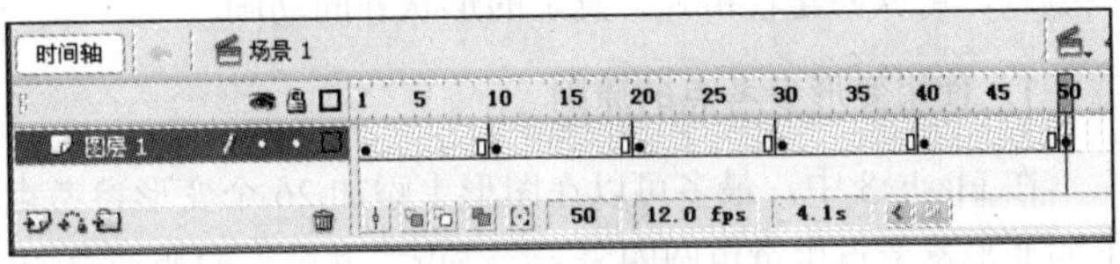

图 8.4.5　时间轴面板

（8）选中第 1 帧，单击该帧属性面板中补间右侧的下拉按钮，在弹出的下拉列表中选择“形状”选项，即可在第 1 帧至第 10 帧之间创建形状补间。形状补间用一条带箭头的绿线表示，如图 8.4.6 所示。

（9）重复步骤（8）的操作，分别在其他关键帧之间创建形状补间，此时的时间轴面板如图 8.4.7 所示。

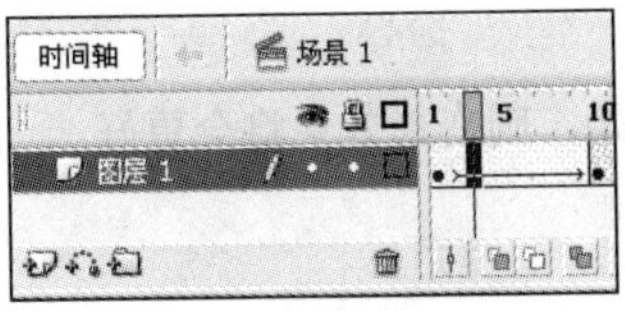

图 8.4.6　创建形状补间

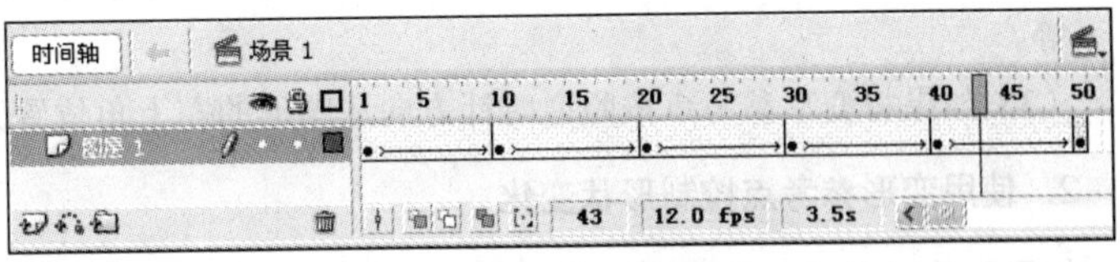

图 8.4.7　时间轴面板的状态

（10）至此，该动画已制作完成，可按“Ctrl+Enter”快捷键将动画导出后查看效果。

8.4.2　形状补间动画的属性设置

用户在创建形状补间动画的过程中，可利用属性面板设置变形过程的渐变属性，创建不同的动画效果，具体操作步骤如下：

（1）在形状补间动画的任意一个补间帧上单击，然后打开该帧的属性面板，如图 8.4.8 所示。

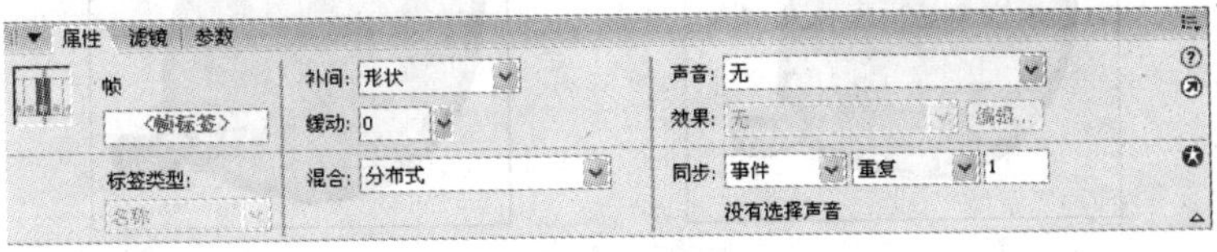

图 8.4.8　帧属性面板

该面板与运动补间动画的帧属性面板基本相同，其中不同选项的含义如下：

混合：用于设置变形过程中的混合模式。单击该选项右侧的下拉按钮，弹出其下拉列表。该列表包含两个选项，分别为分布式和角形。

1）分布式：在该模式下创建形状补间动画时，中间形状较平滑且不规则。

2）角形：在该模式下创建形状补间动画时，中间形状将保留原始形状的角度和线条。该模式适用于原始形状中有尖角和直线的图形。

（2）在属性面板中设置好各项参数，即可使用这些参数控制动画的播放。

8.4.3　变形参考点的使用

所谓变形参考点，就是在变形的初始图形和结束图形上分别指定一些变形关键点，并使这些点在起始帧中和结束帧中一一对应，这样 Flash 就会根据这些点的对应关系来计算变形的过程。使用变形参考点，可以创建较精确、复杂的形状补间动画。

1．使用变形参考点的原则

在 Flash 8 中，最多可以在图形上添加 26 个变形参考点，分别用字母 a～z 来表示。起始关键帧上的变形参考点用黄色圆圈表示，结束关键帧上的变形参考点用绿色圆圈表示。且当参考点的位置不在曲线上时，将显示为红色圆圈。

在使用变形参考点控制形状变化时，必须遵循以下几点原则。

（1）如果补间形状比较复杂，可以多增加几个中间形状，而不要只设置起始和结束关键帧中的形状。

（2）确保变形参考点符合逻辑。例如，在一个矩形上添加了 4 个变形参考点，依次为 a，b，c 和 d，那么无论将该矩形如何变形，这 4 个参考点始终应保持 a，b，c，d 的顺序，而不能变成 a，b，d，c 等。

（3）如果将变形参考点按照逆时针方向从图形的左上角位置开始，则变形效果将会更好。

2．使用变形参考点控制形状变化

如果要使用变形参考点控制形状变化，可按以下操作步骤进行。

（1）打开一个形状补间动画，选择该动画中的第 1 个关键帧。

（2）在菜单栏中选择 修改(M) → 形状(P) → 添加形状提示(A) 命令。此时，舞台中将出现一个红色的圆圈，如图 8.4.9 所示，该圆圈即为变形参考点。

（3）当用户将鼠标指针移至该圆圈上，指针会变为 形状。此时，单击并拖动鼠标，即可将该圆圈移至合适位置，如图 8.4.10 所示。

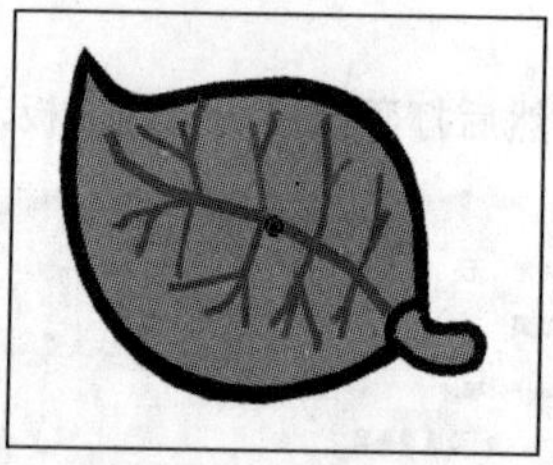

图 8.4.9　添加变形参考点

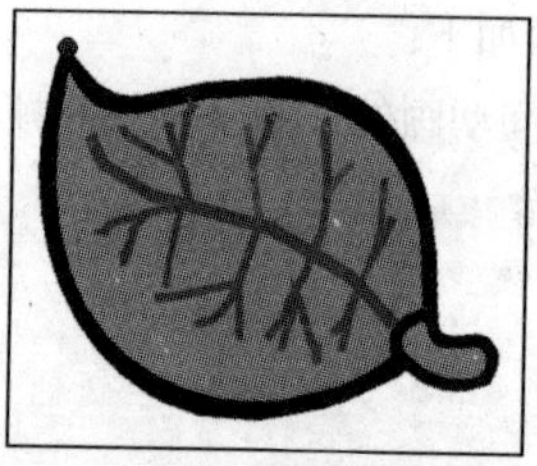

图 8.4.10　移动变形参考点的位置

（4）选择该动画中的最后一个关键帧，此时，可以看到该帧中的图形上也有一个红色的圆圈，该圆圈中的字母也是 a，如图 8.4.11 所示。

（5）重复步骤（3）的操作，将该参考点移至合适的位置。此时，该圆圈将会变成绿色，如图 8.4.12 所示。

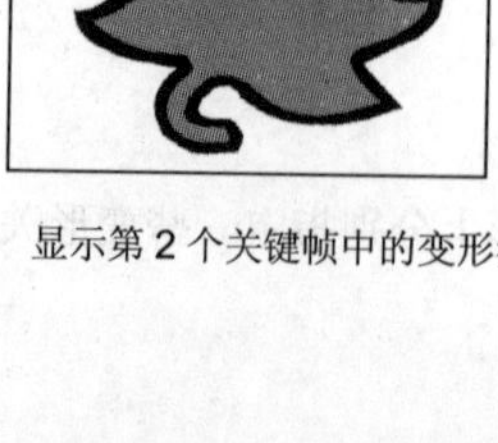

图 8.4.11　显示第 2 个关键帧中的变形参考点

图 8.4.12　移动变形参考点的位置

（6）单击选中第 1 个关键帧，此时，发现该帧上的变形参考点已变为黄色，如图 8.4.13 所示。

（7）重复步骤（2）～（3）的操作，在图形中添加其他变形参考点，如图 8.4.14 所示。

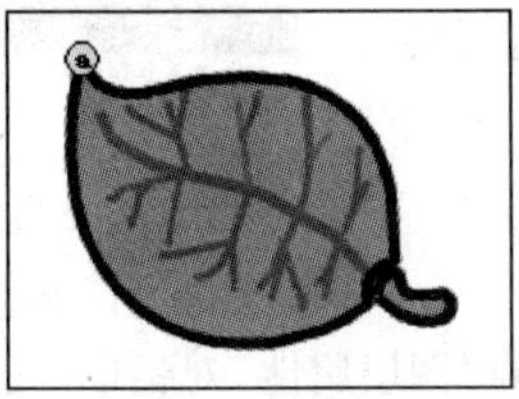

图 8.4.13　变形参考点变为黄色

图 8.4.14　添加其他变形参考点

（8）至此，变形参考点已添加完成，可按“Ctrl+Enter”快捷键将动画导出并观看。

3. 变形参考点的相关操作

用户可在添加变形参考点后查看该点，也可以将不需要的参考点删除，具体操作步骤如下：

（1）在菜单栏中选择 视图(V) → 显示形状提示(A) 命令，可查看变形参考点。

（2）单击选中变形参考点后，将该点拖出舞台可直接将其删除。

（3）在菜单栏中选择 修改(M) → 形状(P) → 删除所有提示(M) 命令，可将所有的变形参考点删除。

8.5　遮罩动画

在 Flash 8 中，使用遮罩可以创建特殊效果，如聚光灯、过渡效果等。被遮住的对象可以是形状、文字对象、图形元件的实例或影片剪辑。用户也可以将多个图层放置于一个遮罩层下，来创建复杂的动画效果。

8.5.1　遮罩层的使用

当遮罩层作用于某个普通层时，普通层上的内容只能通过遮罩层上有内容的部分（即非空白部分）显示出来。除此之外，用户还可以将遮罩层上的对象制作成动画，来创建移动的遮罩层，以实现观看到的普通层上的物体运动的效果，但不能将线条作为遮罩层。

与遮罩层相连的普通层又称为被遮罩层，它保留了普通层的所有特性。遮罩层是放置遮罩内容的层，被遮罩层是一个受遮罩层影响的层。遮罩层可以与多个被遮罩层相连。

1. 创建遮罩层

遮罩层的创建较简单，用户可通过以下的操作步骤创建遮罩层。

（1）在普通层上创建图形。

（2）在普通层上方新建一个图层，在该图层中绘制用作遮罩的对象，对象的颜色为除白色之外的其他颜色。

（3）在该图层上单击鼠标右键，从弹出的快捷菜单中选择 遮罩层 命令，即可将该图层转换为遮罩层，而它下方的图层将会成为被遮罩层，此时的时间轴面板如图 8.5.1 所示。

创建好遮罩层后，遮罩层及其下方的被遮罩层同时被锁定，且被遮罩层以缩进方式显示。如果用户要对这两个图层中的内容进行编辑，可以将它们解锁后进行编辑。

2．连接到遮罩层

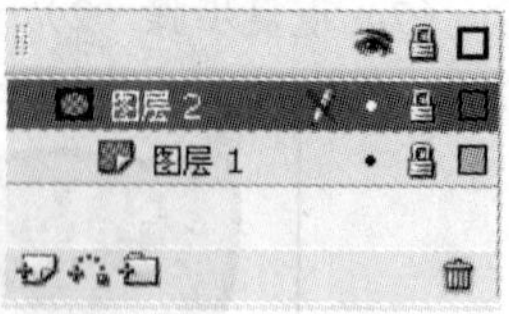

图 8.5.1 创建遮罩层

在默认情况下，遮罩层下方只有一个被遮罩层与之相连，用户也可以根据需要，将其他普通层移到遮罩层下，使该普通层成为被遮罩层。使用以下 3 种方法可以将普通层连接到遮罩层。

（1）在被遮罩层的上方创建新图层。

（2）将某个普通图层选中后拖到遮罩层下面。

（3）如果该普通图层在遮罩层下方，可双击该图层，在弹出的“图层属性”对话框中选中 ⊙被遮罩 单选按钮即可。

3．与遮罩层分离

如果要将被遮罩层与遮罩层分离，即将被遮罩层转换为普通层，可使用以下 3 种方法实现。

（1）将被遮罩层选中后拖到遮罩层的上面。

（2）将被遮罩层选中后拖离遮罩层。

（3）用鼠标双击该图层，在弹出的“图层属性”对话框中将图层类型设置为“一般”即可。

8.5.2 遮罩层动画的创建

下面将通过制作一个实例，来讲解遮罩层动画的制作方法，具体操作步骤如下：

（1）打开 Flash 8 应用程序，新建一个大小为 380 像素×480 像素、帧频为 8 的 Flash 文档。

（2）在菜单栏中选择 文件(F) → 导入(I) → 导入到舞台(I)... 命令，在弹出的“导入”对话框中选择一幅图片，并将其导入到舞台中。

（3）在工具箱中选择任意变形工具，使用该工具调整图片到合适大小，如图 8.5.2 所示。

（4）按“Ctrl+B”快捷键将导入的位图分离。在工具箱中选择墨水瓶工具，将该工具的笔触颜色设置为黑色，高度设置为 1。使用该工具在分离后的位图上单击，为该图形添加外框，如图 8.5.3 所示。

（5）在工具箱中选择文本工具，使用该工具在图形的左右两侧输入竖排文字，作为落款，并用红色矩形模拟印章，效果如图 8.5.4 所示。

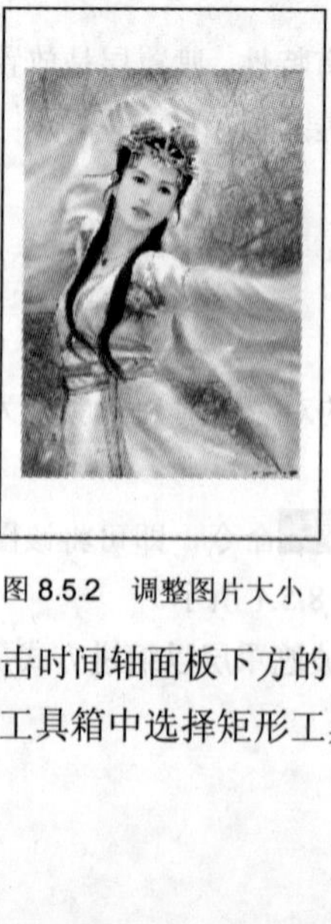
图 8.5.2 调整图片大小

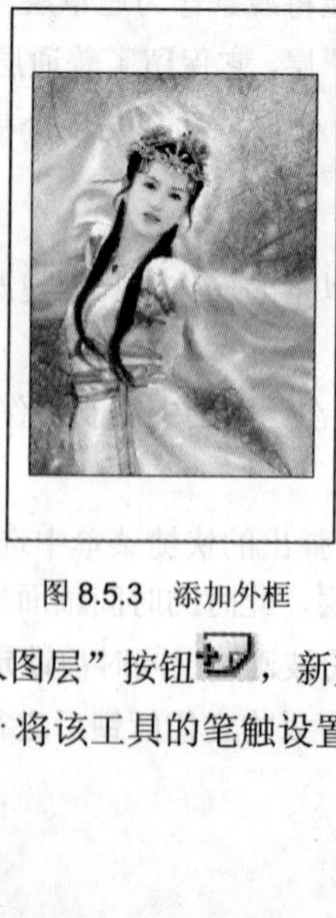
图 8.5.3 添加外框

图 8.5.4 输入文字

（6）单击时间轴面板下方的“插入图层”按钮，新建图层 2。

（7）在工具箱中选择矩形工具，将该工具的笔触设置为无，将填充颜色设置为黑色。使用该工具在舞台中绘制一个与图层 1 中图形相同大小的矩形。移动该矩形的位置，使其将图层 1 中的图形完全遮住。

（8）在图层 2 的第 40 帧处按“F6”键插入关键帧，并在图层 1 的第 40 帧处按“F5”键插入普通帧。

（9）单击选中图层 2 的第 1 帧。在工具箱中选择任意变形工具，使用该工具将该帧中的图形从下向上在垂直方向上缩小，如图 8.5.5 所示。

（10）单击图层 2 的第 1 帧，打开该帧的属性面板，在补间下拉列表中选择“形状”选项，在第 1 帧与第 40 帧之间创建形状补间动画，此时的时间轴如图 8.5.6 所示。

图 8.5.5　调整矩形的大小

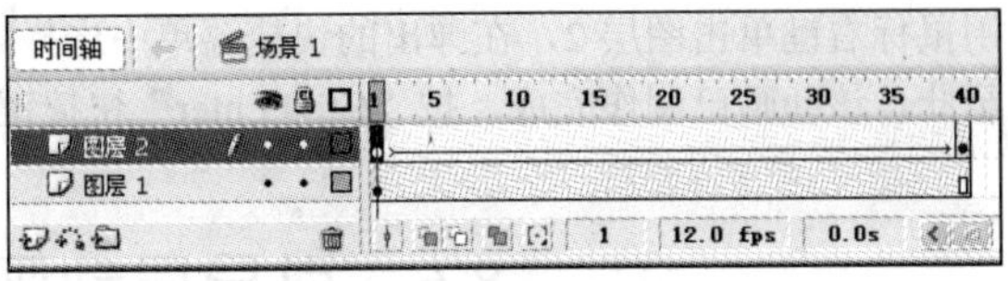

图 8.5.6　创建形状补间动画

（11）单击时间轴面板下方的“插入图层”按钮，新建图层 3。

（12）在工具箱中选择矩形工具，将其笔触颜色设置为无，填充颜色设置为由黑色至白色再至黑色的线性渐变。使用该工具在舞台中绘制一个矩形。

（13）再次选择矩形工具，使用该工具绘制一个黑色的矩形，并将该矩形调整成为梯形，如图 8.5.7 所示。

（14）选中绘制的梯形，按“Ctrl+C”键复制，按“Ctrl+V”键粘贴。使用任意变形工具将该梯形水平旋转 180°，并将其移至合适位置。此时，一个卷轴已绘制完成，如图 8.5.8 所示。

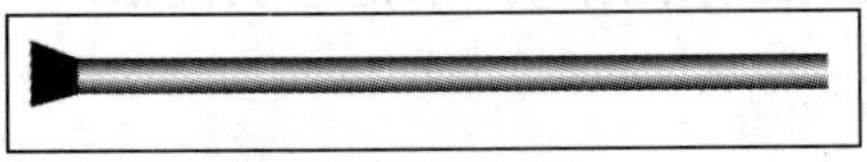

图 8.5.7　绘制矩形和梯形

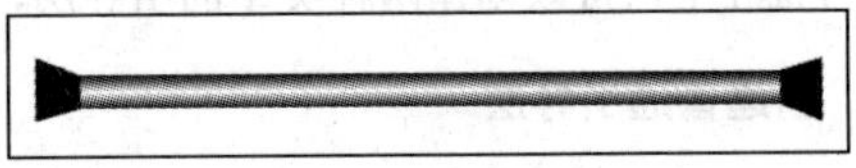

图 8.5.8　绘制的卷轴

（15）选中绘制的卷轴，按“F8”键弹出“转换为元件”对话框。在该对话框中设置如图 8.5.9 所示的参数，即可将该图形转换为图形元件。

（16）将该卷轴移至画卷的最上方，如图 8.5.10 所示。

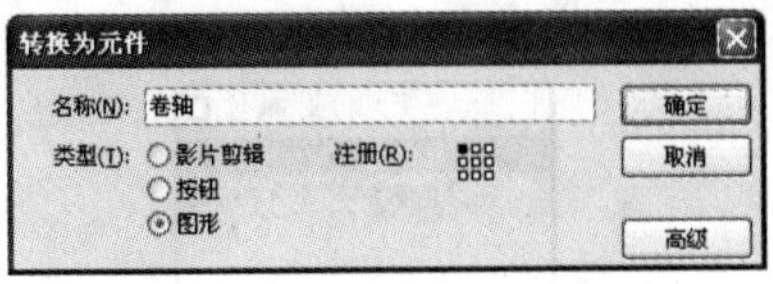

图 8.5.9　“转换为元件”对话框

图 8.5.10　移动卷轴的位置

（17）单击时间轴面板下方的“插入图层”按钮，新建图层 4。选中图层 3 中的卷轴，按“Ctrl+C”键复制，在图层 4 中按“Ctrl+V”键粘贴，并使用选择工具将其移至合适的位置，如图 8.5.11 所示。

（18）选中该图层的第 40 帧，按“F6”键插入关键帧。在按住“Shift”键的同时，将该帧中的卷轴垂直移动至画卷的下侧，将黑色蒙版的边界遮住，如图 8.5.12 所示。

图 8.5.11　创建另一个卷轴

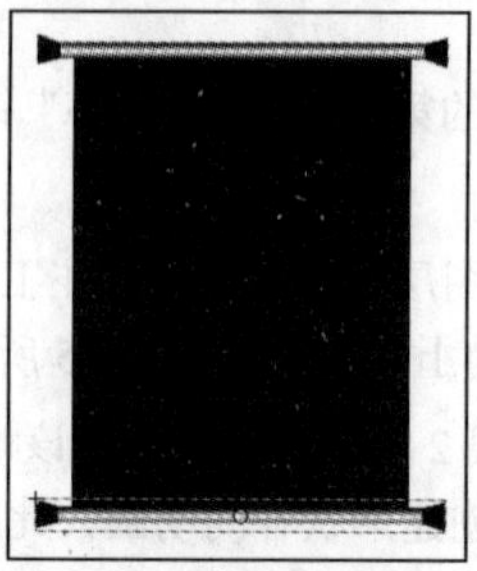

图 8.5.12　移动卷轴的位置

（19）单击图层 4 的第 1 帧，打开该帧的属性面板，在补间下拉列表中选择“动画”选项，在第 1 帧与第 40 帧之间创建运动补间动画。

（20）用鼠标右键单击图层 2，在弹出的快捷菜单中选择遮罩层命令，将该层创建为遮罩层。

（21）至此，该动画已制作完成。按“Ctrl+Enter”快捷键将动画导出后即可观看动画效果。

8.6　引导层动画

在 Flash 中，将引导层称为“辅助层”，即该图层在动画中起着辅助作用。当用户将制作的引导层动画输出时，引导层中的内容并不会被输出。

8.6.1　引导层的使用

使用引导层，可以创建使某个对象沿着指定路线移动的效果，还可以对动画中的对象进行定位。在 Flash 中，可以创建两种类型的引导层，一种是普通引导层；另一种是运动引导层。

1．创建普通引导层

普通引导层在动画中起着辅助静态定位的作用。用鼠标右键在时间轴中某个普通图层上单击，在弹出的快捷菜单中选择引导层命令，即可将该图层转换为普通引导层，如图 8.6.1 所示。

2．创建运动引导层

运动引导层在动画中起着运动路径的引导作用。运动引导层至少同一个普通图层相关联。与运动引导层相关联的普通图层中的对象可以沿着运动引导层中的路径运动，且该图层将以缩进方式显示。创建运动引导层时，只须单击时间轴面板中的“添加运动引导层”按钮，即可创建一个运动引导层，如图 8.6.2 所示。

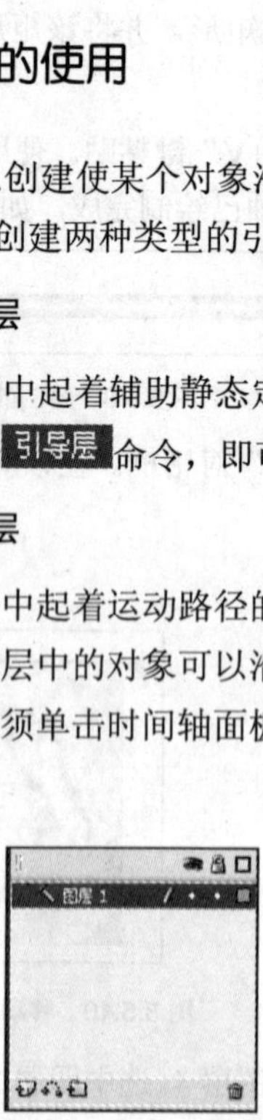

图 8.6.1　创建普通引导层

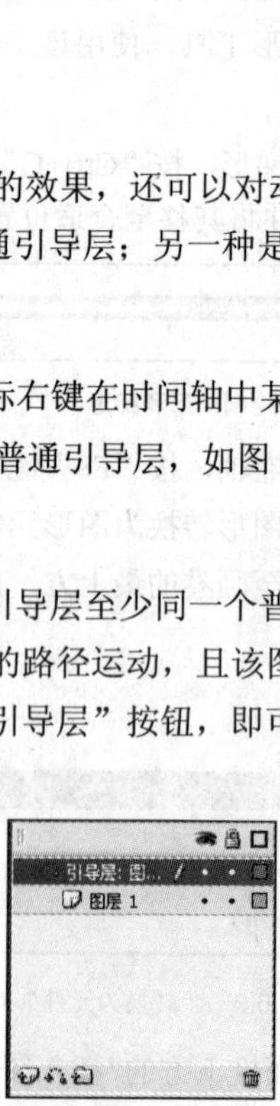

图 8.6.2　创建运动引导层

3．连接到运动引导层

在默认情况下，新创建的运动引导层被放置于受它影响的图层上方，且该引导层下方只包含一个图层。如果要将某个普通图层连接到运动引导层中，只须选中该图层，并将其拖动到运动引导层的下方即可。

4．与运动引导层分离

如果用户要将运动引导层下方的图层与引导层分离，只须选中该图层后，将其拖到引导层上方或拖离引导层即可。

8.6.2　引导层动画的创建

下面将通过制作一个实例，来讲解运动引导层动画的制作方法。具体操作步骤如下：

（1）打开 Flash 8 应用程序，新建一个大小为 534 像素×412 像素，背景颜色为蓝色的 Flash 文档。

（2）在菜单栏中选择 文件(F) → 导入(I) → 导入到舞台(I)... 命令，在弹出的“导入”对话框中选择一幅图片，并将其导入到舞台中。

（3）在工具箱中选择任意变形工具，使用该工具调整图片到合适大小，如图 8.6.3 所示。

（4）按“Ctrl+F8”快捷键，在弹出的快捷菜单中创建一个名为“风筝”的图形元件。在该元件的编辑模式中，使用绘图工具绘制如图 8.6.4 所示的风筝。

图 8.6.3　调整图片大小

图 8.6.4　绘制的风筝

（5）重复步骤（4）的操作，分别创建两个名为“固定架”和“引导线”的图形元件，并绘制如图 8.6.5 所示的图形。

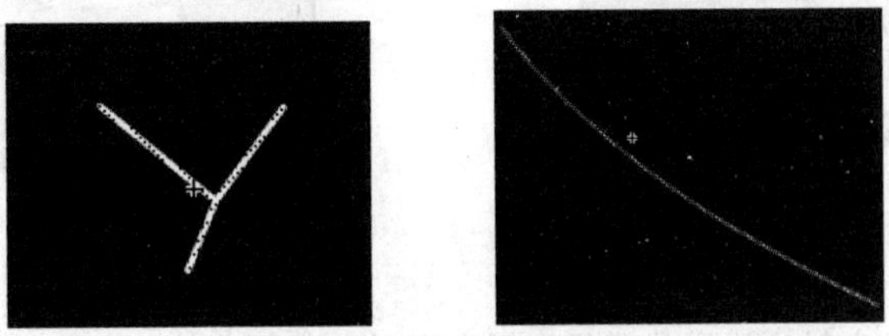

图 8.6.5　绘制的固定架和引导线

（6）单击按钮，返回至主场景。单击时间轴面板下方的“插入图层”按钮，新建图层 2。

（7）分别将创建的 3 个图形拖至舞台中，将它们放置于如图 8.6.6 所示的位置。

（8）选中该图层中的元件的实例，按“Ctrl+G”快捷键将它们组合成为一个整体。按“F8”键在弹出的“转换为元件”对话框中创建一个名为“风筝 2”的图形元件。

（9）单击时间轴面板下方的“添加运动引导图层”按钮，在当前图层上方添加运动引导层，如图 8.6.7 所示。

图 8.6.6　将元件从库中拖到舞台中

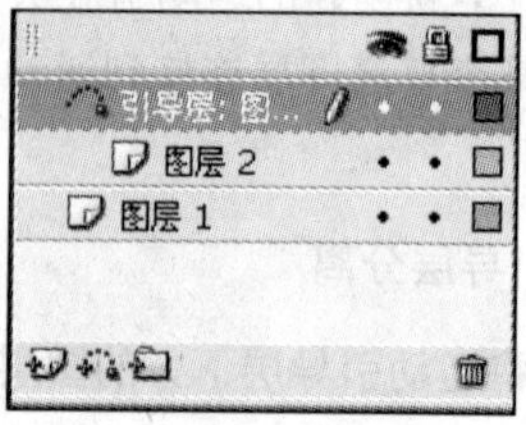

图 8.6.7　添加运动引导层

（10）在工具箱中选择铅笔工具，使用该工具在舞台中绘制引导路径。

（11）选中图层 2 中的第 1 帧，将该帧中的图形选中后移到引导路径上，当该图形中央的小圆圈变大时松开鼠标，即可将图形吸附在引导路径上，如图 8.6.8 所示。

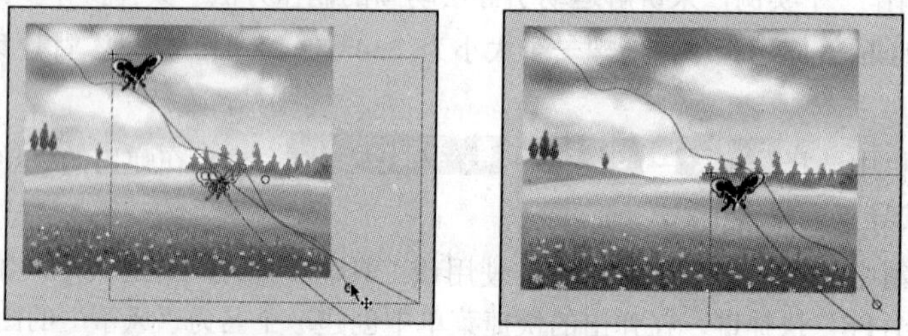

图 8.6.8　将图形吸附在引导路径上

（12）选中引导图层中的第 60 帧，按“F5”键插入普通帧。选中图层 2 中的第 60 帧，按“F6”键插入关键帧。选中图层 1 中的第 60 帧，按“F5”键插入普通帧。

（13）选中图层 2 中第 60 帧中的图形，将该图形移至如图 8.6.9 所示的位置。

（14）在图层 2 中的两个关键帧之间的任意一帧上单击鼠标右键，从弹出的快捷菜单中选择 创建补间动画 命令，即可创建运动补间动画。

（15）至此，该动画已制作完成，按“Ctrl+Enter”快捷键将动画导出后，效果如图 8.6.10 所示。

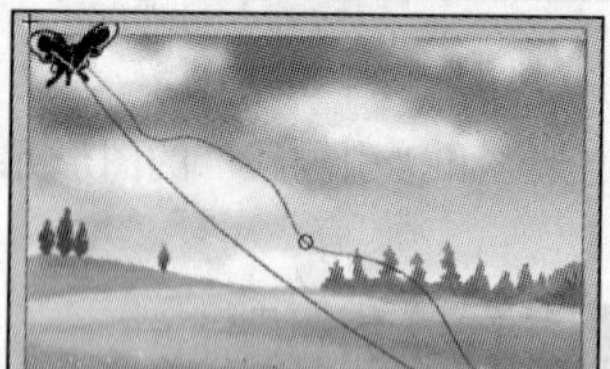

图 8.6.9　移动图形的位置

图 8.6.10　动画效果

提示：如果用户创建的引导路径为闭合图形，应在该图形的某个位置留一个小口，以在开口的两个端点处放置图形运动的起始点和终止点。

8.7　课堂实战——制作浇注效果

通过本章的学习，用户可利用已掌握的方法制作如图 8.7.1 所示的浇注效果。

图 8.7.1　浇注效果

操作步骤

（1）打开 Flash 8 应用程序，新建一个大小为 550 像素×300 像素，背景颜色为蓝色的 Flash 文档。

（2）在工具箱中选择文本工具，在该工具属性面板中设置参数，如图 8.7.2 所示。

图 8.7.2　设置文本工具的参数

（3）使用文本工具在舞台中输入文字，如图 8.7.3 所示。

（4）按“Ctrl+B”快捷键两次，将文字打散成为图形。在工具箱中选择墨水瓶工具，将该工具的笔触颜色设置为白色，笔触高度设置为 4。使用该工具在文字上单击，为文字添加边框，如图 8.7.4 所示。

图 8.7.3　创建的文字

图 8.7.4　为文字添加边框

（5）使用选择工具将文字的填充区域选中，按“Delete”键删除，效果如图 8.7.5 所示。

（6）单击时间轴面板下方的“插入图层”按钮，新建图层 2。用鼠标右键单击图层 1 中的第 1 帧，在弹出的快捷菜单中选择复制帧命令。用鼠标右键单击图层 2 中的第 1 帧，在弹出的快捷菜单中选择粘贴帧命令，将图层 1 中的空心文字复制到图层 2 中。

（7）在工具箱中选择颜料桶工具，将该工具的填充颜色设置为橙色（R：255，G：153，B：0），使用该工具在图层 2 中的空心文字上单击，为其添加填充颜色，效果如图 8.7.6 所示。

图 8.7.5　删除文字的填充区域

图 8.7.6　填充文字

（8）使用选择工具将图层 2 中文字的边框选中，按“Delete”键删除。分别在图层 1 和图层 2 的第 50 帧处按“F5”键插入普通帧。

（9）按“Ctrl+F8”快捷键，在弹出的“创建新元件”对话框中创建一个名为“矩形”的图形元件。在该元件的编辑模式中，使用矩形工具绘制一个无笔触、填充颜色为白色的矩形。

（10）单击按钮，返回至主场景。重复步骤（6）的操作，新建图层 3。保持图层 3 为当前图层，将库中的“矩形”元件拖到舞台中，放置于舞台中文字的下方，如图 8.7.7 所示。

（11）在该图层的第 43 帧处按“F6”键插入关键帧，将该帧中的矩形移至文字上方，将其完全遮住，如图 8.7.8 所示。

图 8.7.7　将元件拖至舞台中

图 8.7.8　用矩形将文字遮住

（12）用鼠标右键单击该图层的第 1 帧，在弹出的快捷菜单中选择创建补间动画命令，在两个关键帧之间创建运动补间动画。

（13）用鼠标右键单击图层 3，在弹出的快捷菜单中选择遮罩层命令，将该图层转换为遮罩层。

（14）重复步骤（6）的操作，新建图层 4，并将该图层更名为“水”。使用矩形工具绘制如图 8.7.9 所示的图形。

（15）在该图层的第 18 帧处按“F6”键插入关键帧，使用选择工具调整该帧中的图形，效果如图 8.7.10 所示。

图 8.7.9　绘制的图形

图 8.7.10　调整后的图形

（16）在该图层的第 41 帧处按“F6”键插入关键帧，并将该帧中的图形旋转－25.7°，如图 8.7.11 所示，并在这几个关键帧之间创建形状补间动画。

（17）重复步骤（14）的操作，创建一个名为“水的遮罩”的图形元件。在该元件的编辑模式中，使用矩形工具绘制一个无边框、填充颜色为白色的矩形，如图 8.7.12 所示。

图 8.7.11　旋转图形

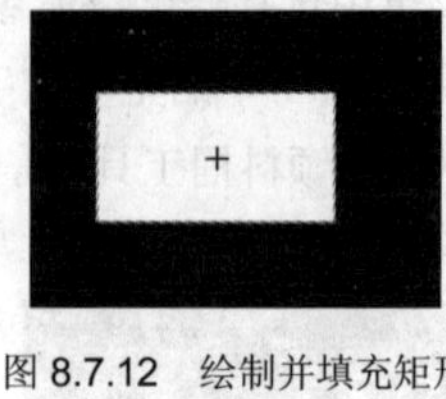

图 8.7.12　绘制并填充矩形

（18）单击按钮，返回至主场景。重复步骤（6）的操作，新建图层 5，并将该图层更名为“遮罩”。将库中的图形元件“水的遮罩”拖至舞台中，将图层 4 中的水完全遮住，按“Ctrl+B”键将其打散成为图形。

（19）在第 18 帧处按“F6”键插入关键帧，并使用选择工具调整该帧中的图形，效果如图 8.7.13 所示，并在这两个关键帧之间创建形状补间动画。

（20）在第 19 帧处按“F6”键插入关键帧，将图形元件“水的遮罩”从库中拖至舞台中，并旋转－1.8°。在第 41 帧处按“F6”键插入关键帧，将该帧对应的图形向舞台上方移动两个像素，并在两个关键帧之间创建运动补间动画。

（21）重复步骤（13）的操作，将该图层转换为遮罩层，此时的时间轴面板如图 8.7.14 所示。

图 8.7.13　调整后的图形

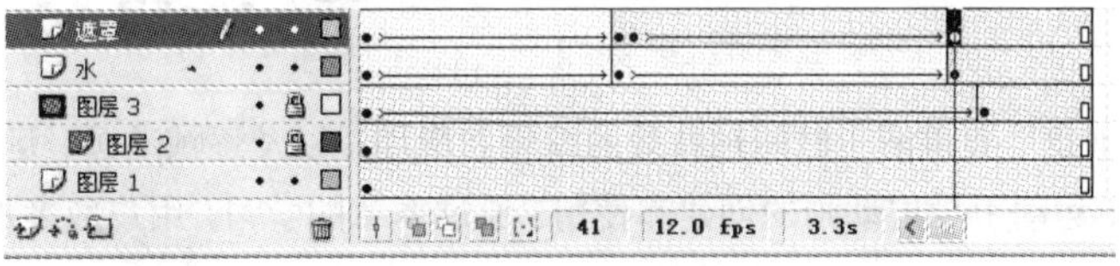

图 8.7.14　时间轴面板的状态

（22）重复步骤（6）的操作，新建图层 6，并将该图层更名为“杯子”。重复步骤（13）的操作，创建一个名为“杯子”的图形元件。在该元件的编辑模式中，使用线条工具绘制如图 8.7.15 所示的杯子。

（23）单击按钮，返回至主场景。将创建的图形元件“杯子”从库中拖至舞台中。重复步骤（16）的操作，将杯子的变形中心点移至如图 8.7.16 所示的位置，

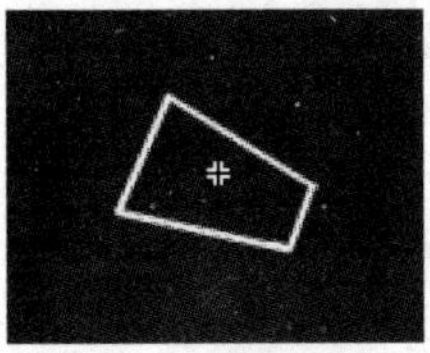

图 8.7.15　绘制的杯子

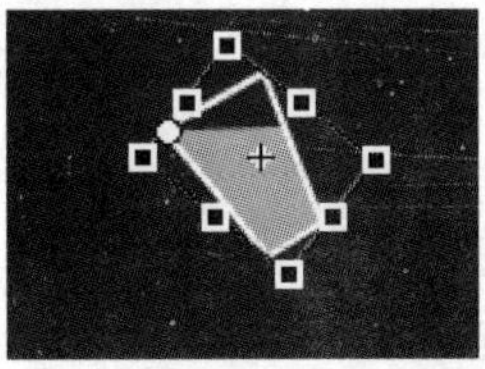

图 8.7.16　调整变形中心点的位置

（24）调整它的变形中心点后，将其旋转 37.6°，效果如图 8.7.17 所示。在该图层的第 18 帧处按“F6”键插入关键帧，并将该帧对应的杯子旋转 14°，如图 8.7.18 所示。

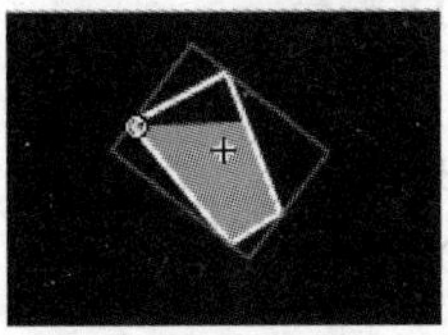

图 8.7.17　将杯子旋转 37.6°

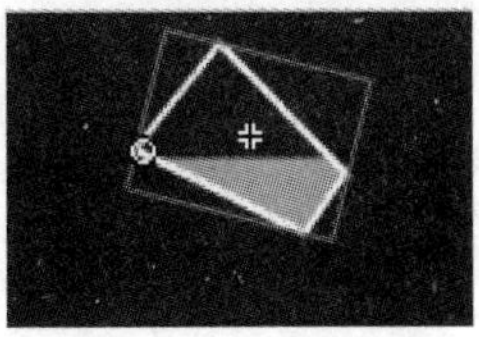

图 8.7.18　将杯子旋转 14°

（25）在该图层的第 41 帧处按“F6”键插入关键帧，并将该帧对应的图形旋转－12°，如图 8.7.19 所示，并在 3 个关键帧之间创建运动补间动画。

（26）重复步骤（6）的操作，新建图层 7，并将该图层更名为“水流”。在该图层中，使用线条工具绘制如图 8.7.20 所示的直线。

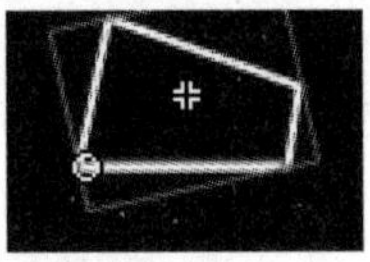

图 8.7.19　将图形旋转－12°

图 8.7.20　绘制的直线

（27）在该图层的第 43 帧处按“F7”键插入空白关键帧。至此，该效果已制作完成，按“Ctrl+Enter”

快捷键将动画导出，效果如图 8.7.1 所示。

本 章 小 结

本章主要讲解了时间轴特效的编辑和应用，以及逐帧动画、运动补间动画、形状补间动画、遮罩动画、运动引导层动画的创建和使用。通过本章的学习，用户应多加练习，以制作出满意的动画作品。

操 作 练 习

一、填空题

1．在 Flash 8 中，可以使用________快速创建动画。

2．在 Flash 8 中，可以创建________、________和效果这 3 种类型的时间轴特效。

3．在 Flash 8 中，补间动画包括________动画和________动画两种。

二、选择题

1．（ ）动画占用的内存空间较大。

（A）逐帧　　（B）补间

（C）遮罩　　（D）引导层

2．创建形状补间动画时，使用（ ）可精确控制动画中图形形状的变化。

（A）变形参考点　　（B）图层

（C）时间轴　　（D）舞台

3．在 Flash 8 中，用户可以创建（ ）种类型的引导层。

（A）2　　（B）4

（C）3　　（D）5

三、上机操作题

1．创建人走路的逐帧动画。

2．创建汽车从路的一端开到另一端的运动补间动画。

3．创建大象变老鼠的形状补间动画。

4．创建探照灯照射的遮罩动画。

5．创建蝴蝶飞过的运动引导层动画。

第 9 章　制作交互式动画

使用 Flash 不仅可以制作逐帧动画、补间动画、遮罩动画和引导层动画，还可以使用该软件自带的脚本语言制作各种复杂的交互式动画。

知识要点

- 动作脚本概述
- 动作面板
- ActionScript 常用术语及语法
- 数据类型
- 变量、表达式和运算符
- 事件和函数
- 动画的跳转
- 编写和调试动作脚本

9.1　动作脚本概述

在 Flash 8 中，使用动作脚本可以创建交互式动画。在创建的动画中添加动作脚本可以使用户更方便、灵活地控制动画。

9.1.1　初识动作脚本

动作脚本也可以称为 ActionScript，它是 Flash 自带的编程语言。动作脚本采用的是面向对象的编程思想，它是以关键帧、按钮和影片剪辑为对象，通过响应某些事件来定义和编写动作脚本的。

动作脚本拥有自己的语法、变量、函数及表达式。与 JavaScript 相似，其结构也是由许多行的语句代码组成的。每一行中的语句由指令、操作符等组成。

ActionScript 是 Flash 的脚本描述语言，使用它可以在动画中响应事件，例如单击鼠标、移动鼠标和按下键盘上的某个键等，增加了动画的交互性。

编写动作脚本比较方便，用户既可以直接从动作面板中调用某个动作，也可以直接输入代码，且对于输入的代码，系统会检查语法是否有问题，并可以提示用户对它进行修改。

9.1.2　类

ActionScript 是一种面向对象的语言，在该种语言中，类是最重要的概念。类定义了可区分一系列对象的所有属性。例如，老师是一类人，那么可以创建一个 Teacher 类；设定植物是一个类，可以创建一个 Plant 类。类是一种类型，而不是具体的对象，比如说某某老师，他不是 Teacher 类，而是 Teacher 类的一个对象。

类由两部分组成，一部分称为成员变量，另一部分称为成员函数，这是广义的面向对象中类的概念。在 ActionScript 中使用属性和方法来描述它们。

用户在创建类的同时，也就定义了这个类创建的所有对象的属性和方法。例如定义一个老师类，那么该类对象可能会有职称、年龄等属性，有教学、科研等方法。关于如何定义自己的类，在后面的章节将会详细介绍。

9.2 动作面板的基本操作

在 Flash 8 中，用户可以在动作面板中编写和测试脚本语言。用户可以在标准模式和专家模式两种不同的编辑模式中创建和编辑对象或帧的动作。

9.2.1 打开动作面板

用户可以使用以下两种方法打开动作面板，具体操作步骤如下：

（1）在菜单栏中选择 窗口(W) → 动作(A) 命令，即可打开动作面板，如图 9.2.1 所示。

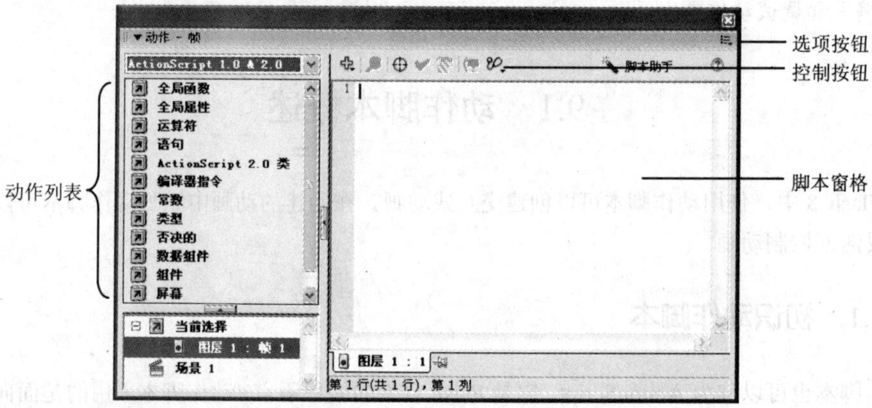

图 9.2.1 动作面板

（2）用鼠标右键在舞台中的按钮、影片剪辑实例或关键帧上单击，在弹出的快捷菜单中选择 动作 命令，也可打开动作面板。

9.2.2 使用动作面板

当用户将动作面板打开后，就可以在该面板中编写动作脚本。动作面板由两部分组成，左侧为动作工具箱，用户可在该工具箱的动作列表中选择相应的命令来创建动作。该列表中包括动作、运算符、函数、常量、属性、对象、Flash UI 组件及动作脚本程序。右侧为脚本窗格，用户可在该区域中输入动作代码。

在 Flash 8 中，用户可以使用以下 5 种方法为对象添加动作。

（1）用鼠标双击动作列表中的某个动作。

（2）单击选中某个动作，按住鼠标不放，将其拖到脚本窗格中。

（3）用鼠标右键单击某个动作，在弹出的快捷菜单中选择 添加到脚本 命令。

（4）单击动作面板上方的“将新项目添加到脚本中”按钮，从弹出的下拉菜单中选择要添加的动作。

（5）直接在脚本窗格中输入动作。

9.2.3 使用外部编辑器

在 Flash 中，不仅可以直接在脚本窗格中输入代码，还可以将使用外部编辑器编辑的脚本添加到 Flash 中，具体操作步骤如下：

（1）在记事本中新建一个文本文件，在该文本文件中输入如下代码：

```
nextbtn.onRelease=function(){
_root.mc.gotoAndplay(_currentframe+3)
}
```

（2）将该文本文件保存为扩展名为“.as”的文件。

（3）在 Flash 中打开动作面板。单击该面板中的“选项”按钮，从弹出的下拉菜单中选择 导入脚本... 命令，在弹出的“打开”对话框中选择刚才保存的.as 文件。

（4）单击 打开(O) 按钮，即可将该文件中的脚本代码在动作面板的脚本窗格中打开。

提示：（1）以“.as”为扩展名的脚本文件，实际上是一个标准的文本文件，只是在保存时，注意要将文件的扩展名设置成“.as”。

（2）除了可以在动作面板中编写动作脚本之外，还可以使用外部编辑器来编写脚本。编辑完成后，再将它添加到 Flash 内部的脚本中。

9.3 ActionScript 常用术语

在使用脚本语言前，必须先了解该语言中常用的术语，才能为以后的学习打下基础，下面将介绍动作脚本中常用的一些术语的名称及其含义。

1. 动作

动作是在动画的播放过程中指示动画执行某个操作的语句。例如 getURL 用于将动画片段链接到指定的网页或文件。

2. 类

定义对象的数据类型。要定义类，必须在外部的脚本文件中使用 class 关键字，而不能在动作面板中编写。

3. 对象

对象是属性和方法的集合。每个对象都有它的名字和值。内置对象是在动作脚本语言中预先定义的，例如，内置的 Date 对象可以提供系统时钟信息。

4. 属性

定义对象的属性。例如，_visible 是影片剪辑的一个属性，它可以定义该影片剪辑是否可见。

5．实例

实例是属于某个类的对象。类的每个实例都包含该类的所有属性和动作。例如，所有影片剪辑都是 MovieClip 符号的对象，都拥有 Movie Clip 的属性（如_alpha）和动作（如 gotoAndPlay）。

6．实例名称

实例名称是在脚本中指向影片剪辑实例或按钮实例的唯一名字。用户可以使用属性面板为舞台中的实例设置名称。例如：库中的主元件名为 fly，而在 SWF 文件中，可以将该元件的两个实例命名为 fly1 和 fly2。

7．参数

通过参数设置可以把值传递给函数或动作。例如，通过参数 fullscreen 和 true，可以在执行 fscommand 动作时实现全屏效果。

8．表达式

表达式是代表值的动作脚本元件的任意组合，表达式通常由运算符和操作数组成。例如，在表达式 y+2 中，y 和 2 是操作数，+是运算符。

9．方法

方法是与类关联的函数。一个函数被分配之后，就可以作为对象的方法被调用。例如，在下面的代码中，clear 变成了 controller 对象的方法。

```
function Reset(){
    this.x_pos=0;
   this.x_pos=0;
}
controller.clear=Reset;
controller.clear();
```

10．事件

事件是动画播放时发生的动作，例如，加载影片剪辑、播放到某帧、用户单击按钮、移动鼠标或按下键盘中的键时，这些事件都可以触发不同的动作。

11．事件处理函数

事件处理函数是一种特殊的动作，它用于处理或管理诸如 on，onClipEvent，mouseDown 或 load 等事件。

事件处理函数共有两类：事件处理函数方法和事件侦听器。在动作工具箱中，每个具有事件处理函数方法或事件侦听器的动作脚本对象都有一个名为 Events 或 Listeners 的子类别，且有些命令既可以用于事件处理函数，也可以用于事件侦听器。

12．函数

函数是可以传送参数并能返回值的可重复使用的代码块。例如，getProperty 函数可以传送动画片段名和属性，并返回这些属性的值。

13．构造函数

构造函数是用于初始化（定义）类的属性和方法的函数。根据定义，构造函数是类定义中与类同名的函数。例如，以下代码定义了一个 Person 类并实现一个构造函数。在面向对象编程中，构造函数初始化类的每个新实例。

类的构造函数是一个特殊的函数，使用 new 运算符创建类的实例时将自动调用该函数。构造函数的名称与包含它的类的名称相同，例如，创建的 Person 类包含下面的构造函数。

```
//Person 类构造函数
public function Person (uname:String, age:Number) {
  this.__name = uname;
  this.__age = age;
}
```

14．数据类型

数据类型描述变量或 ActionScript 元素可以包含的值的种类，及可以对其执行的各种操作。在创建变量、对象实例和定义函数时，使用数据类型来指定要使用的数据的类型。在编写 ActionScript 时可以使用多种不同的数据类型，包括字符串、数字、布尔值、对象、影片剪辑、函数、空值和未定义。

15．常数

常数是一个用于表示其值永远不会改变的属性的变量，例如，常数 Key.ENTER 代表键盘上的 ENTER 键，常数主要用于数值的比较。

16．关键字

关键字是有特定意义的保留字。关键字不能用作标识符（例如变量、函数或标签名称），也不能在 FLA 文件中的其他位置将它们用作其他目的（例如实例名称）。

17．运算符

运算符是指定如何组合、比较或更改表达式中的值的字符。使用它，可以从一个或多个值中计算出一个新的值，如下面的语句即为使用“＝”运算符为变量赋值。

```
var username:String = "Gus";
```

18．标识符

标识符是用来标明变量、属性、对象、函数或方法的名称。标识符的第一个字符必须是字母、下画线或$符号，其后的字符必须是字母、数字、下画线或$符号。例如，box 就是一个变量的名称。

19．变量

变量是存储任一数据类型值的标识符。变量可以被创建、更改或更新，且其值可以被多次更改。例如在下面的示例中，“＝”左边的标识符即为变量。

```
y=1;
x=x+1;
name="Gus";
c_color=new Color(mcinstanceName);
```

20. 布尔值

布尔值用来判断是否满足某个条件，其结果只能是真或假。

9.4 ActionScript 的语法

与其他的编程语言一样，ActionScript 也有自己的语法规则，用户在创建动作脚本时，必须遵守这些语法规则，才能创建出正确的脚本。

9.4.1 点

在 ActionScript 中，使用点语法可指示与对象或影片剪辑相关的属性或方法，还可以用它来确定影片剪辑、变量、函数或对象的目标路径。点语法表达式以对象或影片剪辑的名称开头，后面跟着一个点，以要指定的元素结尾。

例如，_x 影片剪辑属性指示影片剪辑在舞台上的 x 轴位置，表达式 boxMC._x 引用影片剪辑实例 boxMC 的_x 属性，boxMC._play()引用影片剪辑实例的 play()方法。

点语法有两个特殊的别名：_root 和_parent。别名_root 指的是主时间轴，可以使用_root 别名创建一个绝对目标路径。别名_parent 用于引用当前对象嵌入到的影片剪辑，也可以使用它创建相对目标路径。

9.4.2 斜杠语法

斜杠语法在 Flash 3 和 Flash 4 中表示影片剪辑或变量的目标路径。此语法受 Flash Player 6 和更低版本中的 ActionScript 1.0 支持，但它不受 ActionScript 2.0 和 Flash Player 7/Flash Player 8 的支持。

9.4.3 大括号、小括号与分号

使用大括号可以将 ActionScript 事件、类定义和函数组合成块；使用小括号可以设置函数的参数；使用分号可以结束语句的输入。

1. 大括号

如果用户要创建事件、类定义和函数的组合块，可以使用大括号。如下所示的示例将使用大括号在对象内创建和定义属性，在该例中，属性在对象中是通过在大括号{}中指定变量名来定义的。

```
var myObject:Object = {id:"cst94121", firstName:"John", middleName:"H.", lastName:"Doe"};
var i:String;
for (i in myObject) {
    trace(i + ": " + myObject[i]);
}
/*
    id：cst94121
    名：John
```

```
    中间名：H.
    姓：Doe
*/
```

2. 小括号

在 ActionScript 中定义函数时，可以将参数放在小括号里，代码如下所示：

```
function myFunction(myName:String, myAge:Number, happy:Boolean):Void {
}
```

如果要调用函数，必须要将传递给该函数的所有参数都包含在小括号中，如下所示：

```
myFunction("Carl", 78, true);
```

使用小括号可以覆盖 ActionScript 的优先顺序或增强 ActionScript 语句的可读性，因此可通过在某些值两边加小括号来改变计算值的顺序，如下所示：

```
var computedValue:Number = (circleClip._x + 20) * 0.8;
```

由于优先顺序的存在，如果未使用小括号或使用两个单独的语句，则将首先计算乘法，这意味着首先计算 20*0.8，然后将结果 16 添加到 circleClip._x 的当前值中，并将其赋予 computedValue 变量。

如果不使用小括号，则必须添加一条语句来计算表达式，如下所示：

```
var tempValue:Number = circleClip._x + 20;
var computedValue:Number = tempValue * 0.8;
```

同使用中括号和大括号一样，需要确保每个左小括号都对应一个右小括号。

3. 分号

ActionScript 语句以分号“;”结束，如下所示：

```
var myNum:Number = 50;
myClip._alpha = myNum;
```

也可以省略分号字符，ActionScript 编译器会认为每行代码表示单个语句。不过，最好还是使用分号，因为这样可使用户的代码可读性更好。在动作面板或脚本窗格中单击“自动套用格式”按钮，可将分号加到语句的结尾。

用户还可以使用分号分隔 for 循环中的参数。例如，下面的代码表示将从 0 循环到 9，然后在输出面板中显示每个数字。

```
var i:Number;
for (i = 0; i < 10; i++) {
    trace(i); // 0,1,...,9
}
```

9.4.4 字母的大小写

在 Flash 8 中编写 ActionScript 时，所有的关键字、类名、变量等均区分大小写，即如果变量的大小写不同，将被视为不同的变量，如下所示：

```
//使用混合的大小写字母
var firstName:String = "Jimmy";
```

```
//全部使用小写字母
trace(firstname); // undefined
//设置两个不同对象的属性
cat.hilite = true;
CAT.hilite = true;
//创建 3 个不同的变量
var myVar:Number = 10;
var myvar:Number = 10;
var mYvAr:Number = 10;
```

9.4.5 关键字

关键字是在 ActionScript 中用于执行一项特定操作的单词，例如，var 关键字用于声明变量，如下所示：

```
var myAge:Number = 26;
```

关键字是具有特定含义的保留字，例如，使用 class 关键字可以定义一个新的 ActionScript 类。

关键字不能用作标识符，也不能在 FLA 文件中的其他位置将它们用作其他用途（例如不能用于实例的名称）。如表 9.1 所示即为动作脚本中有特殊含义的关键字。

表 9.1 动作脚本关键字

动作脚本关键字	动作脚本关键字	动作脚本关键字	动作脚本关键字
break	continue	delete	else
for	function	if	in
new	return	this	typeof
var	void	while	with
class	implements	intrinsic	static

9.4.6 注释

注释使用简单易懂的句子对代码进行解释，且编译器不会对注释进行求值计算。可以在代码中使用注释来描述代码的作用或描述返回到文档中的数据。注释必须清楚地解释代码的意图，而不仅仅是翻译代码。如果代码中有些内容阅读起来含义不明显，则应对其添加注释。

1. 单行注释

如果要在某一行或某一行的某个部分添加注释，可在注释前添加双斜杠//，如下所示：

```
on(release){
//创建新的 Date 对象
my Date=new Date();
currentMonth=my Date.getMonth();
}
```

2. 多行注释

对于长度为几行的注释，可以使用多行注释。通常使用多行注释描述文件、数据结构、方法和文件说明，且这类注释一般放在文件的开头和方法的前面或内部。

创建多行注释时，可在注释行的开头添加/*，在注释行的末尾添加*/，而无须在每一行的开头都添加//，如下所示：

```
/*
下面的 ActionScript 初始化在主菜单或子菜单系统中使用的变量，变量被用来跟踪单击了哪些选项。
*/
```

提示：如果将注释字符（/*和*/）置于注释开头和结尾处的独立的行上，则通过在注释字符之前放置双斜杠字符（//）可以很容易地将这些注释字符注释掉（例如，///*和//*/）。这些使用户能够快速且容易地对代码进行注释和取消注释。

用户也可以通过将大段脚本放在注释块中，将部分脚本改为注释，来测试脚本的特定部分。例如，当以下脚本运行时，将不执行注释块中的任何代码。

```
//以下代码运行
var x:Number = 15;
var y:Number = 20;
//以下的代码被注释掉了，将不会运行。
/*
//创建新的 Date 对象
var myDate:Date = new Date();
var currentMonth:Number = myDate.getMonth();
//将月份数转换为月份名称
var monthName:String = calcMonth(currentMonth);
var year:Number = myDate.getFullYear();
var currentDate:Number = myDate.getDate();
*/
//以下代码运行
var namePrefix:String = "My name is";
var age:Number = 20;
```

3．尾随注释

尾随注释用于在代码所在的行内添加注释。这些注释与 ActionScript 代码出现在同一行。通常使用尾随注释指示变量包含的值，或注释一行 ActionScript 返回的值。尾随注释的格式如下：

```
var myAge:Number = 26; //表示年龄的变量
```

在代码右边留出空格，然后再写注释，以便读者能区分注释和代码，且尽可能使注释与注释相互对齐，如下面的代码所示：

```
var myAge:Number = 28;                  //我的年龄
var myCountry:String = "Canada";        //我的国家（地区）
var myCoffee:String = "Hortons";        //我最喜爱的咖啡
```

在动作面板中单击“自动套用格式”按钮，尾随注释会移至下一行。用户可在设置代码格式之后再添加尾随注释，否则单击该按钮后，必须重新修改注释的位置。

9.4.7 常数

常数是 ActionScript 语法的重要组成部分。常数具有固定的值（无法改变的值），因此它们在整个应用程序中都将不会改变。

ActionScript 中包含多个预定义的常数，例如，常数 BACKSPACE，ENTER，SPACE 和 TAB 是 Key 类的属性，代表键盘中的按钮。

如果要测试用户是否按下了“Enter”键，可以使用下面的语句。

```
var keyListener:Object = new Object();
keyListener.onKeyDown = function() {
    if (Key.getCode() == Key.ENTER) {
        trace("Are you ready to play?");
    }
};
Key.addListener(keyListener);
```

要使上面的 ActionScript 正常运行，必须在创作环境中禁用快捷键。选择 控制(O) → 测试影片(M) 命令，将动画导出并播放，在播放窗口中选择 控制(O) → 禁用快捷键 命令。

在 ActionScript 中，常数应为大写字母，且应使用下画线分隔单词，如下所示：

```
var BASE_URL:String = "http://www.macromedia.com"; //常数
var MAX_WIDTH:Number = 10; //常数
```

9.5 数 据 类 型

数据类型用于描述变量或动作脚本可以存储的信息种类。在 Flash 8 中，内置了两种数据类型，即原始数据类型和引用数据类型。

原始数据类型是指字符串、数字和布尔值等，它们都有一个常数值，因此，可以存储它们所代表元素的实际值。

引用数据类型是指影片剪辑和对象，它们的值可能发生改变，因此，它们包含对该元素的实际值的应用，下面将介绍一些常用的原始数据类型的概念及用途。

9.5.1 字符串

字符串是字母、数字和标点符号等字符的序列。在动作脚本语句中，可以将字符串放在单引号或双引号内，且字符串被看做字符，而不是变量。例如，在下面的语句中，"U5"是一个字符串。

```
favoriteBand="U5"
```

在动作脚本中，用户可以使用加法运算符连接或合并两个字符串，且当该字符串前面或后面有空格时，也将空格看做字符串的一部分来处理。例如：

```
running="run"+"ning";
```

如果要在字符串中包含引号，可在它前面加上反斜杠字符“\”，将该字称为字符转义。

9.5.2　数字

数字是双精度浮点数，可以使用算术运算符+（加）、－（减）、×（乘）、/（除）、%（取模）、++（递增）和－－（递减）等来处理数字，也可以使用内置的 Math 和 Number 类的方法来处理。例如，使用 sqrt()方法返回数字 64 的平方根：Math.sqrt(64)。

9.5.3　布尔值

在动作脚本中，布尔值经常与逻辑运算符或比较运算符配合使用，通过判断某个条件是否成立来控制程序的流程。它的值只有两个，一个为真，另一个为假。

9.5.4　数组

数组可以包含多个值，例如：myArray=["box","book","apple"]，myArray 数组中就包含 3 个字符串，且数组中内容的类型也可以不同，但用户在使用时必须知道每个元素的数据类型，以避免处理时出现错误。

在 Flash 中，还可以对空数组赋值，如 myEmptyArray=new Array()。

9.5.5　对象

对象是属性的集合，每个属性都有名称和值，属性值可以是任何的数据类型。可以使用（.）运算符来指定对象及其属性，如下所示：

employee.weeklySatts.hoursWorked

在该代码中，hoursWorked 是 weeklySatts 的属性，而后者又是 employee 的属性。

影片剪辑的类型为对象，它是唯一引用图形元素的数据类型，该类型的数据允许用户使用影片剪辑类的方法控制影片剪辑元件。

9.6　变量、表达式和运算符

在 Flash 中编写动作脚本，离不开变量、表达式和运算符的使用，本节对相关知识进行介绍。

9.6.1　变量

变量是相对于常量来说的，用户可以对变量任意赋值。可以将变量看成是存储信息的容器，容器本身是不变的，但其内容可以改变。

在首次定义变量时，可以为该变量赋一个已知的值，即初始化变量，且变量的初始化通常在动画的第 1 帧进行。对变量进行初始化，有助于在播放动画时跟踪和比较变量的值。

变量中可以存储任意类型的数据，它里面存储的数据类型会影响该变量的值发生不同的变化。

1．变量的命名

用户在对变量进行命名时，必须遵守以下规则。

（1）变量名必须是一个标识符。

（2）变量名不能使用关键字和动作脚本文本。

（3）变量名在其作用范围内必须是唯一的。

2．变量的作用范围

根据变量作用范围的不同，可以将变量分为两种，即全局变量和局部变量。

（1）全局变量：全局变量为通常使用的变量，可以在所有时间轴中共享，它不用声明，就可以直接使用，只要其名称不相同就可以。

（2）局部变量：局部变量用在自定义函数中，其作用范围仅在使用它们的区域内有效。局部变量可以使用和全局变量相同的名称，它们不会发生冲突。

9.6.2　表达式

表达式是指用运算符将常量、变量和函数以一定的运算规则组织在一起的句子。表达式可以分为 3 种类型，分别是算术表达式、字符串表达式和逻辑表达式。

9.6.3　运算符

运算符是指能够对常量和变量进行运算操作的符号。在 Flash 8 中，运算符包括数值运算符、比较运算符、字符串运算符、逻辑运算符、位运算符、等于运算符、赋值运算符、点运算符和数组访问运算符。

1．数值运算符

数值运算符可以执行算术运算。数值运算符包括＋（加法）、－（减法）、×（乘法）、/（除法）、%（取模）、++（递增）和－－（递减）运算符。

2．比较运算符

比较运算符用于比较表达式的值，并返回布尔值真或假。比较运算符包括<（小于）、>（大于）、>=（大于等于）、<=（小于等于），该类型的运算符主要用于循环和条件语句之中。

3．字符串运算符

字符串运算符“+”用于将两个字符串操作数连接起来。

4．逻辑运算符

逻辑运算符用于对布尔值进行比较，并返回第三个布尔值。逻辑运算符包括&&（逻辑与）、||（逻辑或）和!（逻辑非）。逻辑运算符常与比较运算符配合使用，来确定 if 动作的条件。

5．位运算符

位运算符用于处理内部浮点数，将它们转换为 32 位整数进行运算。位运算符包括&（位与）、|（位或）、^（位异或）、~（位非）、<<（左移位）、>>（右移位）和>>>（填 0 右移位）运算符。

6．等于运算符

等于运算符（==）用于确认两个操作数的值或标志是否相等，并返回一个布尔值。如果操作数为数字、字符串或布尔值，将按照值进行比较；如果操作数是对象或数组，将按照引用进行比较。

等于运算符包括==（等于）、!=（不等于）、!==（不全等）和===（全等）。

7．赋值运算符

赋值运算符可以为变量赋值，如 password="123"；使用赋值运算符可以给同一表达式中的多个变量赋值，如 a=z=c；还可以使用复合赋值运算符联合多个运算，如 b=b+9。赋值运算符包括=（赋值）、*=（相乘后赋值）、<<=（按位左移位后赋值）、^=（按位异或后赋值）、+=（相加后赋值）、%=（求模后赋值）、>>=（按位右移后赋值）、|=（按位或后赋值）、－=（相减后赋值）、/=（相除后赋值）、>>>=（右移位填 0 后赋值）和&=（按位与后赋值）。

8．点运算符和数组访问运算符

在 Flash 中，可以使用点运算符和数组访问运算符来访问内置或自定义的动作脚本对象的属性，其中也包括影片剪辑的属性。

9.7　事　　件

事件是动作脚本中的触发器，因此，事件也是制作交互式动画的基础。在 Flash 8 中，包括 3 种类型的事件，分别为鼠标事件、关键帧事件和影片剪辑事件。

9.7.1　鼠标事件

用户与动画或应用程序交互时，会触发鼠标事件。鼠标事件包括 Down 鼠标事件、Release 鼠标事件、Release Outside 鼠标事件、Roll Over 鼠标事件、Roll Out 鼠标事件、Drag Over 鼠标事件和 Drag Out 鼠标事件。

1．Down 鼠标事件

当用户将鼠标移到一个按钮上并单击该按钮时，此事件将被触发。

2．Release 鼠标事件

当用户将鼠标指针移出该按钮的可单击区域时，此事件将被触发。

3．Release Outside 鼠标事件

当用户将鼠标指针移到按钮上单击，并移出该按钮的可单击区域时，此事件将被触发。

4．Roll Over 鼠标事件

当用户将鼠标指针移到按钮上，但并没有单击时，此事件被触发。

5．Roll Out 鼠标事件

当用户将鼠标指针移出按钮的可单击区域时，此事件被触发。

6．Drag Over 鼠标事件

当用户将鼠标指针从按钮的可单击区域移出，单击后移回该按钮的可单击区域时，此事件被触发。

7．Drag Out 鼠标事件

当用户单击按钮后，将鼠标指针从按钮的可单击区域里移出时，此事件被触发。

9.7.2 关键帧事件

在主时间轴或影片剪辑时间轴上，当播放头进入关键帧时会发生系统事件，该类事件被称为关键帧事件。关键帧事件可用于根据时间的推移（沿时间轴移动）触发动作或与舞台上当前显示的元素交互。如果向一个关键帧中添加了一个脚本，则在回放期间到达该关键帧时将执行该脚本，附加到帧上的脚本称为帧脚本。

帧脚本中最常见的一种用法是在到达特定的关键帧后停止播放，这是使用 stop()函数实现的。可以先选择一个关键帧，然后将 stop()函数作为脚本元素添加到动作面板中即可。

9.7.3 影片剪辑事件

在影片剪辑中，可以响应进入或退出场景或使用鼠标或键盘与场景进行交互时触发的多个剪辑事件。影片剪辑事件包括以下几种：

Load：加载影片剪辑的时候触发。

EnterFrame：进入某个帧的时候触发。

Unload：卸载影片剪辑的时候触发。

Mouse Down：单击鼠标时触发。

Mouse Up：释放鼠标时触发。

Mouse Move：移动鼠标时触发。

Key Down：按下键盘中的键时触发。

Key Up：松开键盘中的键时触发。

Data：使用载入变量或载入影片的指令来接收资料的同时触发该事件。

9.8 函　　数

函数是用来对常量、变量等进行某种运算的方法，如获得对象的坐标位置和产生随机函数等，Flash 中的函数跟其他编程语言中函数的定义和作用基本相同。

9.8.1 使用函数

使用函数，可以方便地进行参数的传递。例如，如果某些按钮的功能相同，如果不使用函数，就必须为它们一一编写脚本。如果使用函数，就可以将脚本代码写在函数中，然后在其他地方调用该函数，这非常方便。即使代码全部改变，也只需要将函数中的参数改变即可。

函数一般使用在表达式中，如 functionName(argument list)，所有的函数都必须在函数名之后跟一对小括号。函数可以没有参数，也可以有一个或多个参数。例如，getTime()函数就没有参数。

9.8.2　自定义函数

在 Flash 中，用户不仅可以调用系统自带的内置函数，还可以自己定义函数。自定义函数和内置函数的使用方法基本一样，它们最大的区别在于，自定义函数除了可以返回一个值之外，还可以进行其他操作。

对于 Flash 内置函数，用户可以在任何时间、任何位置调用它；而由于自定义函数是定义在关键帧中的，因此，在调用该类函数时，如果是在自定义函数的同一个时间轴中调用，那么它的调用方法与内置函数相同；如果是在不同的时间轴中调用，那么必须在函数名前面加上它的路径，该路径既可以是相对路径，也可以是绝对路径。

9.9　动画的跳转

在 Flash 动画中，使用脚本语言中的循环语句和条件语句，可以控制动画从一个位置跳转到其他位置。

9.9.1　循环语句的使用

在交互式动画中，使用循环语句可使动画按指定的次数重复执行。循环语句包括 for 语句、for in 语句、while 语句和 do while 语句。

（1）for 语句。for 语句用于重复执行的次数已知的循环中。for 循环使用内置计数器重复动作，在 for 语句中，计数器和递增计数器的语句都是该 for 语句的一部分，用户可以使用下面的基本格式编写 for 语句。

```
for (init; condition; update) {
  // 语句;
}
```

在使用 for 循环时，必须要为 for 语句提供 3 个表达式：一个为设置了初始值的变量；一个为用于确定循环何时结束的条件语句；另一个为在每次循环中更改变量的表达式。例如，下面的代码循环 5 次，变量 i 的值从 0 开始以 4 结束，输出结果将是从 0 到 4 的 5 个数字，且每个数字各占一行。

```
var i:Number;
for (i = 0; i < 5; i++) {
    trace(i);
}
```

（2）for in 语句。该类型的语句仅和数组及对象一起使用，例如，下面的代码将循环访问一个通用对象的属性。

```
var myObj:Object = {x:20, y:30};
for (var i:String in myObj) {
    trace(i + ": " + myObj[i]);
```

```
}
```

此代码将在输出面板中输出以下信息：

```
x: 20
y: 30
```

（3）while 语句。该语句用于在某个条件成立时一直循环，直到条件不成立时退出。例如：下面的代码将数字显示到输出面板中。

```
var i:Number = 0;
while (i < 5) {
    trace(i);
    i++;
}
```

循环结束后，将会看到数字 0～4 显示在输出面板中。

（4）do while 语句。使用该语句可以创建与 while 循环类似的循环，但是，在 do while 循环中，是在代码块结束时计算表达式的值，因此该循环总是至少执行一次。例如，下面的代码显示了 do while 循环的一个简单示例，即使条件不满足也会生成输出结果。

```
var i:Number = 5;
do {
    trace(i);
    i++;
} while (i < 5);
//输出：5
```

9.9.2　条件语句的使用

在 Flash 中，使用条件语句可以控制当条件成立时执行某个操作。常用的条件语句包括 if 语句、if else 语句和 if else if 语句。

（1）if 语句。这是最简单的条件语句，用户可按以下规则书写 if 语句。

```
if（条件成立）
{
//将要执行的语句
}
```

（2）if else 语句。该语句是具有两个分支的条件语句。当满足设置条件的时候，执行一段程序，而当不满足条件时，则会执行另一段程序，用户可按以下规则书写该语句。

```
if（条件成立）
{
//条件成立时执行的语句
}
else
{
//条件成立时执行的语句
```

}

（3）if else if 语句。该语句是具有多个分支的条件语句，当满足某个条件的时候，执行其对应的程序。

```
if（条件 1 成立）
{
//条件 1 成立时执行的语句
}
else if（条件 2 成立）
{
//条件 2 成立时执行的语句
}
else if…
```

9.10　编写和调试动作脚本

在 Flash 中，用户可以使用动作面板编写动作脚本，也可以使用系统自带的调试器来查找使用播放器播放动画时出现的错误。

9.10.1　编写动作脚本

用户可以直接在动作面板中编写动作脚本，使用它编写脚本时，具有以下几个特点：

（1）在动作工具箱中的动作列表中用鼠标双击函数、语句等项目，或直接在脚本窗格中输入语句，即可为对象添加动作脚本。

（2）语法突出显示：当用户输入关键字时，将以不同于普通代码的颜色显示。

（3）显示代码提示：使用动作脚本编辑器时，Flash 可以检测到正在输入的动作并显示代码提示。

（4）单击脚本窗格上方的“语法检查”按钮和“自动套用格式”按钮，可以检查脚本的语法和格式化脚本。

9.10.2　调试动作脚本

用户可以使用调试器来查找播放动画时出现的错误。在菜单栏中选择控制(O)→调试影片(D)命令，即可打开调试器，如图 9.10.1 所示。

调试器中显示当前输出到播放器中的影片剪辑的分层显示列表，使用调试器用户可在播放动画时显示、修改变量和属性的值，并且可以使用断点停止动画并逐行跟踪动作代码。

图 9.10.1　调试器

9.11 课堂实战——制作心星闪耀

通过本章的学习，制作如图 9.11.1 所示的心星闪耀效果。

图 9.11.1 心星闪耀效果

操作步骤

（1）打开 Flash 8 应用程序，创建一个大小为 464 像素×330 像素，背景颜色为蓝色的 Flash 文档。

（2）在菜单栏中选择 文件(F) → 导入(I) → 导入到舞台(I)... 命令，在弹出的“导入”对话框中选择一幅图片，将其导入到舞台中。

（3）在工具箱中选择任意变形工具，使用该工具调整图片的大小，效果如图 9.11.2 所示。

（4）在菜单栏中选择 插入(I) → 新建元件(N)... 命令，在弹出的“创建新元件”对话框中创建一个名为“小圆”的图形元件。在该元件的编辑模式中，使用椭圆工具绘制如图 9.11.3 所示的圆。

图 9.11.2 调整导入图片的大小

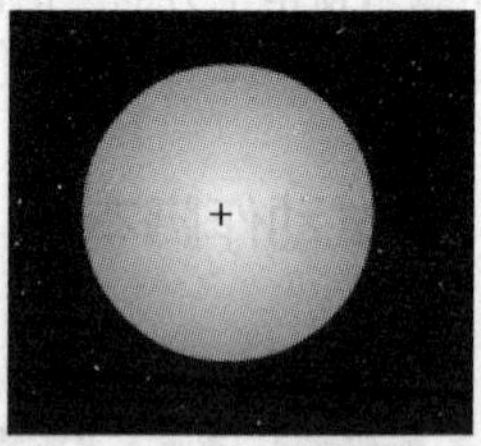

图 9.11.3 绘制的圆

（5）重复步骤（4）的操作，创建一个名为“星星”的图形元件。在该元件的编辑模式中，使用多角星形工具绘制如图 9.11.4 所示的星星。

（6）重复步骤（4）的操作，创建一个名为“变幻的星星”的影片剪辑元件。在该元件的编辑模式中，使用椭圆工具绘制如图 9.11.5 所示的圆。

（7）分别在该图层的第 35 帧和第 60 帧处按“F6”键插入关键帧，并将第 35 帧所对应的图形的颜色设置为红色。

（8）单击第 1 帧，在该帧属性面板中的补间下拉列表中选择“形状”选项，即可在第 1 帧至第 35 帧之间创建形状补间动画。依照该方法，在该图层的第 35 帧至第 60 帧之间创建形状补间动画。

图 9.11.4　绘制的星星

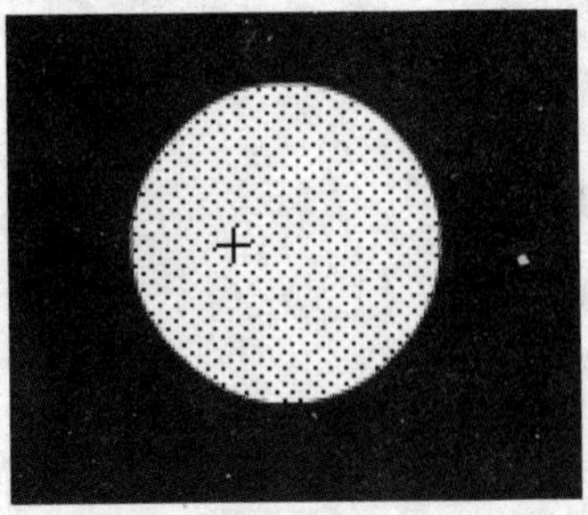

图 9.11.5　绘制的圆

（9）单击时间轴面板下方的“插入图层”按钮，新建图层 2。将库中的图形元件“星星”拖至舞台中，放置于舞台的中心，并将其透明度设置为 0。

（10）分别在该图层的第 7 帧和第 15 帧处按“F6”键插入关键帧，将第 15 帧所对应图形的透明度恢复至正常，并在这 3 个关键帧之间创建运动补间动画。

（11）分别选中该图层中的第 1 帧和第 7 帧，在其帧属性面板中将动画的旋转角度设置为顺时针，旋转次数设置为 1。

（12）重复步骤（9）的操作，新建图层 3。将库中的图形元件“小圆”拖至舞台中，放置于舞台中心，并将其透明度设置为 0。

（13）分别在该图层的第 7 帧、第 15 帧和第 40 帧处按“F6”键插入关键帧，将第 15 帧和第 40 帧对应图形的透明度恢复至正常，并在第 1 帧和第 7 帧及第 7 帧和第 15 帧之间创建运动补间动画。

（14）单击选中第 40 帧，按“F9”键打开动作面板，在该面板中输入语句 realactive = active;。

（15）重复步骤（4）的操作，创建一个名为“背景”的影片剪辑。在该影片剪辑的编辑模式中，使用椭圆工具绘制如图 9.11.6 所示的圆。

（16）重复步骤（4）的操作，创建一个名为“动作”的影片剪辑。在该影片剪辑的编辑模式中，将库中的影片剪辑“背景”拖至舞台中，创建该元件的多个实例，并将这多个元件实例放置成心形，如图 9.11.7 所示。

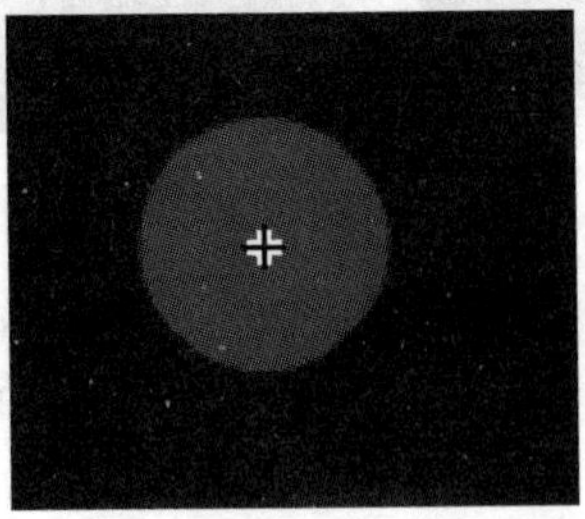

图 9.11.6　绘制的圆

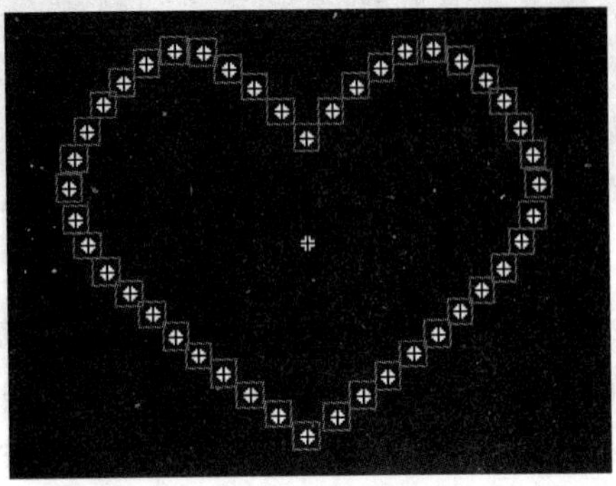

图 9.11.7　将元件实例放置成心形

（17）重复步骤（9）的操作，新建图层 2。将库中的影片剪辑“变幻的星星”拖至舞台，放置于如图 9.11.8 所示的位置。

（18）单击按钮，返回至主场景。单击时间轴面板下方的“插入图层”按钮，新建图层 2。

将库中的影片剪辑“动作”从库中拖至舞台中，置于如图 9.11.9 所示的位置。

图 9.11.8　将图形元件拖至舞台中

图 9.11.9　影片剪辑元件的位置

（19）重复步骤（18）的操作，新建图层 3。在工具箱中选择文本工具，在该工具属性面板中设置参数，如图 9.11.10 所示。

图 9.11.10　设置文本工具的参数

（20）在图层 3 的第 30 帧处按“F6”键插入关键帧，使用文本工具在舞台中输入字母“I”，在工具箱中选择任意变形工具，使用该工具调整文字的旋转角度，效果如图 9.11.11 所示。

（21）重复步骤（20）的操作，分别在第 40 帧和第 50 帧处输入字母“LOVE”和“YOU”，并调整它们至合适的位置，如图 9.11.12 所示。

图 9.11.11　调整字母的旋转角度

图 9.11.12　输入其他字母

（22）在按住“Shift”键的同时将图层 3 中第 30 帧至第 50 帧之间的所有帧选中，单击鼠标右键，在弹出的快捷菜单中选择复制帧命令。在该图层的第 60 帧处单击鼠标右键，在弹出的快捷菜单中选择粘贴帧命令，将复制的帧粘贴至第 60 帧至第 80 帧处。

（23）分别将第 60 帧、第 70 帧和第 80 帧处的字母选中，将它们的颜色更换为绿色。将图层 1、图层 2 和图层 3 中的第 90 帧选中，按“F5”键插入普通帧。

（24）至此，该动画制作完成，按“Ctrl+Enter”快捷键将影片导出。用鼠标在画面上单击，稍等片刻，效果如图 9.11.1 所示。

本 章 小 结

本章主要讲解了交互动画的基础知识，包括动作脚本的概述、动作面板的操作、ActionScript 的常用术语、语法及数据类型、事件及函数的应用。通过本章的学习，用户应掌握 ActionScript 的用法并能制作交互动画。

操 作 练 习

一、填空题

1．在 Flash 8 中，类由________和成员函数组成。

2．在动作脚本中，数据类型被分为________、________、________、________和对象。

3．在 Flash 8 中，用户可以使用________来输入动作脚本。

二、选择题

1．在 Flash 8 中，按（　）键，可快速打开动作面板。

（A）F2　　（B）F3

（C）F5　　（D）F9

2．在 Flash 8 中，可创建（　）种类型的注释。

（A）1　　（B）2

（C）3　　（D）4

3．鼠标事件包括（　）种类型的事件。

（A）7　　（B）6

（C）5　　（D）4

4．Load 事件是在（　）时被触发。

（A）加载影片剪辑　　（B）卸载影片剪辑

（C）单击鼠标　　（D）释放鼠标

三、上机操作题

试利用脚本语言创建交互式动画。

第 10 章　组　　件

Flash 8 中的组件是基于 Macromedia Component Architecture（第 2 版）构建的。使用它，可以轻松而快速地构建功能强大且具有一致外观和行为的应用程序。此外，用户可以自定义组件外观的样式，从而满足设计需求。

知识要点

- 组件概述
- 组件的使用

10.1　组 件 概 述

组件是带参数的影片剪辑，因此，用户可以修改它们的外观和行为。即使用户对 ActionScript 没有深入的理解，也可以使用组件构建复杂的应用程序，下面将介绍常用组件的类型及功能。

10.1.1　用户界面（UI）组件

使用用户界面组件，可以十分方便地在 Flash 中创建简单的交互元件，如表 10.1 所示即为用户界面组件。

表 10.1　用户界面组件

组件名称	组件功能
Accordion 组件	一组垂直的、互相重叠的视图，视图顶部有一些按钮，用户利用这些按钮可以在视图之间进行切换
Alert 组件	一个窗口，用于显示消息并提供捕获用户响应的按钮
Button 组件	一个大小可调整的按钮，可使用自定义图标来自定义
CheckBox 组件	允许用户进行布尔值选择（真或假）
ComboBox 组件	允许用户从滚动的选择列表中选择一个选项。该组件可以在列表顶部有一个可选择的文本字段，允许用户搜索此列表
DataGrid 组件	允许用户显示和操作多列数据
DateChooser 组件	允许用户从日历中选择一个或多个日期
DateField 组件	一个不可选择的文本字段，并带有日历图标。当用户在组件的边框内单击时，Macromedia Flash 会显示一个 DateChooser 组件
Lable 组件	一个不可编辑的单行文本字段
List 组件	允许用户从滚动列表中选择一个或多个选项
Loader 组件	一个包含已载入的 SWF 或 JPEG 文件的区块
Menu 组件	一个标准的桌面应用程序菜单，允许用户从列表中选择一个命令
MenuBar 组件	水平的菜单栏

续表

组件名称	组件功能
NumericStepper 组件	一个带有调节按钮的下拉列表框，单击调节按钮可增大或减小数字的值
ProgressBar 组件	显示一个过程（例如加载操作）的进度
RadioButton 组件	允许用户在相互排斥的选项之间进行选择
ScrollPane 组件	使用自动滚动条在有限的区域内显示影片剪辑、位图和 SWF 文件
TextArea 组件	一个可以随意编辑的多行文本字段
Text Input 组件	一个可以随意编辑的单行文本输入字段
Tree 组件	允许用户处理分级信息
Window 组件	一个可拖动的窗口，带有标题栏、题注、边框、“关闭”按钮和内容显示区域
UIScrollBar 组件	允许将滚动条添加至文本字段

10.1.2　媒体组件

使用媒体组件，用户可以将媒体导入到应用程序中，如表 10.2 所示即为媒体组件。

表 10.2　媒体组件

组件名称	组件功能
FLVPlayback 组件	用于将视频播放器放置于 Flash 应用程序中，以便通过 HTTP 从 Flash Video Streaming Service（FVSS）或从 Flash Communication Server（FCS）播放渐进式视频流
MediaController 组件	在应用程序中控制媒体流的播放
MediaDisplay 组件	在应用程序中显示媒体流
MediaPlayback 组件	MediaDisplay 和 MediaController 组件的结合

10.1.3　管理器组件

管理器是不可见的组件，用户可以使用这些组件在应用程序中管理如焦点或深度之类的功能，如表 10.3 所示即为管理器组件。

表 10.3　管理器组件

组件名称	组件功能
DepthManager	管理对象的堆叠深度
FocusManager	处理组件间的“Tab”键导航，还可以处理当用户在应用程序中单击时的焦点变化
PopUpManager	允许用户创建和删除弹出式窗口
StyleManager	允许用户注册样式和管理继承的样式
SystemManager	允许用户管理激活哪个顶层窗口
TransitionManager	使用户可以管理幻灯片和影片剪辑的动画效果

10.1.4　数据（Data）组件

使用数据组件可以加载和处理数据源的信息，如表 10.4 所示即为数据组件。

表 10.4 数据组件

组件名称	组件功能
数据绑定类	可实现 Flash 运行时数据绑定功能的类
DataHolder 组件	保存数据，并可用做组件之间的连接器
DataProvider API 组件	数据线性访问列表的模型，它提供简单地用于广播数据更改的数组操作功能
DataSet 组件	一个构造块，用于创建数据驱动的应用程序
RDBMSResolver 组件	用于将数据保存至其支持的数据源。该组件创建一个 XML 更新数据包，可以使用该组件将数据更新发送到您编写的可解析 XML，并依据数据库生成 SQL 语句的任何对象
Web 服务类	允许访问使用简单对象访问协议（SOAP）的 Web 服务的类，这些类位于 mx.services 包中
WebServiceConnector 组件	提供对 Web 服务方法调用的无脚本访问
XMLConnector 组件	使用 HTTP GET 和 POST 方法来读写 XML 文档
XUpdateResolver 组件	用于将数据保存至其支持的数据源。此组件将增量数据包翻译为 XUpdate

10.1.5 屏幕组件

使用屏幕组件可以控制 Flash 中的表单和滑块，如表 10.5 所示即为屏幕组件。

表 10.5 屏幕组件

组件名称	组件功能
Form 类	用于在运行时操作表单应用程序屏幕
Screen 类	Slide 和 Form 类的基类
Slide 类	用于在运行时操作幻灯片演示屏幕

10.2 组件的使用

在 Flash 8 中，用户可以在创作的过程中利用组件面板将选中的组件添加到文档中，还可以在属性面板或组件检查器面板中查看组件的属性。

10.2.1 组件面板

组件面板是管理和应用组件的核心，在菜单栏中选择 窗口(W) → 组件(C) 命令，即可打开组件面板，如图 10.2.1 所示。

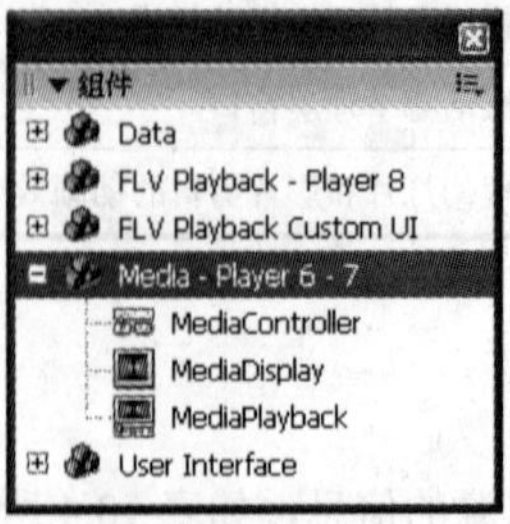

图 10.2.1 组件面板

组件面板中包括常用的组件，单击组件名称左侧的“＋”符号，即可弹出该组件的下拉列表。用户可在该列表中选择相应的组件，将其拖到库面板中，即可使用该组件。

10.2.2　组件属性面板

用户可以使用组件属性面板设置组件的参数。用户在组件面板中选择一个组件，将其拖动到舞台中，即可创建该组件的一个实例。在工作窗口下方单击 参数 标签，即可打开该组件实例的属性面板，如图 10.2.2 所示，该面板中显示了当前选中组件实例的信息，用户可以根据需要对其进行更改。

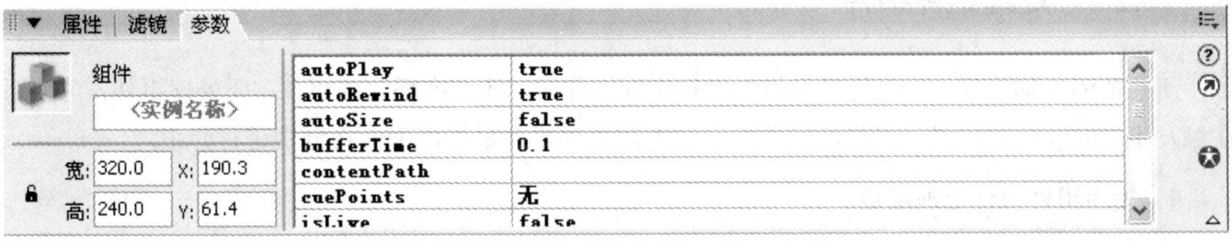

图 10.2.2　“组件”属性面板

10.2.3　组件检查器

用户将组件的一个实例添加到 Flash 文档中后，可以在该实例的属性面板中来设置和查看实例的相关信息，也可以使用组件检查器来设置实例的参数，具体操作步骤如下：

（1）在菜单栏中选择 窗口(W) → 组件检查器(R) 命令，即可打开组件检查器，如图 10.2.3 所示。

（2）单击组件检查器中名称列中的任意一项，就可在其右侧的值对应的列中设置它的值，如图 10.2.4 所示。

图 10.2.3　组件检查器

图 10.2.4　设置组件的参数

在 Flash 8 中，所有的组件都从 UIObject 和 UIComponent 类继承属性和方法，这些是所有组件都使用的属性和方法，例如 UIObject.setSize()和 UIObject.y 等。

提示： 设置组件的参数时，有时需要直接输入数字或文本，有时则可以选择指定的值，如 true 和 false，而有的参数需要在弹出的对话框中设置。

10.2.4 添加和删除组件

如果要向文档中添加组件，只须将组件面板打开，在其中选择需要添加的组件，将其拖到舞台中或者双击该组件即可。

用户还可以使用任意变形工具调整组件的大小，使用选择工具移动组件的位置，使其符合用户的需要。当某个组件不再使用时，可将其选中后按“Delete”键删除。

10.2.5 处理组件事件

所有的组件都有事件，在用户与组件进行交互操作时，即会广播这些事件。要处理事件，可编写在触发事件时执行的代码，用户可以通过两种方式处理组件事件，下面将分别进行介绍。

1．使用组件事件处理函数

处理组件事件最直接、最简单的方式就是使用 on()组件事件处理函数。用户可以将该函数分配给组件的实例，就像将处理函数分配给按钮或影片剪辑一样。

2．使用组件事件侦听器

处理组件事件最有效的方式是使用侦听器，具体操作步骤如下：

（1）首先创建一个侦听器对象。

（2）给侦听器对象分配一个处理事件的函数，该函数被称为回调函数。

（3）向组件实例注册侦听器，此时，可以向一个组件实例注册多个侦听器，也可以向多个组件实例注册一个侦听器。

（4）发生事件时，事件将由组件进行广播，注册到该组件的所有侦听器都会收到该事件的通知。

10.3 课堂实战——制作 MP3 播放器

应用本章所学知识，制作如图 10.3.1 所示的 MP3 播放器。

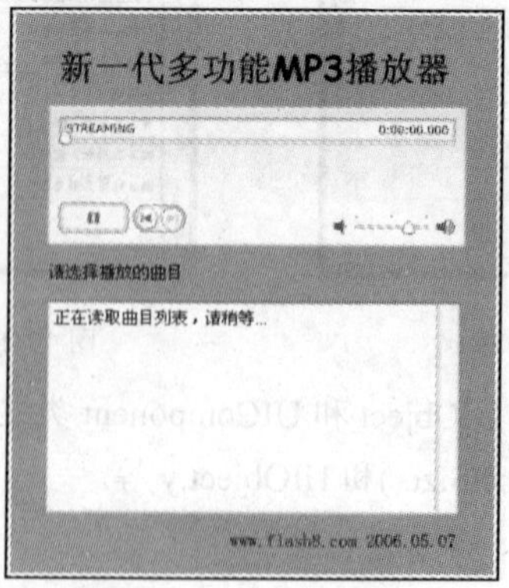

图 10.3.1 MP3 播放器

操作步骤

（1）打开 Flash 8 应用程序，新建一个大小为 350 像素×400 像素，背景色为橙色的 Flash 文档。

（2）在工具箱中选择矩形工具，将该工具的笔触颜色设置为白色，填充颜色设置为无，使用该工具在舞台中绘制一个与舞台大小相同的矩形。

（3）选择文本工具，在该工具属性面板中设置参数，如图 10.3.2 所示。

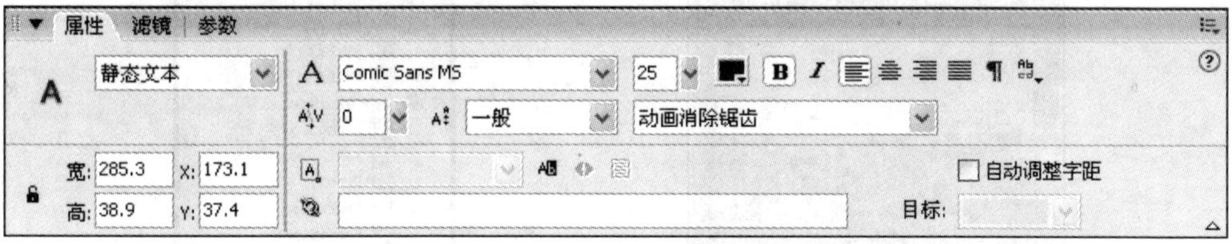

图 10.3.2　设置文本工具的参数

（4）使用该工具在舞台中输入文字，并使用选择工具将其移至合适的位置，如图 10.3.3 所示。

（5）在菜单栏中选择窗口(W)→组件(C)命令，打开组件面板，如图 10.3.4 所示。

图 10.3.3　创建的文字

图 10.3.4　组件面板

（6）在该面板中单击“Media-Player 6-7”选项左侧的图标将其展开，在展开后的列表中选择“MediaPlayback”选项，如图 10.3.5 所示。

（7）将该组件选中后拖到舞台中，选择窗口(W)→组件检查器(R)命令，打开组件检查器面板，在该面板中设置参数如图 10.3.6 所示。

图 10.3.5　选择“MediaPlayback”选项

图 10.3.6　设置参数

（8）设置好参数后，即可将其应用到该组件的实例中。使用任意变形工具调整实例至合适大小，效果如图 10.3.7 所示，并在其属性面板中将实例名称设置为“mp3”。

（9）在组件面板中单击“User Interface”选项左侧的 ⊞ 图标将其展开，在展开后的列表中选择“Label”选项，如图 10.3.8 所示。

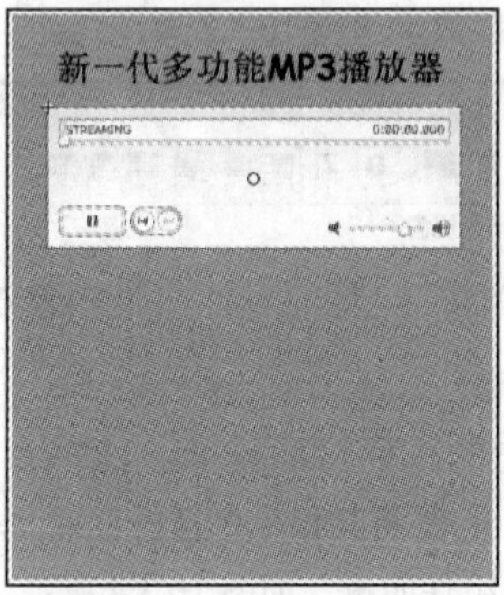

图 10.3.7　设置好参数后的效果

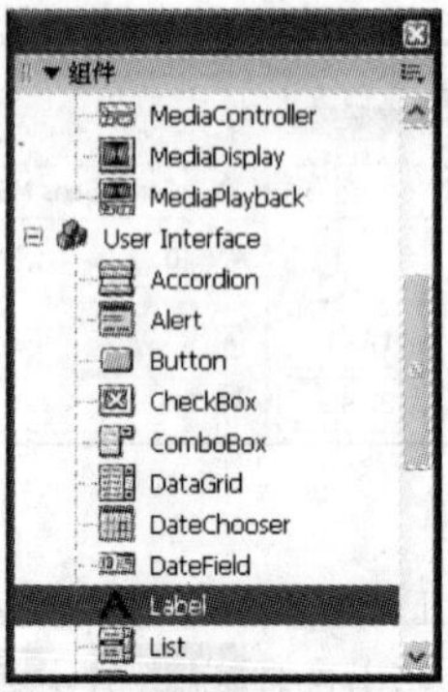

图 10.3.8　选择“Label”选项

（10）将其选中后拖到舞台中，并在组件检查器中设置如图 10.3.9 所示的参数，效果如图 10.3.10 所示，在该实例的属性面板中将实例名称设置为“title”。

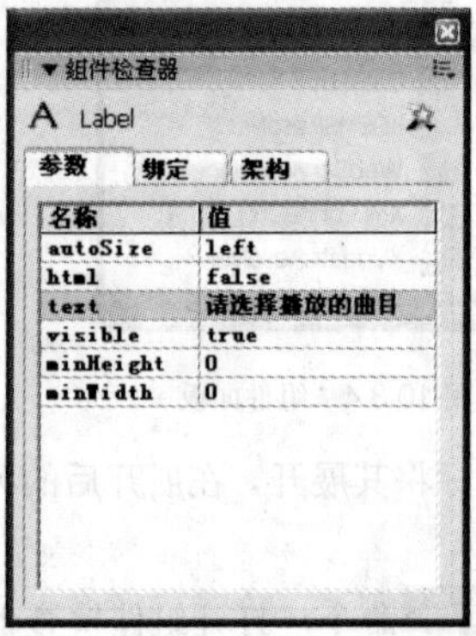

图 10.3.9　设置“Label”组件的参数

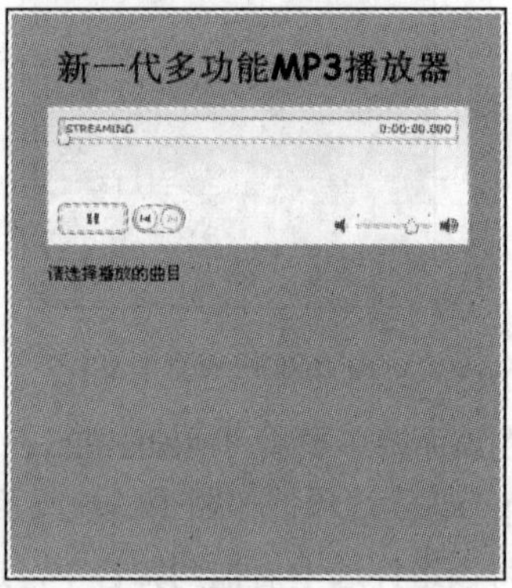

图 10.3.10　使用“Label”组件创建的实例

（11）按“Ctrl+F8”键，在弹出的“创建新元件”对话框中创建一个名为“连接”的按钮元件，如图 10.3.11 所示。

（12）在该元件的编辑模式中，使用文本工具在舞台中输入文字，如图 10.3.12 所示。

图 10.3.11　“创建新元件”对话框

图 10.3.12　输入的文字

（13）单击 按钮，返回至主场景。将库中的按钮元件拖至舞台中，放置于如图 10.3.13 所示的位置。

（14）按“F9”键打开动作面板，在该面板中输入如下语句：

```
on(release){
getURL("http://www.flash8.com","_blank")
}
```

（15）单击选择第 1 帧，按“F9”键打开动作面板，在该面板中输入如下语句：

```
System.useCodepage = true;          //解除乱码
onxml.trigger();
mymp3 = new Object();
mymp3.change = function() {
mp3.stop();
mp3.setMedia(list.selectedItem.data, "MP3");
mp3.play();
title.text="播放歌曲："+list.selectedItem.label;
};
list.addEventListener("change", mymp3);
fscommand("ShowMenu","fasle");          //隐藏右键大部分内容
myMenu.hideBuiltInItems();          //删除大多内置项，“设置”和“关于”除外
```

（16）在组件面板中单击“Data”左侧的 ⊞ 图标将其展开，在展开后的列表中选择“XML Connector”选项，如图 10.3.14 所示。

图 10.3.13　按钮元件的位置

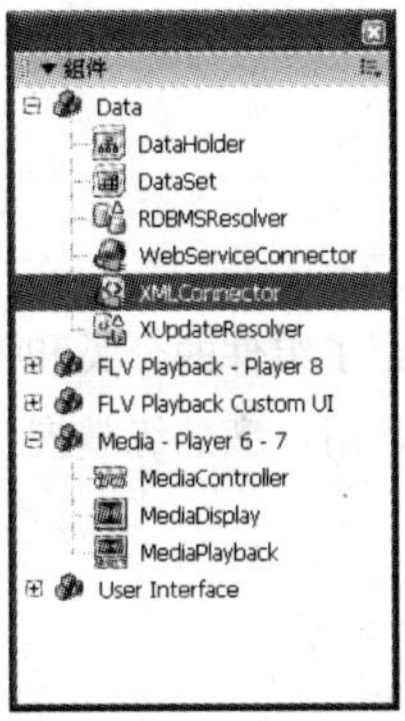

图 10.3.14　选择“XML Connector”选项

（17）将其选中后拖到舞台中，放置于合适的位置，并在属性检查器中设置参数，如图 10.3.15 所示。

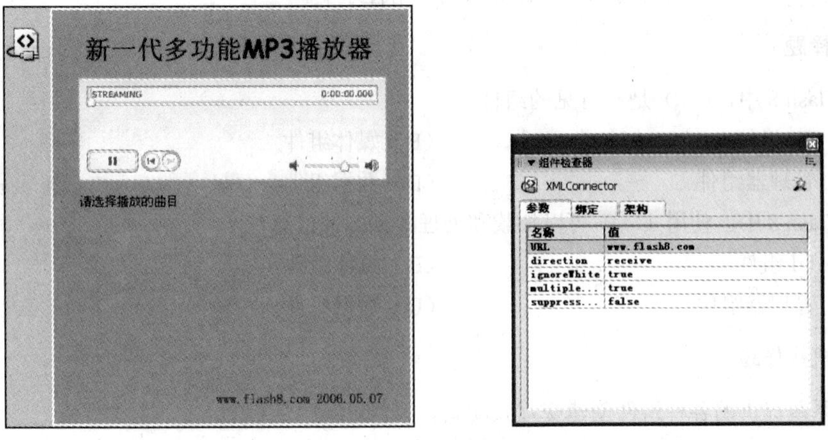

图 10.3.15　调整“XML Connector”组件位置并设置其参数

（18）在组件面板中的“User Interface”选项的列表区中选择“List”选项，如图 10.3.16 所示。将其选中后拖到舞台中，置于合适的位置，并在组件检查器面板中设置参数，效果如图 10.3.17 所示。

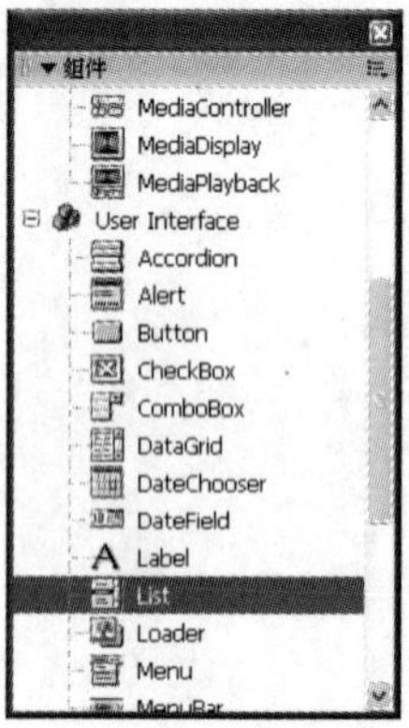

图 10.3.16　选择“List”选项

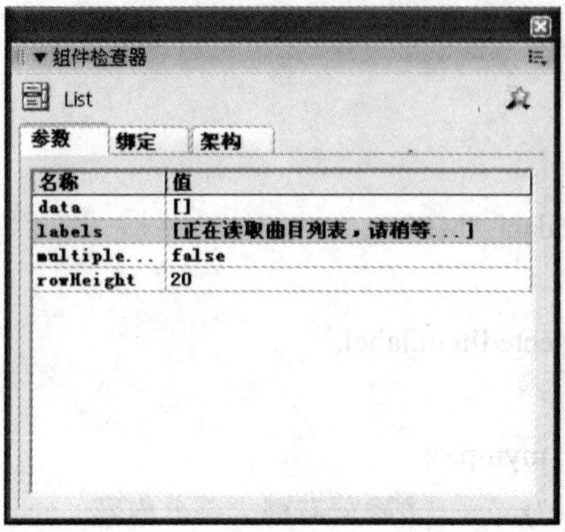
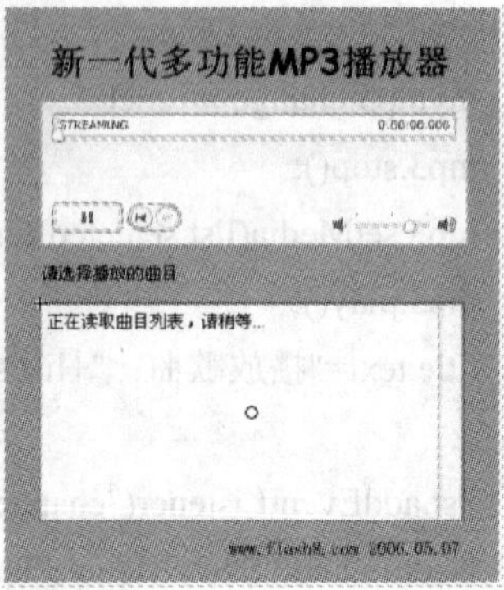

图 10.3.17　使用“List”组件创建的实例

（19）在该实例的属性面板中将该实例的名称设置为“List”，按“Ctrl+Enter”快捷键将文件导出，效果如图 10.3.1 所示。

本章小结

本章主要介绍了组件的分类和使用，包括组件概述、组件的添加、组件的删除、组件事件的处理。通过本章的学习，用户应熟练掌握几种常用组件的使用方法。

操作练习

一、填空题

1．使用＿＿＿＿＿，可以快速地在 Flash 中创建简单的交互元件。

2．使用＿＿＿＿＿，用户可以将媒体导入到应用程序中。

二、选择题

1．在 Flash 8 中，（　）是不可见的组件。

（A）UI 组件　　（B）媒体组件

（C）管理器组件　　（D）数据组件

2．在 Flash 8 中，使用（　）可以加载和处理数据源的信息。

（A）UI 组件　　（B）媒体组件

（C）管理器组件　　（D）数据组件

三、上机操作题

试利用系统提供的各种组件创建交互式动画。

第 11 章 使用音频和视频

在制作 Flash 动画的过程中，合理地加入声音，可以使动画效果更生动、更有感染力。除此之外，用户还可以将已经制作好的视频导入到用户的文件中，在动画中直接使用它。

知识要点

- 音频的使用
- 视频的使用

11.1 音频的使用

要在制作的 Flash 动画中添加声音，必须先将它导入到用户的库中，才能将其应用到创建的动画中，为动画添加声音，丰富动画的效果。

11.1.1 导入音频

在 Flash 中，可以导入 3 种格式的声音文件，分别为 WAV，AIFF 和 MP3 格式。导入声音的方法很简单，只须将声音文件导入到库中即可，具体操作步骤如下：

（1）在菜单栏中选择 文件(F) → 导入(I) → 导入到库(L)... 命令，弹出“导入到库”对话框，用户可在该对话框中选择一个声音文件，如图 11.1.1 所示。

（2）单击 打开(O) 按钮，即可将选中的声音文件导入到库中，如图 11.1.2 所示。

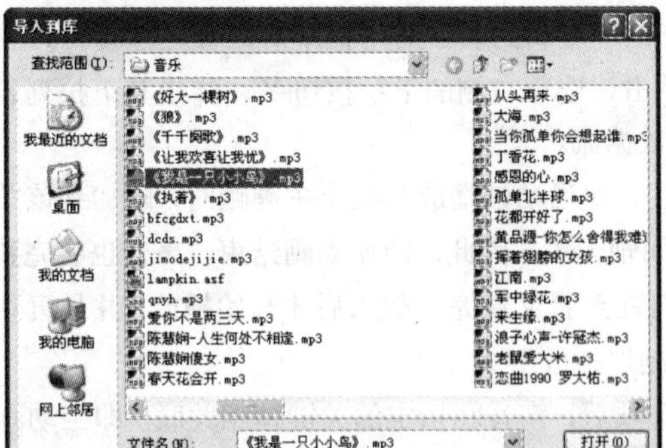

图 11.1.1 选择声音文件

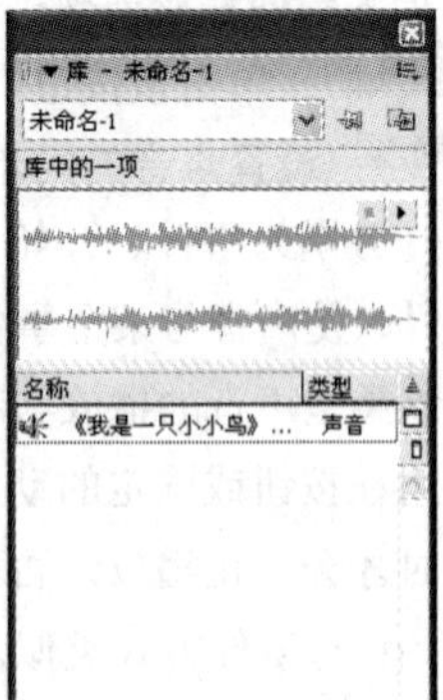

图 11.1.2 将文件导入到库中

（3）如果用户要试听导入的声音是否完整，可单击库面板中预览框右侧的“播放”按钮▶，即可试听导入的声音。

（4）在库中单击选中该声音文件，将其拖到舞台中，即可将声音添加到当前图层中。在该图层中第 50 帧处按“F5”键插入普通帧，即可在第 1 帧至第 50 帧之间看见声音波形，如图 11.1.3 所示。

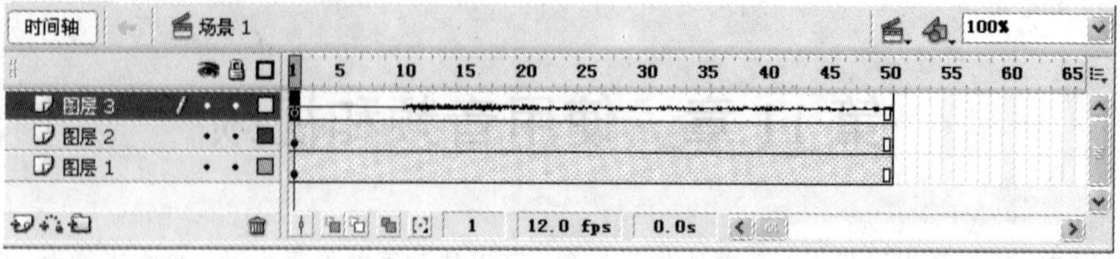

图 11.1.3　将声音添加到当前图层

（5）选中“声音”图层的第 1 帧，打开其属性面板，可对声音进行设置，如图 11.1.4 所示。

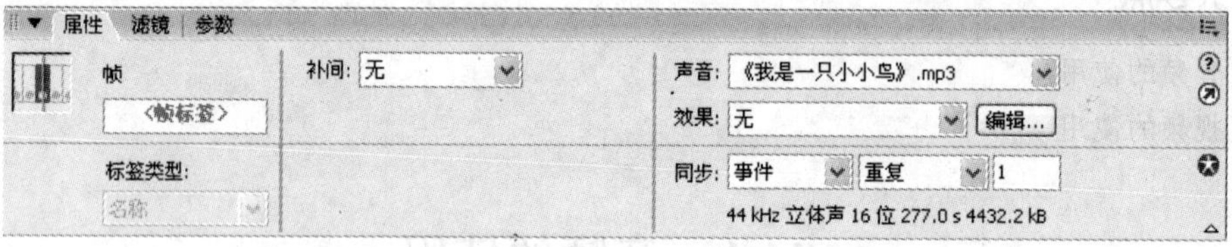

图 11.1.4　“帧”属性面板

该面板中各选项的含义如下：

1）声音：单击该选项右侧的下拉按钮，弹出其下拉列表，用户可在该列表中选择声音文件。

2）效果：单击该选项右侧的下拉按钮，弹出其下拉列表，如图 11.1.5 所示。

①无：不使用任何效果。选择该选项，将删除以前应用过的所有效果。

②左声道：只在左声道播放声音。

③右声道：只在右声道播放声音。

④从左到右淡出：声音从左声道切换到右声道。

⑤从右到左淡出：声音从右声道切换到左声道。

⑥淡入：声音的音量逐渐增大。

⑦淡出：声音的音量逐渐减小。

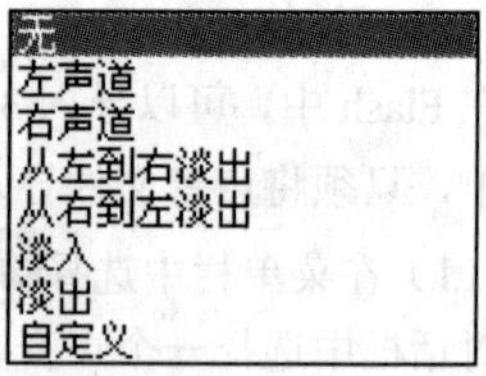

图 11.1.5　声音效果下拉列表

⑧自定义：选择该选项，则可以自定义声音的播放方式。

3）编辑...：单击该按钮，可在弹出的“编辑封套”对话框中对声音进行编辑。

4）同步：设置声音的同步方式。单击该选项右侧的下拉按钮，弹出其下拉列表。该列表包含 4 个选项，分别为事件、开始、停止和数据流。

①事件：使声音与某个事件同步发生，即当动画播放到某个关键帧时，附加到该关键帧的声音开始播放。该类型声音的播放与动画的时间轴无关，因此，即使动画结束，声音也会完整播放。事件声音一般作用在按钮或固定的动作上，只有在声音文件完全载入后才开始播放，并且直到有明确的命令要它停止时才会停止播放，否则会无限制地播放下去。

②开始：与事件方式类似。选择该选项后，声音和指定的关键帧相关联，即当动画播放到该帧时，声音才开始播放。但如果当前正在播放该声音的另一个实例，则在其他声音实例播放结束之前，不会播放该声音。

③停止：使选中的声音停止播放。

④数据流：使声音和动画同步播放。如果动画中的画面播放较快而声音无法跟上，则播放器会将动画中的若干帧删除，使得两者能够同步，且该类型的声音随着动画的停止而停止。一般作为动画的背景音乐使用，或者用于不需要和场景内容很配合的情况下。

5）重复：设置声音循环的方式。单击该选项右侧的下拉按钮，弹出其下拉列表。该列表包含两个选项，分别为重复和循环。当用户选择“重复”选项时，可以在其右侧的文本框中输入数值设置重复的次数；当选择“循环”选项时，可使声音循环播放。

（6）设置好参数后，就可以使导入的声音按设置的参数进行播放。

11.1.2　编辑音频

在创建的动画中使用声音时，除了可以在属性面板中对声音的播放方式及效果进行设置外，还可以使用“编辑封套”对话框，对声音进行其他编辑，具体操作步骤如下：

（1）选中声音图层中的某个声音帧，单击该帧属性面板中的编辑...按钮，即可弹出“编辑封套”对话框，如图 11.1.6 所示。

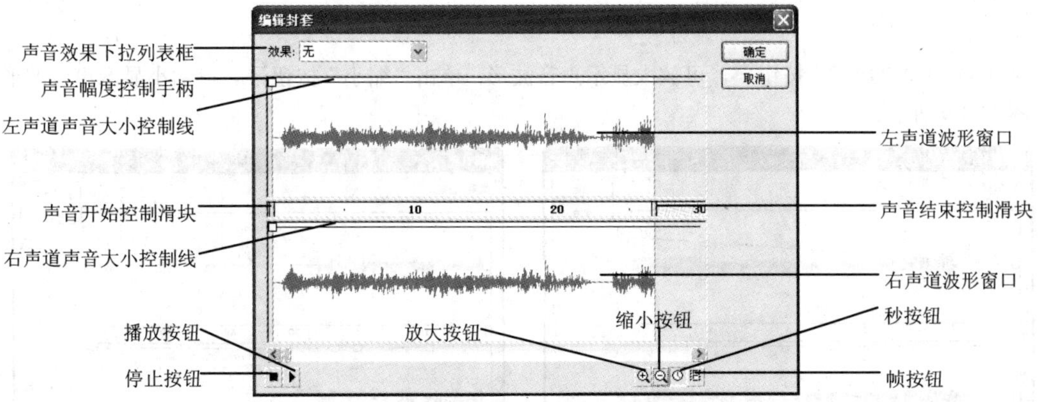

图 11.1.6　“编辑封套”对话框

（2）单击效果右侧的下拉按钮，弹出效果下拉列表，用户可在该列表中选择合适的声音效果。

（3）单击并拖动声音幅度控制手柄，可调整声音的音量。用户可通过在声音波形窗口中单击鼠标，创建控制手柄，两个控制手柄之间将出现一条连线。如果该连线为斜向上，则表示声音逐渐增大；如果该连线为斜向下，则表示声音逐渐减小，如图 11.1.7 所示。

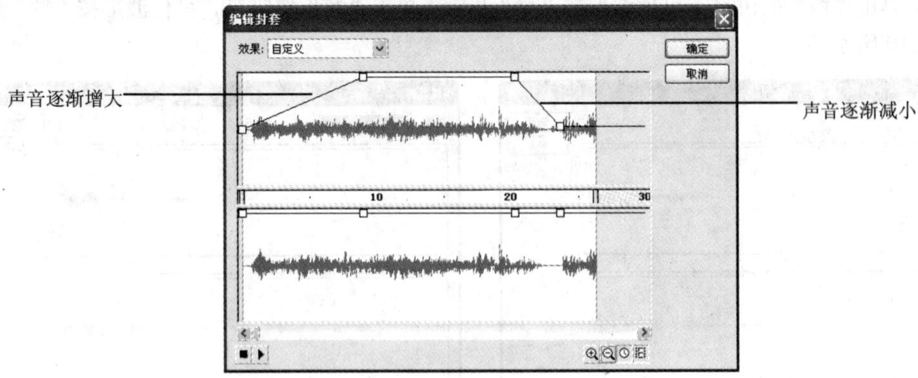

图 11.1.7　控制声音的幅度

（4）单击并拖动声音开始和声音结束滑块，可以设置声音播放时的起始点和结束点，也可以使用这两个滑块截取声音的一部分，如图 11.1.8 所示。

（5）单击“播放”按钮，可以播放声音文件；单击“停止”按钮，可停止播放。

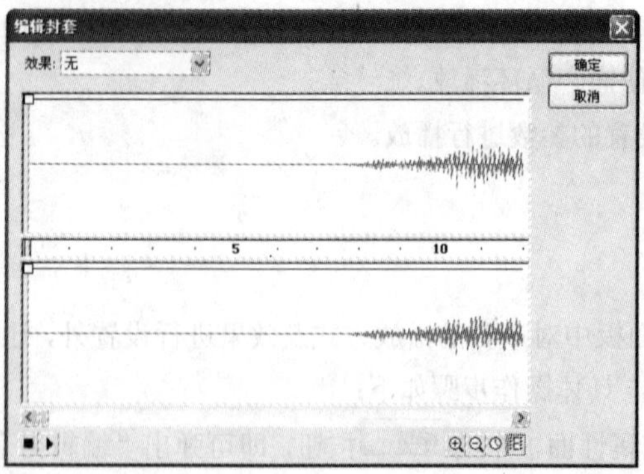

原始状态

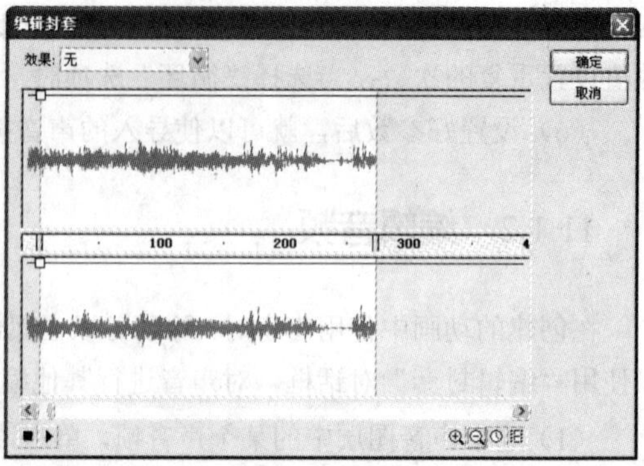

截取部分声音

图 11.1.8　缩短声音长度

（6）单击“放大”按钮，可放大显示声音波形；单击“缩小”按钮，可缩小显示声音波形，如图 11.1.9 所示。

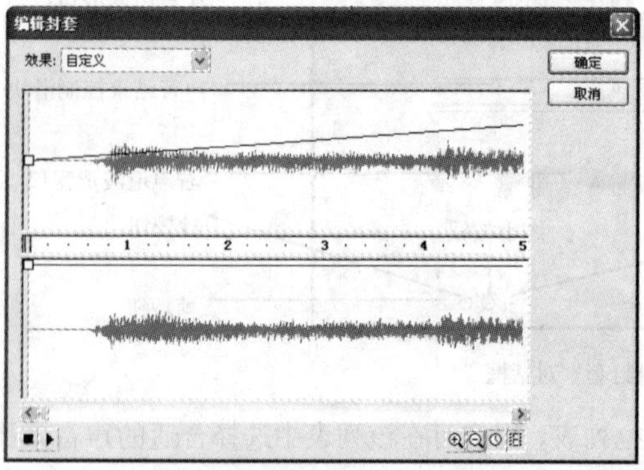

放大显示波形

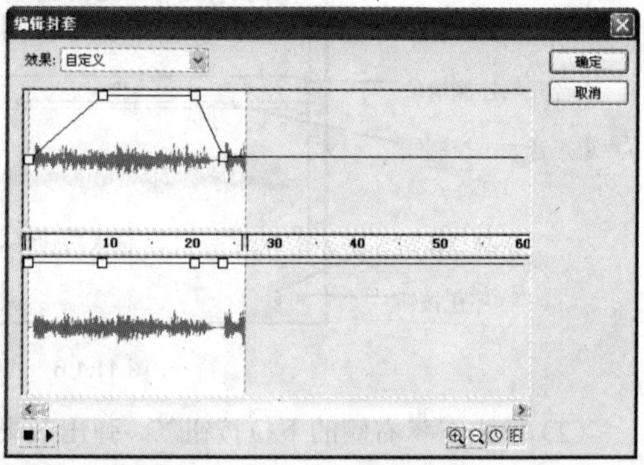

缩小显示波形

图 11.1.9　放大和缩小显示声音波形

（7）单击“秒”按钮，可使波形按“秒”显示；单击“帧”按钮，可使波形按“帧”显示，如图 11.1.10 所示。

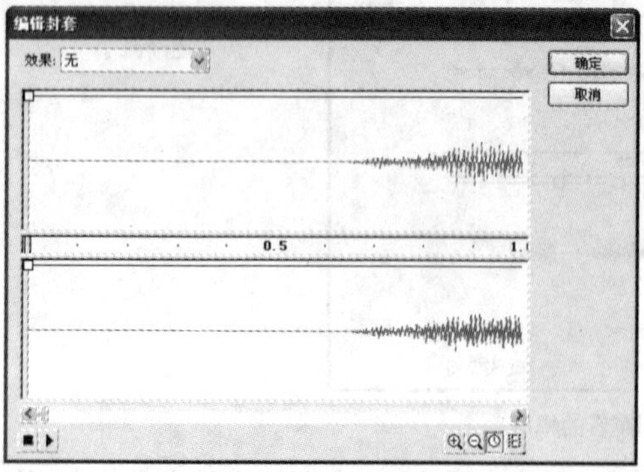

以“秒”显示波形

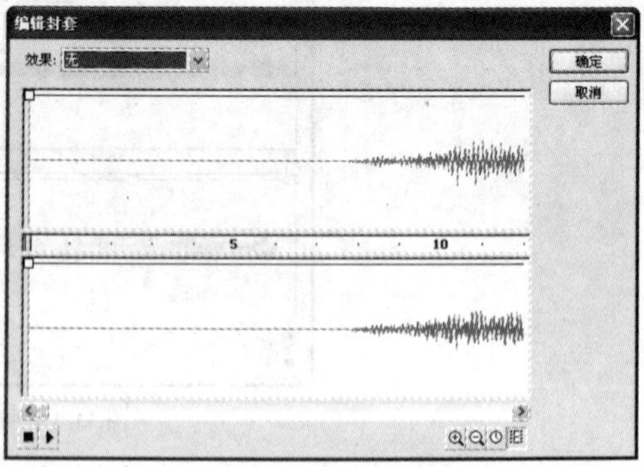

以“帧”显示波形

图 11.1.10　以“秒”和“帧”显示波形

（8）编辑完成后，单击 确定 按钮即可。

11.2　视频的使用

如果用户的计算机上安装了 Quick Time 或 DirectX，就可以将 AVI 视频文件、Quick Time 影片和 MPEG 文件等视频文件导入到用户 Flash 文档中。

11.2.1　导入视频

在 Flash 8 中，用户可以使用视频向导，方便地将视频文件导入到用户的文档中。具体操作步骤如下：

（1）在菜单栏中选择 文件(F) → 导入(I) → 导入视频... 命令，弹出“导入视频”对话框。单击 浏览... 按钮，在弹出的“打开”对话框中选择要导入的视频文件，并将其添加到“导入视频”对话框中，如图 11.2.1 所示。

（2）单击 下一个 > 按钮，弹出“部署”对话框，如图 11.2.2 所示。

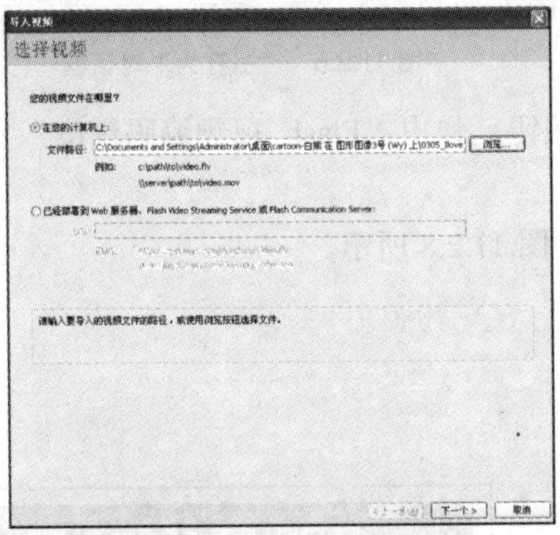

图 11.2.1　“导入视频”对话框

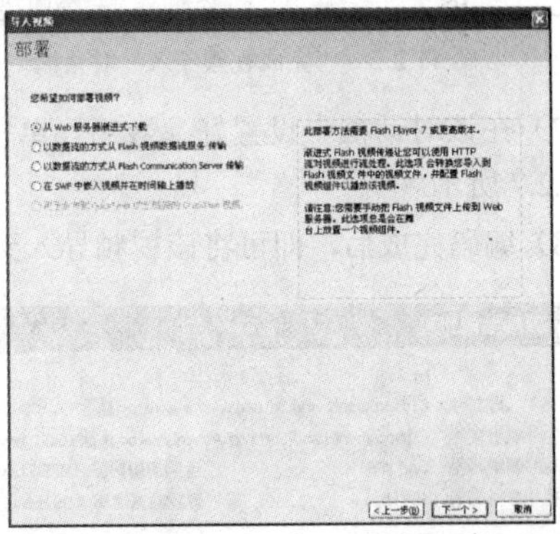

图 11.2.2　“部署”对话框

（3）单击 下一个 > 按钮，弹出“编码”对话框，如图 11.2.3 所示，在该对话框中可选择编码配置文件。

（4）设置好参数后，单击 下一个 > 按钮，弹出“外观”对话框，如图 11.2.4 所示，在该对话框中选择导入视频的外观。

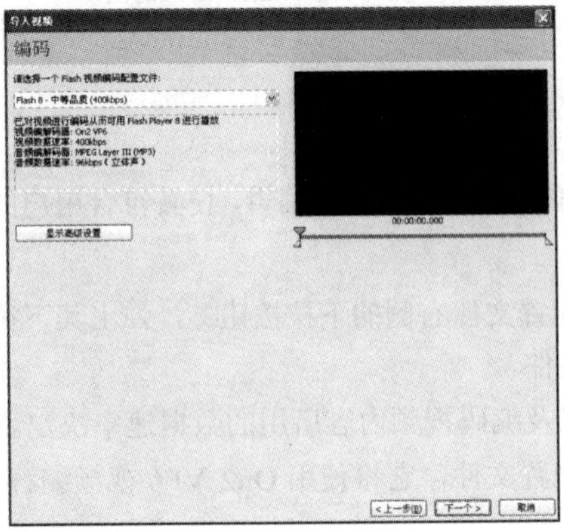

图 11.2.3　“编码”对话框

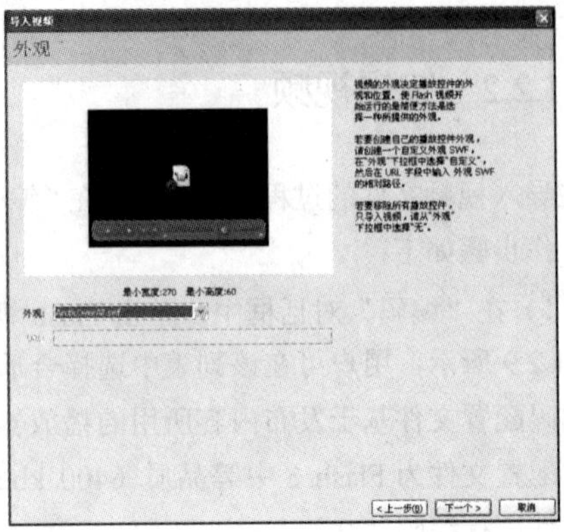

图 11.2.4　“外观”对话框

（5）设置好参数后，单击下一个>按钮，弹出“完成视频导入”对话框，如图 11.2.5 所示。

（6）单击完成按钮，弹出“另存为”对话框，如图 11.2.6 所示。

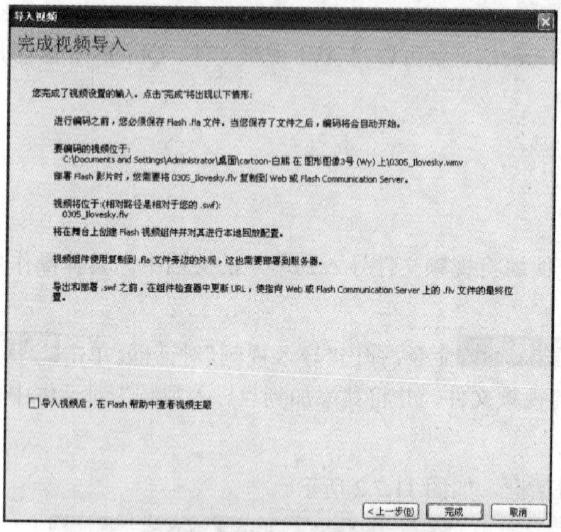

图 11.2.5　“完成视频导入”对话框

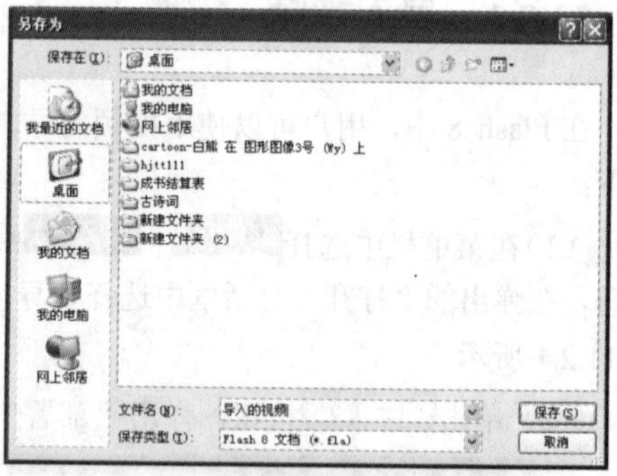

图 11.2.6　“另存为”对话框

（7）在该对话框中设置好参数后，单击保存(S)按钮，弹出“Flash 视频编码进度”对话框，如图 11.2.7 所示。

（8）编码完成后，即可将该视频导入到舞台中，如图 11.2.8 所示。

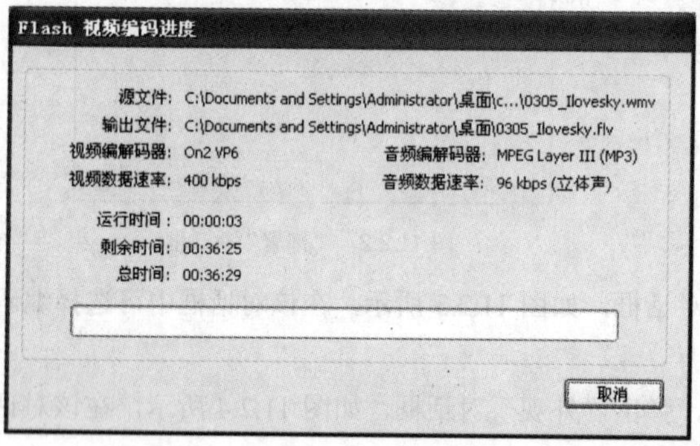

图 11.2.7　“Flash 视频编码进度”对话框

图 11.2.8　导入的视频

11.2.2　编辑视频

在导入视频文件的过程中，用户可在“编码”对话框中对该视频进行编辑，使其符合用户的需求。具体操作步骤如下：

（1）在“编码”对话框中，单击 Flash 视频编码配置文件右侧的下拉按钮，弹出其下拉列表，如图 11.2.9 所示，用户可在该列表中选择合适的配置文件。

编码配置文件基于发布内容所用的播放器的版本以及编码视频内容所用的数据速率决定。Flash 8 默认的配置文件为 Flash 8 中等品质（400 kb/s）编码配置文件，它将使用 On2 VP6 视频编解码器对视频文件进行编码。

（2）单击显示高级设置按钮，弹出“编码”高级设置对话框，如图 11.2.10 所示，用户可在该对话框中对视频进行详细的编辑。

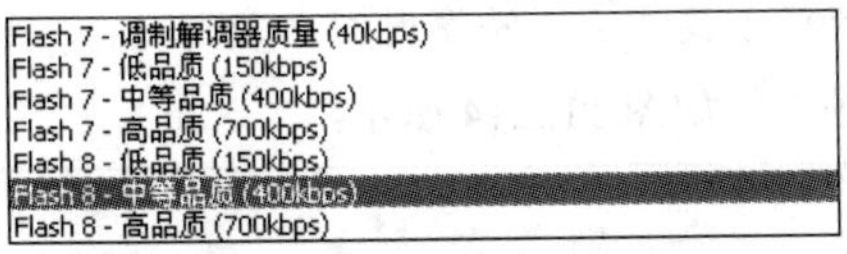

图 11.2.9　“编码配置文件”下拉列表

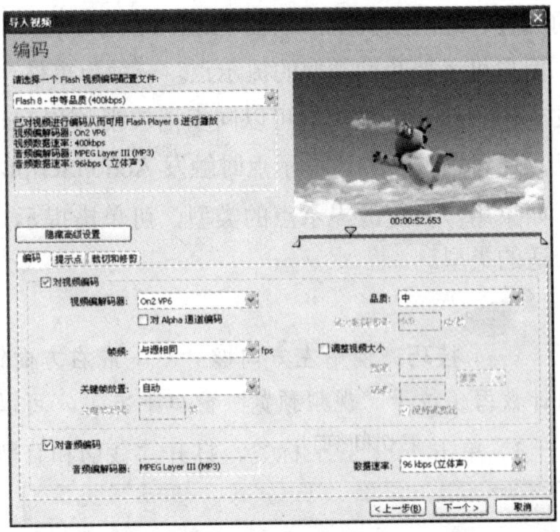

图 11.2.10　“编码”高级设置对话框

1）单击编码标签，打开“编码”选项卡，如图 11.2.11 所示，用户可在该选项卡中对视频编码和音频编码进行设置。

对视频编码：选中该复选框，可对视频编码进行设置。

视频编解码器：设置在播放器中播放 FLV 内容进行编码时所使用的视频编解码器，其默认的设置为 On2 VP6。

品质：设置编码视频的数据速率（即比特率），数据速率越高，嵌入的视频剪辑的品质越好，默认的品质选项为中。

帧频：设置视频文件的帧频，其默认的设置为“与源相同”。

调整视频大小：选中该复选框后，即可在宽度：和高度：文本框中输入数值设置调整后的帧大小。

保持高宽比：选中该复选框，可以保持与原始视频剪辑相同的高宽比。

关键帧放置：设置包含完整数据的视频帧的位置。例如，如果指定关键帧的间隔为 15，则在视频剪辑中 Flash Video Encoder 会每隔 15 帧对一个帧进行编码。对于关键帧间隔之间的帧，Flash 只存储不同于前一帧的数据。其默认设置为自动，即在播放时间中每两秒放置一个关键帧。

选中对音频编码复选框，即可对音频编码进行设置。

数据速率：设置音频中的数据速率。单击该选项右侧的下拉按钮，弹出其下拉列表，如图 11.2.12 所示，用户可根据需要在该列表中选择合适的数据速率。

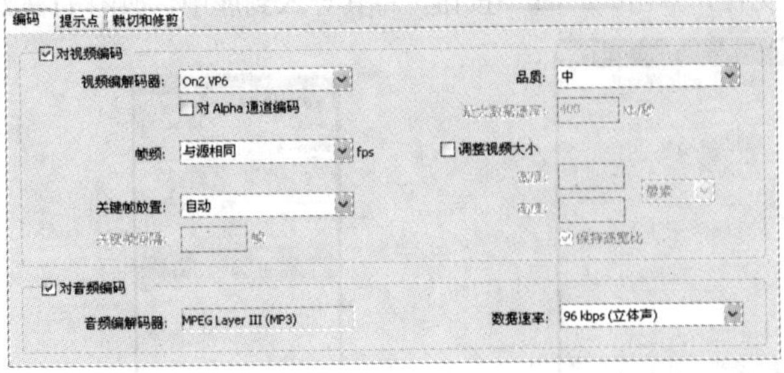

图 11.2.11　“编码”选项卡

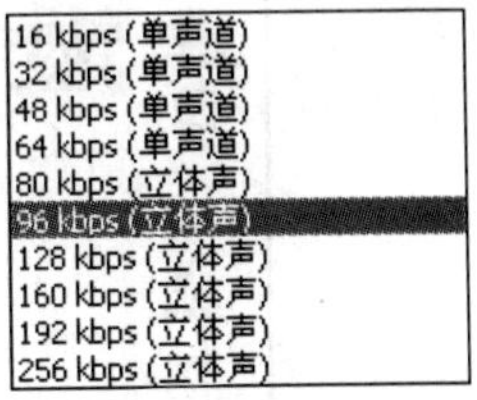

图 11.2.12　“数据速率”下拉列表

2）单击提示点标签，打开“提示点”选项卡，可在该选项卡中设置视频播放时的提示点。使用鼠标将“视频预览”窗口下方的播放指针移到要嵌入提示点的位置，单击“添加提示点”按钮+，即可添加一个提示点。此时，即可在该位置处嵌入一个提示点，且在提示点列表中会显示该点的名称、时间及类型，如图 11.2.13 所示。

用户可添加两种类型的提示点，一种为事件，另一种为导航。当播放到事件提示点时，提示点会触发 ActionScript，让用户可以同步播放视频和 Flash 演示文稿中的其他事件；导航提示点用于导航和搜寻，还可用于在到达提示点时触发 ActionScript，嵌入导航指令点就是在视频剪辑中插入关键帧。

如果用户要更改提示点的类型，可单击提示点类型右侧的下拉按钮，在弹出的下拉列表中选择合适的类型。

技巧：使用左方向键“←”或右方向键“→”可以精确定位视频中的特定帧；使用运行时间计数器（位于“视频预览”窗口下方），可以定位要嵌入提示点的特定时间点。

3）单击裁切和修剪标签，打开“裁切和修剪”选项卡，如图 11.2.14 所示。

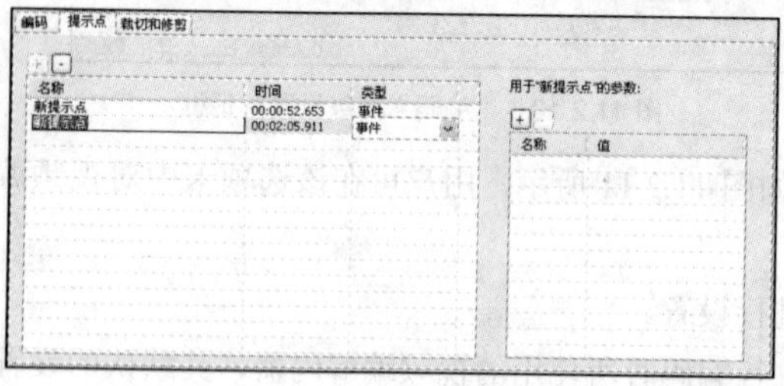

图 11.2.13 “提示点”选项卡

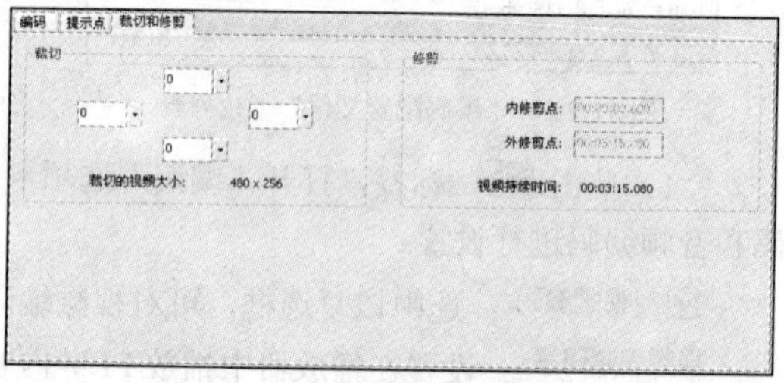

图 11.2.14 “裁切和修剪”选项卡

裁切：设置视频剪辑的尺寸。在该选项区中的文本框中直接输入数值或拖动滑杆上的滑块可调整视频剪辑的尺寸。通过调整视频剪辑的尺寸，用户可以将视频中不需要的区域裁切掉。

修剪：设置视频的开始和结束位置。例如，可以修剪视频剪辑，使视频剪辑在播放 20 秒后进入完整剪辑，这样就删除了不需要的帧。

11.3 自定义声音

应用本章所学知识，自定义导入的声音。

（1）打开 Flash 8 应用程序，在菜单栏中选择 文件(F) → 导入(I) → 导入到库(L)... 命令，弹出“导入到库”对话框，如图 11.3.1 所示。

（2）在该对话框中选择一个声音文件，单击 打开(O) 按钮，将其导入到库中，如图 11.3.2 所示。

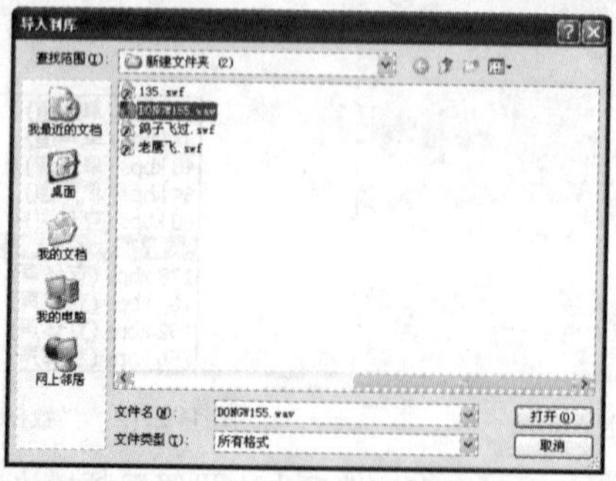

图 11.3.1 “导入到库”对话框

图 11.3.2 库面板

（3）将库中的声音文件选中，将其拖到舞台中。单击第 10 帧，按“F7”键插入一个空白关键帧，如图 11.3.3 所示。

（4）此时，发现声音的长度只有 5 帧。选中第 1 帧，在该帧属性面板中将帧的重复次数设置为 4，如图 11.3.4 所示。

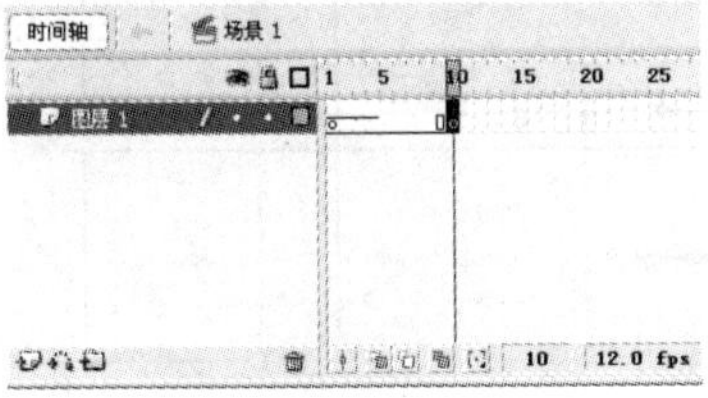

图 11.3.3　创建空白关键帧

图 11.3.4　设置重复次数

（5）此时，时间轴上声音的波形将超过 10 帧的范围，如图 11.3.5 所示。

（6）在属性面板中，将帧的同步类型设置为“数据流”，这样，可以使声音与动画同步播放和停止，如图 11.3.6 所示。

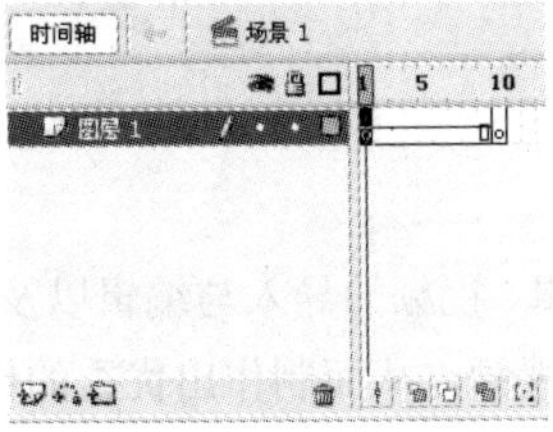

图 11.3.5　时间轴上的声音波形

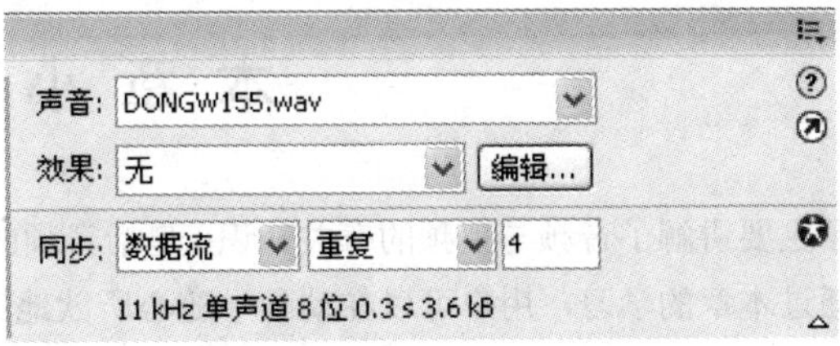

图 11.3.6　设置声音的同步类型

（7）单击效果右侧的下拉按钮，在弹出的下拉列表中选择“从左到右淡出”选项，可以使声音从左声道切换到右声道。

（8）单击编辑...按钮，弹出“编辑封套”对话框，如图 11.3.7 所示。

（9）在该对话框中可以发现，声音逐渐从左声道切换到右声道，如果希望开始播放时两个声道的音量都是最大，可以将声音幅度控制手柄向上移动，直至顶端，如图 11.3.8 所示。

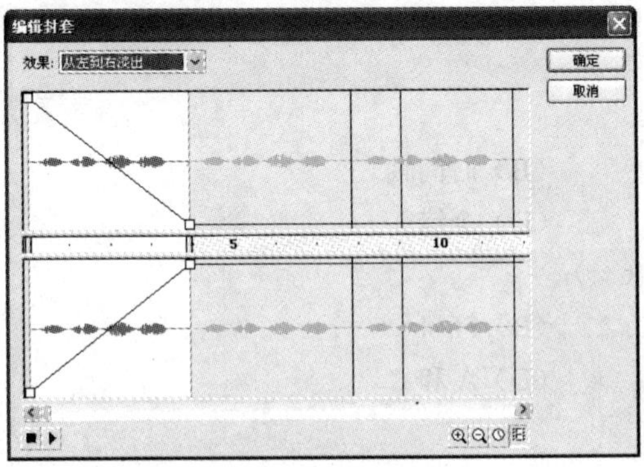

图 11.3.7　编辑封套”对话框

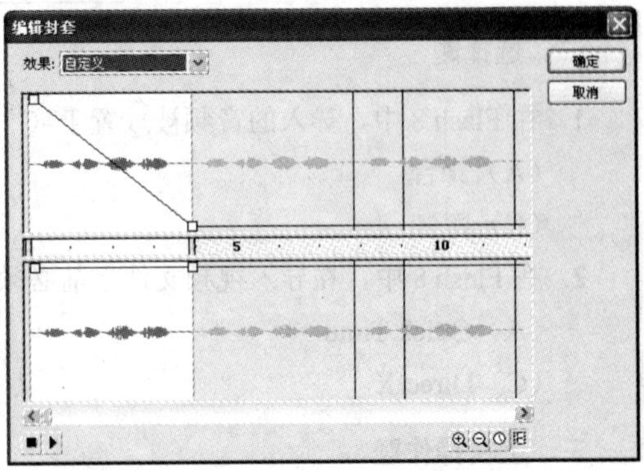

图 11.3.8　将声音幅度控制手柄拖至顶端

（10）单击左声道中的第二个声音幅度控制手柄，将其向上方移动，调整结束时音量的大小，如图 11.3.9 所示。

（11）在“编辑封套”对话框的声音控制区中，左右两个区域的颜色不同，其中左侧的区域表示播放第一遍的声音段，右侧的区域表示重复的声音段，如果希望在播放结束时声音渐隐，可在最后添加一个控制手柄，并将其拖到底部，如图 11.3.10 所示。

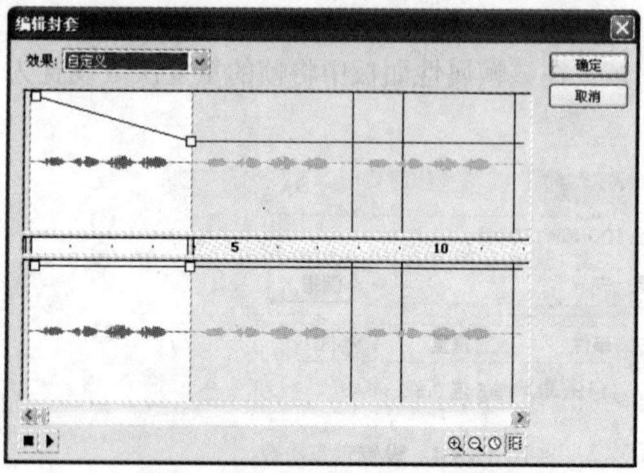

图 11.3.9　调整左声道的音量大小

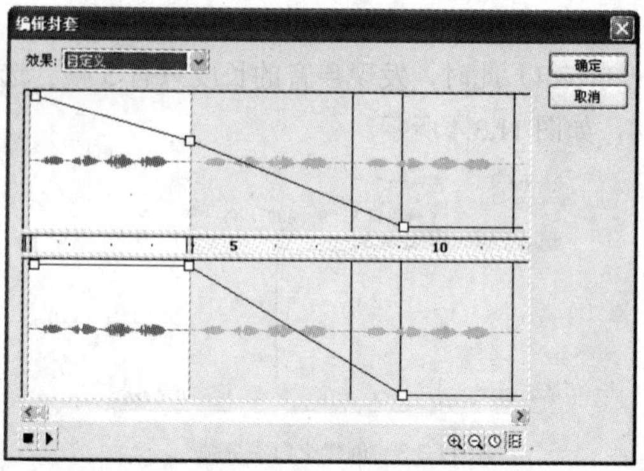

图 11.3.10　增加控制手柄

（12）设置好参数后单击 确定 按钮即可。按“Ctrl+Enter”键将动画导出，即可以听到自定义的声音效果。

本 章 小 结

本章主要讲解了音频与视频的有关知识，包括音频的导入与编辑、视频的导入与编辑以及自定义声音。通过本章的学习，用户可以在动画中随心所欲地添加声音与视频，从而制作出优秀的作品。

操 作 练 习

一、填空题

1．在 Flash 8 中，可以导入 WAV、________和________格式的音频文件。

2．在 Flash 8 中，可以导入 AVI、________和________格式的视频文件。

二、选择题

1．在 Flash 8 中，导入的音频被放置于（　）中。

（A）舞台　　（B）时间轴

（C）库　　（D）全错

2．在 Flash 8 中，在导入视频文件之前必须安装（　）。

（A）Quick Time　　（B）Flash

（C）DirectX　　（D）A 和 C

三、上机操作题

1．在创建的动画中导入声音。

2．为创建的按钮导入声音。

3．为导入的视频文件添加声音。

第 12 章　动画的输出与发布

在 Flash 中制作好动画后，需要生成能够脱离 Flash 8 环境运行的文件，才能将其应用于各个领域。Flash 8 提供了完善的动画输出和发布功能，使用户可以将动画发布为多种格式的文件，以满足不同的需求。

知识要点

⊙ 输出动画
⊙ 发布动画

12.1　输 出 动 画

当用户要将制作好的动画输出时，必须先对动画进行优化，并对它的性能进行测试，在它符合一定的要求后，才能将它输出。

12.1.1　动画的优化

在 Flash 8 中，可对动画进行优化，从而缩短动画的下载时间，具体操作步骤如下：

（1）如果动画中有使用次数超过一次的对象，可将其转换为元件。
（2）制作动画时，尽量使用补间动画，因为它占用的文件空间较小。
（3）绘制图形时，尽量使用实线，减少特殊线型的使用，如虚线和波浪线等。
（4）绘制线条时，尽量使用铅笔工具，减少使用刷子工具绘制。
（5）尽量将随着动画的播放而改变的对象置于不同的图层中。
（6）创建文字时，尽量使用相同的字体和样式。
（7）导入声音文件时，尽量使用 MP3 格式的声音，因为它占用的文件空间较小。
（8）尽量避免使用位图创建动画，而将其只作为静态图像或背景使用。
（9）尽量减少动画中关键帧发生变化的区域。
（10）在动画中，尽可能使用组合对象。
（11）尽量减少渐变填充色的使用，因为它占用的内存较大。

12.1.2　动画的测试

在制作动画的过程中，用户可对创建的按钮、导入的声音、帧动作和动画在编辑模式中进行测试。创建好动画后，还可以在测试环境中对动画的下载性能进行测试，具体操作步骤如下：

（1）创建好动画后，在菜单栏中选择 控制(O) → 测试影片(M) 命令，即可打开测试窗口，如图 12.1.1 所示。

（2）在测试窗口中选择 视图(V) → 下载设置(D) 命令，在其子菜单中选择一种带宽来测试动画的下载性能，如图 12.1.2 所示。

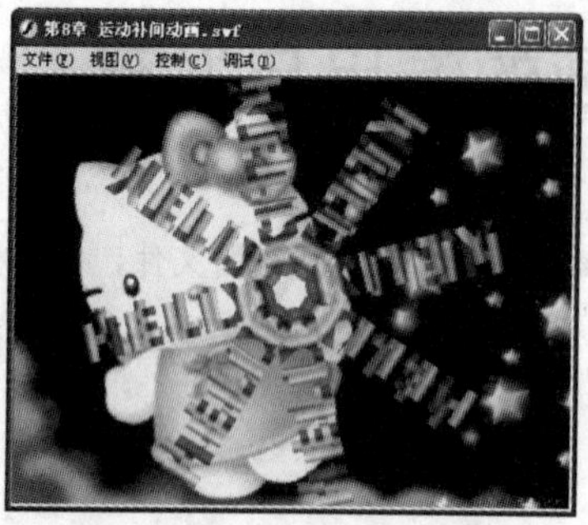

图 12.1.1 动画测试窗口

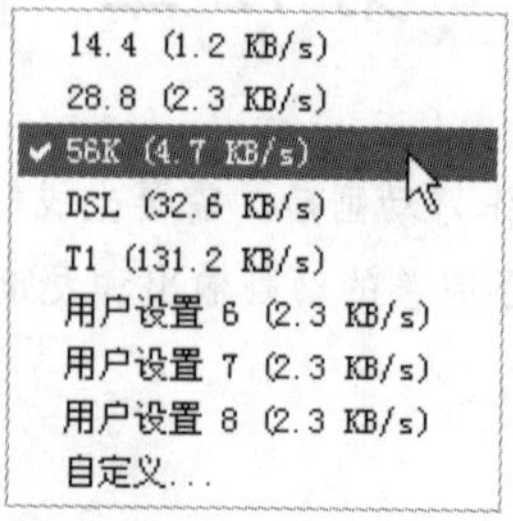

图 12.1.2 选择带宽

（3）选择 视图(V) → 带宽设置(B) 命令，可打开带宽视图来查看动画的下载性能，如图 12.1.3 所示。

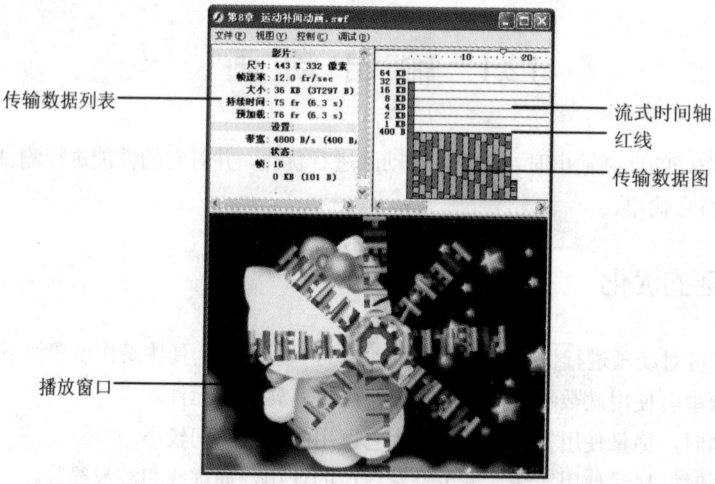

图 12.1.3 带宽视图

传输数据列表中显示当前正在测试动画的数据；流式时间轴显示当前正在测试动画的时间轴；传输数据图中交错的深灰色和浅灰色的方块表示动画的帧，方块的大小表示该帧所含数据量的多少。若方块超过了红线，表示动画的下载速度低于播放速度，动画将会在这些地方停顿；播放窗口中显示当前动画的预览。

（4）在传输数据图中单击代表帧的色块，使动画停留在该帧，则在传输数据列表中会显示该帧的下载性能，包括动画的尺寸、帧速率、文件大小、播放时间和加载时间等，如图 12.1.4 所示。

（5）选择 视图(V) → 帧数图表(F) 命令，可将每帧单独显示，来查看每个帧中的数据，如图 12.1.5 所示。

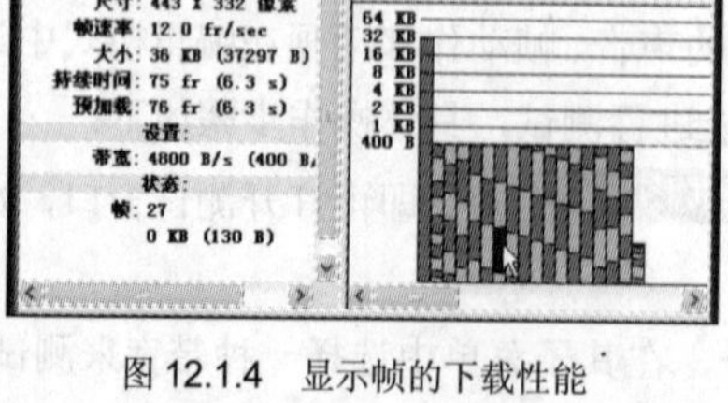

图 12.1.4 显示帧的下载性能

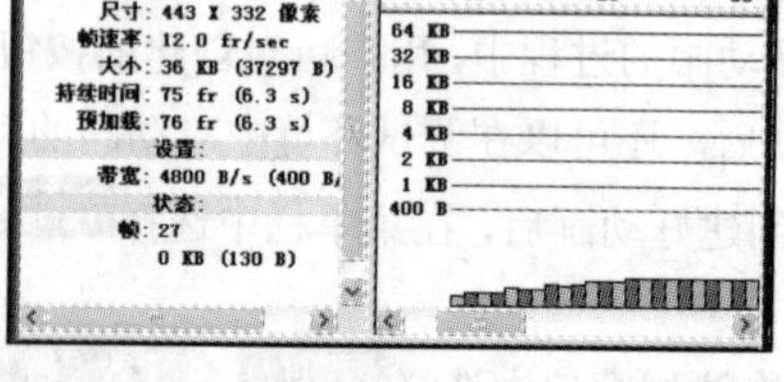

图 12.1.5 单独显示帧

（6）测试完成后，单击“关闭”按钮，即可关闭测试窗口，返回到主时间轴中。

12.1.3　动画的输出

在 Flash 中输出动画时，既可以将其输出为影片，也可以将其输出为图形。前者输出的是动画或是包含有不同内容的一系列图形文件，也有可能是一段音频，而后者输出的则是特定格式的图形文件。具体操作步骤如下：

（1）打开一个动画文件，在菜单栏中选择 导出(E) → 导出影片(M)... 命令，弹出“导出影片”对话框，如图 12.1.6 所示。

（2）在 文件名(N) 下拉列表框中输入影片的名称或单击其右侧的下拉按钮，在弹出的下拉列表中选择一个名称作为文件名称。

（3）单击 保存类型(T) 右侧的下拉按钮，弹出“保存类型”下拉列表，如图 12.1.7 所示，用户可在该列表中选择合适的文件类型。

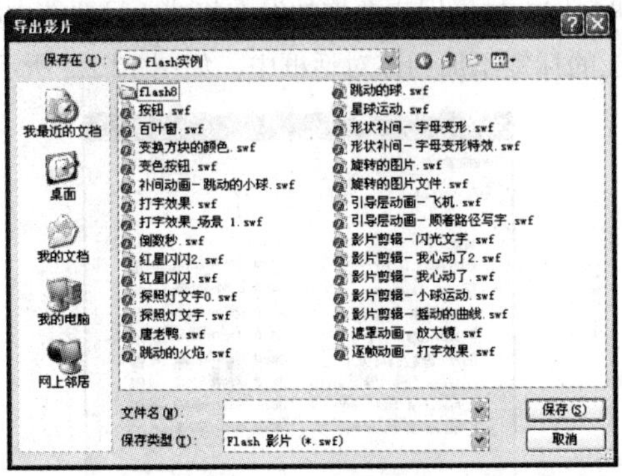

图 12.1.6　“导出影片”对话框

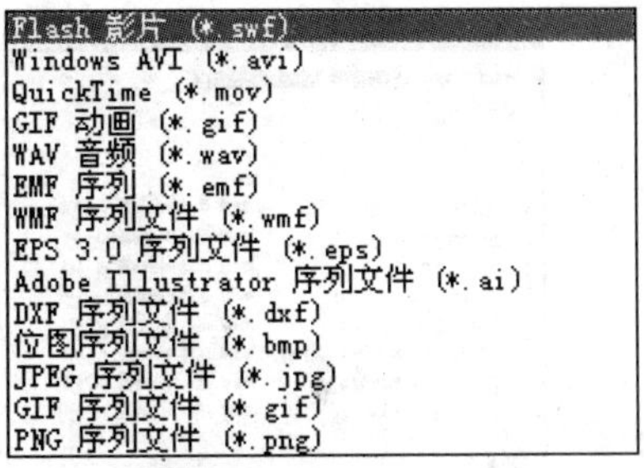

图 12.1.7　“保存类型”下拉列表

（4）设置好参数后，单击 保存(S) 按钮，即可将动画导出为选定格式的动画文件。如果用户选择“Flash 影片”选项，将会弹出“导出 Flash Player”对话框，如图 12.1.8 所示，用户可在该对话框中对播放器的属性进行设置。

将动画输出为图形的方法与导出为影片的方法相同，只是其保存类型不同，用户可以将动画导出为如图 12.1.9 所示格式的图形文件。

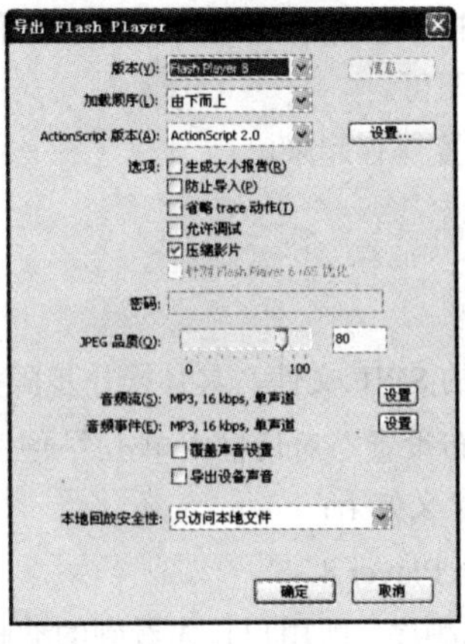

图 12.1.8　“导出 Flash Player”对话框

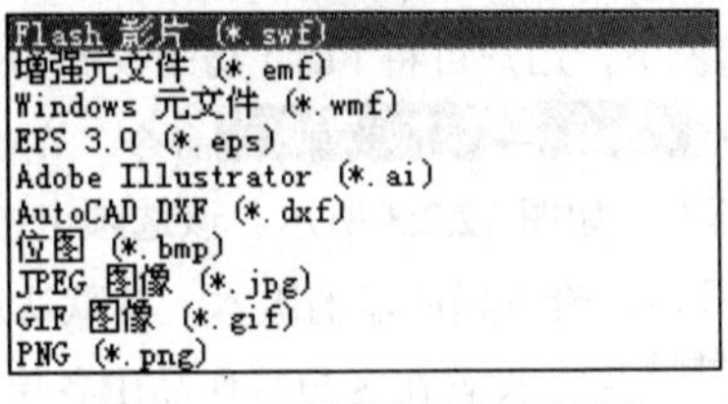

图 12.1.9　“图形文件”下拉列表

12.2 发 布 动 画

如果要将 Flash 动画发布到网络上供浏览者观看，除了需要将其输出为动画外，还要在欲插入动画的网页中编制一段 HTML 语言引导程序，来调用 Flash 播放插件播放动画。在 Flash 8 中，集成了所有的发布命令，用户可以使用这些命令，向网络及没有安装 Flash 插件的浏览器发布各种格式的图形和视频文件。

12.2.1 发布设置

在发布动画之前，可以使用“发布设置”对话框选择和制定所需的设置，且只要选择了相应的发布设置选项，就可以一次性导出所有选定的格式。要对动画文件进行发布设置，具体操作步骤如下：

（1）在菜单栏中选择 文件(F) → 发布设置(G)... 命令，弹出“发布设置”对话框，如图 12.2.1 所示。

（2）在 Flash 8 中，默认的发布格式为.swf 和.html。如果用户要增加发布格式，只要选中相应的复选框即可。此时，系统会自动将与选中格式对应的标签添加到该对话框中，如图 12.2.2 所示。

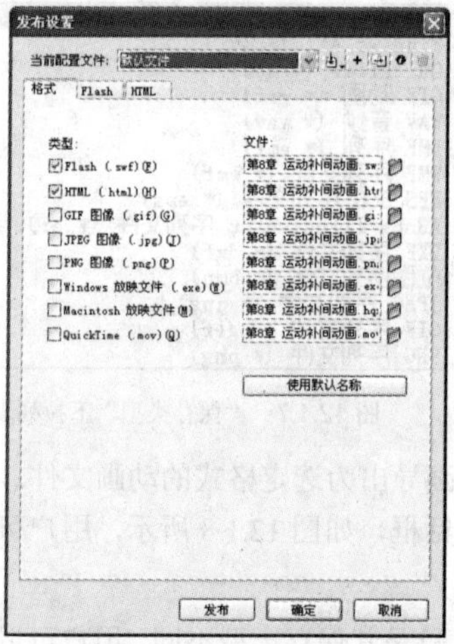

图 12.2.1 “发布设置”对话框

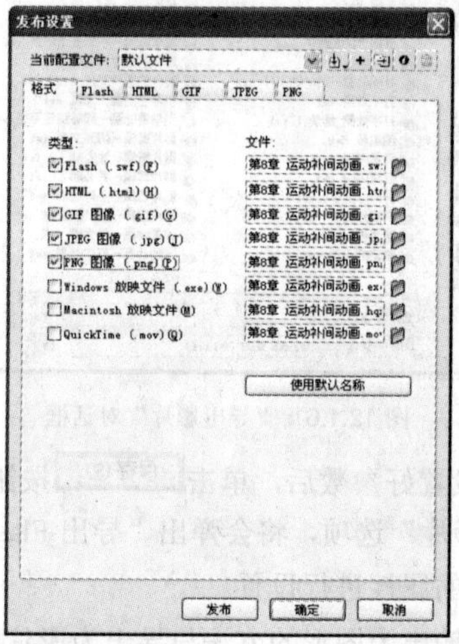

图 12.2.2 添加选项标签后的“发布设置”对话框

（3）单击 使用默认名称 按钮，所有格式的文件名都将使用 Flash 文件的名称。如果用户想更改文件名，在 文件: 选项区中的文本框中输入文件名称即可。

（4）设置好参数后，单击 确定 按钮即可将发布设置保存起来。

12.2.2 发布为 Flash 文件

在默认情况下，用户可将 Flash 动画发布为 Flash 格式的 SWF 文件，具体操作步骤如下：

（1）选择 文件(F) → 发布设置(G)... 命令，在弹出的“发布设置”对话框中单击 Flash 标签，打开“Flash”选项卡，如图 12.2.3 所示。该选项卡中各选项的含义如下：

1） 版本(V)：设置播放器的版本，其默认选项为 Flash Player 8。

2） 加载顺序(L)：设置在客户端作品中各层的下载显示顺序，即用户首先看到的动画对象。单击其右侧的下拉按钮，弹出下拉列表，该列表中包含两个选项，分别为“由下而上”和“由上而下”。

但该选项只对动画中的开始帧有效，而不影响动画中的其他帧。

3）ActionScript 版本：设置动画脚本的版本，其默认选项为 ActionScript 2.0。

4）☑生成大小报告(R)：选中该复选框，可在发布过程中创建一个文本文件，该文件中包含动画中各帧的大小及导入的文件和字体列表的信息。

5）☑省略 trace 动作(T)：选中该复选框，将从导出的 Flash 动画中删除所有的跟踪作用，防止他人偷窥用户的源代码。

6）☑防止导入(P)：选中该复选框，可防止导出的动画再次导入 Flash，并可在密码文本框中输入密码来保护 SWF 文件。

7）☑允许调试：选中该复选框，会激活调试器并允许远程调试 SWF 文件。

8）☑压缩影片：选中该复选框，可以压缩 SWF 文件，通过减小文件大小以缩短下载时间。

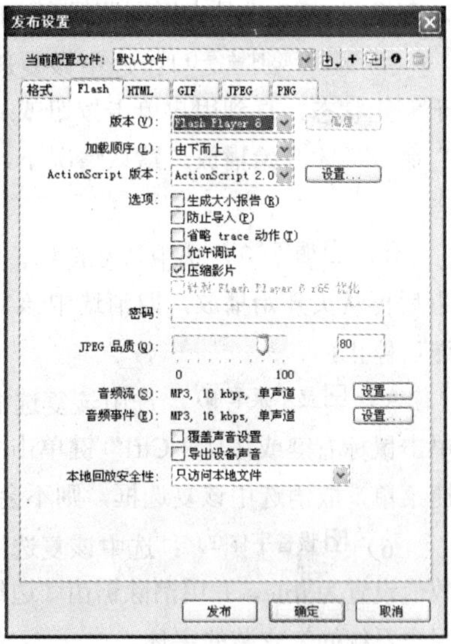

图 12.2.3　“Flash”选项卡

9）JPEG 品质(Q)：控制位图的压缩品质。可在其右侧的文本框中输入数值或拖动滑块设置位图的压缩比。数值越大，压缩率越小，图像越接近原图；数值越小，压缩率越大，图像质量越差。

10）设置...：单击该按钮，可在弹出的“声音设置”对话框中对 SWF 文件中的所有音频流或事件声音设置采样率和压缩。

11）☑覆盖声音设置：选中该复选框，可在“声音设置”对话框中对声音单独进行优化，且将忽略对所有音频流和事件声音的设置。

12）☑导出设备声音：选中该复选框，可将事件声音添加到用于在移动设备上进行回放的 Flash 文档中。

13）本地回放安全性：设置 Flash 文件的回放安全性。单击该选项右侧的下拉按钮，弹出其下拉列表，该列表中包含两个选项，分别为只访问本地和只访问网络，用户可根据需要进行选择。

（2）设置好参数后，单击 发布 按钮，即可将 Flash 动画发布为 Flash 文件。

12.2.3　发布为 HTML 网页

SWF 格式的文件在网络上并不能直接观看，必须将它和 HTML 相结合，才能将导出的影片和生成的 HTML 网页上传到服务器上，供浏览者观看。具体操作步骤如下：

（1）选择 文件(F)→发布设置(G)... 命令，在弹出的“发布设置”对话框中单击 HTML 标签，打开“HTML”选项卡，如图 12.2.4 所示。该选项卡中各选项的含义如下：

1）模板(T)：设置动画的模板。在其下拉列表中选择合适的模板后，单击 信息 按钮，将会弹出选定模板的相关信息，其默认选项是“仅限 Flash”。

2）尺寸(D)：设置对象和插入标记中的动画的宽度和高度值。单击其右侧的下拉按钮，弹出下拉列表，该列表包含 3 个选项，分别为匹配影片、像素和百分比。

“匹配影片”：将上面标记中的宽度和高度值设置为动画的原始尺寸，其为默认设置。

“像素”：在“宽度”和“高度”文本框中输入数值，设置 SWF 文件的大小。

“百分比”：选择此选项，在宽度和高度文本框中输入数值，可设置 SWF 文件占用浏览器窗口的百分比。

3）☑开始时暂停(P)：选中该复选框，将会使动画一直处于停止状态，直到用户单击按钮或从快捷菜单中选择“播放”命令后才开始播放。默认情况下，该选项处于取消选中状态。

4）☑循环(L)：选中该复选框，将会使 Flash 动画播放结束后再从头开始播放，取消选中该复选框，会使动画播放一遍后停止。

5）☑显示菜单(M)：选中该复选框，在动画播放的过程中单击鼠标右键或按住“Ctrl”键单击 SWF 文件时，会弹出快捷菜单，取消选中该复选框，则不会弹出快捷菜单。

6）☑设备字体(F)：选中该复选框，可以将设备字体的参数值设置为 true，并用消除锯齿（边缘平滑）的系统字体替换用户系统尚未安装的字体。

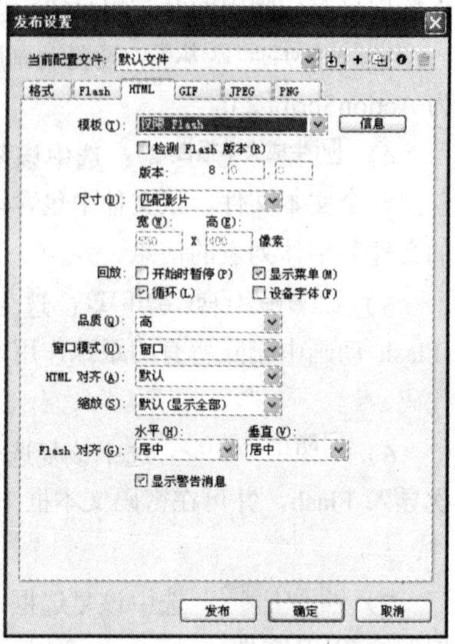

图 12.2.4 “HTML”选项卡

7）品质(Q)：设置 HTML 网页的外观。单击该选项右侧的下拉按钮，弹出其下拉列表。该列表中包含 6 个选项，分别为低、自动降低、自动升高、中、高和最佳。

“低”：主要考虑回放速度，基本不考虑外观，并且不使用消除锯齿功能。

“自动降低”：主要强调速度，但也会尽可能改善外观。

“自动升高”：在开始时同等强调回放速度和外观，但在必要时会只保证回放速度。

“中”：应用消除锯齿功能，但并不平滑位图。

“高”：主要考虑外观，基本不考虑回放速度，始终使用消除锯齿功能。

“最佳”：提供最佳的显示品质，而不考虑回放速度。

8）窗口模式(O)：设置对象标记中的窗口模式参数值。单击其右侧的下拉按钮，弹出下拉列表，该列表包含 3 个选项，分别为窗口、不透明无窗口和透明无窗口。

“窗口”：将窗口模式参数值赋予窗口参数，并在网页上的矩形窗口中播放动画。

“不透明无窗口”：将窗口模式参数设置为透明，可使 Flash 动画后面的对象移动，并不会在穿过动画时显示出来。

“透明无窗口”：将窗口模式参数设置为透明，可使嵌入 Flash 动画的 HTML 网页的背景从动画中透明的区域显示出来。

9）HTML 对齐(A)：设置 Flash 动画被输出后在浏览器窗口中的位置。单击该选项右侧的下拉按钮，弹出下拉列表，该列表包含 5 个选项，分别为默认、左对齐、右对齐、上对齐和下对齐。

“默认”：使 Flash 动画在浏览器窗口内居中显示，并裁去大于浏览器窗口的动画的边缘。

“左对齐”“右对齐”“上对齐”或“下对齐”选项会将 SWF 文件与浏览器窗口的相应边缘对齐，并根据需要裁剪其余的三边。

10）缩放(S)：设置对象标记中的缩放参数。单击该选项右侧的下拉按钮，弹出下拉列表，该列表包含 4 个选项，分别为默认、无边框、精确匹配和无缩放。

“默认（显示全部）”：在指定的区域显示整个文档，并且保持 SWF 文件的原始高宽比。

“无边框”：对文档进行缩放，以使它填充指定的区域，保持 SWF 文件的原始高宽比，以使其不扭曲，并根据需要裁剪 SWF 文件边缘。

"精确匹配"：在指定区域显示整个文档，但不保持原始高宽比，因此可能会发生扭曲。

"无缩放"：将禁止文档在调整 Flash Player 窗口大小时进行缩放。

11）Flash 对齐(G)：设置对象标记的对齐参数。对于"水平"对齐，可将其设置为左对齐、居中或右对齐；对于"垂直"对齐，可将其设置为上对齐、居中或下对齐，选中☑显示警告消息复选框可在标记设置发生冲突时显示出错的提示信息。

（2）设置好参数后，单击 发布 按钮，即可将 Flash 动画发布为 HTML 网页。

12.2.4　发布为 GIF 文件

用户可将 Flash 动画发布为 GIF 文件。具体操作步骤如下：

（1）在菜单栏中选择 文件(F) → 发布设置(G)... 命令，在弹出的"发布设置"对话框中单击 GIF 标签，打开"GIF"选项卡，如图 12.2.5 所示。

该选项卡中各选项的含义如下：

1）尺寸：该选项用于设置导出的位图图像的宽度和高度值，选中☑匹配影片(M)复选框可使 GIF 和 Flash SWF 文件大小相同并保持原始图像的高宽比。

2）回放：该选项区用于设置 Flash 创建的是图像还是 GIF 动画。选中◉静态(C)单选按钮，可创建图像；选中◉动画(N)单选按钮，可创建动画，还可将动画设置为"不断循环"或"重复"。

3）选项：该选项区用于设置导出的 GIF 文件外观。

选中☑优化颜色(O)复选框，将从 GIF 文件的颜色表中删除所有不使用的颜色。

选中☑交错(I)复选框，下载 GIF 文件时，会在浏览器中逐步显示该文件。

选中☑平滑(S)复选框，可以消除导出位图的锯齿，从而生成较高品质的位图图像。

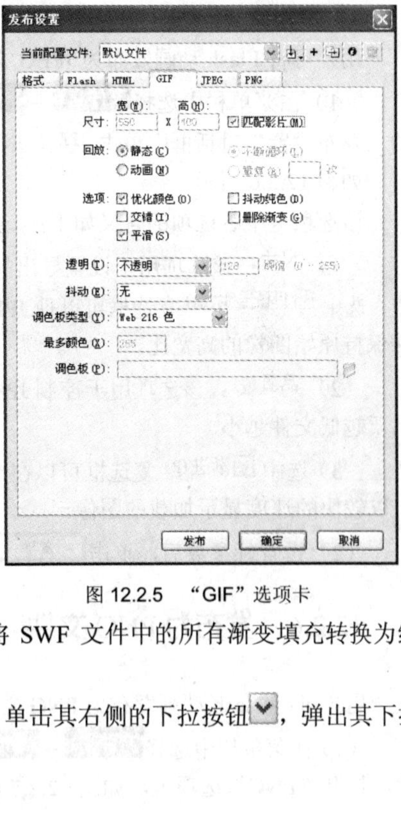

图 12.2.5　"GIF"选项卡

选中☑抖动纯色(D)复选框，用于抖动纯色和渐变色。

选中☑删除渐变(G)复选框，使用渐变色中的第一种颜色将 SWF 文件中的所有渐变填充转换为纯色，默认情况下处于关闭状态。

4）透明(T)：该选项用于设置应用程序背景的透明度。单击其右侧的下拉按钮，弹出其下拉列表，该列表包含 3 个选项：不透明、透明和 Alpha。

"不透明"：将背景变为纯色。

"透明"：使背景透明。

"Alpha"：设置局部透明度。

5）抖动(E)：该选项用于设置如何组合可用颜色的像素以模拟当前调色板中不可用的颜色。抖动可以改善颜色品质，但也会增加文件大小。单击其右侧的下拉按钮，弹出其下拉列表，该列表包含 3 个选项：无、有序和扩散。

"无"：关闭抖动，并用基本颜色表中最接近指定颜色的纯色替代该表中没有的颜色。

“有序”：提供高品质的抖动，同时文件大小的增长幅度也最小。

“扩散”：提供最佳品质的抖动，但会增加文件大小并延长处理时间。该选项在选取“Web 216 色”调色板时才起作用。

6）调色板类型(T)：该选项用于设置调色板的类型。单击右侧的下拉按钮，弹出其下拉列表，该列表包含 4 个选项：Web 216 色、最适色彩、接近 Web 最适色和自定义。

“Web 216 色”：使用标准的 216 色浏览器安全调色板来创建 GIF 图像，可获得较好的图像品质，并且该色彩在服务器上的处理速度最快。

“最适色彩”：分析图像中的颜色，并为选定的 GIF 文件创建一个唯一的颜色表。

“接近 Web 最适色”：将接近的颜色转换为 Web 216 色调色板中的颜色。

“自定义”：可以指定已针对选定图像优化的调色板。

（2）设置好参数后，单击 发布 按钮，即可将 Flash 动画发布为 GIF 文件。

12.2.5 发布为 JPEG 文件

用户可将 Flash 动画发布为 JPEG 文件，具体操作步骤如下：

（1）在菜单栏中选择 文件(F) → 发布设置(G)... 命令，在弹出的“发布设置”对话框中单击 JPEG 标签，打开“JPEG”选项卡，如图 12.2.6 所示。

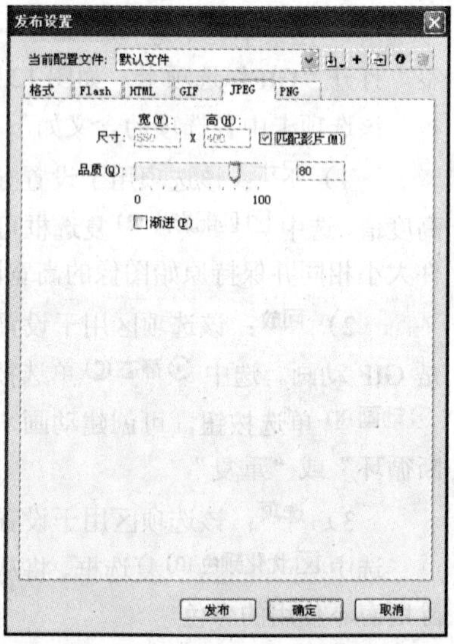

图 12.2.6 “JPEG”选项卡

该选项卡中各选项的含义如下：

1）尺寸：该选项用于设置导出的位图图像的宽度和高度值，选中 ☑ 匹配影片(M) 复选框可以使 JPEG 图像和舞台大小相同并保持原始图像的高宽比。

2）品质(Q)：该选项用于控制 JPEG 文件的压缩量，图像品质越低文件越小。

3）选中 ☑ 渐进(P) 复选框可以在 Web 浏览器中逐步显示渐进的 JPEG 图像，因此可在低速网络上以较快的速度显示加载的图像。

（2）设置好参数后，单击 发布 按钮，即可将 Flash 动画发布为 JPEG 文件。

12.2.6 发布为 PNG 文件

用户可将 Flash 动画发布为 PNG 文件，具体操作步骤如下：

（1）在菜单栏中选择 文件(F) → 发布设置(G)... 命令，在弹出的“发布设置”对话框中单击 PNG 标签，打开“PNG”选项卡，如图 12.2.7 所示。

该选项卡中各选项的含义如下：

1）尺寸：该选项用于设置导出的位图图像的宽度和高度值，选中 ☑ 匹配影片(M) 复选框可以使 PNG 图像和 Flash SWF 文件大小相同并保持原始图像的高宽比。

2）位深度(B)：该选项用于设置创建图像时要使用的每个像素的位数和颜色数。单击右侧的下拉按钮，弹出其下拉列表，该列表包含 3 个选项：8 位、24 位和 24 位 Alpha。

“8 位”：适用于有 256 种颜色的图像。

"24 位"：适用于有数千种颜色的图像。

"24 位 Alpha"：适用于有数千种颜色并带有透明度（32 位）的图像。

3）选项：该选项区用于设置导出的 GIF 文件外观。

选中☑优化颜色(O)复选框，将从 PNG 文件的颜色列表中删除所有未使用的颜色。

选中☑交错(I)复选框，下载 PNG 文件时，会在浏览器中逐步显示该文件。

选中☑平滑(S)复选框，可以消除导出位图的锯齿，从而生成较高品质的位图图像。

选中☑抖动纯色(D)复选框，用于抖动纯色和渐变色。

选中☑删除渐变(G)复选框，将使用渐变色中的第一种颜色将 SWF 文件中的所有渐变填充转换为纯色，默认情况下处于关闭状态。

4）抖动(E)：该选项用于设置如何组合可用颜色的像素以模拟当前调色板中不可用的颜色。抖动可以改善颜色品质，但也会增加文件大小。单击右侧的下拉按钮，弹出其下拉列表，该列表包含 3 个选项：无、有序和扩散。

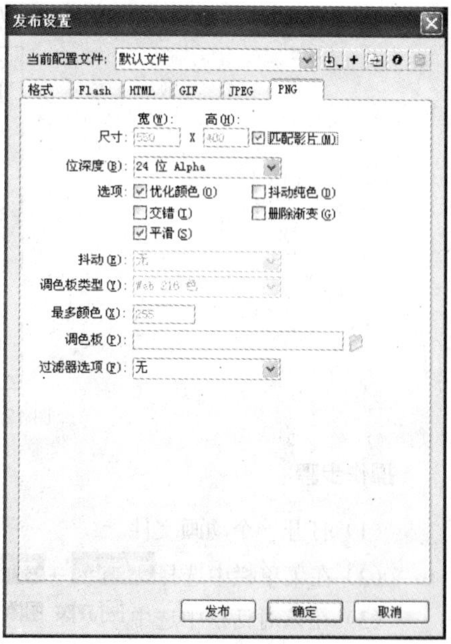

图 12.2.7　"PNG"选项卡

"无"：关闭抖动，并用基本颜色表中最接近指定颜色的纯色替代该表中没有的颜色。

"有序"：提供高品质的抖动，同时文件大小的增长幅度也最小。

"扩散"：提供最佳品质的抖动，但会增加文件大小并延长处理时间。该选项在选取"Web 216 色"调色板时才起作用。

5）调色板类型(T)：该选项用于设置调色板的类型。单击右侧的下拉按钮，弹出其下拉列表，该列表包含 4 个选项：Web 216 色、最适色彩、接近 Web 最适色和自定义。

"Web 216 色"：使用标准的 216 色浏览器安全调色板来创建 PNG 图像，可获得较好的图像品质，并且该色彩在服务器上的处理速度最快。

"最适色彩"：分析图像中的颜色，并为选定的 PNG 文件创建一个唯一的颜色表。

"接近 Web 最适色"：将接近的颜色转换为 Web 216 色调色板中的颜色。

"自定义"：可以指定已针对选定图像优化的调色板。

6）过滤器选项(F)：该选项用于设置使 PNG 文件的压缩性更好的逐行过滤方法。单击其右侧的下拉按钮，弹出其下拉列表，该列表包含 6 个选项：无、下、上、平均、路径和最适色彩。

"无"：关闭过滤功能。

"下"：传递每个字节和前一像素相应字节的值之间的差。

"上"传递每个字节和它上面相邻像素的相应字节的值之间的差。

"平均"：使用两个相邻像素（左侧像素和上方像素）的平均值来预测该像素的值。

"路径"：计算 3 个相邻像素（左侧、上方、左上方）的简单线性函数，然后选择最接近计算值的相邻像素作为颜色的预测值。

"最适色彩"：分析图像中的颜色，并为选定的 PNG 文件创建一个唯一的颜色表。

（2）设置好参数后，单击发布按钮，即可将 Flash 动画发布为 PNG 文件。

12.3 课堂实战——将动画发布为 JPEG 文件

应用本章所学知识，将创建的动画发布为 JPEG 文件，效果如图 12.3.1 所示。

图 12.3.1 将动画发布为 JPEG 文件

操作步骤

（1）打开一个动画文件。

（2）在菜单栏中选择 文件(F) → 发布设置(G)... 命令，弹出“发布设置”对话框，如图 12.3.2 所示。

（3）在该对话框中选中 ☑JPEG 图像（.jpg)(J) 复选框，即可在该对话框顶部添加 JPEG 标签。单击 JPEG 标签，打开“JPEG”选项卡，如图 12.3.3 所示。

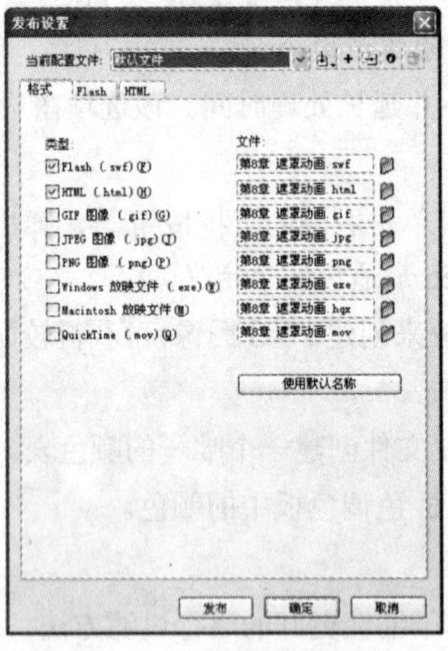

图 12.3.2 “发布设置”对话框

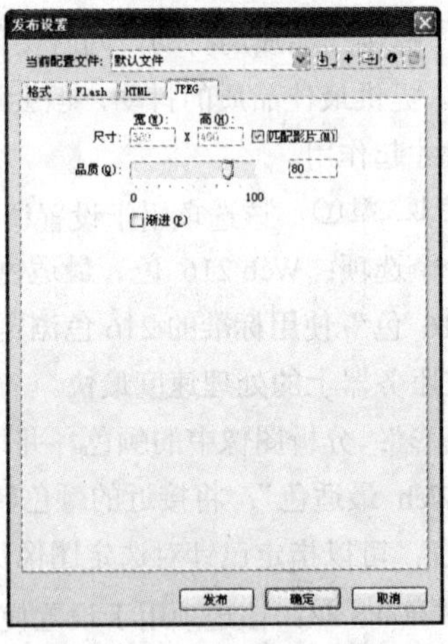

图 12.3.3 “JPEG”选项卡

（4）在该对话框中设置参数后，单击 确定 按钮，即可将设置的参数保存起来。单击 发布 按钮，即可将该动画发布为 JPEG 文件。

（5）在菜单栏中选择 文件(F) → 发布预览(R) → JPEG(J) 命令，即可在图像浏览器窗口中打开该图像，效果如图 12.3.1 所示。

本 章 小 结

本章主要介绍了动画的输出与发布，包括动画的优化、测试、输出和发布设置，这是非常重要的，它将直接影响到动画作品的正常传播，用户应熟练掌握这部分知识，能够以需要的文件格式发布或导出动画。

操 作 练 习

一、填空题

1．在 Flash 8 中，可以将动画输出为_________和图形。

2．发布动画前，应先对动画进行_________。

二、选择题

1．在 Flash 8 中，默认的发布格式为（　）。

（A）SWF　　（B）HTML

（C）GIF　　（D）A 和 B

2．SWF 格式的文件在网络上并不能直接观看，必须将它和（　）相结合。

（A）SWF　　（B）HTML

（C）GIF　　（D）JPEG

三、上机操作题

1．将动画发布为 HTML 网页。

2．将动画发布为 GIF 文件。

第 13 章　综合应用实例

Flash 发展至今，已成为电脑动画制作的必备工具之一。它的应用已随着计算机技术的普及，发展到不同的领域之中，在本章中通过制作一些综合实例来复习和巩固前面所学的知识。

知识要点

- 电子相册
- 特效制作
- 游戏开发
- 教学课件
- 网站片头

综合实例 1　电 子 相 册

实例内容

本例制作电子相册，效果如图 13.1.1 所示。

图 13.1.1　电子相册

设计思想

本例在制作过程中将用到遮罩层和动作脚本。

操作步骤

（1）打开 Flash 8 应用程序，新建一个空白的 Flash 文档。

（2）在菜单栏中选择文件(F)→导入(I)→导入到库(L)...命令，在弹出的“导入到库”对话框中选择一张图片，将它导入到库中，如图 13.1.2 所示。

（3）按“Ctrl+F8”组合键，在弹出的“创建新元件”对话框中创建一个名为“快退”的按钮元件。在该元件的编辑模式中，将库中的图片“未标题-1”拖至舞台中，将其打散后删除多余的部分，留下如图 13.1.3 所示的快退图标。

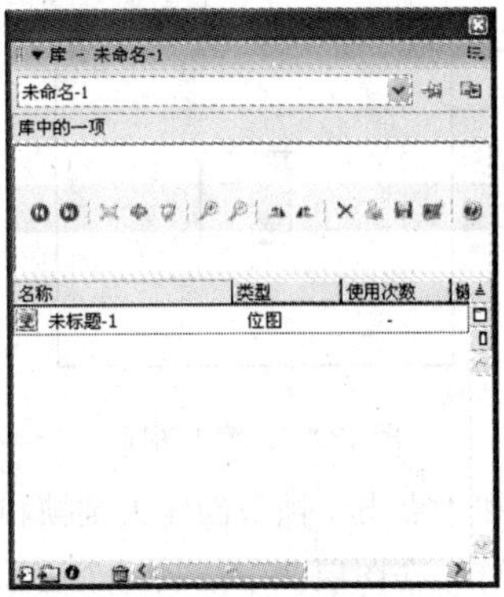

图 13.1.2　导入的图片

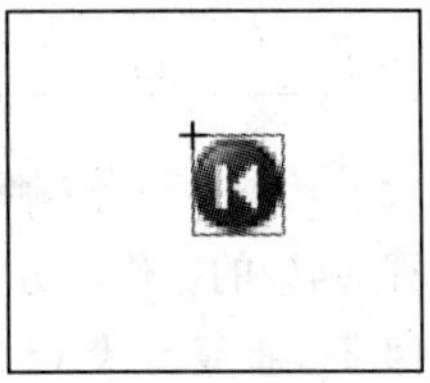

图 13.1.3　快退图标

（4）在“按下”帧按“F6”键插入关键帧，并将该帧中的图标分别水平右移，垂直下移 0.5 像素，在“点击”帧按“F5”键插入普通帧。

（5）单击时间轴面板下方的“插入图层”按钮，新建图层 2。在“指针经过”帧按“F6”键插入关键帧，使用矩形工具绘制一个边长为 18.4，笔触颜色为黑色，填充颜色为白色的正方形。

（6）在“按下”帧按“F6”键插入关键帧，将该帧中正方形的笔触颜色更改为蓝色，并将该图层移至图层 1 的下方。

（7）重复步骤（3）的操作，创建“快进”按钮，并在该元件的编辑模式中创建快进图标，如图 13.1.4 所示。

（8）重复步骤（4）的操作，分别在“按下”帧和“点击”帧中创建关键帧和普通帧，并将关键帧中的图标分别水平，垂直下移 0.5 像素。重复步骤（5）～（6）的操作，在图层 2 中绘制一个边长为 18.4，笔触颜色为黑色，填充颜色为白色的正方形。

（9）重复步骤（3）的操作，创建“实际大小”按钮，并在该元件的编辑模式中创建实际大小图标，如图 13.1.5 所示。

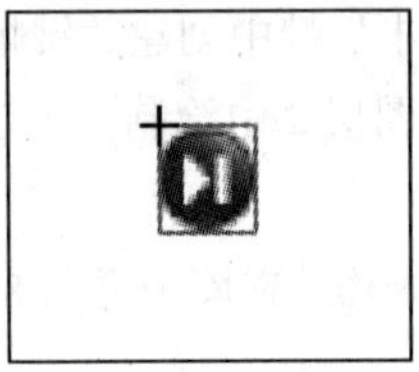

图 13.1.4　快进图标

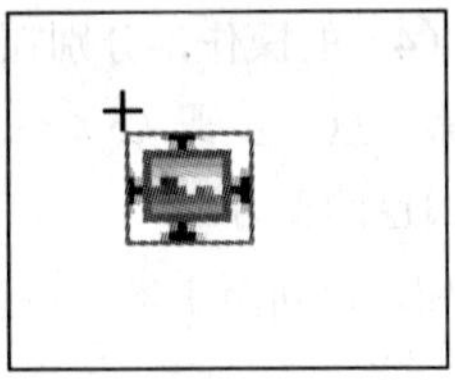

图 13.1.5　实际大小图标

（10）重复步骤（4）的操作，分别在“按下”和“点击”帧中创建关键帧和普通帧，并将关键帧中的图标移动 1 像素。重复步骤（5）～（6）的操作，在图层 2 中绘制一个边长为 18.4，笔触颜色为黑色，填充颜色为白色的正方形。

（11）重复步骤（3）的操作，创建“放大”按钮，并在该元件的编辑模式中创建放大图标，如图 13.1.6 所示。

（12）重复步骤（4）的操作，分别在“按下”和“点击”帧中创建关键帧和普通帧，并将关键帧中的图标移动 1 像素。重复步骤（5）～（6）的操作，在图层 2 中绘制一个边长为 18.4，笔触颜色为黑色，填充颜色为白色的正方形。

（13）重复步骤（3）的操作，创建“缩小”按钮，并在该元件的编辑模式中创建缩小图标，如图 13.1.7 所示。

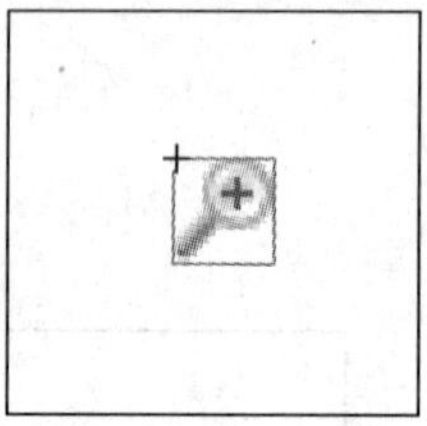

图 13.1.6　放大图标

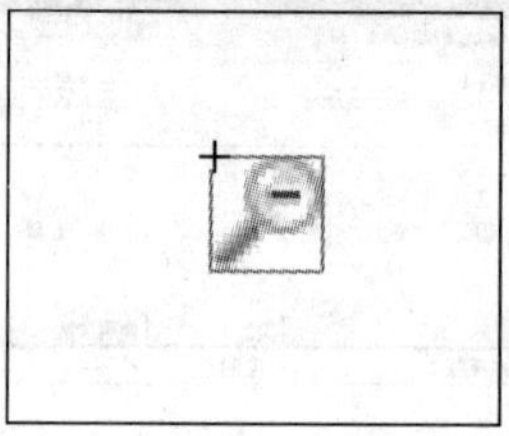

图 13.1.7　缩小图标

（14）重复步骤（4）的操作，分别在“按下”和“点击”帧中创建关键帧和普通帧，并将关键帧中的图标移动 1 像素。重复步骤（5）～（6）的操作，在图层 2 中绘制一个边长为 18.4，笔触颜色为黑色，填充颜色为白色的正方形。

（15）重复步骤（3）的操作，创建“顺时针旋转”按钮，并在该元件的编辑模式中创建顺时针旋转图标，如图 13.1.8 所示。

（16）重复步骤（4）的操作，分别在“按下”和“点击”帧中创建关键帧和普通帧，并将关键帧中的图标移动 1 像素。重复步骤（5）～（6）的操作，在图层 2 中绘制一个边长为 18.4，笔触颜色为黑色，填充颜色为白色的正方形。

（17）重复步骤（3）的操作，创建“逆时针旋转”按钮，并在该元件的编辑模式中创建逆时针旋转图标，如图 13.1.9 所示。

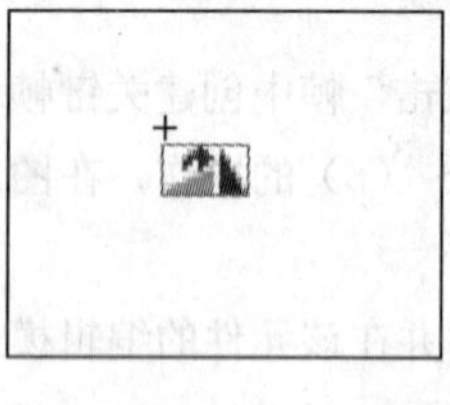

图 13.1.8　顺时针旋转图标

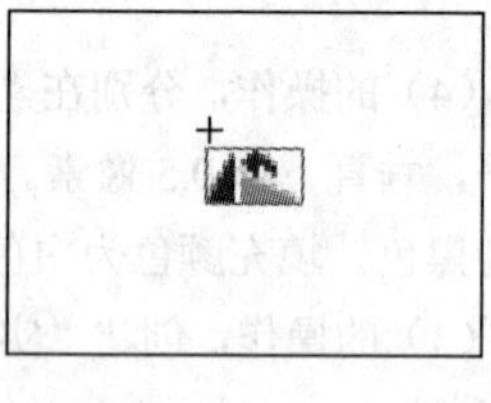

图 13.1.9　逆时针旋转图标

（18）重复步骤（4）的操作，分别在“按下”和“点击”帧中创建关键帧和普通帧，并将关键帧中的图标移动 1 像素。重复步骤（5）～（6）的操作，在图层 2 中绘制一个边长为 18.4，笔触颜色为黑色，填充颜色为白色的正方形。

（19）单击按钮，返回至主场景。重复步骤（2）的操作，在库中导入 8 张图片，如图 13.1.10 所示。

（20）重复步骤（3）的操作，创建一个名为“切换图片”的影片剪辑。在该元件的编辑模式中，使用矩形工具绘制一个大小为 320 像素×240 像素的无边框的白色矩形，在该图层的第 8 帧处按

“F5”键插入普通帧。

（21）单击时间轴面板下方的“插入图层”按钮，新建图层 2，并将该图层移至图层 1 的下方。分别在该图层的第 1 帧至第 8 帧处按“F6”键插入关键帧，在每个关键帧内放置不同的图片，并使用任意变形工具调整图片的大小，使其与图层 1 中的矩形大小相同。

（22）用鼠标右键单击图层 1，在弹出的快捷菜单中选择遮罩层命令，将图层 1 设置为遮罩层，并将该图层隐藏。

（23）单击时间轴面板下方的“插入图层”按钮，新建图层 3。分别在该图层的第 1 帧至第 8 帧处按“F7”键插入空白关键帧。按“F9”键打开动作面板，分别在这 8 个空白关键帧中输入语句：stop();。

（24）单击按钮，返回至主场景。将影片剪辑“切换图片”拖至舞台中，放置于如图 13.1.11 所示的位置。

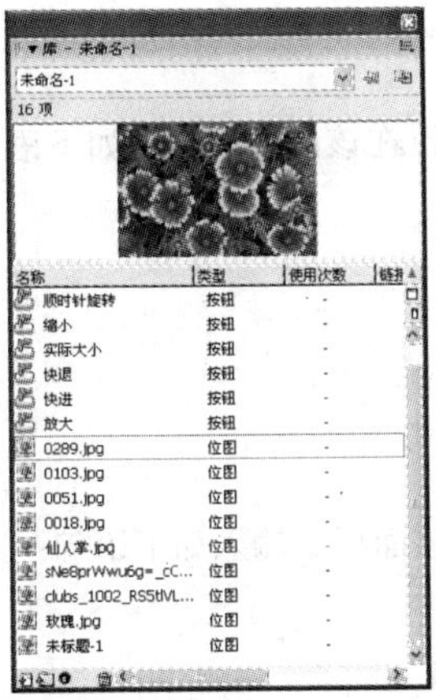

图 13.1.10　导入的图片

图 13.1.11　影片剪辑的位置

（25）选中该影片剪辑的实例，在其属性面板中将实例的名称设置为“mymc”。

（26）单击时间轴面板下方的“插入图层”按钮，新建图层 2。使用矩形工具绘制一个与图层 1 中影片剪辑大小相同的无边矩形。用鼠标右键单击图层 2，在弹出的快捷菜单中选择遮罩层命令，将图层 2 设置为遮罩层。

（27）单击时间轴面板下方的“插入图层”按钮，新建图层 3。在该图层中，将库中的所有按钮元件拖至舞台中，放置于如图 13.1.12 所示的位置。

图 13.1.12　按钮元件的位置

（28）选中“快退”按钮，按“F9”键打开动作面板，在该面板中输入如下语句：

```
on (release) {
_root.mymc.prevFrame();
mymc._rotation = 0;
mymc._width = 320;
mymc._height = 240;
}
```

（29）选中“快进”按钮，按“F9”键打开动作面板，在该面板中输入如下语句：

```
on (release) {
_root.mymc.nextFrame();
mymc._rotation = 0;
mymc._width = 320;
mymc._height = 240;
}
```

（30）选中“实际大小”按钮，按“F9”键打开动作面板，在该面板中输入如下语句：

```
on (release) {
mymc._rotation = 0;
mymc._width = 320;
mymc._height = 240;
}
```

（31）选中“放大”按钮，按“F9”键打开动作面板，在该面板中输入如下语句：

```
on (release) {
if (mymc._width<800) {
mymc._xscale = mymc._xscale*1.1;
mymc._yscale = mymc._yscale*1.1;
}
}
```

（32）选中“缩小”按钮，按“F9”键打开动作面板，在该面板中输入如下语句：

```
on (release) {
if (mymc._width>350) {
mymc._xscale = mymc._xscale*0.9;
mymc._yscale = mymc._yscale*0.9;
}
}
```

（33）选中“逆时针旋转”按钮，按“F9”键打开动作面板，在该面板中输入如下语句：

```
on (release) {
mymc._rotation += 90;
}
```

（34）选中“顺时针旋转”按钮，按“F9”键打开动作面板，在该面板中输入如下语句：

```
on (release) {
```

```
mymc._rotation -= 90;
}
```

（35）单击时间轴面板下方的“插入图层”按钮，新建图层 4。在该图层中使用矩形工具绘制一个空心的矩形，为影片剪辑添加边框，如图 13.1.13 所示。

（36）单击时间轴面板下方的“插入图层”按钮，新建图层 5。选择文本工具，使用该工具在舞台中输入文字，如图 13.1.14 所示。

图 13.1.13　绘制的空心矩形

图 13.1.14　输入文字

（37）单击时间轴面板下方的“插入图层”按钮，新建图层 6。单击第 1 帧，按“F9”键打开动作面板，在该面板中输入如下语句：

```
fscommand("fullscreen", false);
fscommand("showscale", false);
fscommand("showmenu", false);
```

（38）至此，该动画已制作完成，按“Ctrl+Enter”快捷键将动画导出，效果如图 13.1.1 所示。

综合实例 2　特 效 制 作

实例内容

本例将制作拍照特效，效果如图 13.2.1 所示。

图 13.2.1　拍照特效

设计思想

本例在制作过程中，将用到遮罩层和动作脚本等命令。

操作步骤

（1）打开 Flash 8 应用程序，新建一个空白的 Flash 文档。

（2）在菜单栏中选择 文件(F) → 导入(I) → 导入到库(L)... 命令，在弹出的“导入到库”对话框中选择两张图片，将它导入到库中，如图 13.2.2 所示。

（3）重复步骤（2）的操作，导入 30 张不同状态的图片及一个声音文件，如图 13.2.3 所示。

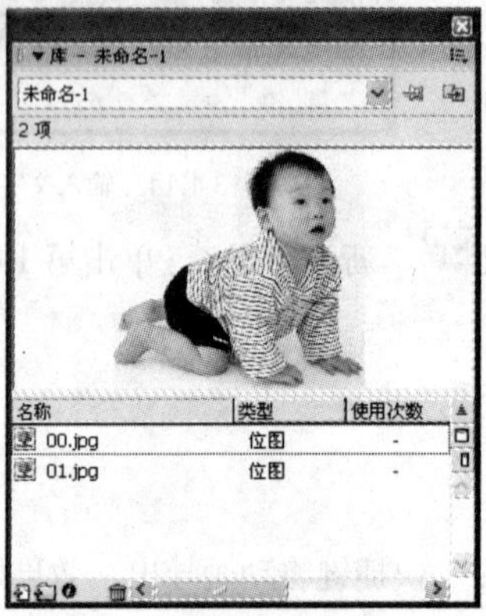

图 13.2.2　导入的图片

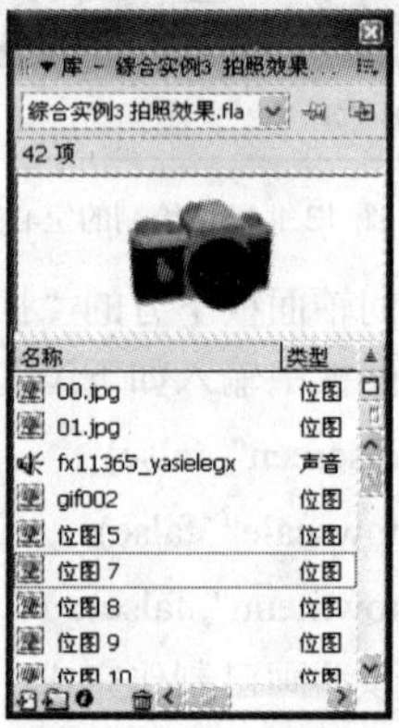

图 13.2.3　导入的图片

（4）按“Ctrl+F8”键，从弹出的“创建新元件”对话框中创建一个名为“元件 1”的图形元件。在该元件的编辑模式中，将位图“01”从库中拖至舞台中，放置于如图 13.2.4 所示的位置。

（5）重复步骤（4）的操作，创建一个名为“元件 2”的图形元件。在该元件的编辑模式中，将元件 1 从库中拖至舞台中，放置于舞台中央。

（6）单击时间轴面板下方的“插入图层”按钮，新建图层 2。选择矩形工具，将该工具的边角半径设置为 30，使用该工具绘制一个无边框的黑色圆角矩形，将其放置于如图 13.2.5 所示的位置。

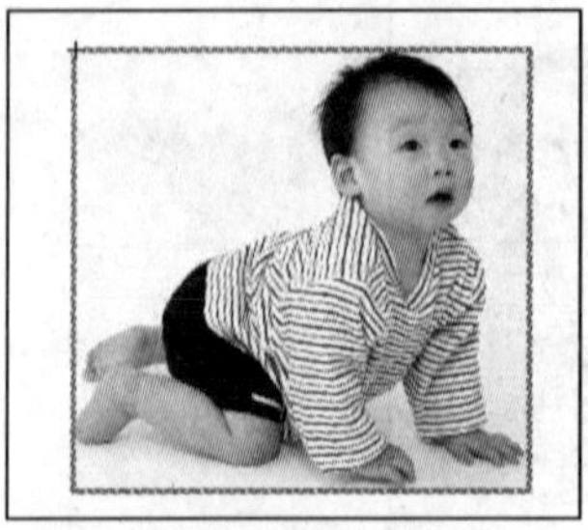

图 13.2.4　位图“01”的位置

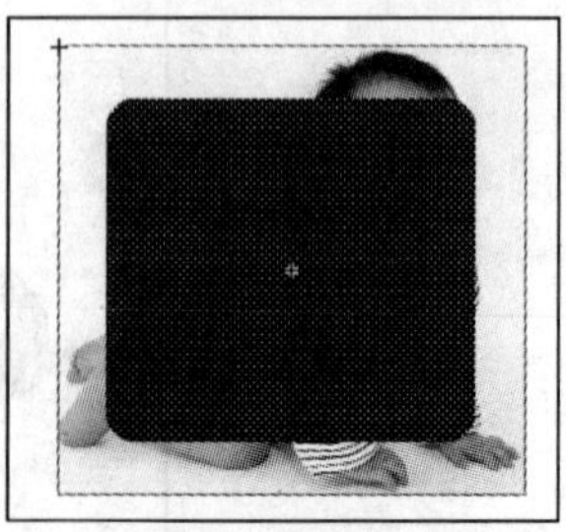

图 13.2.5　圆角矩形的位置

（7）用鼠标右键单击图层 2，从弹出的快捷菜单中选择 遮罩层 命令，将该图层设置为遮罩层，此时的效果如图 13.2.6 所示。

（8）重复步骤（4）的操作，创建一个名为“元件 3”的影片剪辑元件。在该元件的编辑模式中，使用钢笔工具绘制如图 13.2.7 所示的图形。

图 13.2.6　添加遮罩后的效果

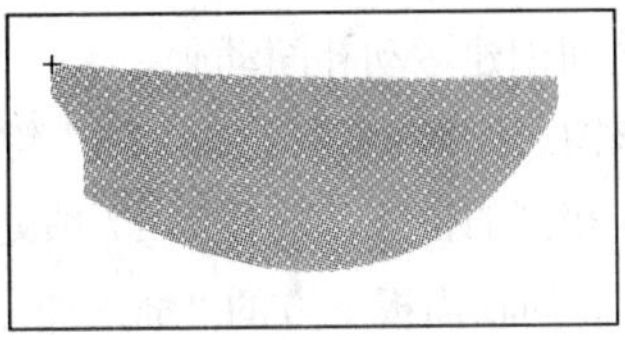

图 13.2.7　使用钢笔工具绘制的图形

（9）在第 3 帧和第 5 帧处按“F6”键插入关键帧，并将第 3 帧中图形的颜色更换为褐色，如图 13.2.8 所示。

（10）重复步骤（4）的操作，创建一个名为“元件 4”的按钮元件。在该元件的编辑模式中，单击“点击”帧，按“F6”键插入关键帧，并使用矩形工具绘制一个笔触高度为 1，无填充颜色的空心矩形，如图 13.2.9 所示。

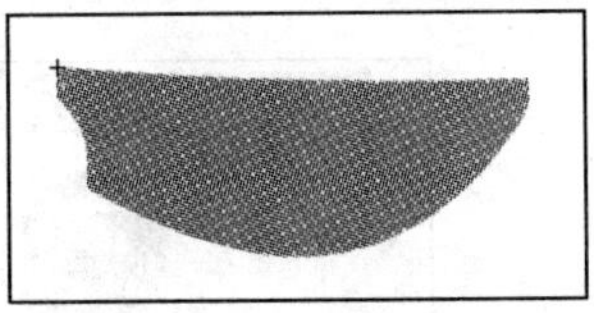

图 13.2.8　更换图形的颜色

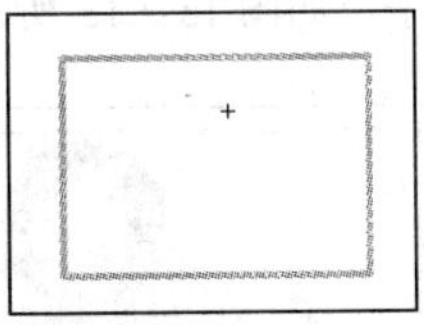

图 13.2.9　绘制的空心矩形

（11）重复步骤（4）的操作，创建一个名为“元件 5”的影片剪辑元件。在该元件的编辑模式中，将库中的位图“gif002”拖至舞台中，放置于舞台中水平坐标为 40，垂直坐标为 30 的位置处。

（12）单击第 2 帧，先按“F7”键插入一个空白关键帧，再从库中将图片“位图 7”拖至舞台中，放置于与第 1 帧中图片相同的位置处。

（13）重复步骤（12）的操作，分别在该图层的其他 28 帧中放置不同的图片。单击时间轴面板下方的插入图层按钮，新建图层 2。在该图层的第 17 帧处按“F6”键插入关键帧，并将库中的影片剪辑“元件 3”从库中拖至舞台中，放置于如图 13.2.10 所示的位置。

（14）单击时间轴面板下方的插入图层按钮，新建图层 3，并将该图层移至图层 1 的下方。选择矩形工具，使用该工具绘制一个无边框的白色矩形，使其比照相机的图片稍大一点。

（15）选中图层 2，单击时间轴面板下方的插入图层按钮，在该图层上方新建图层 4。在该图层的第 17 帧处按“F6”键插入关键帧，将库中的按钮“元件 4”从库中拖至舞台上，并在该元件实例的属性面板中将其颜色设置为绿色，如图 13.2.11 所示。

图 13.2.10　影片剪辑“元件 3”的位置

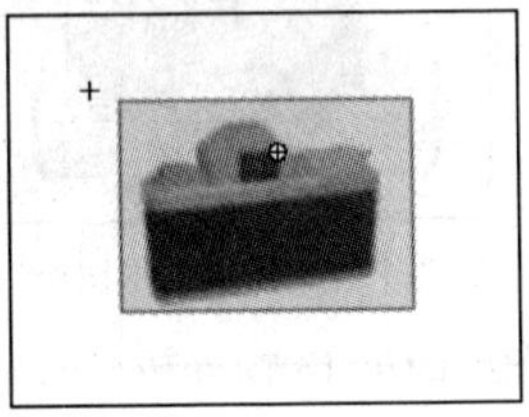

图 13.2.11　按钮“元件 4”的位置

（16）重复步骤（4）的操作，创建一个名为“元件 6”的图形元件。在该元件的编辑模式中，将图片“00”从库中拖至舞台上，放置于如图 13.2.12 所示的位置。

（17）重复步骤（4）的操作，创建一个名为“元件 7”的影片剪辑元件。在该元件的编辑模式中，将图形元件“元件 6”从库中拖至舞台上，放置于水平坐标和垂直坐标都为－0.1 的位置处，并在变形面板中将图片的大小设置为 87%。

（18）在该图层的第 13 帧处按“F6”键插入关键帧，将该帧中图片的大小恢复为 100%，并在这两个关键帧之间创建运动补间动画。

（19）在该图层的第 14 帧处按“F6”键插入关键帧，将图形元件“元件 1”从库中拖至舞台中，放置于与元件 6 相同的位置，并在第 17 帧处插入普通帧。

（20）单击时间轴面板下方的“插入图层”按钮，新建图层 2。在该图层的第 14 帧处按“F6”键插入关键帧，并使用矩形工具绘制一个与元件 2 中遮罩大小相同的矩形。在该图层的第 41 帧处插入普通帧，并将该图层设置为遮罩层。

（21）单击时间轴面板下方的“插入图层”按钮，新建图层 3。在该图层的第 17 帧处按“F6”键插入关键帧，将元件 2 从库中拖至舞台中，放置于舞台中心。在该图层的第 41 帧处按“F6”键插入关键帧，将该帧中元件实例的颜色设置为蓝色，并在这两个关键帧之间创建运动补间动画。

（22）单击时间轴面板下方的“插入图层”按钮，新建图层 4。选择文本工具，使用该工具在舞台中输入文字，如图 13.2.13 所示。

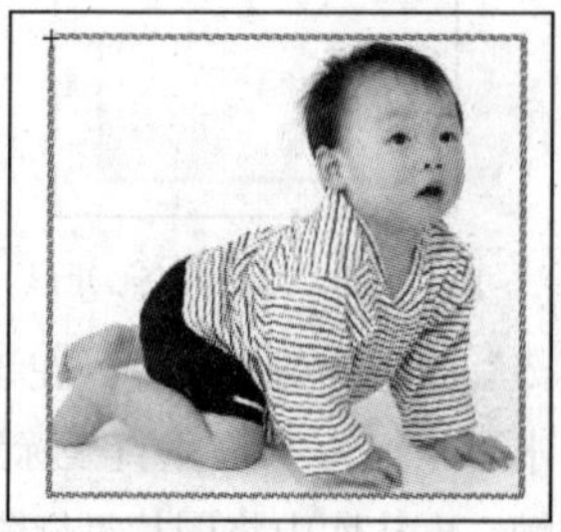

图 13.2.12　图片“00”的位置

图 13.2.13　输入的文字

（23）单击时间轴面板下方的“插入图层”按钮，新建图层 5。选择线条工具，使用该工具绘制如图 13.2.14 所示的图形，并将该图层中第 14 帧以后的帧全部删除。

（24）单击时间轴面板下方的“插入图层”按钮，新建图层 6，并将该图层移至图层 5 的下方。在该图层的第 11 帧处按“F6”键插入关键帧，使用矩形工具绘制一个无笔触，填充颜色为透明至白色径向渐变的一个圆角矩形，如图 13.2.15 所示。

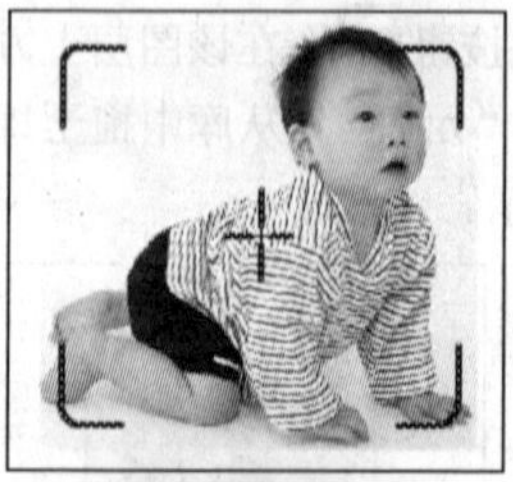

图 13.2.14　绘制的图形

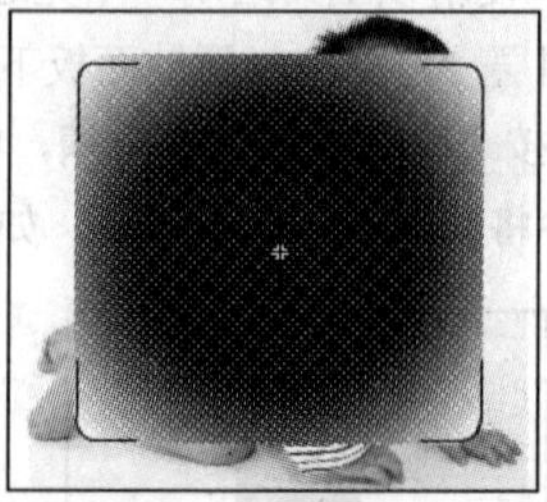

图 13.2.15　绘制的圆角矩形

（25）在该图层的第 13 帧处按“F7”键插入空白关键帧。单击时间轴面板下方的“插入图层”按钮，新建图层 7，并将该图层移至图层 1 的下方。

（26）重复步骤（4）的操作，创建一个名为“元件 8”的影片剪辑元件。在该元件的编辑模式中，先将库中的图片“位图 5”从库中拖至舞台中并将其打散，再使用矩形工具绘制一个无笔触的白色矩形覆盖在位图的上方，按“Ctrl+G”键将它们组合为一个整体，如图 13.2.16 所示。

（27）在库中用鼠标双击元件 7，进入其编辑状态，选中图层 7，在该图层的第 14 帧处按“F6”键插入关键帧，并将元件 8 从库中拖至舞台中，放置于如图 13.2.17 所示的位置。

图 13.2.16　创建的元件 8

图 13.2.17　元件 8 的位置

（28）单击时间轴面板下方的“插入图层”按钮，新建图层 8，并将该图层移至图层 7 的下方。在该图层的第 10 帧处按“F6”键插入关键帧，将库中的声音文件拖至舞台中。

（29）选中图层 5，单击时间轴面板下方的“插入图层”按钮，在该图层的上方新建图层 9。单击第 1 帧，按“F9”键打开动作面板，在该面板中输入语句：stop();。

（30）单击时间轴面板下方的“插入图层”按钮，在该图层的上方新建图层 10。将库中的影片剪辑元件 5 从库中拖至舞台中，放置于如图 13.2.18 所示的位置。

图 13.2.18　元件 5 的位置

（31）选中元件 5，在该元件实例的属性面板中将其实例名称设置为“xj”。按“F9”键打开动作面板，在该面板中输入如下语句：

```
on (release)
{
    _root.mc.play();
}

on (rollOver)
{
    _root.mc.xj.gotoAndStop(17);
}
on (rollOut)
```

```
{
    _root.mc.xj.play();
}
```

（32）单击按钮返回至主场景。将库中的影片剪辑“元件 7”从库中拖至舞台中，并在其属性面板中将实例名称设置为“mc”。

（33）至此，该效果制作完成，按“Ctrl+Enter”快捷键将动画导出，效果如图 13.2.1 所示。

综合实例 3　游 戏 开 发

实例内容

本例将制作拼图游戏，效果如图 13.3.1 所示。

图 13.3.1　拼图游戏

设计思想

本例在制作过程中将用到矩形工具、文本工具、线条工具及动作脚本。

操作步骤

（1）打开 Flash 8 应用程序，创建一个大小为 700 像素×500 像素，背景色为橙色的 Flash 文档。

（2）按“Ctrl+'”键，将网格显示出来。选择 网格(I) → 编辑网格(E)... 命令，在弹出的“网格”对话框中将网格的大小设置为 100 像素×100 像素；选择 视图(V) → 标尺(R) 命令，将标尺显示出来，并拖出如图 13.3.2 所示的辅助线。

（3）按“Ctrl+R”快捷键，从弹出的“导入”对话框中选择一幅图片导入到舞台中，如图 13.3.3 所示。

图 13.3.2　创建的辅助线

图 13.3.3　导入的图片

（4）使用任意变形工具对图像进行变形，将其大小设置为 300 像素×300 像素。按“Ctrl+B”键，将该图片打散，使用线条工具顺着辅助线绘制 8 条直线，将图片分割成为 9 个不同的部分，将辅助线隐藏后，效果如图 13.3.4 所示。

（5）将绘制的直线选中后删除，并将图片分别放置于不同的位置，如图 13.3.5 所示。

图 13.3.4　绘制的直线

图 13.3.5　分割后的图片

（6）将所有图片选中后按“F8”键，在弹出的“转换为元件”对话框中创建一个名为“000”的图形元件。

（7）按“Ctrl+F8”键，创建一个名为“button”的图形元件。在该元件的编辑模式中，使用绘图工具绘制如图 13.3.6 所示的按钮。

（8）按“Ctrl+F8”键，创建一个名为“2”的按钮元件。在该元件的编辑模式中，将图形元件“button”拖至舞台中，放置于水平坐标和垂直坐标都是－47 的位置处，并在该元件的属性面板中设置其颜色值，如图 13.3.7 所示。

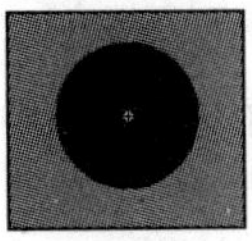

图 13.3.6　绘制的按钮

图 13.3.7　设置颜色值

（9）单击“指针经过”帧，按“F6”键插入关键帧。选中该帧中的元件，在其属性面板中设置颜色值，如图 13.3.8 所示。

（10）重复步骤（9）的操作，分别在“按下”和“点击”帧中插入关键帧，将“按下”帧中元件的颜色值设置为如图 13.3.9 所示的数值，将“点击”帧中元件的颜色设置为“无”。

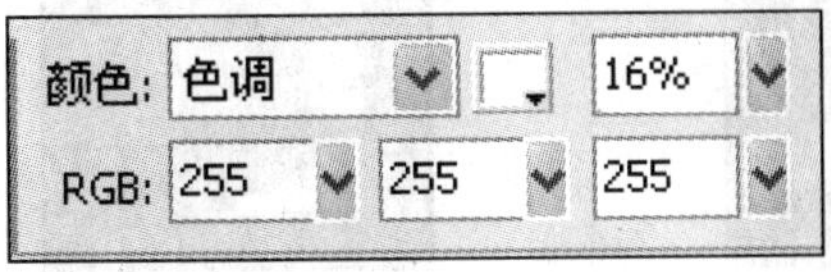

图 13.3.8　设置色调值

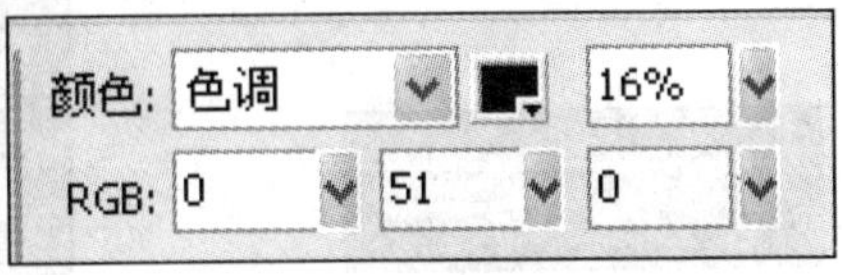

图 13.3.9　设置颜色值

（11）按“Ctrl+F8”键，创建一个名为“元件 1”的图形元件。在该元件的编辑模式中，将打散后的第 3 张图片复制到该元件中，将其置于如图 13.3.10 所示的位置。

（12）按“Ctrl+F8”键，创建一个名为“元件 2”的图形元件。在该元件的编辑模式中，将打散后的第 1 张图片复制到该元件中，将其置于如图 13.3.11 所示的位置。

图 13.3.10　图片 3 的位置

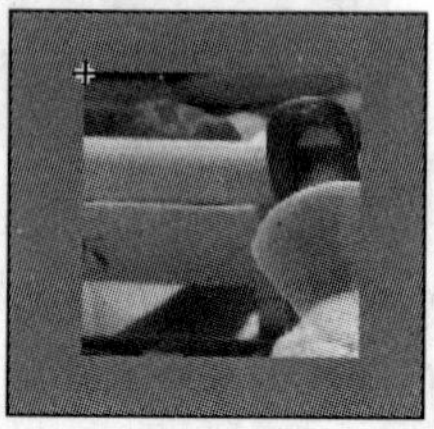

图 13.3.11　图片 1 的位置

（13）在库中选中“元件 2”，单击鼠标右键，从弹出的快捷菜单中选择 直接复制 命令，在弹出的“直接复制元件”对话框中创建一个名为“元件 3”的图形元件。

（14）按“Ctrl+F8”键，创建一个名为“youxiguize”的影片剪辑元件。在该元件的编辑模式中，使用文本工具 A 在舞台中输入黄颜色的文字，如图 13.3.12 所示。

（15）在“指针经过”帧处按“F6”键插入关键帧，将该帧中文字的颜色改成绿色，并将该帧中的文字垂直向上移动 2 像素，如图 13.3.13 所示。

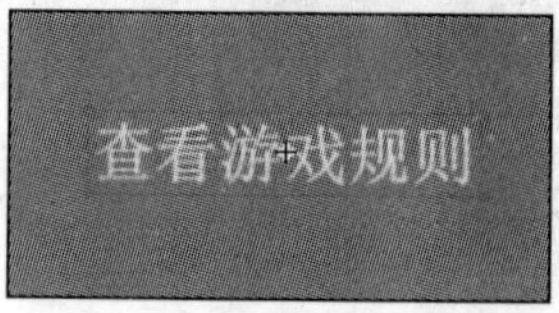

图 13.3.12　输入的文字

图 13.3.13　移动文字的位置

（16）在“按下”帧处按“F6”键插入关键帧，并将该帧中的文字垂直向下移动 2 像素，单击“点击”帧，按“F6”键插入关键帧，并使用矩形工具绘制如图 13.3.14 所示的矩形。

（17）按“Ctrl+F8”键，创建一个名为“aa”的按钮元件。在该元件的编辑模式中，将图形元件“元件 3”从库中拖至舞台中，将其置于舞台中心。单击时间轴面板下方的“插入图层”按钮，新建图层 2。将图层 1 中的“元件 3”复制到该图层中，并按“Ctrl+B”键将其打散。

（18）按“Ctrl+F8”键，创建一个名为“ab”的按钮元件。在该元件的编辑模式中，将打散后的第 2 张图片复制到该元件中，将其置于如图 13.3.15 所示的位置。

（19）按“Ctrl+F8”键，创建一个名为“ac”的按钮元件。在该元件的编辑模式中，将图形元件“元件 1”从库中拖至舞台中，放置于舞台中心。

（20）按“Ctrl+F8”键，创建一个名为“ba”的按钮元件。在该元件的编辑模式中，将打散后的第 4 张图片复制到该元件中，放置于如图 13.3.16 所示的位置。

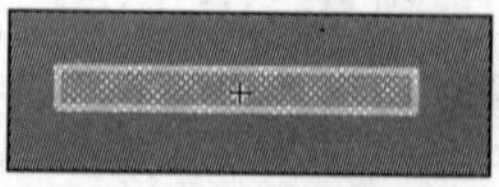

图 13.3.14　绘制的矩形

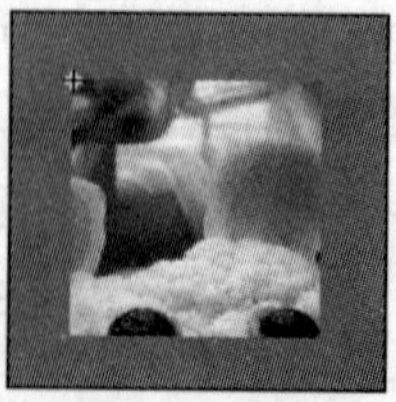

图 13.3.15　第 2 张图片的位置

图 13.3.16　第 4 张图片的位置

（21）重复步骤（20）的操作，分别创建按钮元件“bb”“bc”“ca”“cb”和“cc”，并将第 5 张图片、第 6 张图片、第 7 张图片、第 8 张图片和第 9 张图片分别放置于对应的元件当中。

（22）按“Ctrl+F8”键，创建一个名为“Maa”的影片剪辑元件。在该元件的编辑模式中，将按钮元件“aa”拖至舞台中，放置于舞台中心，并将该元件实例的名称设置为“one”。选中舞台中的按钮元件，按“F9”键打开动作面板。在该面板中输入如下语句：

```
on (release) {
if (((this._x == _root.ac._x) || (this._y == _root.ac._y)) && ((Math.abs(this._x-_root.ac._x) == 100) ||
(Math.abs(this._y-_root.ac._y)==100))) {
    m_x = this._x;
    m_y = this._y;
    this._x = _root.ac._x;
    this._y = _root.ac._y;
    _root.ac._x = m_x;
    _root.ac._y = m_y;
}
}
```

（23）重复步骤（21）～（22）的操作，分别创建影片剪辑“Mab”“Mac”“Mba”“Mbb”“Mbc”“Mca”“Mcb”和“Mcc”。将按钮元件“ab”“ac”“ba”“bb”“bc”“ca”“cb”和“cc”放置于对应的影片剪辑当中，并将它们分别命名为“two”“three”“four”“five”“six”“seven”“eight”和“nine”。

（24）选中影片剪辑“Mab”中的按钮元件“ab”，在动作面板中输入如下语句：

```
on (release) {
if (((this._x == _root.ac._x) || (this._y == _root.ac._y)) && ((Math.abs(this._x-_root.ac._x) == 100) ||
(Math.abs(this._y-_root.ac._y) == 100))) {
    m_x = this._x;
    m_y = this._y;
    this._x = _root.ac._x;
    this._y = _root.ac._y;
    _root.ac._x = m_x;
    _root.ac._y = m_y;
}
}
```

（25）选中影片剪辑“Mac”中的按钮元件“ac”，在动作面板中输入如下语句：

```
on (release) {
if ((_root.aa._x == 100) && (_root.aa._y == 100) && (_root.ab._x == 200) && (_root.ab._y == 100)
&& (_root.ba._x == 100) && (_root.ba._y == 200) && (_root.bb._x == 200) && (_root.bb._y == 200) &&
(_root.bc._x == 300) && (_root.bc._y == 200) && (_root.ca._x == 100) && (_root.ca._y == 300) &&
(_root.cb._x == 200) && (_root.cb._y == 300) && (_root.cc._x == 300) && (_root.cc._y == 300)) {
    this._x = 300;
    this._y = 100;
    _root.xianshi = "厉害！再来一次请点“重新开始”！";
```

```
    _root.cc.nine.enabled=false;
    _root.cb.eight.enabled=false;
    _root.ca.seven.enabled=false;
    _root.bc.six.enabled=false;
    _root.bb.five.enabled=false;
    _root.ba.four.enabled=false;
    _root.ac.three.enabled=false;
    _root.ab.two.enabled=false;
    _root.aa.one.enabled=false;
  } else {
    _root.xianshi = "急性子，你还没有拼对呢！";
  }
}
```

（26）选中影片剪辑“Mba”中的按钮元件“ba”，在动作面板中输入如下语句：

```
on (release) {
if (((this._x == _root.ac._x) || (this._y == _root.ac._y)) && ((Math.abs(this._x-_root.ac._x) == 100) ||
(Math.abs(this._y-_root.ac._y)==100))) {
    m_x = this._x;
    m_y = this._y;
    this._x = _root.ac._x;
    this._y = _root.ac._y;
    _root.ac._x = m_x;
    _root.ac._y = m_y;
  }
}
```

（27）选中影片剪辑“Mbb”中的按钮元件“bb”，在动作面板中输入如下语句：

```
on (release) {
if (((this._x == _root.ac._x) || (this._y == _root.ac._y)) && ((Math.abs(this._x- _root.ac._x) == 100) ||
(Math.abs(this._y-_root.ac._y)==100))) {
    m_x = this._x;
    m_y = this._y;
    this._x = _root.ac._x;
    this._y = _root.ac._y;
    _root.ac._x = m_x;
    _root.ac._y = m_y;
  }
}
```

（28）选中影片剪辑“Mbc”中的按钮元件“bc”，在动作面板中输入如下语句：

```
on (release) {
```

```
  if (((this._x == _root.ac._x) || (this._y == _root.ac._y)) && ((Math.abs(this._x-_root.ac._x) == 100) ||
(Math.abs(this._y-_root.ac._y)==100))) {
      m_x = this._x;
      m_y = this._y;
      this._x = _root.ac._x;
      this._y = _root.ac._y;
      _root.ac._x = m_x;
      _root.ac._y = m_y;
  }
}
```

（29）选中影片剪辑“Mca”中的按钮元件“ca”，在动作面板中输入如下语句：

```
on (release) {
  if (((this._x == _root.ac._x) || (this._y == _root.ac._y)) && ((Math.abs(this._x-_root.ac._x) == 100) ||
(Math.abs(this._y-_root.ac._y)==100))) {
      m_x = this._x;
      m_y = this._y;
      this._x = _root.ac._x;
      this._y = _root.ac._y;
      _root.ac._x = m_x;
      _root.ac._y = m_y;
  }
}
```

（30）选中影片剪辑“Mcb”中的按钮元件“cb”，在动作面板中输入如下语句：

```
on (release) {
  if (((this._x == _root.ac._x) || (this._y == _root.ac._y)) && ((Math.abs(this._x-_root.ac._x) == 100) ||
(Math.abs(this._y-_root.ac._y)==100))) {
      m_x = this._x;
      m_y = this._y;
      this._x = _root.ac._x;
      this._y = _root.ac._y;
      _root.ac._x = m_x;
      _root.ac._y = m_y;
  }
}
```

（31）选中影片剪辑“Mcc”中的按钮元件“cc”，在动作面板中输入如下语句：

```
on (release) {
  if (((this._x == _root.ac._x) || (this._y == _root.ac._y)) && ((Math.abs(this._x-_root.ac._x) == 100) ||
(Math.abs(this._y-_root.ac._y)==100))) {
      m_x = this._x;
```

```
        m_y = this._y;
        this._x = _root.ac._x;
        this._y = _root.ac._y;
        _root.ac._x = m_x;
        _root.ac._y = m_y;
    }
}
```

（32）按“Ctrl+F8”键，创建一个名为“cancao”的影片剪辑元件。在该元件的编辑模式中，将库中的位图“图片”拖至舞台中，置于舞台中心。

（33）按“Ctrl+F8”键，创建一个名为“black”的影片剪辑元件。在该元件的编辑模式中，使用矩形工具绘制一个大小为 100 像素×100 像素，颜色为紫色的正方形。

（34）单击库面板中的“新建文件夹”按钮，创建一个名为“图片”的库文件夹。将除图形元件“000”以外的其他元件及导入的图片选中后，放置到该文件夹中。

（35）按“Ctrl+F8”键，创建一个名为“边框”的图形元件。在该元件的编辑模式中，使用矩形工具绘制如图 13.3.17 所示的矩形。

（36）按“Ctrl+F8”键，创建一个名为“元件 1”的图形元件。在该元件的编辑模式中，使用矩形工具绘制一个大小为 300 像素×300 像素，颜色为蓝色的正方形，如图 13.3.18 所示。

（37）按“Ctrl+F8”键，创建一个名为“游戏规则”的影片剪辑元件。在该元件的编辑模式中，使用文本工具在舞台中输入文字，如图 13.3.19 所示。

图 13.3.17　绘制的矩形

图 13.3.18　绘制的正方形

（38）单击按钮，返回主场景。使用文本工具在舞台中输入文字，如图 13.3.20 所示。

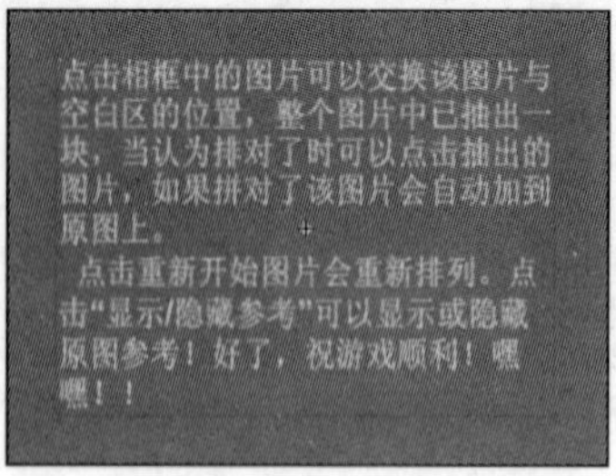

图 13.3.19　输入的文字

图 13.3.20　输入的文字

（39）单击时间轴面板下方的“插入图层”按钮，新建图层 2，并将图层 2 移至图层 1 的下方，使用线条工具绘制 2 条直线。将图形元件“边框”和影片剪辑“Mac”拖至舞台中，放置于如图 13.3.21 所示的位置，并将影片剪辑“Mac”的实例命名为“jiance”。

（40）分别将影片剪辑“游戏规则”和“cankao”拖至舞台中。将这两个元件的实例分别命名为“guize”和“cankao”，并将它们的透明度设置为 0，如图 13.3.22 所示。

图 13.3.21　元件的位置

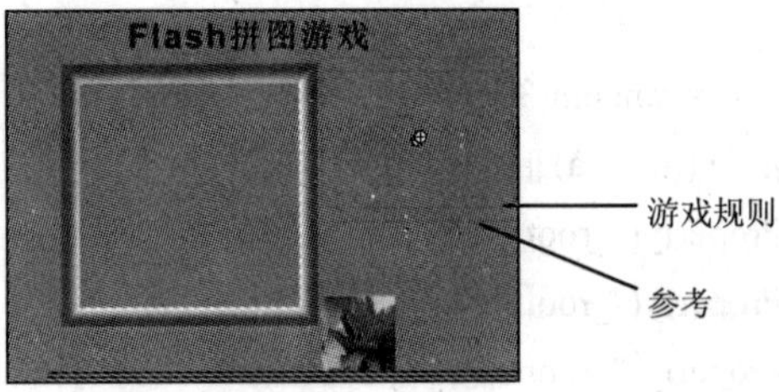

图 13.3.22　影片剪辑的位置

（41）单击时间轴面板下方的“插入图层”按钮，新建图层 3，并将图层 3 移至图层 1 的下方，使用线条工具在舞台中绘制 4 条直线。

（42）将影片剪辑“Maa”“Mab”“Mbc”“Mba”“Mbb”“Mca”“Mcb”“Mcc”和“black”拖到舞台中，按照如图 13.3.23 所示的位置放置。

图 13.3.23　影片剪辑的位置

（43）分别将这几个影片剪辑的实例命名为“aa”“ab”“bc”“ba”“bb”“ca”“cb”“cc”和“ac”。

（44）将按钮元件“2”从库中拖至舞台中两次，创建该元件的两个实例，并将它们放置于如图 13.3.24 所示的位置。选中第 2 个按钮元件的实例，在该实例的属性面板中设置它的颜色，如图 13.3.25 所示。

图 13.3.24　按钮元件的位置

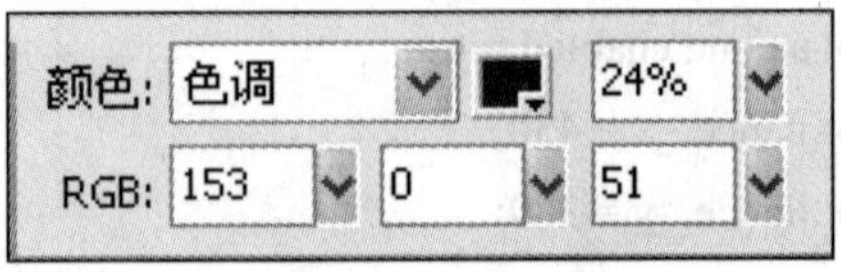

图 13.3.25　设置实例的色调

（45）选中第 1 个按钮元件，按“F9”键打开动作面板，在该面板中输入如下语句：

```
on (release) {
 a = random(3)+1;
 do {
       b = random(3)+1;
 } while (b == a);
```

```
do {
        c = random(3)+1;
} while ((c == a) || (c == b));
setProperty("_root.bc.", _x, b*100);
setProperty("_root.bc", _y, c*100);
setProperty("_root.ca", _x, c*100);
setProperty("_root.ca", _y, a*100);
setProperty("_root.cb.", _x, c*100);
setProperty("_root.cb", _y, b*100);
setProperty("_root.cc", _x, c*100);
setProperty("_root.cc", _y, c*100);
setProperty("_root.ba.", _x, b*100);
setProperty("_root.ba", _y, a*100);
setProperty("_root.bb", _x, b*100);
setProperty("_root.bb", _y, b*100);
setProperty("_root.aa.", _x, a*100);
setProperty("_root.aa", _y, a*100);
setProperty("_root.ab", _x, a*100);
setProperty("_root.ab", _y, b*100);
setProperty("_root.ac",_x,a*100);
setProperty("_root.ac",_y,c*100);
_root.cc.nine.enabled = true;
_root.cb.eight.enabled = true;
_root.ca.seven.enabled = true;
_root.bc.six.enabled = true;
_root.bb.five.enabled = true;
_root.ba.four.enabled = true;
_root.ac.three.enabled = true;
_root.ab.two.enabled = true;
_root.aa.one.enabled = true;
_root.jiance._x = 430;
_root.jiance._y = 380;
}
```

（46）选中第 2 个按钮元件，按“F9”键打开动作面板，在该面板中输入如下语句：

```
on(release)
{
_root.guize._alpha=0;
if(_root.cankao._alpha==100){
        setProperty("_root.cankao",_alpha,0);
```

```
        }
else{
        setProperty("_root.cankao",_alpha,100);
        }
}
```

（47）将按钮元件“youxiguize”拖到舞台中，放置于如图 13.3.26 所示的位置。

（48）选中按钮元件，按“F9”键打开动作面板，在该面板中输入如下语句：

```
on(release)
{
_root.cankao._alpha=0;
_root.guize._alpha=100;
}
```

（49）使用文本工具 A 在舞台中输入文字，如图 13.3.27 所示。

图 13.3.26　按钮元件的位置

图 13.3.27　输入的文字

（50）选择该图层的第 1 帧，按“F9”键打开动作面板，在该面板中输入以下语句：

```
stop();
fscommand("fullscreen", false);
this.onLoad = function() {
 a = random(3)+1;
 do {
        b = random(3)+1;
 } while (b == a);
 do {
        c = random(3)+1;
 } while ((c == a) || (c == b));
 _root.black._x = 300;
 _root.black._y = 100;
 setProperty("_root.bc.", _x, b*100);
 setProperty("_root.bc", _y, c*100);
 setProperty("_root.ca", _x, c*100);
 setProperty("_root.ca", _y, a*100);
 setProperty("_root.cb.", _x, c*100);
```

```
setProperty("_root.cb", _y, b*100);
setProperty("_root.cc", _x, c*100);
setProperty("_root.cc", _y, c*100);
setProperty("_root.ba.", _x, b*100);
setProperty("_root.ba", _y, a*100);
setProperty("_root.bb", _x, b*100);
setProperty("_root.bb", _y, b*100);
setProperty("_root.aa.", _x, a*100);
setProperty("_root.aa", _y, a*100);
setProperty("_root.ab", _x, a*100);
setProperty("_root.ab", _y, b*100);
setProperty("_root.ac",_x,a*100);
setProperty("_root.ac",_y,c*100);
_root.cc.nine.enabled = true;
_root.cb.eight.enabled = true;
_root.ca.seven.enabled = true;
_root.bc.six.enabled = true;
_root.bb.five.enabled = true;
_root.ba.four.enabled = true;
_root.ac.three.enabled = true;
_root.ab.two.enabled = true;
_root.aa.one.enabled = true;
_root.jiance._x = 430;
_root.jiance._y = 380;
};
```

（51）至此，该动画制作完成，按“Ctrl+Enter”键将文件导出，效果如图 13.3.1 所示。

综合实例 4　教 学 课 件

实例内容

本例将制作教学课件——凸透镜成像原理，效果如图 13.4.1 所示。

设计思想

本例在制作过程中，将用到矩形工具、线条工具、形状补间动画、运动补间动画和动作脚本等。

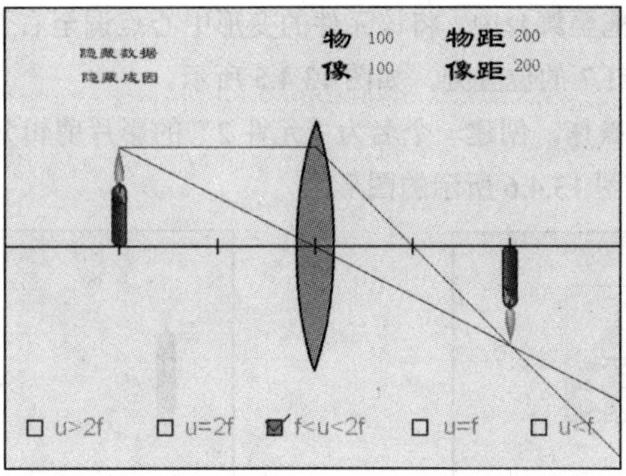

图 13.4.1　凸透镜成像原理效果

操作步骤

（1）打开 Flash 8 应用程序，新建一个大小为 640 像素×480 像素，背景色为黄色的 Flash 文档。

（2）按“Ctrl+F8”键，在弹出的“创建新元件”对话框中创建一个名为“火焰”的影片剪辑元件。在该元件的编辑模式中，使用绘图工具绘制如图 13.4.2 所示的火焰形状。

（3）单击第 2 帧，绘制如图 13.4.3 所示的火焰。

图 13.4.2　第 1 帧中绘制的火焰

图 13.4.3　第 2 帧中绘制的火焰

（4）重复步骤（3）的操作，分别在该图层的第 3 帧至第 6 帧绘制不同形状的火焰，如图 13.4.4 所示。

（5）单击第 1 帧，在该帧属性面板中的 补间 选项区中选择“形状”选项，并在这两个关键帧之间创建形状补间动画。

（6）重复步骤（5）的操作，分别在该图层的第 2 帧至第 3 帧和第 5 帧至第 6 帧之间创建形状补间动画。

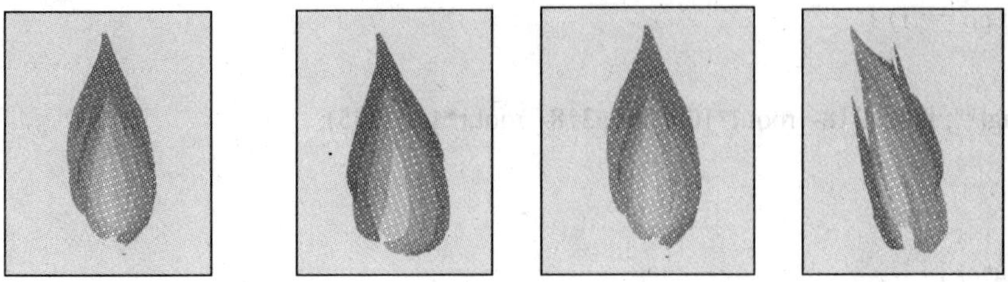

第 3 帧　第 4 帧　第 5 帧　第 6 帧

图 13.4.4　不同帧中火焰的形状

（7）重复步骤（2）的操作，创建一个名为“元件 1”的影片剪辑元件。在该元件的编辑模式中，将库中的影片剪辑“火焰”拖至舞台中。将该元件的变形中心点调至右下角，并将其放置在舞台中水平坐标为 4.2、垂直坐标为 11.7 的位置处，如图 13.4.5 所示。

（8）重复步骤（2）的操作，创建一个名为“元件 2”的影片剪辑元件。在该影片剪辑的编辑模式中，使用绘图工具绘制如图 13.4.6 所示的图形。

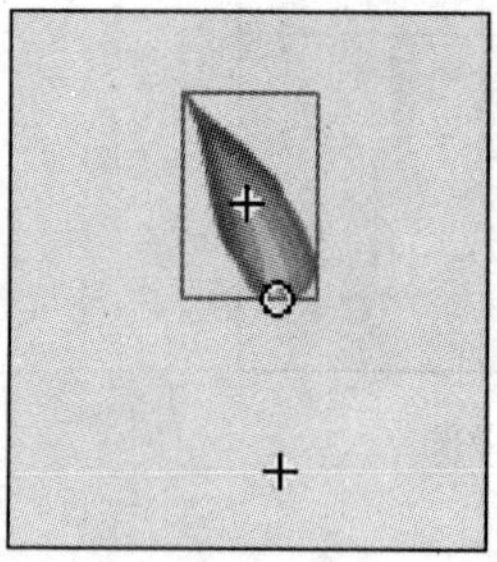

图 13.4.5　影片剪辑“火焰”的位置

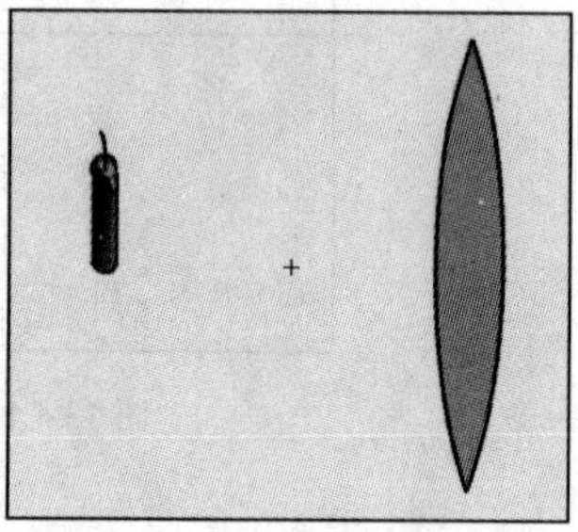

图 13.4.6　绘制的图形

（9）将库中的影片剪辑“元件 1”从库中拖至舞台中，放置于如图 13.4.7 所示的位置，并将该元件实例的名称设置为“huo”。

（10）重复步骤（2）的操作，创建一个名为“元件 3”的按钮元件。在该按钮元件的编辑模式中，使用绘图工具绘制如图 13.4.8 所示的蜡烛，并在“点击”帧按“F5”键插入普通帧。

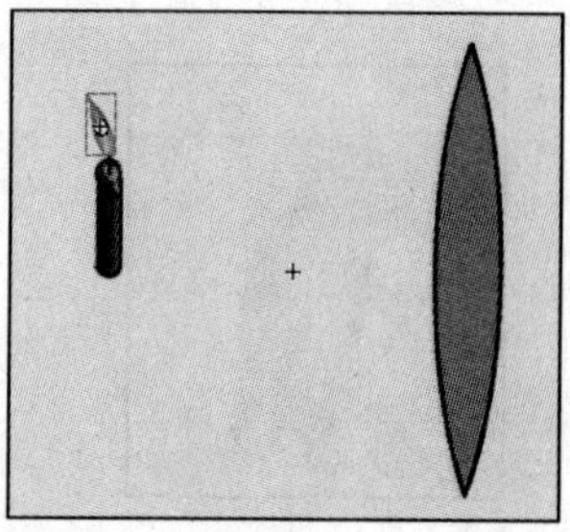

图 13.4.7　影片剪辑“元件 1”的位置

图 13.4.8　绘制的蜡烛

（11）重复步骤（2）的操作，创建一个名为“元件 4”的按钮元件。在该元件的编辑模式中，单击“弹起帧”，按“F6”键插入关键帧，并将“元件 3”中的蜡烛复制并粘贴到该帧中。

（12）重复步骤（2）的操作，创建一个名为“元件 5”的影片剪辑元件。在该元件的编辑模式中，将按钮元件“元件 4”拖至舞台中。单击选中该元件的实例，按“F9”键打开动作面板，在该面板中输入如下语句：

```
on (press) {
if (_root.no == 1) {
} else {
startDrag("", false, 318-_root.l*100, 245, 318-_root.r*100, 245);
}
}
on (release) {
stopDrag();
}
```

（13）重复步骤（2）的操作，创建一个名为“元件 6”的影片剪辑元件。在该元件的编辑模式中，使用绘图工具绘制如图 13.4.9 所示的图形。

（14）重复步骤（2）的操作，创建一个名为“元件 7”的影片剪辑元件。在该元件的编辑模式中，使用绘图工具绘制如图 13.4.10 所示的图形。

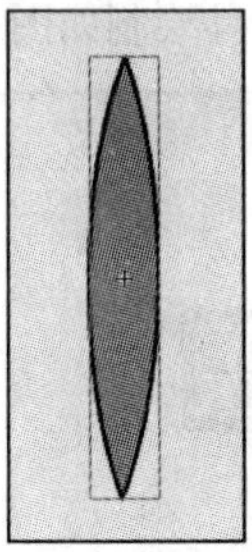

图 13.4.9　绘制的图形

图 13.4.10　绘制的图形

（15）单击第 1 帧，按“F9”键打开动作面板，在该面板中输入语句：stop();，单击第 2 帧，在动作面板中输入语句：_root.v._visible = 1;。

（16）重复步骤（2）的操作，创建一个名为“元件 8”的按钮元件。在该元件的编辑模式中，使用绘图工具绘制如图 13.4.11 所示的图形。单击“点击”帧，按“F6”键插入关键帧，使用颜料桶工具为该矩形填充颜色，如图 13.4.12 所示。

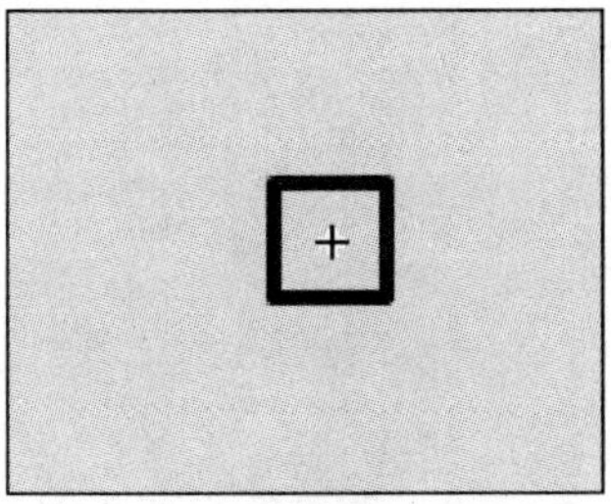

图 13.4.11　绘制的空心矩形

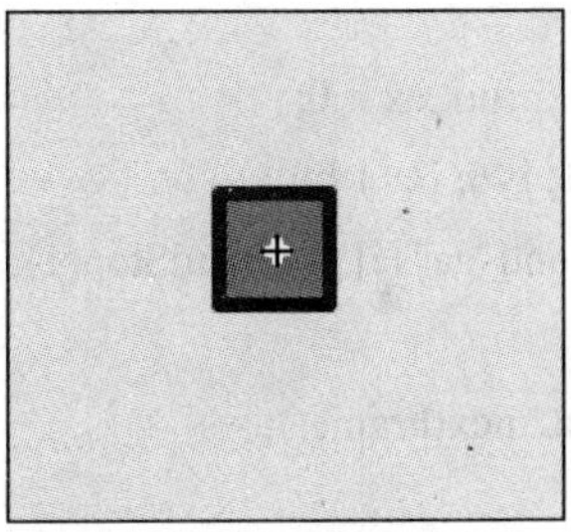

图 13.4.12　填充颜色

（17）重复步骤（2）的操作，创建一个名为“元件 9”的影片剪辑元件。在该元件的编辑模式中，将影片剪辑“元件 5”从库中拖至舞台中，将其旋转 180° 并垂直放大 36.8%后放置于如图 13.4.13 所示的位置，并将该元件的实例命名为“u”。

（18）重复步骤（2）的操作，创建一个名为“元件 10”的影片剪辑元件。在该元件的编辑模式中，将按钮元件“元件 8”从库中拖至舞台中，放置于中心位置。单击第 1 帧，按“F9”键打开动作面板，在该面板中输入语句：stop();，单击舞台中元件的实例，在动作面板中输入如下语句：

```
on (release) {
for (i=1; i<6; i++) {
_root["aa"+i].gotoAndStop(1);
}
_root.aa1.nextFrame();
_root.ex = 0;
_root.m.play();
_root.no = 0;
_root.l = 200;
```

```
_root.r = 2;
_root.u._x = 118-random(10);
}
```

（19）单击第 2 帧，按“F7”键插入空白关键帧，并使用绘图工具绘制如图 13.4.14 所示的图形。

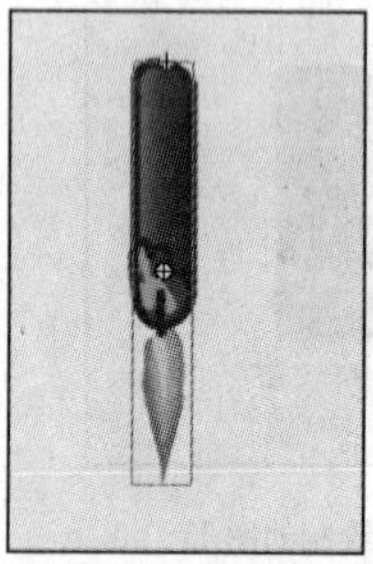

图 13.4.13　影片剪辑“元件 5”的位置

图 13.4.14　绘制的图形

（20）用鼠标右键单击库中的影片剪辑“元件 10”，在弹出的快捷菜单中选择 直接复制 命令，在弹出的“直接复制元件”对话框中将该元件命名为“元件 11”。

（21）重复步骤（20）的操作，创建影片剪辑“元件 12”“元件 13”和“元件 14”。用鼠标双击元件 11，进入其编辑模式。单击舞台中的元件实例，按“F9”键打开动作面板，在该面板中输入如下语句：

```
on (release) {_root.ex = 0;
    for (i=1; i<6; i++) {
        _root["aa"+i].gotoAndStop(1);
    }
    _root.aa2.nextFrame();

  _root.m.play();
_root.no=1
_root.u._x=118
}
```

（22）重复步骤（21）的操作，在“元件 12”的动作面板中输入如下语句：

```
on (release) {
for (i=1; i<6; i++) {
_root["aa"+i].gotoAndStop(1);
}
_root.aa3.nextFrame();
_root.u._x = 118;
_root.ex = 0;
_root.no = 0;
_root.l = 2;
_root.m.play();
_root.r = 1.01;
```

```
}
```

（23）重复步骤（21）的操作，在“元件 13”的动作面板中输入如下语句：

```
on (release) {
for (i=1; i<6; i++) {
_root["aa"+i].gotoAndStop(1);
}
_root.aa4.nextFrame();
_root.ex = 1;
_root.no = 1;
_root.u._x = 218;
_root.v._visible = 0;
}
```

（24）重复步骤（21）的操作，在“元件 14”的动作面板中输入如下语句：

```
on (release) {
for (i=1; i<6; i++) {
_root["aa"+i].gotoAndStop(1);
}
_root.aa5.nextFrame();
_root.no = 0;
_root.ex = 1;
_root.l = 0.99;
_root.r = 0.23;
_root.m.play();
_root.u._x = 218+random(10);
}
```

（25）重复步骤（2）的操作，创建一个名为“元件 15”的影片剪辑元件。在该元件的编辑模式中，使用线条工具绘制一个笔触高度为 0.25，长度为 100 像素的直线，如图 13.4.15 所示。

（26）重复步骤（2）的操作，创建一个名为“元件 16”的影片剪辑元件。在该元件的编辑模式中，使用线条工具绘制一个笔触高度为 0.25，长度为 355 像素的虚线，如图 13.4.16 所示。

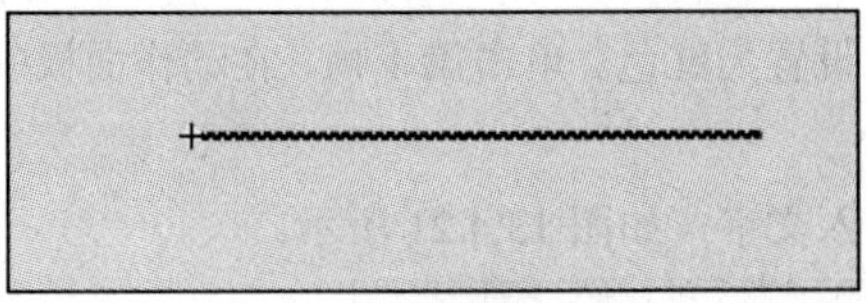

图 13.4.15　绘制的直线

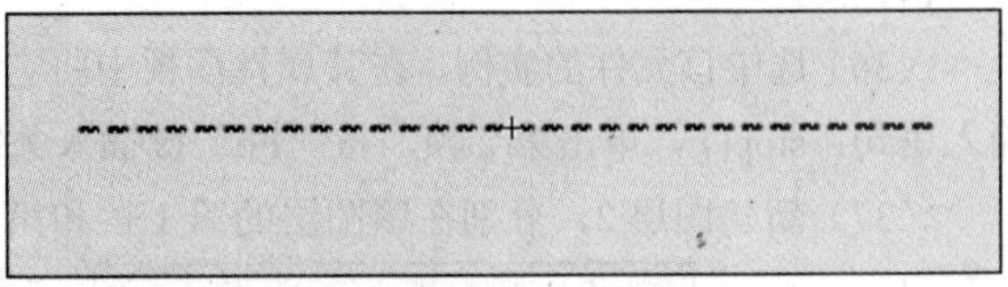

图 13.4.16　绘制的虚线

（27）重复步骤（2）的操作，创建一个名为“元件 17”的影片剪辑元件。在该元件的编辑模式中，使用线条工具绘制一个笔触高度为 0.25，长度为 872 像素的直线，如图 13.4.17 所示。

（28）新建图层 2，将影片剪辑“元件 16”从库中拖至舞台中，放置于该直线的左侧，如图 13.4.18 所示，并将该元件的实例命名为“xu”。

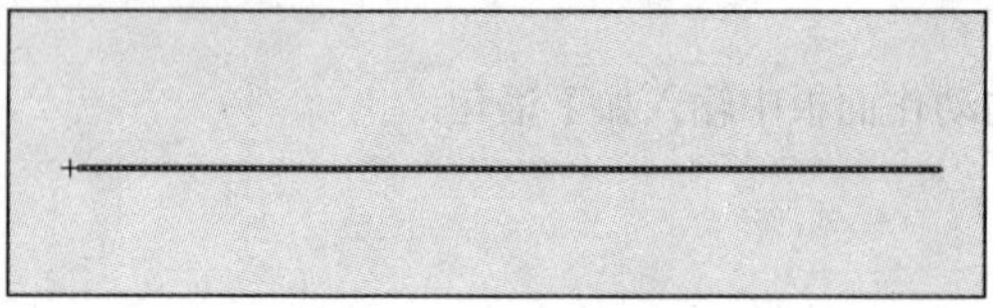

图 13.4.17　绘制的直线

图 13.4.18　“元件 16”的位置

（29）重复步骤（2）的操作，创建一个名为“元件 18”的影片剪辑元件。在该元件的编辑模式中，使用线条工具绘制一个笔触高度为 0.25，长度为 399.9 像素的虚线。

（30）重复步骤（2）的操作，创建一个名为“元件 19”的影片剪辑元件。在该元件的编辑模式中，使用线条工具绘制一个笔触高度为 0.25，长度为 781 像素的直线。

（31）新建图层 2，将影片剪辑“元件 18”从库中拖至舞台上，放置于该直线的左侧，并将该元件的实例命名为“xu”。

（32）重复步骤（2）的操作，创建一个名为“元件 20”的影片剪辑元件。在该元件的编辑模式中，使用线条工具绘制一个笔触高度为 0.25，长度为 399.9 像素的直线。

（33）重复步骤（2）的操作，创建一个名为“元件 21”的影片剪辑元件。在该元件的编辑模式中，使用文本工具在舞台中输入文字，如图 13.4.19 所示。

（34）重复步骤（2）的操作，创建一个名为“元件 22”的按钮元件。在该元件的编辑模式中，单击“点击”帧，按“F6”键插入关键帧，使用矩形工具绘制如图 13.4.20 所示的矩形。

图 13.4.19　输入的文字

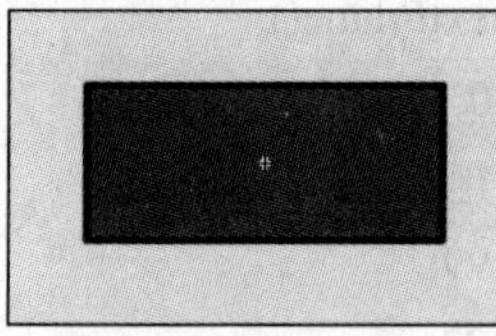

图 13.4.20　绘制的矩形

（35）重复步骤（2）的操作，创建一个名为“元件 23”的影片剪辑元件。在该元件的编辑模式中，将按钮元件“元件 22”拖至舞台中，放置于中心位置。单击该元件实例，按“F9”键打开动作面板，在该面板中输入如下语句：

```
on (release) {
_root.sj._visible=1
_root.sss.nextFrame();
}
```

（36）选中该元件的实例，在其属性面板中将它的颜色设置为红色。单击第 1 帧，在动作面板中输入语句：stop();，单击第 2 帧，按“F6”键插入关键帧。

（37）新建图层 2，分别在该图层的第 1 帧和第 2 帧输入文字，如图 13.4.21 所示。

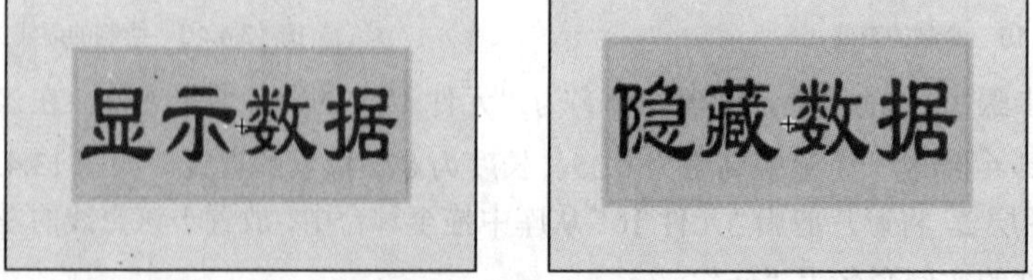

图 13.4.21　输入的文字

（38）重复步骤（2）的操作，创建一个名为“元件 24”的影片剪辑元件。在该元件的编辑模式中，将按钮元件“元件 22”拖至舞台上，放置于中心位置，并将其宽度拉大，如图 13.4.22 所示。

（39）单击该元件实例，按“F9”键打开动作面板，在该面板中输入如下语句：

```
on (release) {
_root.line1._visible=1
_root.line2._visible=1
_root.line3._visible=1
_root.ccc.nextFrame()
}
```

（40）选中该元件的实例，在其属性面板中将它的颜色设置为红色。单击第 1 帧，在动作面板中输入语句：stop();，单击第 2 帧，按“F6”键插入关键帧。

（41）新建图层 2，分别在该图层的第 1 帧和第 2 帧输入文字，如图 13.4.23 所示。

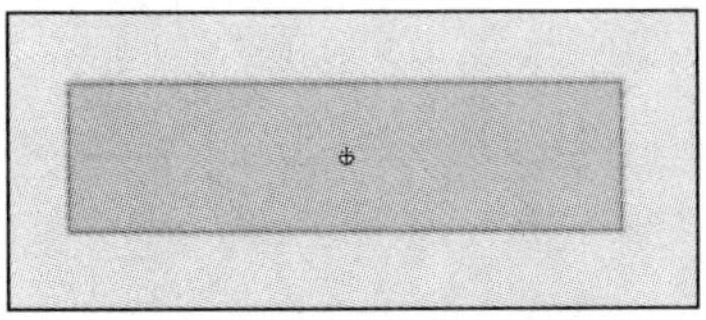

图 13.4.22　将图形的宽度拉大

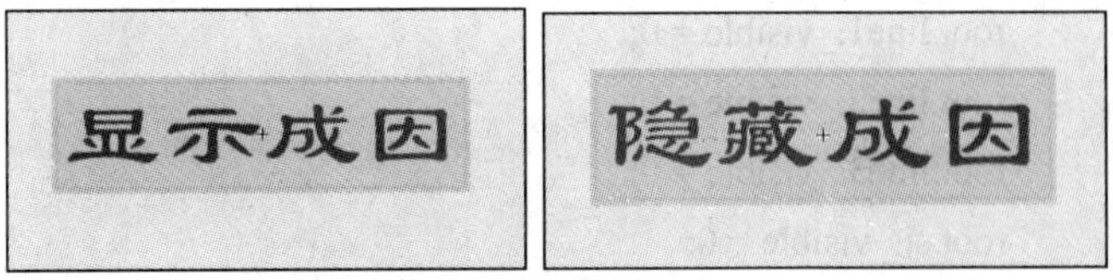

图 13.4.23　输入的文字

（42）重复步骤（2）的操作，创建一个名为“元件 25”的影片剪辑元件。在该元件的编辑模式中，使用绘图工具绘制如图 13.4.24 所示的图形。

（43）单击按钮返回主场景。将影片剪辑“元件 23”、“元件 24”、“元件 5”、“元件 6”、“元件 25”、“元件 10”～“元件 14”从库中拖至舞台中，并使用文本工具在舞台中输入文字，效果如图 13.4.25 所示。

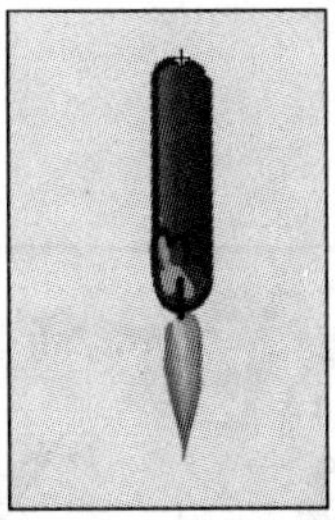

图 13.4.24　绘制的图形

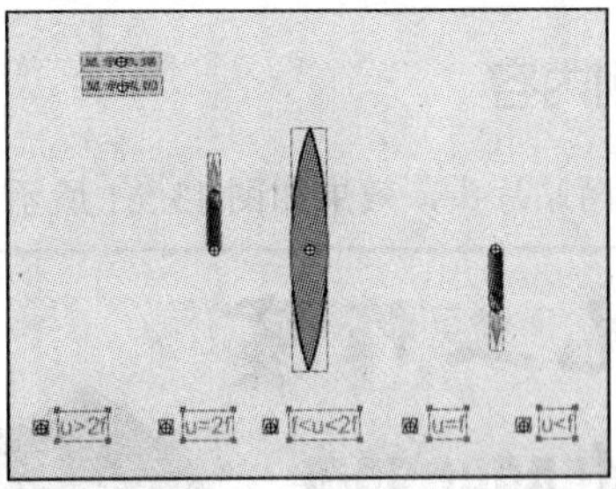

图 13.4.25　拖动元件并输入文字

（44）选中“元件 23”的实例，将其命名为“sss”。重复该操作，分别将“元件 24”的实例命名为“ccc”，将“元件 5”的实例命名为“u”，将“元件 25”的实例命名为“v”，将“元件 10”至“元件 14”的实例命名为“aa1”至“aa5”，并在图层 1 的第 2 帧处按“F5”键插入普通帧。

（45）新建图层 2，使用线条工具绘制如图 13.4.26 所示的图形。

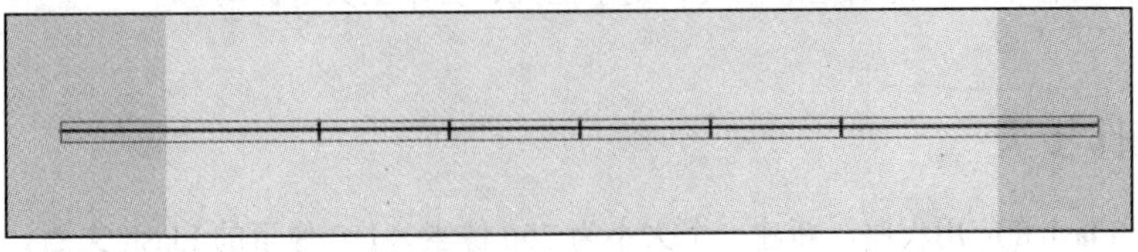

图 13.4.26　绘制的图形

（46）新建图层 3，将“元件 15”从库中拖至舞台中，放置于水平和垂直坐标值分别为 188.3 和

245 的位置处，并将该元件的实例命名为“line1”。将“元件 17”从库中拖至舞台中，放置于水平和垂直坐标值分别为 318 和 245 的位置处，并将该元件的实例命名为“line2”。将“元件 19”从库中拖至舞台中，放置于水平和垂直坐标值分别为 418.1 和 245 的位置处，并将该元件的实例命名为“line3”。将“元件 21”从库中拖至舞台中，放置于水平和垂直坐标值分别为 453.8 和 51.7 的位置处，并将该元件的实例命名为“sj”。

（47）新建图层 4，将其移至图层 2 的下方。单击第 1 帧，按“F9”键打开动作面板，在该面板中输入如下语句：

```
substring(string, index, count);
_root.aa2.gotoAndStop(2);
_root.no = 1;
_root.u._x = 118;
_root.line1._visible = 0;
_root.line2._visible = 0;
_root.line3._visible = 0;
_root.sj._visible = 0;
```

（48）单击第 2 帧，按“F7”键插入空白关键帧，并在动作面板中输入语句：stop();。

（49）至此，该动画制作完成，按“Ctrl+Enter”键将动画导出，效果如图 13.4.1 所示。

综合实例 5　网 站 片 头

实例内容

本例将制作网站片头，效果如图 13.5.1 所示。

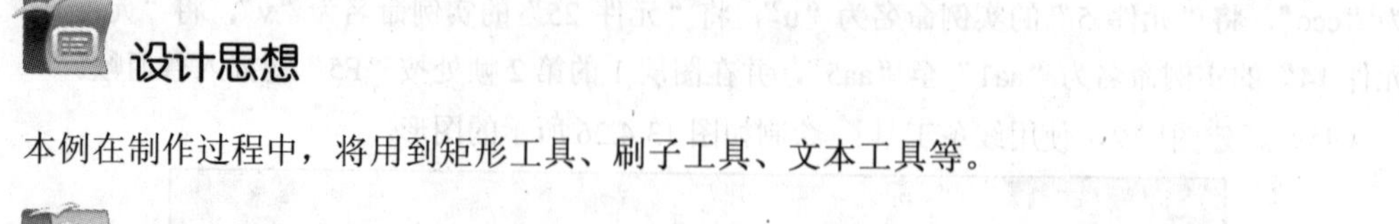

图 13.5.1　网站片头

设计思想

本例在制作过程中，将用到矩形工具、刷子工具、文本工具等。

操作步骤

（1）打开 Flash 8 应用程序，新建一个大小为 760 像素×110 像素的 Flash 文档。

（2）按“Ctrl+F8”键，在弹出的“创建新元件”对话框中创建一个名为“荷花”的影片剪辑元件。在该元件的编辑模式中，使用绘图工具绘制如图 13.5.2 所示的图形。

（3）分别在该图层的第 8 帧、第 12 帧和第 15 帧处按“F6”键插入关键帧，将第 8 帧中的图形旋转 15°，将第 12 帧中的图形旋转－15°，将第 15 帧中的图形旋转－4.5°，并在这几个关键帧之间创建运动补间动画。

（4）在该图层的第 26 帧处和第 29 帧处按“F6”键插入关键帧，并在第 29 帧处使用绘图工具绘制如图 13.5.3 所示的图形。

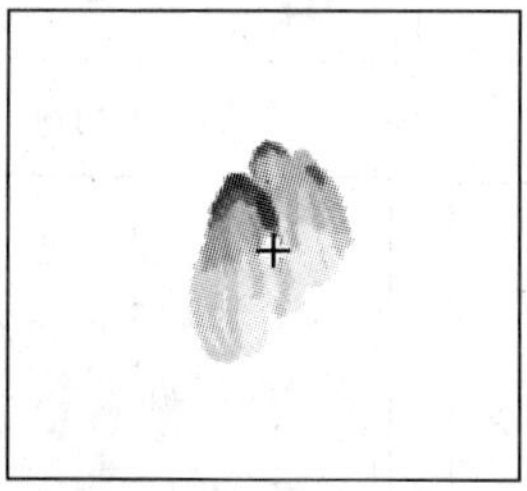

图 13.5.2　绘制的图形

图 13.5.3　第 29 帧中的图形

（5）重复步骤（4）的操作，分别在该图层的第 32 帧、第 35 帧、第 38 帧、第 41 帧、第 44 帧和第 47 帧处插入关键帧，并在其中绘制图形，效果如图 13.5.4 所示。

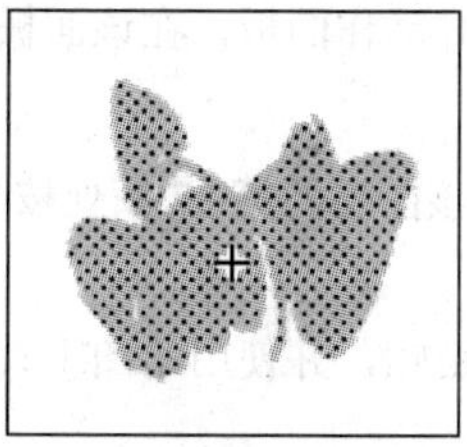

第 32 帧

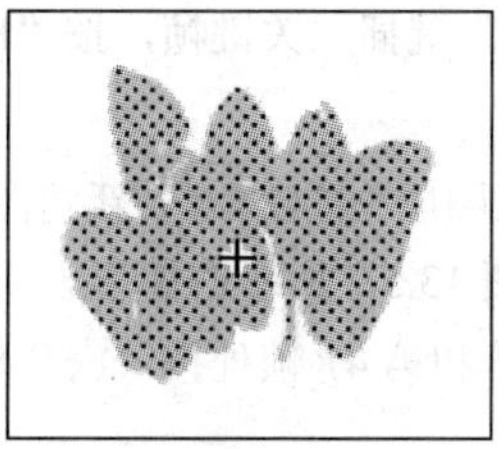

第 35 帧

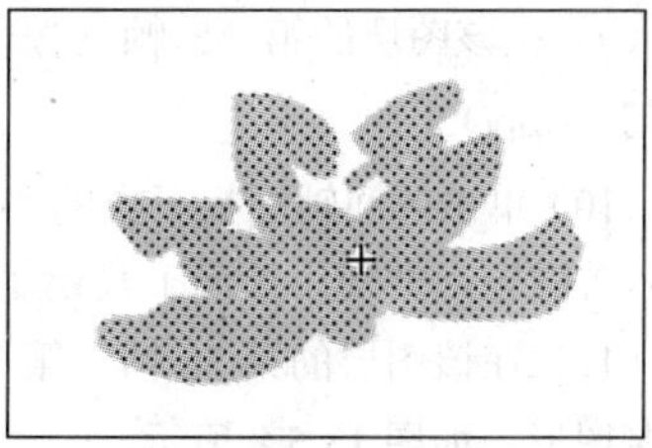

第 38 帧

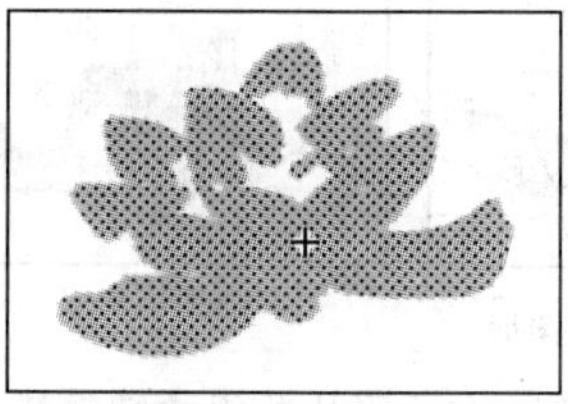

第 41 帧

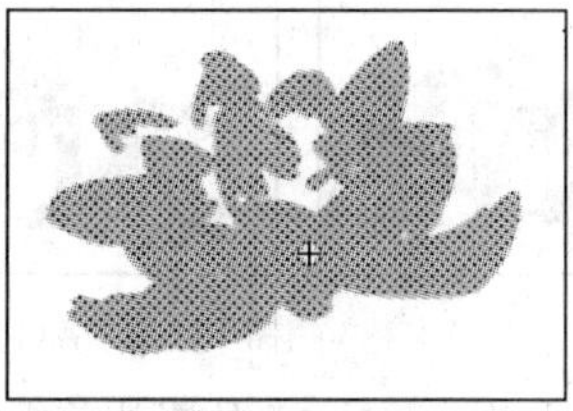

第 44 帧

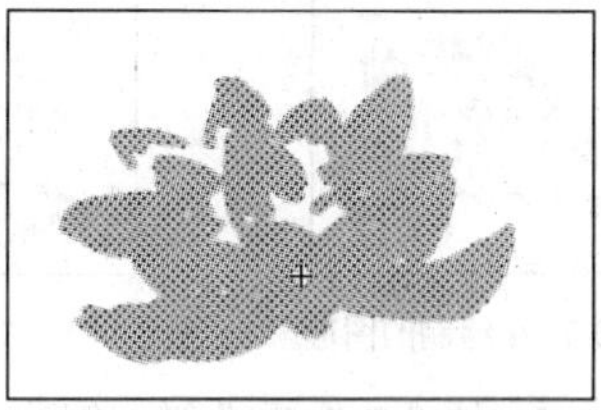

第 47 帧

图 13.5.4　各帧中的图形

（6）在该图层的第 65 帧处按“F5”键插入普通帧，单击时间轴面板下方的“插入图层”按钮，新建图层 2。

（7）在该图层的第 29 帧处按“F6”键插入关键帧，使用绘图工具绘制如图 13.5.5 所示的图形。

图 13.5.5　绘制的图形

（8）重复步骤（7）的操作，分别在该图层的第 32 帧、第 35 帧、第 38 帧、第 41 帧、第 44 帧和第 47 帧处插入关键帧，并使用绘图工具绘制图形，效果如图 13.5.6 所示。

第 32 帧

第 35 帧

第 38 帧

第 41 帧

第 44 帧

第 47 帧

图 13.5.6　各帧中的图形

（9）在该图层的第 65 帧处按“F6”键插入关键帧，按“F9”键打开动作面板，在该面板中输入语句：stop();。

（10）单击时间轴面板下方的“插入图层”按钮，新建图层 3。在该图层的第 37 帧处按“F6”键插入关键帧，并使用绘图工具绘制如图 13.5.7 所示的图形。

（11）在该图层的第 38 帧、第 39 帧和第 41 帧处按“F6”键插入关键帧，并使用绘图工具在其中绘制图形，如图 13.5.8 所示。

图 13.5.7　绘制的图形

图 13.5.8　各帧中的图形

（12）按“Ctrl+F8”键，创建一个名为“荷叶 1”的影片剪辑元件。在该影片剪辑的编辑模式中，使用刷子工具绘制如图 13.5.9 所示的图形。

（13）在该图层的第 8 帧处按“F6”键插入关键帧，使用刷子工具继续绘制图形，如图 13.5.10 所示。

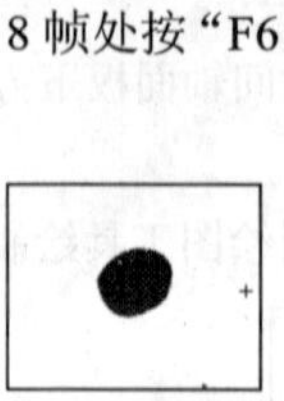
图 13.5.9　绘制的图形

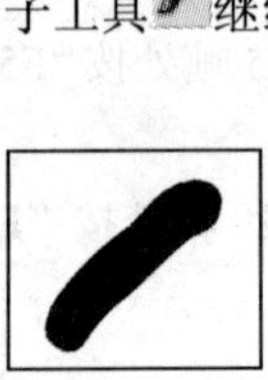
图 13.5.10　绘制的图形

（14）分别在该图层的第 9 帧、第 15 帧、第 16 帧、第 20 帧、第 21 帧、第 24 帧、第 25 帧、第 28 帧、第 29 帧、第 31 帧、第 33 帧、第 35 帧、第 38 帧、第 39 帧、第 43 帧处按“F6”键插入关键帧，并使用刷子工具在其中绘制图形，效果如图 13.5.11 所示。

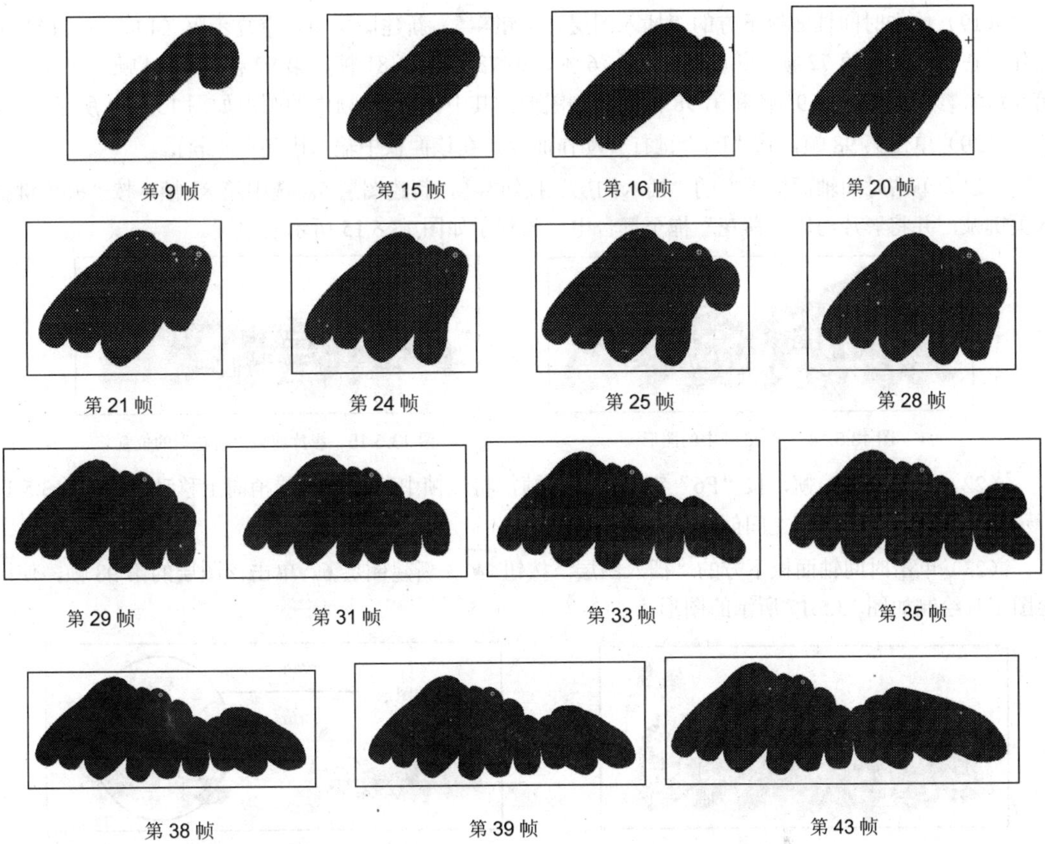

图 13.5.11　各帧中的图形

（15）在该图层的各关键帧之间创建形状补间动画，单击第 98 帧，按“F5”键插入普通帧。单击时间轴面板下方的“插入图层”按钮，新建图层 2。

（16）重复步骤（13）～（14）的操作，分别在该图层的第 43 帧、第 46 帧、第 47 帧、第 49 帧至第 51 帧、第 53 帧、第 54 帧、第 56 帧、第 57 帧、第 59 帧、第 61 帧、第 62 帧、第 65 帧、第 66 帧和第 68 帧处插入关键帧，使用刷子工具在这些关键帧中绘制图形，并使这些关键帧中的图形比图层 1 中的图形稍小，最后一帧的图形如图 13.5.12 所示。

（17）在该图层的各关键帧之间创建形状补间动画。单击时间轴面板下方的“插入图层”按钮，新建图层 3。

（18）重复步骤（13）～（14）的操作，在该图层的第 68 帧、第 70 帧、第 71 帧、第 74 帧至第 76 帧、第 78 帧、第 79 帧、第 81 帧和第 86 帧中绘制图形。其中，第 86 帧中的图形如图 13.5.13 所示。

图 13.5.12　第 68 帧中的图形

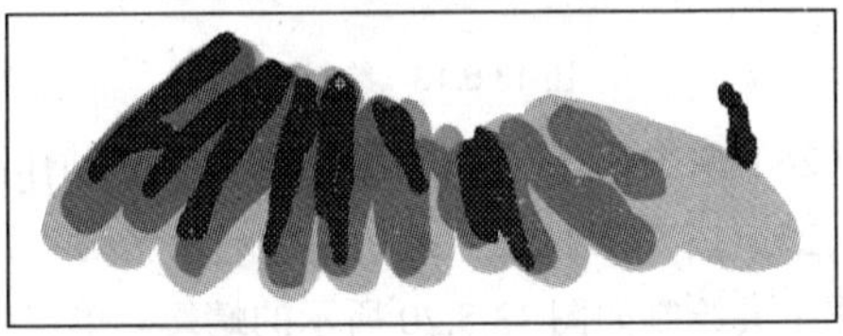

图 13.5.13　第 86 帧中的图形

（19）单击时间轴面板下方的“插入图层”按钮，新建图层 4。重复步骤（13）～（14）的操作，在该图层的第 72 帧、第 74 帧、第 76 帧、第 78 帧、第 81 帧、第 82 帧、第 84 帧、第 87 帧、第 90 帧、第 94 帧、第 95 帧和第 98 帧中绘制图形。其中，第 98 帧中的图形如图 13.5.14 所示。

（20）单击第 98 帧，按“F9”键打开动作面板，在该面板中输入语句：stop();。

（21）单击时间轴面板下方的“插入图层”按钮，新建图层 5。选中第 81 帧，按“F6”键插入关键帧，并将影片剪辑“荷花”拖至舞台中，放置于如图 13.5.15 所示的位置。

图 13.5.14　第 98 帧中的图形

图 13.5.15　影片剪辑“荷花”的位置

（22）选中第 98 帧，按“F6”键插入关键帧，将该帧中荷花的位置稍向上移动，如图 13.5.16 所示，并在这两个关键帧之间创建运动补间动画。

（23）单击时间轴面板下方的“插入图层”按钮，新建图层 6。单击该图层的第 98 帧，使用绘图工具绘制如图 13.5.17 所示的图形。

图 13.5.16　移动影片剪辑的位置

图 13.5.17　绘制的图形

（24）单击时间轴面板下方的“插入图层”按钮，新建图层 7。单击该图层的第 98 帧，使用绘图工具绘制如图 13.5.18 所示的图形。

（25）按“Ctrl+F8”键，创建一个名为“荷叶 2”的影片剪辑。在该元件的编辑模式中，分别在第 1 帧、第 5 帧、第 6 帧、第 10 帧、第 11 帧、第 17 帧、第 18 帧、第 20 帧、第 21 帧、第 26 帧和第 28 帧中绘制荷花。其中第 28 帧中的图形如图 13.5.19 所示。

图 13.5.18　绘制的图形

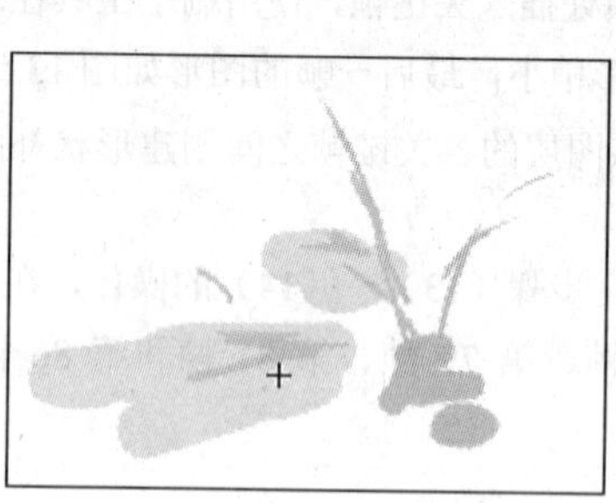

图 13.5.19　第 28 帧中的图形

（26）单击第 28 帧，按“F9”键打开动作面板，在该面板中输入语句：stop();。

（27）按“Ctrl+F8”键，创建一个名为“蜻蜓”的影片剪辑元件。在该元件的编辑模式中，使用绘图工具绘制如图 13.5.20 所示的蜻蜓。单击第 2 帧，绘制蜻蜓飞行时的另一种状态，如图 13.5.21 所示。

图 13.5.20 绘制的蜻蜓

图 13.5.21 绘制的蜻蜓的另一种状态

（28）按“Ctrl+F8”键，创建一个名为“蜻蜓飞动”的影片剪辑。在该元件的编辑模式中，将库中的影片剪辑“蜻蜓”拖至舞台中。

（29）分别在该图层的第 21 帧、第 28 帧、第 38 帧、第 52 帧、第 70 帧、第 85 帧、第 96 帧、第 114 帧和第 130 帧中插入关键帧。分别将这些关键帧中的图形进行移动，来创建蜻蜓从舞台右侧向舞台中央飞动的动画。

（30）分别在该图层的第 274 帧、第 283 帧、第 324 帧、第 346 帧和第 412 帧中插入关键帧。分别将这些关键帧中的图形向左移动，以创建蜻蜓从舞台中央向舞台左侧飞动的动画。在该图层的第 413 帧处按“F7”键插入空白关键帧。

（31）按“Ctrl+F8”键，创建一个名为“枫儿工作室”的影片剪辑。在该元件的编辑模式中，使用文本工具 A 输入文字，并将其打散成为图形，如图 13.5.22 所示。

（32）在第 2 帧处按“F6”键插入关键帧，并使用橡皮擦工具擦除文字，效果如图 13.5.23 所示。

图 13.5.22 输入的文字

图 13.5.23 擦除后的效果

（33）复制第 1 帧中的文字，将其粘贴到第 3 帧中，再次使用橡皮擦工具擦除文字，效果如图 13.5.24 所示。

（34）重复步骤（32）及（33）的操作，分别在该图层的第 4 帧至第 8 帧中创建文字“枫”；在第 12 帧至第 13 帧中创建文字“儿”；在第 17 帧至第 19 帧中创建文字“工”；在第 23 帧至第 28 帧中创建文字“作”；在第 32 帧至第 40 帧中创建文字“室”；在第 50 帧中按“F6”键插入关键帧；按“F9”键打开动作面板，在该面板中输入语句：stop();。

（35）按“Ctrl+F8”键，创建一个名为“标记”的影片剪辑元件。在该元件的编辑模式中，使用椭圆工具绘制圆形。单击时间轴面板下方的“插入图层”按钮，新建图层 2，使用文本工具 A 输入文字，如图 13.5.25 所示。

图 13.5.24 擦除后的效果

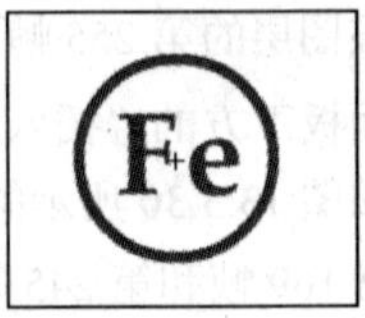

图 13.5.25 输入文字

（36）按“Ctrl+F8”键，创建一个名为“日期”的影片剪辑元件。在该元件的编辑模式中，重复步骤（31）～（34）的操作，在该图层的第 1 帧至第 27 帧处创建文字动画，如图 13.5.26 所示。单击第 27 帧，按“F6”键插入关键帧，按“F9”键打开动作面板，在该面板中输入语句：stop();。

（37）单击时间轴面板下方的“插入图层”按钮，新建图层 2。在该图层的第 25 帧处按“F6”

键插入关键帧，将库中的影片剪辑“标记”拖至舞台中，放置于如图 13.5.27 所示的位置。

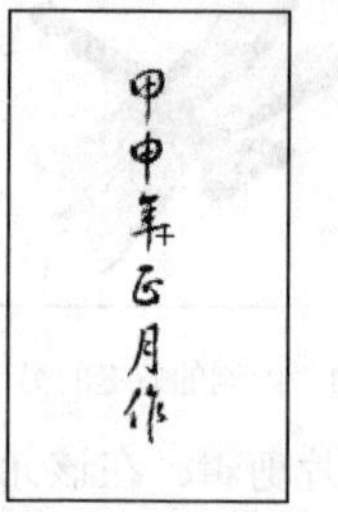

图 13.5.26　输入的文字

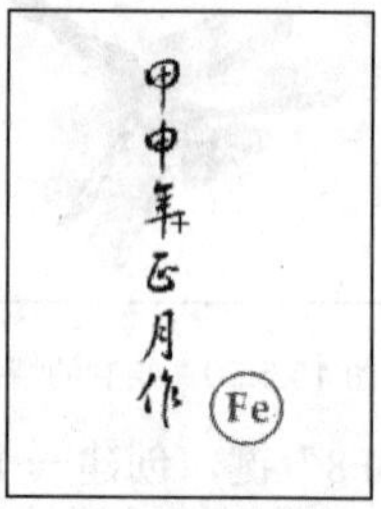

图 13.5.27　影片剪辑“标记”的位置

（38）按“Ctrl+F8”键，创建一个名为“网址”的影片剪辑元件。在该元件的编辑模式中，将影片剪辑“标记”拖至舞台中。在第 21 帧处按“F6”键插入关键帧，将该帧中的图形垂直向上移动一小段距离，并在这两个关键帧之间创建运动补间动画。

（39）在该图层的第 22 帧处按“F6”键插入关键帧，使用文本工具输入文字“w”。重复该操作，分别在该图层的第 23 帧至第 35 帧中输入其他文字，如图 13.5.28 所示。

（40）单击第 35 帧，按“F9”键打开动作面板，在该面板中输入语句：stop();。按“Ctrl+F8”键，创建一个名为“遮罩”的影片剪辑元件。在该元件的编辑模式中，使用矩形工具绘制一个无笔触、填充颜色为线性渐变的矩形，如图 13.5.29 所示。

图 13.5.28　输入的文字

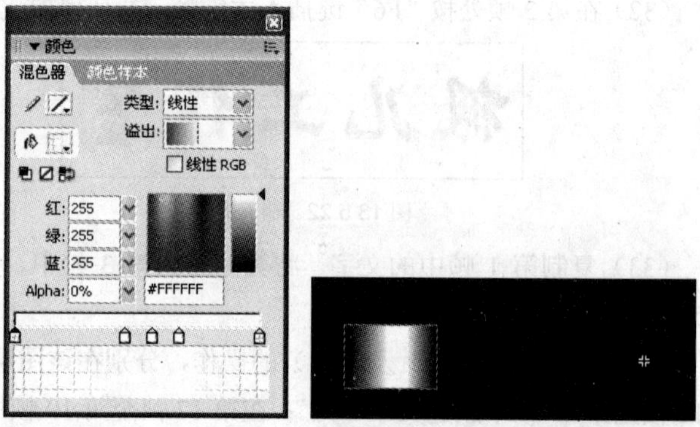

图 13.5.29　绘制的矩形

（41）在该图层的第 63 帧和第 90 帧处按“F6”键插入关键帧，将第 90 帧中的图形水平向左移动一段距离，并在这两个关键帧之间创建运动补间动画。

（42）在该图层的第 91 帧处按“F7”键插入空白关键帧；在第 135 帧处按“F5”键插入普通帧。

（43）单击按钮，返回至主场景。使用矩形工具绘制一个无笔触，填充颜色为白色，大小与背景相同的矩形，在该图层的第 255 帧处按“F5”键插入普通帧。

（44）单击时间轴面板下方的“插入图层”按钮，新建图层 2。将影片剪辑“荷叶 1”从库中拖至舞台中，放置于如图 13.5.30 所示的位置。

（45）在该图层的第 169 帧和第 245 帧处按“F6”键插入关键帧，将第 245 帧中的图形水平向左移动，如图 13.5.31 所示，并在这两个关键帧之间创建运动补间动画。

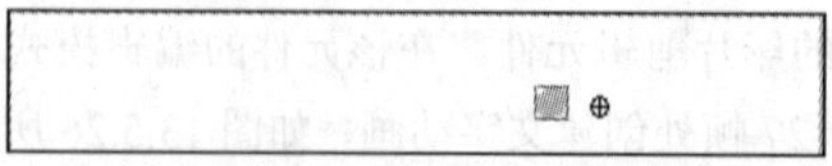

图 13.5.30　影片剪辑“荷叶 1”的位置

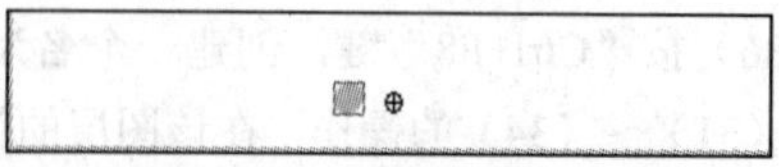

图 13.5.31　移动影片剪辑的位置

（46）单击该图层的第 255 帧，按“F6”键插入关键帧，按“F9”键打开动作面板，在该面板中输入语句：stop();。

（47）单击时间轴面板下方的“插入图层”按钮，新建图层 3。将影片剪辑“荷叶 2”从库中拖至舞台中，放置于如图 13.5.32 所示的位置。

（48）在该图层的第 169 帧和第 245 帧处按“F6”键插入关键帧，将第 245 帧中的图形水平向左移动，如图 13.5.33 所示，并在这两个关键帧之间创建运动补间动画。

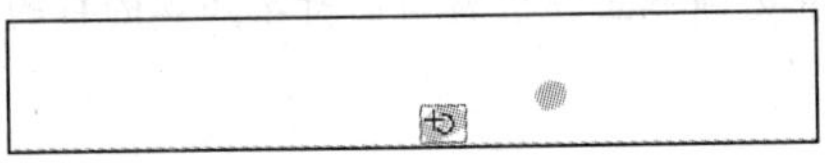

图 13.5.32　影片剪辑“荷叶 2”的位置

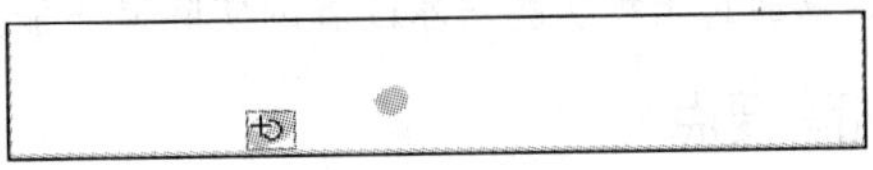

图 13.5.33　移动影片剪辑的位置

（49）单击时间轴面板下方的“插入图层”按钮，新建图层 4。在该图层的第 18 帧处按“F6”键插入关键帧，将影片剪辑“枫儿工作室”从库中拖至舞台上，放置于如图 13.5.34 所示的位置。

（50）单击时间轴面板下方的“插入图层”按钮，新建图层 5。在该图层的第 255 帧处按“F6”键插入关键帧，将影片剪辑“蜻蜓飞动”从库中拖至舞台上，放置于如图 13.5.35 所示的位置。

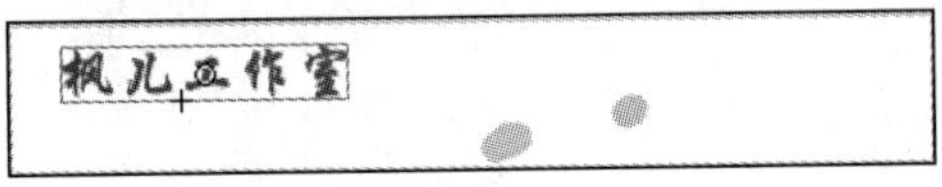

图 13.5.34　影片剪辑“枫儿工作室”的位置

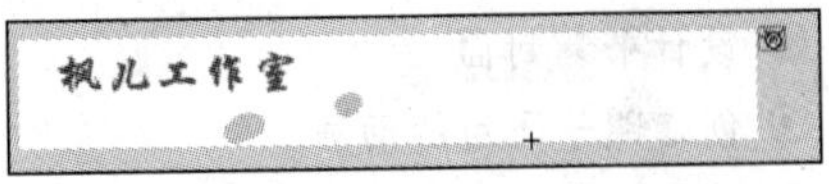

图 13.5.35　影片剪辑“蜻蜓飞动”的位置

（51）单击时间轴面板下方的“插入图层”按钮，新建图层 6。在该图层的第 181 帧处按“F6”键插入关键帧，将影片剪辑“遮罩”从库中拖至舞台上，放置于如图 13.5.36 所示的位置。

（52）单击时间轴面板下方的“插入图层”按钮，新建图层 7。在该图层的第 116 帧处按“F6”键插入关键帧，将影片剪辑“日期”从库中拖至舞台上，并使用任意变形工具调整其至合适大小，如图 13.5.37 所示。

图 13.5.36　影片剪辑“遮罩”的位置

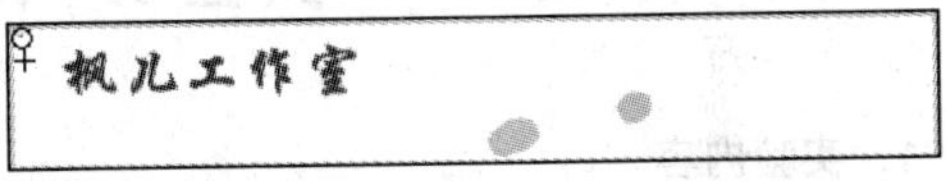

图 13.5.37　调整影片剪辑“日期”的位置和大小

（53）单击时间轴面板下方的“插入图层”按钮，新建图层 8。将影片剪辑“网址”从库中拖至舞台上，放置于如图 13.5.38 所示的位置。

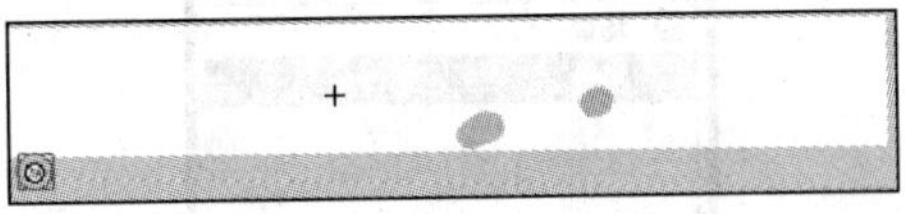

图 13.5.38　影片剪辑“网址”的位置

（54）至此，该网站片头制作完成，按“Ctrl+Enter”键将动画导出，效果如图 13.5.1 所示。

第 14 章　上 机 实 验

本章通过上机实验培养读者的实际操作能力，使读者达到巩固并检验前面所学知识的目的。

知识要点

- 自定义快捷键
- 绘制卡通场景
- 绘制扇子
- 创建跳舞的文字
- 创建立体按钮
- 设计书籍封面
- 创建鸽子飞过的动画
- 创建绽放的烟花
- 创建弹出式菜单
- 为动画添加声音
- 将动画发布为 HTML 网页

实验 1　自定义快捷键

1．实验内容

自定义 Flash 8 中的快捷键，使用该快捷键后，效果如图 14.1.1 所示。

图 14.1.1　自定义快捷键

2．实验目的

掌握自定义快捷键的方法。

3．操作步骤

（1）打开 Flash 8 应用程序，单击主工具栏中的按钮，新建一个空白的 Flash 文档。

（2）在菜单栏中选择编辑(E)→快捷键(K)...命令，弹出“快捷键”对话框，如图 14.1.2 所示。

（3）单击该对话框中的“直接复制副本”按钮，弹出“直接复制”对话框，如图 14.1.3 所示。

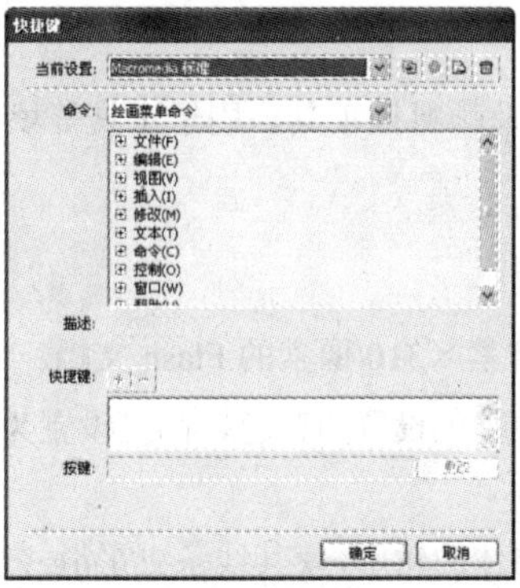

图 14.1.2　“快捷键”对话框

图 14.1.3　“直接复制”对话框

（4）在该对话框中设置好参数后，单击 确定 按钮，即可在复制的副本中设置快捷键。

（5）在命令列表中单击选择一个命令，如图 14.1.4 所示。

（6）单击“添加快捷键”按钮 + ，即可在 按键 文本框中输入快捷键，如图 14.1.5 所示。

（7）单击 确定 按钮，即可将定义的快捷键保存起来。

（8）在菜单栏中选择 窗口(W) → 其它面板(R) → 场景(S) 命令，打开场景面板，如图 14.1.6 所示。

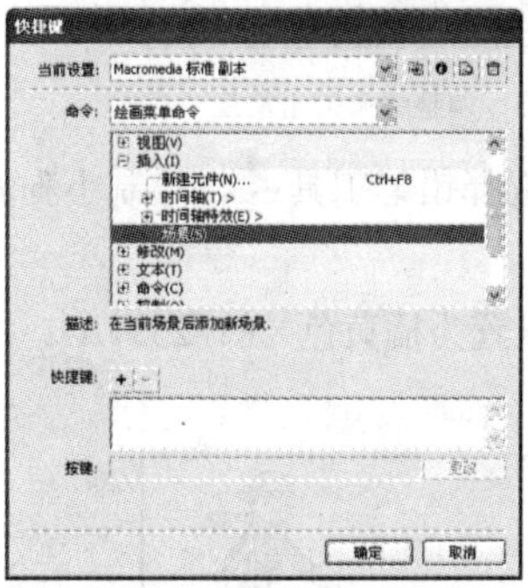

图 14.1.4　选择一个命令

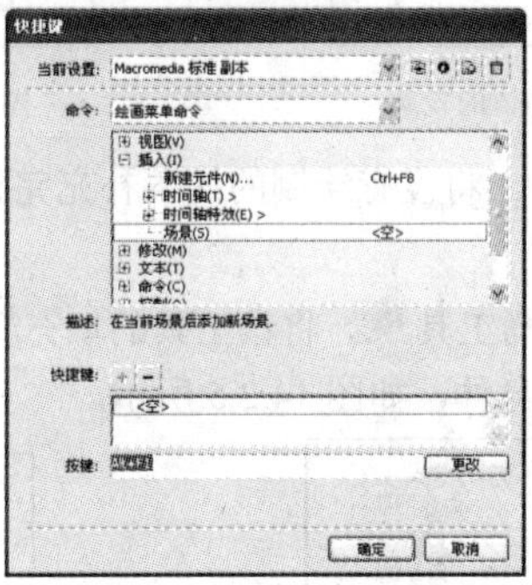

图 14.1.5　输入快捷键

图 14.1.6　场景面板

（9）按“Alt+F1”快捷键，即可在当前文档中添加一个场景，如图 14.1.1 所示。

实验 2　绘制卡通场景

1. 实验内容

使用铅笔工具、线条工具等绘图工具绘制好图形轮廓后，使用颜料桶工具进行填充，效果如图 14.2.1 所示。

图 14.2.1　绘制卡通场景

2．实验目的

掌握线条工具、铅笔工具等绘图工具的使用方法以及颜料桶工具、刷子工具等填充工具的使用方法。

3．操作步骤

（1）打开 Flash 8 应用程序，新建一个大小为 450 像素×310 像素的 Flash 文档。

（2）在工具箱中选择线条工具，将该工具的笔触颜色设置为蓝色，高度设置为 1。使用该工具在舞台中绘制卡通场景中物体的轮廓，如图 14.2.2 所示。

（3）在工具箱中选择选择工具，使用该工具调整物体的轮廓，使其线条更平滑，效果如图 14.2.3 所示。

图 14.2.2　绘制物体的轮廓

图 14.2.3　调整线条的平滑度

（4）再次选择线条工具，将没有绘制的线条补充完整。选择铅笔工具，绘制小狗的眼睛，如图 14.2.4 所示。

（5）在工具箱中选择颜料桶工具，将该工具的填充颜色设置为橘黄色（R：255，G：153，B：51），填充人物的衣服及小狗的身体，如图 14.2.5 所示。

图 14.2.4　绘制小狗的眼睛

图 14.2.5　填充人物的衣服及小狗的身体

（6）将颜料桶工具的填充颜色设置为深蓝色（R：0，G：0，B：102），填充人物的裤子；将该工具的填充颜色设置为深橘黄色（R：255，G：51，B：0），填充人物衣服的暗部，如图 14.2.6 所示。

（7）将颜料桶工具的填充颜色分别设置为浅黄色（R：204，G：255，B：153）和浅蓝色（R：51，G：153，B：255）填充人物的围巾，如图 14.2.7 所示。

图 14.2.6　填充衣服的暗部

图 14.2.7　填充围巾

（8）将颜料桶工具的填充颜色分别设置为紫色（R：102，G：51，B：204）和嫩绿色（R：204，G：255，B：0），填充人物的鞋；将该工具的填充颜色设置为红色（R：255，G：0，B：0），填充人物穿的袜子，如图 14.2.8 所示。

（9）将颜料桶工具的填充颜色设置为紫色（R：102，G：51，B：204），填充人物戴的手套；将该工具的填充颜色设置为浅黄色（R：255，G：204，B：102），填充人物脸部，如图 14.2.9 所示。

图 14.2.8　填充鞋和袜子

图 14.2.9　填充手套和人物脸部

（10）将颜料桶工具的填充颜色设置为浅黄色（R：255，G：204，B：102）和深黄色（R：204，G：102，B：0），填充人物的头发，如图 14.2.10 所示。

（11）将颜料桶工具的填充颜色设置为红色（R：255，G：0，B：0），填充人物的嘴唇，如图 14.2.11 所示。

图 14.2.10　填充头发

图 14.2.11　填充嘴唇

（12）单击时间轴面板下方的“插入图层”按钮，新建图层 2，并将图层 2 移至图层 1 的下方。在工具箱中选择刷子工具，将该工具的填充颜色设置为浅褐色，绘制地面。将所有的轮廓线选中后删除，并将背景的颜色设置为浅蓝色，最终效果如图 14.2.1 所示。

实验 3　绘 制 扇 子

1．实验内容

使用绘图工具绘制好图形后，对其进行复制及旋转，效果如图 14.3.1 所示。

图 14.3.1　制作的扇子

2．实验目的

掌握图形对象的编辑方法。

3．操作步骤

（1）打开 Flash 8 应用程序，新建一个大小为 450 像素×310 像素的 Flash 文档。

（2）在工具箱中选择矩形工具，将该工具的笔触颜色设置为红色，填充颜色设置为黄色，使用该工具在舞台中绘制矩形，如图 14.3.2 所示。

（3）按“Ctrl+G”快捷键，将绘制的矩形组合成一个整体，如图 14.3.3 所示。

（4）在工具箱中选择任意变形工具，使用该工具在组合后的矩形上单击，为矩形添加变形框，如图 14.3.4 所示。

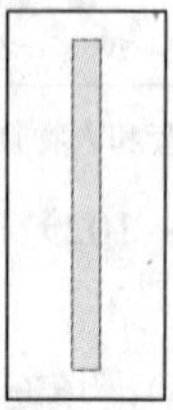

图 14.3.2　绘制的矩形

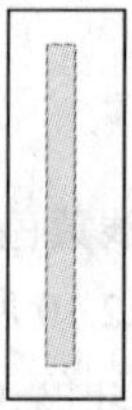

图 14.3.3　组合后的矩形

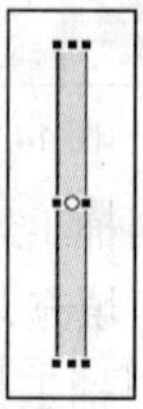

图 14.3.4　添加变形框

（5）单击选中变形中心点，将其移至矩形的底部，如图 14.3.5 所示。

（6）按“Ctrl+T”快捷键打开变形面板，在该面板中的旋转文本框中输入数值 10，设置矩形的旋转角度，如图 14.3.6 所示。

（7）在该面板中单击“复制并变形”按钮，即可复制一个旋转了 10° 以后的矩形，如图 14.3.7 所示。

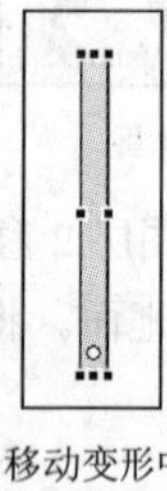

图 14.3.5　移动变形中心点

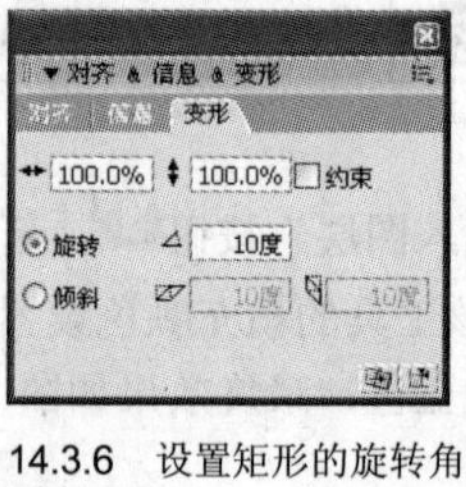

图 14.3.6　设置矩形的旋转角度

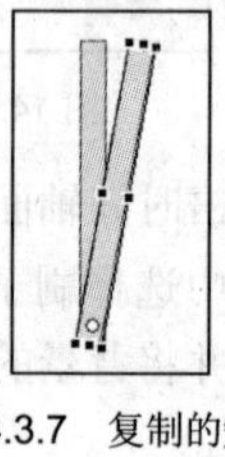

图 14.3.7　复制的矩形

（8）多次单击该按钮，直到扇形制作完成，如图 14.3.8 所示。

（9）使用选择工具将舞台中的矩形全部选中，按“Ctrl+G”快捷键将其合并成一个整体，并将其旋转－80°，如图 14.3.9 所示。

（10）单击时间轴面板下方的“插入图层”按钮，新建图层 2。在工具箱中选择文本工具，使用该工具在舞台中输入文字，如图 14.3.10 所示。

图 14.3.8　制作的扇形

图 14.3.9　将扇形旋转－80°

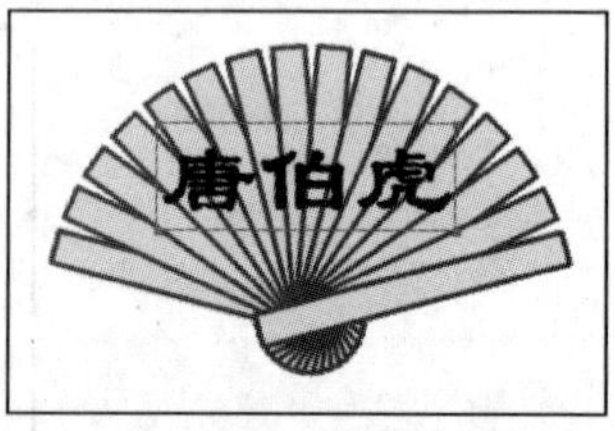

图 14.3.10　输入文字

（11）按“Ctrl+B”键，将文字打散成为字符，并使用任意变形工具和选择工具将分散后的字符旋转一定角度后放置在合适的位置，最终效果如图 14.3.1 所示。

实验 4　创建跳舞的文字

1．实验内容

使用文本工具创建文字后，将文字打散成为图形并创建跳舞的文字，效果如图 14.4.1 所示。

图 14.4.1　跳舞文字

2．实验目的

掌握文本工具的使用方法。

3．操作步骤

（1）打开 Flash 8 应用程序，新建一个 Flash 文档。

（2）按“Ctrl+F8”快捷键，在弹出的“创建新元件”对话框中，创建一个名为“跳舞文字”的影片剪辑，如图 14.4.2 所示。

（3）在该影片剪辑的编辑模式中，使用文本工具 A 在舞台中输入文字“探索 Flash 的奥妙”，如图 14.4.3 所示。

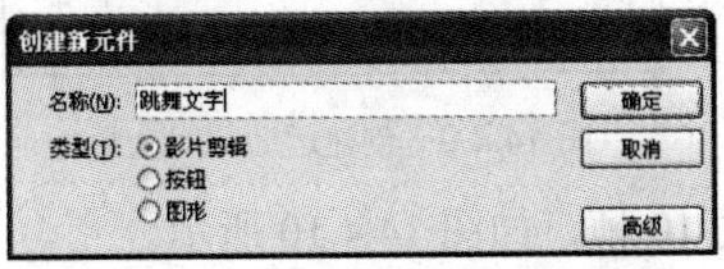

图 14.4.2　“创建新元件”对话框

图 14.4.3　输入文字

（4）按“Ctrl+B”键将文本打散成为单独的字符，如图 14.4.4 所示。

（5）在菜单栏中选择 修改(M) → 时间轴(M) → 分散到图层(D) 命令，将字符分散到各个图层，如图 14.4.5 所示。

图 14.4.4　将文字打散成为字符

图 14.4.5　将字符分散到图层

（6）选中图层 1，单击时间轴面板下方的“删除图层”按钮，将其删除。分别选中每一个图层中的文字，按“F8”键将其转换为图形元件，此时的库面板如图 14.4.6 所示。

（7）重新调整图层的顺序，使它们按照“探”“索”“F”“l”“a”“s”“h”“的”“奥”“妙”的顺序排序，同时将舞台中的元件也按照此顺序排列。

（8）在所有图层的第 10 帧、第 20 帧和第 30 帧处按“F6”键插入关键帧，如图 14.4.7 所示。

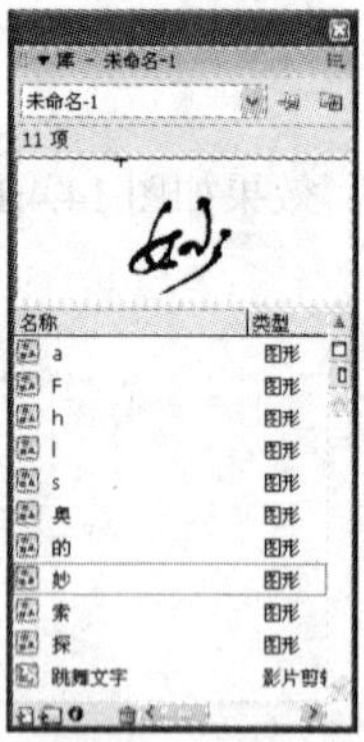
图 14.4.6 库面板

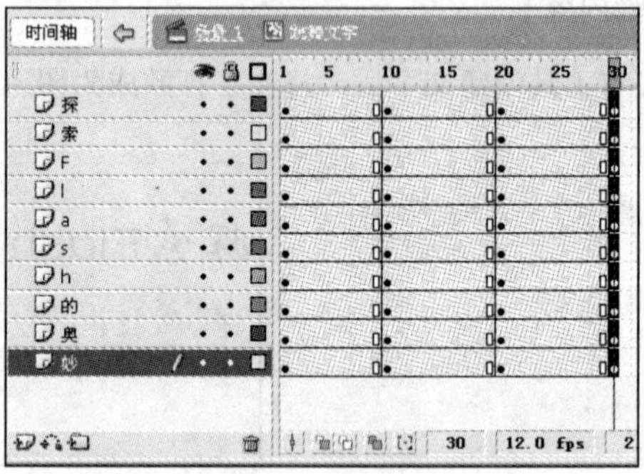
图 14.4.7 添加关键帧

（9）将所有图层中第 20 帧中的文字选中，在按住“Shift”键的同时将文字垂直向舞台上方移动，如图 14.4.8 所示。

（10）将所有图层的第 10 帧至第 30 帧之间的帧全部选中，单击鼠标右键，在弹出的快捷菜单中选择创建补间动画命令，在关键帧之间创建运动补间动画，如图 14.4.9 所示。

图 14.4.8 移动文字

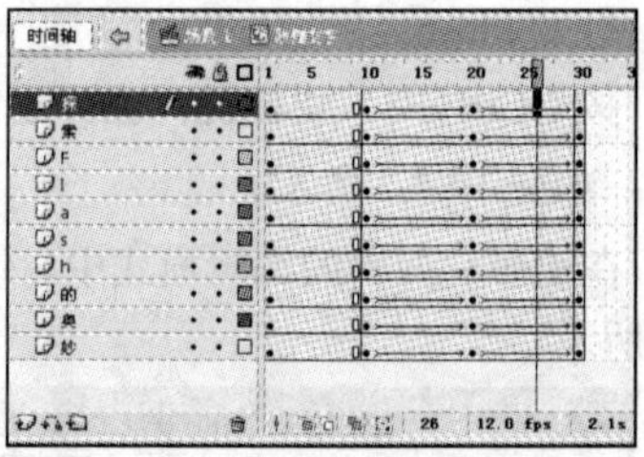
图 14.4.9 创建运动补间动画

（11）将图层“索”中的帧全部选中，将其向右移动 10 帧，如图 14.4.10 所示。

（12）重复步骤（11）的操作，依次将各图层中的帧向右移动 10 帧，将所有图层的第 135 帧选中，按“F5”键插入普通帧来延长动画，如图 14.4.11 所示。

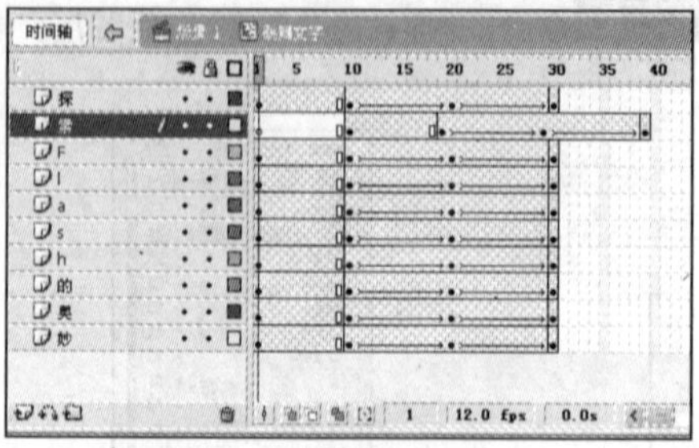
图 14.4.10 移动帧

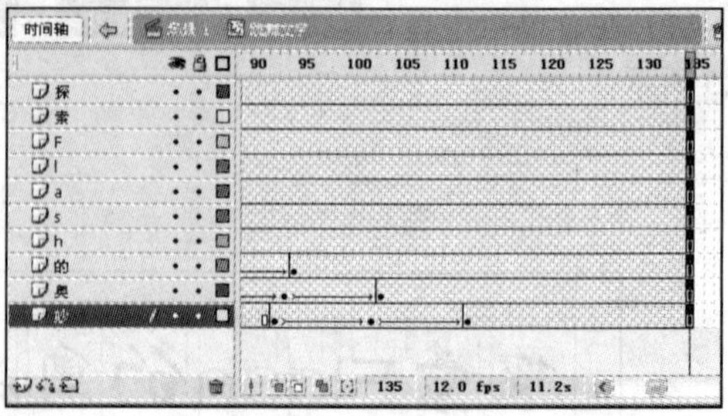
图 14.4.11 延长动画

（13）单击⇦按钮，返回至主场景。将库中的影片剪辑拖到舞台中，单击鼠标右键，从弹出的快捷菜单中选择复制命令；在舞台的空白位置单击鼠标右键，从弹出的快捷菜单中选择粘贴(P)命令，将该元件的实例复制出一个副本。

（14）选择复制后的副本，在菜单栏中选择 修改(M) → 变形(T) → 垂直翻转(V) 命令，将该文字垂直翻转，并将翻转后文字的透明度设置为 40%，按“Ctrl+Enter”快捷键将动画导出后，效果如图 14.4.1 所示。

实验 5　创建立体按钮

1．实验内容

在动画中创建立体按钮，效果如图 14.5.1 所示。

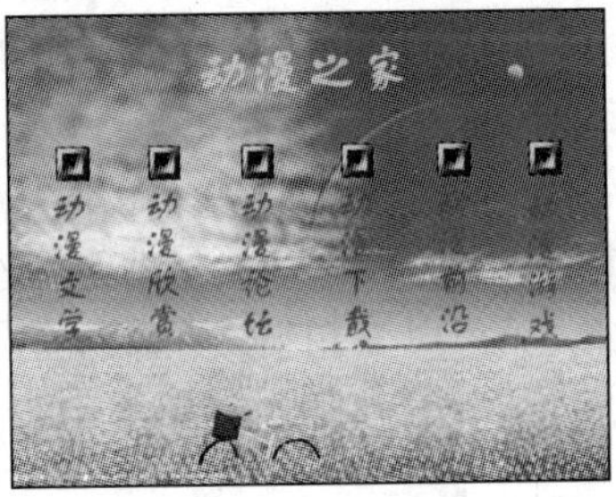

图 14.5.1　立体按钮

2．实验目的

掌握各种元件的创建方法。

3．操作步骤

（1）打开 Flash 8 应用程序，新建一个 Flash 文档。

（2）在菜单栏中选择 文件(F) → 导入(I) → 导入到舞台(I)... 命令，在弹出的“导入”对话框中选择一幅图片，将其导入到舞台中，并使用任意变形工具调整其至合适大小，如图 14.5.2 所示。

（3）单击时间轴面板下方的“插入图层”按钮，新建图层 2。在工具箱中选择文本工具 A，使用该工具在舞台中输入文字，如图 14.5.3 所示。

图 14.5.2　导入并调整图片

图 14.5.3　输入文字

（4）按“Ctrl+F8”快捷键，在弹出的“创建新元件”对话框中创建一个名为“立体按钮”的按钮元件。

（5）在该元件的编辑模式中，选择矩形工具，将该工具的笔触颜色设置为无，填充颜色设置为由深绿色（R：0，G：51，B：0）至浅绿色（R：153，G：255，B：102）的线性渐变，使用该工具在舞台中绘制矩形，如图 14.5.4 所示。

（6）在按住“Alt”键的同时单击该矩形，复制一个矩形。在工具箱中选择墨水瓶工具，将该工具的笔触颜色设置为黑色，笔触高度设置为 3。使用该工具在复制的矩形上单击，为其添加边框，并使用任意变形工具调整它的大小及角度，如图 14.5.5 所示。

图 14.5.4　绘制矩形

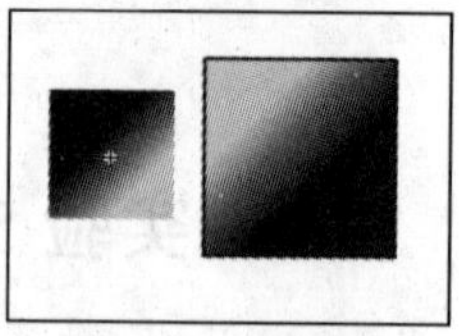

图 14.5.5　调整复制的矩形的大小及角度

（7）选择多角星形工具，使用该工具绘制一个笔触高度为 1，笔触颜色为黑色的三角形。使用选择工具将绘制的矩形放置成如图 14.5.6 所示的图形，该图形为“弹起”帧中按钮的形状。

（8）单击“按下”帧，按“F6”键插入关键帧。选择矩形工具，使用该工具绘制一个与刚才绘制的大矩形大小相同的黑色矩形。

（9）用鼠标右键单击“弹起”帧中的图形，在弹出的快捷菜单中选择复制命令。选中“按下”帧，在舞台中单击鼠标右键，从弹出的快捷菜单中选择粘贴(P)命令。选择任意变形工具，使用该工具调整复制图形的大小，使其比黑色的大矩形稍小，如图 14.5.7 所示，该图形为“按下”帧中按钮的形状。

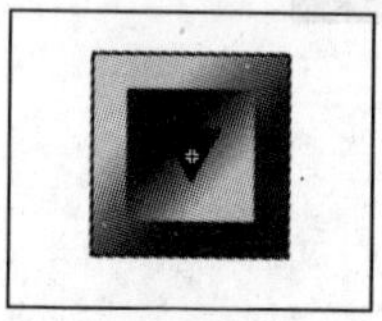

图 14.5.6　“弹起”帧中按钮的形状

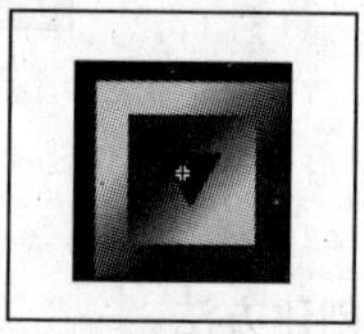

图 14.5.7　“按下”帧中按钮的形状

（10）选中“点击”帧，按“F5”键插入普通帧，单击按钮返回至主场景。单击时间轴面板下方的“插入图层”按钮，新建图层 3。

（11）将库中的按钮元件选中后拖到舞台中，放置于文字的上方。重复该操作，直到每列文字上方都添加一个按钮为止，按“Ctrl+Enter”键将动画导出，效果如图 14.5.1 所示。

实验 6　设计书籍封面

1．实验内容

使用 Flash 8 中的绘图工具设计书籍封面，效果如图 14.6.1 所示。

图 14.6.1　书籍封面

2．实验目的

掌握图层、时间轴及文本工具的使用方法。

3．操作步骤

（1）打开 Flash 8 应用程序，新建一个大小为 200 像素×280 像素，背景色为橙色的 Flash 文档。

（2）在工具箱中选择矩形工具，将该工具的笔触颜色设置为无，填充颜色设置为橙色，使用该工具在舞台中绘制一个与背景相同大小的矩形。

（3）单击时间轴面板下方的“插入图层”按钮，新建图层 2。

（4）在菜单栏中选择 文件(F) → 导入(I) → 导入到舞台(I)... 命令，在弹出的“导入”对话框中选择一幅图片导入到舞台中，并使用任意变形工具调整图片的大小。

（5）按“Ctrl+B”键将图片打散，选择墨水瓶工具，将该工具的笔触颜色设置为白色，高度设置为 2，使用该工具在图片上单击为其添加边框，如图 14.6.2 所示。

（6）单击时间轴面板下方的“插入图层”按钮，新建图层 3。在工具箱中选择文本工具，使用该工具在舞台中输入文字，如图 14.6.3 所示。

图 14.6.2　为图片添加边框

图 14.6.3　输入文字

（7）按“Ctrl+B”键将字母“F”打散成为图形，选择墨水瓶工具，将该工具的笔触颜色设置为蓝色，高度设置为 2，使用该工具在打散后的字母上单击为其添加边框，如图 14.6.4 所示。

（8）单击时间轴面板下方的“插入图层”按钮，新建图层 4。在该图层中使用文字工具输入文字，并选择 文件(F) → 导入(I) → 导入到舞台(I)... 命令导入一幅图片，如图 14.6.5 所示。

图 14.6.4　为文字添加边框

图 14.6.5　导入图片

（9）单击时间轴面板下方的“插入图层”按钮，新建图层 5。在工具箱中选择文本工具，使用该工具在舞台中输入文字。至此，该封面已制作完成，最终效果如图 14.6.1 所示。

实验 7　创建鸽子飞过的动画

1．实验内容

使用 Flash 8 创建鸽子从田野中飞过的动画，效果如图 14.7.1 所示。

图 14.7.1　鸽子飞过

2．实验目的

掌握各种不同类型帧的创建与编辑方法。

3．操作步骤

（1）打开 Flash 8 应用程序，新建一个背景颜色为蓝色的 Flash 文档。

（2）在菜单栏中选择 文件(F) → 导入(I) → 导入到舞台(I)... 命令，在弹出的“导入”对话框中选择一幅图片导入到舞台中，并使用任意变形工具调整图片的大小，如图 14.7.2 所示。

（3）按“Ctrl+F8”键，在弹出的“创建新元件”对话框中创建一个名为“鸽子 1”的图形元件。在该元件的编辑模式中，使用线条工具、选择工具和颜料桶工具绘制如图 14.7.3 所示的鸽子。

图 14.7.2　导入的图片

图 14.7.3　绘制的鸽子

（4）重复步骤（3）的操作，分别创建图形元件“鸽子 2”至“鸽子 9”，用来表现鸽子在飞行时的不同状态，如图 14.7.4 所示。

（5）重复步骤（4）的操作，创建一个名为“飞动的鸽子”的影片剪辑。在该影片剪辑的编辑模式中，将图形元件“鸽子 1”拖至舞台中。单击第 2 帧，按“F6”键插入关键帧，将图形元件“鸽子 2”拖至舞台中，放置于与“鸽子 1”位置相同的地方，将其覆盖。

（6）单击时间轴面板下方的“插入图层”按钮，新建图层 2。在该图层的第 3 帧处按“F6”键插入关键帧，将图形元件“鸽子 3”拖至舞台中，放置于和其他两个图形元件相同的位置。

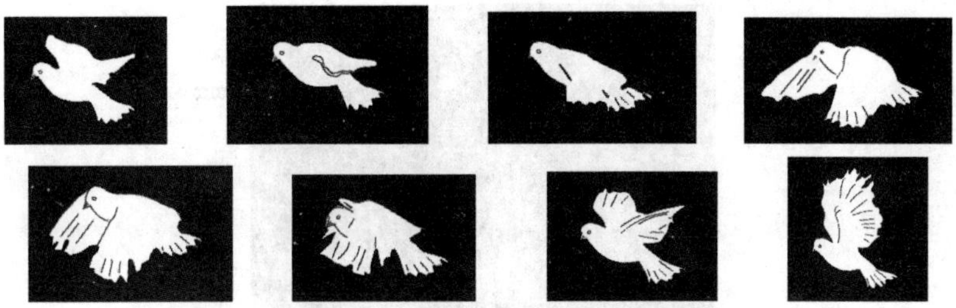

图 14.7.4　鸽子飞行时的不同状态

（7）重复步骤（6）的操作，新建图层 3～6。在图层 3 中的第 4 帧放置图形元件“鸽子 4”；在图层 4 的第 5 帧放置图形元件“鸽子 5”；在图层 5 的第 6～8 帧放置图形元件“鸽子”6～8；在图层 6 的第 9 帧放置图形元件“鸽子 9”。

（8）单击按钮返回至主场景。单击时间轴面板下方的“插入图层”按钮，新建图层 2。将库中的影片剪辑“飞动的鸽子”拖至舞台中，放置于如图 14.7.5 所示的位置。

（9）在该图层的第 30 帧处按“F6”键，插入一个关键帧，并将该帧中的鸽子放置于如图 14.7.6 所示的位置。

（10）在第 1 帧和第 30 帧中间的任意一帧单击鼠标右键，从弹出的快捷菜单中选择创建补间动画命令，在这两个关键帧之间创建运动补间动画。

（11）单击时间轴面板下方的“插入图层”按钮，新建图层 3。将图层 2 中的帧全部选中后，单击鼠标右键，从弹出的快捷菜单中选择复制帧命令，在图层 3 中单击鼠标右键，从弹出的快捷菜单中选择粘贴帧命令，将图层 2 中的鸽子复制到图层 3 中。

图 14.7.5　鸽子的位置

图 14.7.6　第二个关键帧中鸽子的位置

（12）重复步骤（11）的操作，分别将图层 2 中的鸽子复制到图层 4 和图层 5 中。使用选择工具调整各图层中鸽子的位置，使其与图层 2 中鸽子的位置稍微错开一定的距离，按“Ctrl+Enter”快捷键将动画导出，效果如图 14.7.1 所示。

实验 8　创建绽放的烟花

1．实验内容

在创建的动画中添加动作脚本，创建绽放的烟花，效果如图 14.8.1 所示。

2．实验目的

掌握动作脚本的使用方法及交互式动画的创建方法。

图 14.8.1 绽放的烟花

3．操作步骤

（1）打开 Flash 8 应用程序，新建一个背景颜色为蓝色的 Flash 文档。

（2）按“Ctrl+F8”快捷键，在弹出的“创建新元件”对话框中创建一个名为“Symbol 1”的图形元件，在该元件的编辑模式中，使用线条工具绘制如图 14.8.2 所示的烟花。

（3）重复步骤（2）的操作，创建一个名为“Symbol 2”的影片剪辑。在该影片剪辑的编辑模式中，将图形元件“Symbol 1”拖至舞台中，放置于舞台中央。在该图层的第 20 帧处按“F6”键插入关键帧，将该帧中的图形水平向右移动一段距离，并将该帧中图形的透明度设置为 40%。在这两个关键帧中任意一帧处单击鼠标右键，从弹出的快捷菜单中选择创建补间动画命令，在这两个关键帧之间创建运动补间动画。

（4）单击时间轴面板下方的“插入图层”按钮，新建图层 2。在该图层的第 20 帧处按“F7”键插入空白关键帧。按“F9”键打开动作面板，在该面板中输入语句：stop();。

（5）重复步骤（2）的操作，创建一个名为“Symbol 3”的影片剪辑。在该影片剪辑的编辑模式中，将影片剪辑“Symbol 2”从库中拖到舞台中，放置于舞台中央偏左的位置，如图 14.8.3 所示。

图 14.8.2 绘制的 Symbol

图 14.8.3 影片剪辑实例的位置

（6）单击时间轴面板下方的“插入图层”按钮，新建图层 2。按“F9”键打开动作面板，在该面板中输入如下语句：

```
for (i = 2; i < 70; i = i + 1)
{
    duplicateMovieClip("ster1", "ster" + i, i);
    setProperty("ster" + i, _rotation, random(360));
    abc = 40 + random(80);
    setProperty("ster" + i, _xscale, abc);
    setProperty("ster" + i, _yscale, abc);
}
```

（7）重复步骤（2）的操作，创建一个名为“Symbol 4”的影片剪辑。在该影片剪辑的编辑模式中，将图形元件“Symbol 1”拖至舞台中，放置于舞台中央。在该图层的第 5 帧处按“F6”键插入关键帧，将该帧中的图形水平向右移动一段距离，并在这两个关键帧之间创建运动补间动画。

（8）在第 6 帧处插入关键帧，将该帧中的图形向右移动一段距离，并将其水平倾斜 90°。在第 7 帧处插入关键帧，将该帧中的图形向右移动一段距离后将其水平倾斜 180°，并将该帧中图形的透明度设置为 40%。

（9）在第 8 帧处插入关键帧，将该帧中的图形向右移动一段距离，并将其水平倾斜 90°。将第 5 帧至第 8 帧之间的帧全部选中，用鼠标右键单击，从弹出的快捷菜单中选择复制帧命令。用鼠标右键单击第 9 帧，从弹出的快捷菜单中选择粘贴帧命令，并将这几个帧中的图形分别向右移动一段距离。

（10）重复步骤（8）的操作，将复制的帧粘贴到第 13 帧至第 16 帧，将第 16 帧选中后删除，并将复制的帧向右移动一段距离。

（11）在第 17 帧处插入关键帧，将该帧中的图形向右移动一段距离。将该帧中图形的透明度设置为 100%，并在第 15 帧和第 17 帧之间创建运动补间动画。

（12）在第 22 帧处按“F6”键插入关键帧，将该帧中图形的透明度设置为 0。将其向右移动一段距离后在第 17 帧和第 22 帧之间创建运动补间动画。

（13）单击时间轴面板下方的“插入图层”按钮，新建图层 2。在该图层中的第 22 帧按“F7”键插入空白关键帧，按“F9”键打开动作面板，在该面板中输入以下语句：stop();。

（14）重复步骤（2）的操作，创建一个名为“Symbol 5”的影片剪辑。在该元件的编辑模式中，将影片剪辑“Symbol 4”从库中拖至舞台中，放置于舞台中央。单击时间轴面板下方的“插入图层”按钮，新建图层 2。按“F9”键打开动作面板，在该面板中输入如下语句：

```
for (i = 2; Number(i) < 50; i = Number(i) + 1)
{
    duplicateMovieClip("ster1", "ster" + i, i);
    setProperty("ster" + i, _rotation, random(360));
    abc = 40 + Number(random(60));
    setProperty("ster" + i, _xscale, abc);
    setProperty("ster" + i, _yscale, abc);
    tellTarget("ster" + i)
    {
        gotoAndPlay(random(5));
    } // End of TellTarget
} // end of for
```

（15）单击按钮，返回至主场景。将库中的影片剪辑“Symbol 3”拖至舞台中，放置于舞台右侧。单击时间轴面板下方的“插入图层”按钮，新建图层 2。将库中的影片剪辑“Symbol 5”拖至舞台中，放置于“Symbol 3”的左下方。

（16）新建图层 3，在该图层的第 15 帧处插入关键帧，并将影片剪辑“Symbol 3”拖至舞台中，放置于舞台的左上侧。

（17）重复步骤（16）的操作，在图层 4 的第 15 帧放置影片剪辑“Symbol 5”，并将其放置于图层 3 中图形的左上方。

（18）重复步骤（16）的操作，在图层 5 和图层 6 的第 10 帧处分别放置影片剪辑“Symbol 3”和“Symbol 5”，在图层 7 的第 30 帧处放置影片剪辑“Symbol 3”；在图层 8 的第 30 帧处放置影片剪辑“Symbol 5”；在图层 9 的第 19 帧处放置影片剪辑“Symbol 3”；在图层 10 的第 10 帧处放置影片剪辑“Symbol 3”；在图层 11 的第 10 帧处放置影片剪辑“Symbol 5”。

（19）新建图层 12，将其置于图层 1 的下方。选择 文件(F) → 导入(I) → 导入到舞台(I)... 命令，在弹出的“导入”对话框中选择一幅图片，将其导入到舞台中，按“Ctrl+Enter”键将动画导出后，效果如图 14.8.1 所示。

实验 9　创建弹出式菜单

1．实验内容

使用系统自带的组件创建弹出式菜单，效果如图 14.9.1 所示。

图 14.9.1　弹出式菜单

2．实验目的

（1）掌握动画中组件的使用。

（2）掌握设置组件参数的方法。

3．操作步骤

（1）打开 Flash 8 应用程序，新建一个 Flash 表单应用程序，如图 14.9.2 所示。

（2）单击文档属性面板中的 550 x 400 像素 按钮，在弹出的“文档属性”对话框中将文档的大小设置为 200 像素×300 像素。

（3）将默认的名称“表单 1”更改为“bottom”，如图 14.9.3 所示。

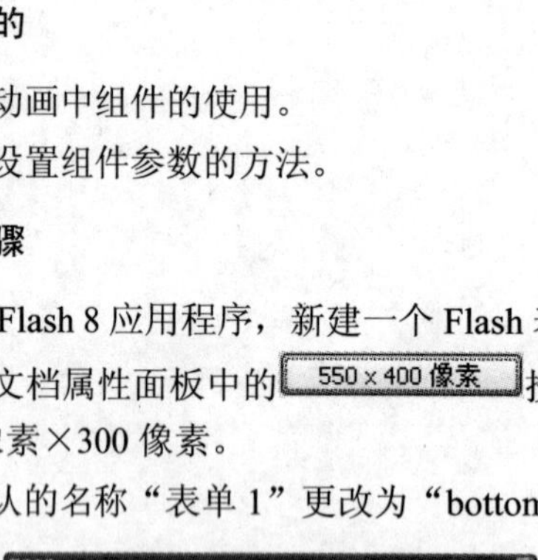

图 14.9.2　新建表单应用程序

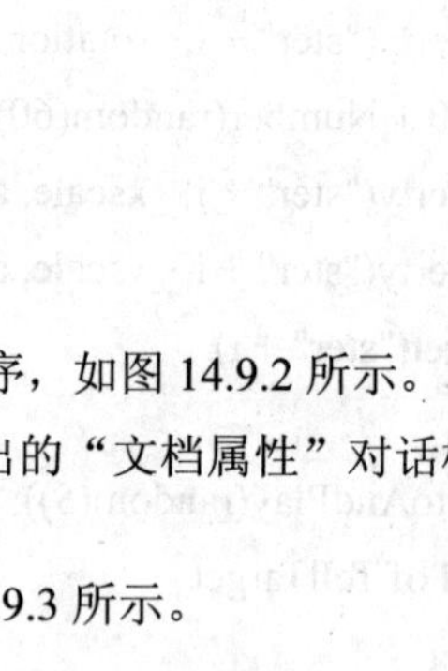

图 14.9.3　更改表单的名称

（4）在菜单栏中选择 窗口(W) → 组件(C) 命令，打开组件面板。在组件面板中单击“User Interface”左侧的 ⊞ 图标将其展开，在展开后的列表中选择“Accordion”选项，如图 14.9.4 所示。

（5）将该选项选中后拖到舞台中，并使用任意变形工具将其调整至与舞台大小相等，如图 14.9.5 所示。

（6）按“Ctrl+F8”键，在弹出的“创建新元件”对话框中创建一个名为“元件 1”的影片剪辑，在该影片剪辑的编辑模式中，绘制如图 14.9.6 所示的图标。

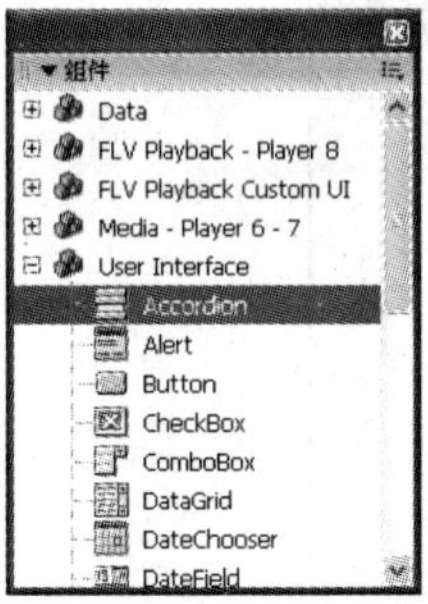

图 14.9.4　选择“Accordion”选项

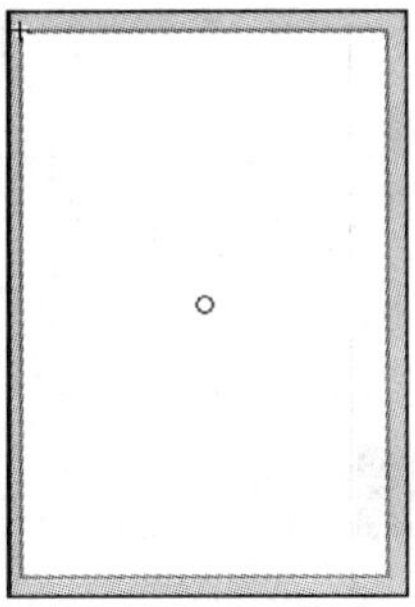

图 14.9.5　调整组件的大小

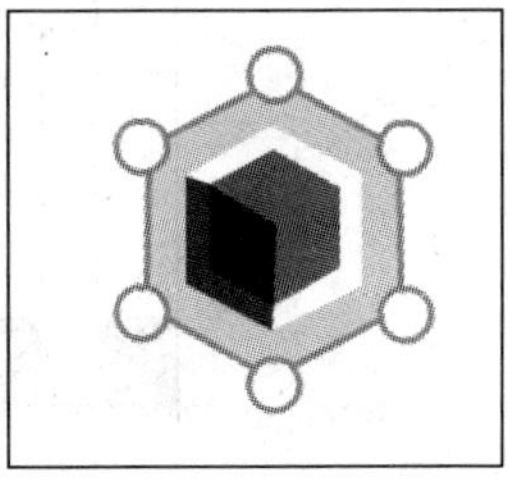

图 14.9.6　绘制的图标

（7）返回至主场景，用鼠标右键单击库中的影片剪辑，在弹出的快捷菜单中选择 链接... 命令，在弹出的“链接属性”对话框中设置参数，如图 14.9.7 所示。

（8）将该影片剪辑拖至舞台中，放置于合适的位置。选中 Accordion 组件，打开组件检查器，在其中设置 childIcons 的参数，如图 14.9.8 所示。

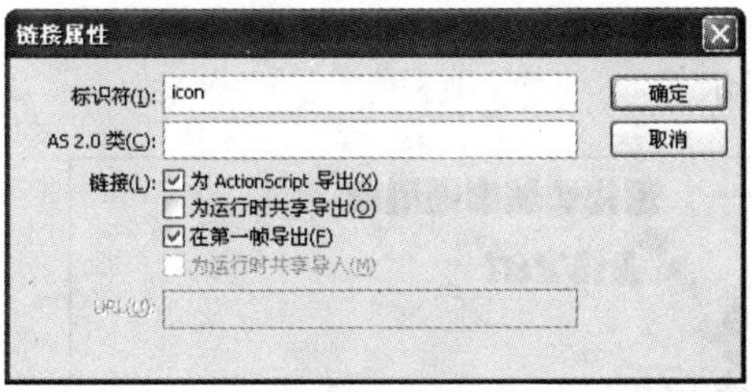

图 14.9.7　设置链接参数

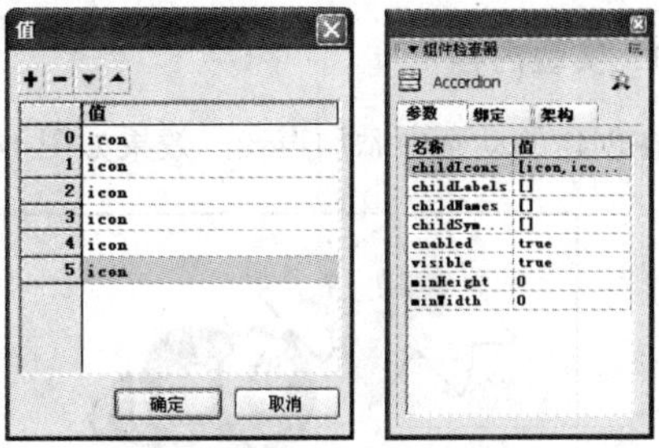

图 14.9.8　设置 childIcons 的参数

（9）依次对 Accordion 组件的其他参数进行设置，如图 14.9.9 所示。

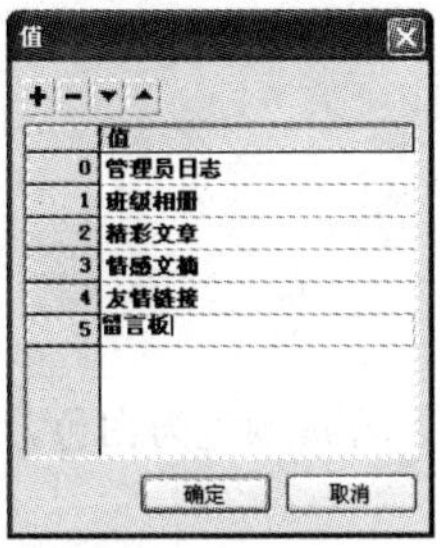

设置 childLabels 的参数

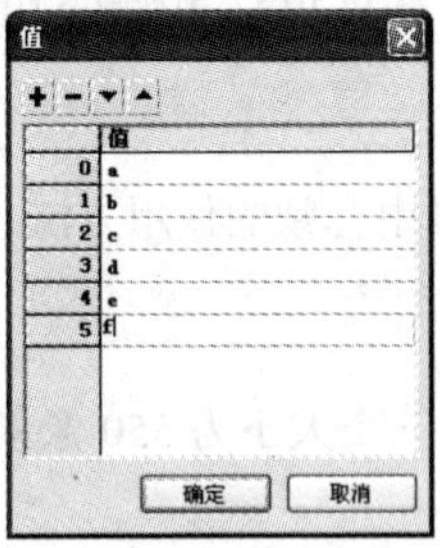

设置 childNames 的参数

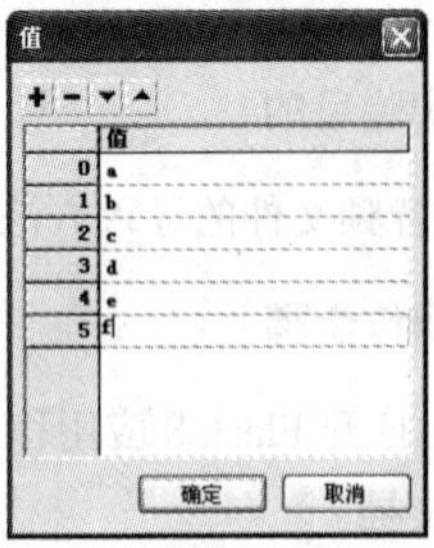

设置 childSymbols 的参数

图 14.9.9　设置 Accordion 组件的其他参数

（10）用鼠标右键单击元件“bottom”，在弹出的快捷菜单中选择 插入屏幕(I) 命令 5 次，创建 5 个屏幕，并将它们的名字分别命名为 a，b，c，d，e，f，将元件“bottom”移至最下面，如图 14.9.10 所示。

（11）分别在 a，b，c，d，e，f 中放置一个图片，如图 14.9.11 所示。

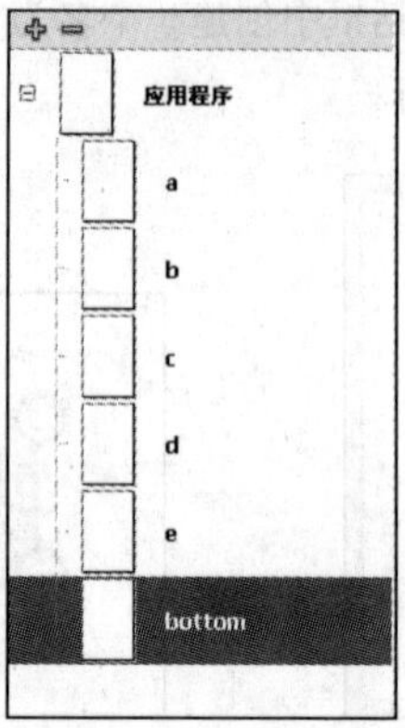

图 14.9.10　创建屏幕

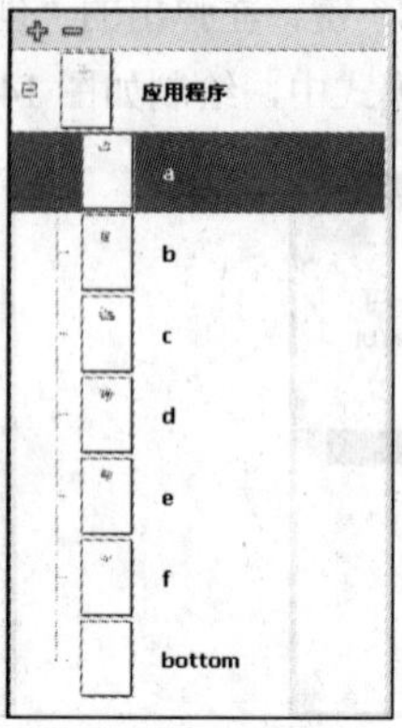

图 14.9.11　在屏幕中放置图片

（12）按“Ctrl+Enter”键将文件导出，效果如图 14.9.1 所示。

实验 10　为动画添加声音

1. 实验内容

在创建的动画中添加声音，效果如图 14.10.1 所示。

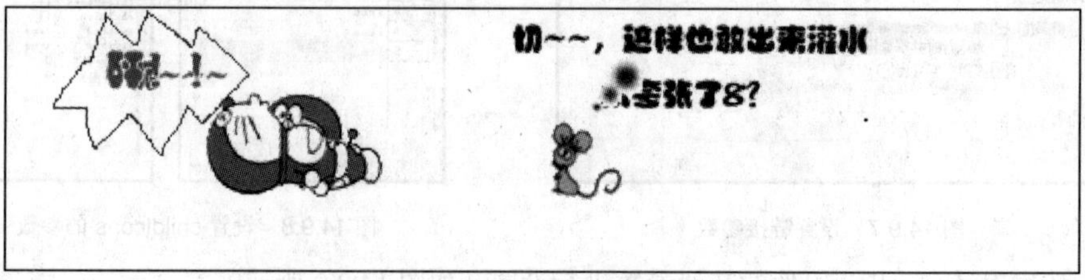

图 14.10.1　为动画添加声音

2. 实验目的

掌握音频文件的导入方法以及动画中音频的使用方法。

3. 操作步骤

（1）打开 Flash 8 应用程序，新建一个大小为 550 像素×150 像素，背景颜色为白色，帧频为 20 的 Flash 文档。

（2）按“Ctrl+R”快捷键，在弹出的“导入”对话框中选择一个 GIF 动画，将它导入到舞台中，如图 14.10.2 所示。

（3）单击时间轴面板下方的“插入图层”按钮，新建图层 2。

（4）在菜单栏中选择 文件(F) → 导入(I) → 导入到库(L)... 命令，在弹出的“导入到库”对话框中选择要导入的声音文件，如图 14.10.3 所示。

（5）单击 打开(O) 按钮，将其导入到库中。保持图层 2 为当前图层，将库中的音乐文件“Cartoon1.wav”拖到舞台中，此时的时间轴面板如图 14.10.4 所示。

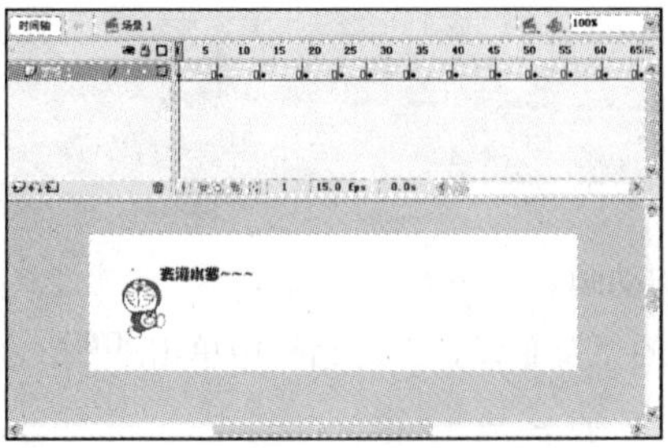

图 14.10.2　导入的 GIF 动画

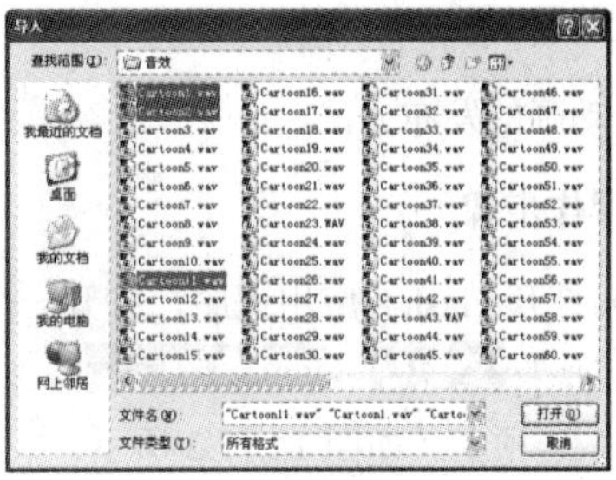

图 14.10.3　选择声音文件

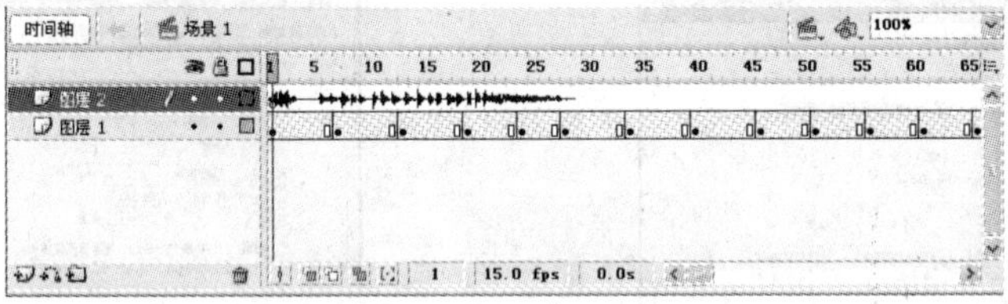

图 14.10.4　时间轴面板的状态

（6）在第 30 帧处按“F6”键插入关键帧，将声音文件“Cartoon2.wav”拖到舞台中。在第 61 帧处按“F6”键插入关键帧，将音效文件“Cartoon11.wav”拖到舞台中，此时的时间轴面板如图 14.10.5 所示。

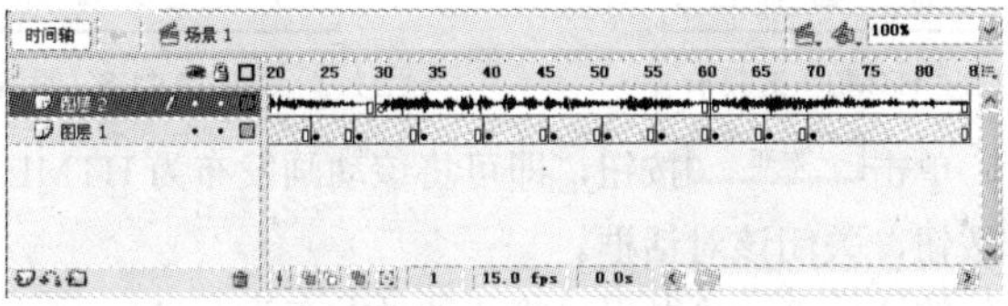

图 14.10.5　时间轴面板的状态

（7）按“Ctrl+Enter”快捷键将动画导出，效果如图 14.10.1 所示。

实验 11　将动画发布为 HTML 网页

1. 实验内容

将创建的动画发布为 HTML 网页，效果如图 14.11.1 所示。

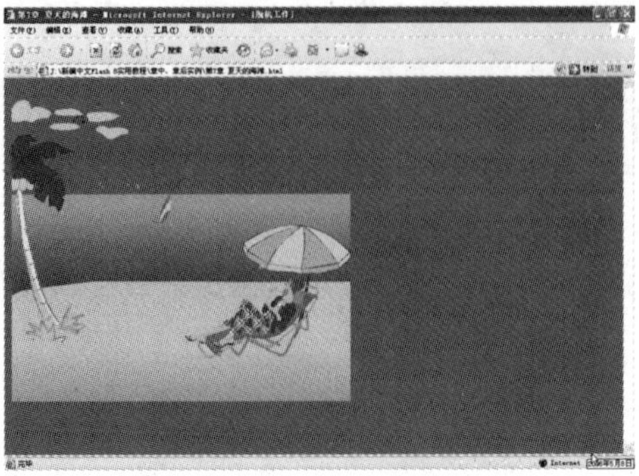

图 14.11.1　将动画发布为 HTML 网页

2. 实验目的

掌握动画的发布方法。

3. 操作步骤

（1）打开 Flash 8 应用程序，打开一个已创建的动画。

（2）选择 文件(F) → 发布设置(G)... 命令，在弹出的“发布设置”对话框中单击 HTML 标签，打开“HTML”选项卡，如图 14.11.2 所示。

（3）在该选项卡中设置参数，如图 14.11.3 所示。

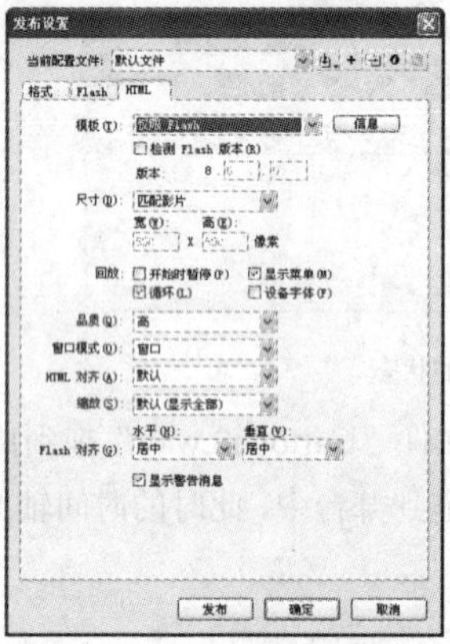

图 14.11.2 “HTML”选项卡

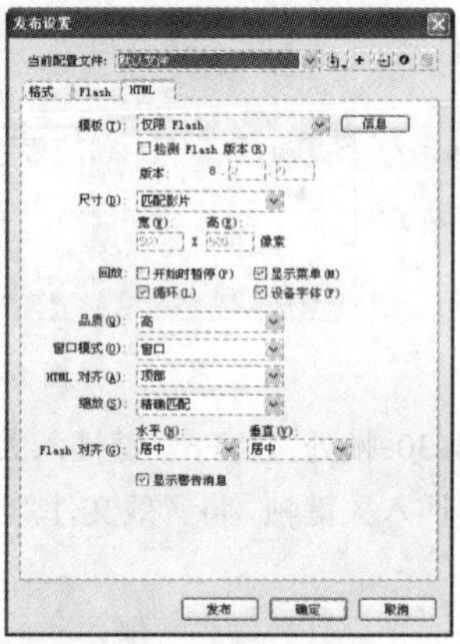

图 14.11.3 设置参数

（4）设置好参数后，单击 发布 按钮，即可将该动画发布为 HTML 网页。

（5）单击 确定 按钮，关闭该对话框。

（6）找到该动画存放的文件夹，可发现已将该动画发布为 HTML 网页，如图 14.11.4 所示。

图 14.11.4 发布为 HTML 网页

（7）用鼠标双击该网页，将其打开，效果如图 14.11.1 所示。